U0395751

MOLECULAR SCIENCES

化学前瞻性基础研究·分子科学前沿丛书

丛书编委会

国家出版基金项目
NATIONAL PUBLICATION FOUNDATION

"十四五"时期国家重点
出版物出版专项规划项目

化学前瞻性基础研究
分子科学前沿丛书
总主编 席振峰 张德清

Frontiers in Environmental Radiochemistry

环境放射化学前沿

刘春立　侯小琳　郭治军
戴雄新　谢金川　　等　编著

华东理工大学出版社
EAST CHINA UNIVERSITY OF SCIENCE AND TECHNOLOGY PRESS
·上海·

图书在版编目(CIP)数据

环境放射化学前沿/刘春立等编著. —上海：华
东理工大学出版社,2023.11
ISBN 978 - 7 - 5628 - 6747 - 0

Ⅰ.①环⋯ Ⅱ.①刘⋯ Ⅲ.①环境放射化学—研究
Ⅳ.①X13

中国国家版本馆 CIP 数据核字(2023)第 196736 号

审图号：GS(2022)4862 号

内容提要

放射化学是 19 世纪末 20 世纪初随着放射性的发现而诞生的一门学科。环境科学的诞生大约发生在 20 世纪 60 年代。环境放射化学是放射化学与环境科学交叉融合而诞生的一门分支学科,是从关注环境放射性而逐渐发展起来的一门应用基础学科。

本书重点介绍了我国环境放射化学研究中最核心的研究工作,全书共 6 章,详细介绍了环境放射化学概论,环境放射性,环境放射性样品分析方法,放射性碘和硒在甘肃北山花岗岩及内蒙古高庙子膨润土中的吸附和扩散,Np 和 Am 的环境行为,以及环境介质中钚、铀的吸附与迁移行为研究。

本书可作为高等学校环境放射化学相关专业本科高年级学生、研究生的学习用书,以及教师、科技工作者和企业专业技术人员的参考书,尤其对从事环境放射化学研究的科研人员将具有很好的指导意义。

项目统筹 / 马夫娇　韩　婷
责任编辑 / 韩　婷
责任校对 / 石　曼
装帧设计 / 周伟伟
出版发行 / 华东理工大学出版社有限公司
　　　　　地址：上海市梅陇路 130 号,200237
　　　　　电话：021 - 64250306
　　　　　网址：www.ecustpress.cn
　　　　　邮箱：zongbianban@ecustpress.cn
印　　刷 / 上海雅昌艺术印刷有限公司
开　　本 / 710 mm×1000 mm　1/16
印　　张 / 26.5
字　　数 / 512 千字
版　　次 / 2023 年 11 月第 1 版
印　　次 / 2023 年 11 月第 1 次
定　　价 / 298.00 元

总序一

分子科学是化学科学的基础和核心,是与材料、生命、信息、环境、能源等密切交叉和相互渗透的中心科学。当前,分子科学一方面攻坚惰性化学键的选择性活化和精准转化、多层次分子的可控组装、功能体系的精准构筑等重大科学问题,催生新领域和新方向,推动物质科学的跨越发展;另一方面,通过发展物质和能量的绿色转化新方法不断创造新分子和新物质等,为解决卡脖子技术提供创新概念和关键技术,助力解决粮食、资源和环境问题,支撑碳达峰、碳中和国家战略,保障人民生命健康,在满足国家重大战略需求、推动产业变革方面发挥源头发动机的作用。因此,持续加强对分子科学研究的支持,是建设创新型国家的重大战略需求,具有重大战略意义。

2017 年 11 月,科技部发布"关于批准组建北京分子科学等 6 个国家研究中心"的通知,依托北京大学和中国科学院化学研究所的北京分子科学国家研究中心就是其中之一。北京分子科学国家研究中心成立以来,围绕分子科学领域的重大科学问题,开展了系列创新性研究,在资源分子高效转化、低维碳材料、稀土功能分子、共轭分子材料与光电器件、可控组装软物质、活体分子探针与化学修饰等重要领域上形成了国际领先的集群优势,极大地推动了我国分子科学领域的发展。同时,该中心发挥基础研究的优势,积极面向国家重大战略需求,加强研究成果的转移转化,为相关产业变革提供了重要的支撑。

北京分子科学国家研究中心主任、北京大学席振峰院士和中国科学院化学研究所张德清研究员组织中心及兄弟高校、科研院所多位专家学者策划、撰写了"分子科学前沿丛书"。丛书紧密围绕分子体系的精准合成与制备、分子的可控组装、分子功能体系的构筑与应用三大领域方向,共 9 分册,其中"分子科学前沿"部分有 5 分册,"学科交叉前沿"部分有 4 分册。丛书系统总结了北京分子科学国家研究中心在分子科学前沿交叉领域取得的系列创新研究成果,内容系统、全面,代表了国内分子科学前沿交叉研究领域最高水平,具有很高的学术价值。丛书各分册负责人以严谨的治学精神梳理总结研究成果,积极总结和提炼科学规律,极大提升了丛书的学术水平和科学意义。该套丛书被列入"十四五"时期国家重点出版物出版专项规划项目,并得到了国家出版基金的大力支持。

我相信,这套丛书的出版必将促进我国分子科学研究取得更多引领性原创研究成果。

包信和

中国科学院院士

中国科学技术大学

总序二

化学是创造新物质的科学,是自然科学的中心学科。作为化学科学发展的新形式与新阶段,分子科学是研究分子的结构、合成、转化与功能的科学。分子科学打破化学二级学科壁垒,促进化学学科内的融合发展,更加强调和促进与材料、生命、能源、环境等学科的深度交叉。

分子科学研究正处于世界科技发展的前沿。近二十年的诺贝尔化学奖既涵盖了催化合成、理论计算、实验表征等化学的核心内容,又涉及生命、能源、材料等领域中的分子科学问题。这充分说明作为传统的基础学科,化学正通过分子科学的形式,从深度上攻坚重大共性基础科学问题,从广度上不断催生新领域和新方向。

分子科学研究直接面向国家重大需求。分子科学通过创造新分子和新物质,为社会可持续发展提供新知识、新技术、新保障,在解决能源与资源的有效开发利用、环境保护与治理、生命健康、国防安全等一系列重大问题中发挥着不可替代的关键作用,助力实现碳达峰碳中和目标。多年来的实践表明,分子科学更是新材料的源泉,是信息技术的物质基础,是人类解决赖以生存的粮食和生活资源问题的重要学科之一,为根本解决环境问题提供方法和手段。

分子科学是我国基础研究的优势领域,而依托北京大学和中国科学院化学研究所的北京分子科学国家研究中心(下文简称"中心")是我国分子科学研究的中坚力量。近年来,中心围绕分子科学领域的重大科学问题,开展基础性、前瞻性、多学科交叉融合的创新研究,组织和承担了一批国家重要科研任务,面向分子科学国际前沿,取得了一批具有原创性意义的研究成果,创新引领作用凸显。

北京分子科学国家研究中心主任、北京大学席振峰院士和中国科学院化学研究所张德清研究员组织编写了这套"分子科学前沿丛书"。丛书紧密围绕分子体系的精准合成与制备、分子的可控组装、分子功能体系的构筑与应用三大领域方向,立足分子科学及其学科交叉前沿,包括9个分册:《物质结构与分子动态学研究进展》《分子合成与组装前沿》《无机稀土功能材料进展》《高分子科学前沿》《纳米碳材料前沿》《化学生物学前沿》《有机固体功能材料前沿与进展》《环境放射化学前沿》《化学测量学进展》。该套丛书梳理总结了北京分子科学国家研究中心自成立以来取得的重大创新研究成果,阐述了分子科学及其交叉领域的发展趋势,是国内第一套系统总结分子科学领域最新进展的专业丛书。

该套丛书依托高水平的编写团队,成员均为国内分子科学领域各专业方向上的一流专家,他们以严谨的治学精神,对研究成果进行了系统整理、归纳与总结,保证了编写质量和内容水平。相信该套丛书将对我国分子科学和相关领域的发展起到积极的推动作用,成为分子科学及相关领域的广大科技工作者和学生获取相关知识的重要参考书。

得益于参与丛书编写工作的所有同仁和华东理工大学出版社的共同努力,这套丛书被列入"十四五"时期国家重点出版物出版专项规划项目,并得到了国家出版基金的大力支持。正是有了大家在各自专业领域中的倾情奉献和互相配合,才使得这套高水准的学术专著能够顺利出版问世。在此,我向广大读者推荐这套前沿精品著作"分子科学前沿丛书"。

中国科学院院士

上海交通大学/中国科学院上海有机化学研究所

丛书前言

作为化学科学的核心,分子科学是研究分子的结构、合成、转化与功能的科学,是化学科学发展的新形式与新阶段。可以说,20世纪末期化学的主旋律是在分子层次上展开的,化学也开启了以分子科学为核心的发展时代。分子科学为物质科学、生命科学、材料科学等提供了研究对象、理论基础和研究方法,与其他学科密切交叉、相互渗透,极大地促进了其他学科领域的发展。分子科学同时具有显著的应用特征,在满足国家重大需求、推动产业变革等方面发挥源头发动机的作用。分子科学创造的功能分子是新一代材料、信息、能源的物质基础,在航空、航天等领域关键核心技术中不可或缺;分子科学发展高效、绿色物质转化方法,助力解决粮食、资源和环境问题,支撑碳达峰、碳中和国家战略;分子科学为生命过程调控、疾病诊疗提供关键技术和工具,保障人民生命健康。当前,分子科学研究呈现出精准化、多尺度、功能化、绿色化、新范式等特点,从深度上攻坚重大科学问题,从广度上催生新领域和新方向,孕育着推动物质科学跨越发展的重大机遇。

北京大学和中国科学院化学研究所均是我国化学科学研究的优势单位,共同为我国化学事业的发展做出过重要贡献,双方研究领域互补性强,具有多年合作交流的历史渊源,校园和研究所园区仅一墙之隔,具备"天时、地利、人和"的独特合作优势。本世纪初,双方前瞻性、战略性地将研究聚焦于分子科学这一前沿领域,共同筹建了北京分子科学国家实验室。在此基础上,2017年11月科技部批准双方组建北京分子科学国家研究中心。该中心瞄准分子科学前沿交叉领域的重大科学问题,汇聚了众多分子科学研究的杰出和优秀人才,充分发挥综合性和多学科的优势,不断优化校所合作机制,取得了一批创新研究成果,并有力促进了材料、能源、健康、环境等相关领域关键核心技术中的重大科学问题突破和新兴产业发展。

基于上述研究背景,我们组织中心及兄弟高校、科研院所多位专家学者撰写了"分子科学前沿丛书"。丛书从分子体系的合成与制备、分子体系的可控组装和分子体系的功能与应用三个方面,梳理总结中心取得的研究成果,分析分子科学相关领域的发展趋势,计划出版9个分册,包括《物质结构与分子动态学研究进展》《分子合成与组装前沿》《无机稀土功能材料进展》《高分子科学前沿》《纳米碳材料前沿》《化学生物学前沿》《有机固体功能材料前沿与进展》《环境放射化学前沿》《化学测量学进展》。我们希望该套丛书的出版将有力促进我国分子科学领域和相关交叉领域的发展,充分体现北京分子科学国家研究中心在科学理论和知识传播方面的国家功能。

本套丛书是"十四五"时期国家重点出版物出版专项规划项目"化学前瞻性基础研究丛书"的系列之一。丛书既涵盖了分子科学领域的基本原理、方法和技术,也总结了分子科学领域的最新研究进展和成果,具有系统性、引领性、前沿性等特点,希望能为分子科学及相关领域的广大科技工作者和学生,以及企业界和政府管理部门提供参考,有力推动我国分子科学及相关交叉领域的发展。

最后,我们衷心感谢积极支持并参加本套丛书编审工作的专家学者、华东理工大学出版社各级领导和编辑,正是大家的认真负责、无私奉献保证了丛书的顺利出版。由于时间、水平等因素限制,丛书难免存在诸多不足,恳请广大读者批评指正!

北京分子科学国家研究中心

前言

　　放射化学是 19 世纪末 20 世纪初随着放射性的发现而诞生的一门学科。环境科学的诞生大约发生在 20 世纪 60 年代。环境放射化学是放射化学与环境科学交叉融合而诞生的一门分支学科，是从关注环境放射性而逐渐发展起来的一门应用基础学科。

　　2019 年 8 月，我正在大连休假，突然接到席振峰院士的短信，邀请我负责编写北京分子科学中心组织的系列丛书中的一册，我便欣然答应了。回到北京后，左思右想，觉得这个任务很重、很难，因为放射化学涉及的内容太多，而我的教学及研究工作涉及的范围又非常有限，组织编写放射化学前沿实在困难。幸好，我从事放射性核素在环境中的行为研究时间较长，对中国在这方面的情况还算有所了解，便提出负责编写《环境放射化学前沿》一书。事实上，环境放射化学涉及的领域也是很广泛的，包括放射性核素在土壤、大气、水体、动物、植物等环境介质中的运移、转变、转化等很多过程，20 万字左右的一本书也是很难详述其前沿的。由于中国的环境放射化学研究起步得较晚，尽管我们在某些方面的研究工作可能已经接近世界先进水平了，但在其他很多方面的研究与世界先进水平相比仍有较大的差距。因此，这本书将重点介绍我国环境放射化学研究中最核心的研究工作，以期为从事相关工作的年轻人提供一点帮助和了解，这也许是本书的特点吧。本书共有 6 章，第 1 章，环境放射化学概论，由北京大学刘春立教授编写；第 2 章，环境放射性，由兰州大学教授、中国科学院地球环境研究所研究员侯小琳编写；第 3 章，环境放射性样品分析方法，由中国辐射防护研究院戴雄新研究员编写；第 4 章，放射性碘和硒在甘肃北山花岗岩及内蒙古高庙子膨润土中的吸附和扩散,由北京大学刘春立教授编写;第5章,Np和Am的环境行为,由兰州大学郭治军教授等编写;第6章,环境介质中锝、铀的吸附与迁移行为研究,由西北政法大学谢金川研究员编写。全书由刘春立教授统稿。

由于作者水平所限,书中难免存在诸多不足,恳请广大读者批评指正。

刘春立

2023年9月

目 录

CONTENTS

Chapter 3

第 3 章
环境放射性样品
分析方法

Chapter 4

第 4 章
放射性碘和硒在甘肃
北山花岗岩及内蒙古
高庙子膨润土中的吸
附和扩散

Chapter 5

第 5 章
Np 和 Am 的
环境行为

Chapter 6

第 6 章
环境介质中钚、铀的
吸附与迁移行为研究

Chapter 1

环境放射化学概论

1.1 前言

放射化学是 19 世纪末 20 世纪初随着放射性的发现而诞生的一门学科[1]。环境科学的诞生大约发生在 20 世纪 60 年代。"环境放射化学(environmental radiochemistry)"是放射化学与环境科学交叉融合而诞生的一门分支学科,是从关注环境放射性而逐渐发展起来的一门应用基础学科。人们对环境放射性(environmental radioactivity)的关注始于 20 世纪 50 年代,当时,世界上拥有核武器的主要国家因研制核武器的需要而开展了大量的核活动,包括大量的地下和大气核试验。这些核活动向环境中释放了数量可观的放射性物质。放射性物质进入环境后,自然而然地与环境介质发生相互作用,并伴随环境介质的变化而变化,最终通过呼吸及食物链等途径进入人体,构成对人群健康的直接或潜在危害。要了解这种危害是如何发生的,进而评估环境放射性对人群危害的程度,就需要了解放射性核素在环境中的存在形式、运移方式、转移及转化过程等。因此,环境放射化学学科建立的初衷是保护人群健康。关于环境放射性的公开报道是柴姆贝尔等于 1961 年在《核能 A 和 B:反应堆科学与技术》上发表的《事故放射性沉降的环境监测》一文①。之后,人们开展了大量的有关环境放射性监测与评价工作。中国比较有影响的环境放射性监测与评价工作是 20 世纪 80 年代开展的长江水系放射性水平调查及评价[2]。近期,中国科学院地球环境研究所侯小琳研究员等组织开展的"我国环境放射性水平精细图谱建设",也是一项很重要的环境放射性调查与评价工作。环境放射化学一词最早出现在黎泽(Lieser KH,1921—2005)于 1972 年在《放射化学学报》上发表的《核化学与放射化学在环境研究和技术中的问题》一文②。在过去的半个多世纪里,作为放射化学的一个重要分支,环境放射化学在世界范围内得到了快速发展。

---

① Chamberlain A C, Garner R J, Williams D. Environmental monitoring after accidental deposition of radioactivity[J]. Journal of Nuclear Energy. parts A/B. Reactor Science & Technology, 1961, 14(1 - 4): 155, IN3, 163 - 162, IN3, 167.

② Lieser K H. Problems of nuclear chemistry or radiochemistry in the areas of environmental research and technology[J]. Radiochimica Acta, 1972, 18(3): 115 - 120.

1.2 环境放射化学的特点及内容

1.2.1 环境放射化学的特点

环境放射化学的研究内容是广泛的。鉴于环境体系的复杂性,放射性核素在环境中的行为规律也是复杂的,是随环境介质及介质性质的变化而变化的。对于同一个放射性核素,如硒-79,当研究体系具有一定的氧化性(Eh>400 mV)且是弱酸性时,硒-79可能主要以 $H^{79}SeO_3^-$ 的形式存在,在此条件下,硒-79 的吸附、扩散、迁移、富集等性质及其变化可能需要用 $H^{79}SeO_3^-$ 的性质对其进行解释和讨论。若体系的氧化性更强(Eh>800 mV),硒-79 可能主要以 $^{79}SeO_4^{2-}$ 的形式存在,此时硒-79 的环境行为的变化规律可能需要用 $^{79}SeO_4^{2-}$ 的性质进行解释。因此,了解放射性核素在特定环境条件下的存在形式是理解其环境行为的关键。由于环境条件变化的多样性,很难用放射性核素在一个地区或区域的吸附、扩散和迁移数据去解释该放射性核素在另外一个地区或区域的吸附、扩散和迁移现象。这不仅要求我们开展大量的实验研究,包括实验室研究和现场研究,还需要根据已有的数据建立相应的模型,编写相应的程序,以便能够理解或解释放射性核素的环境行为。

理解放射性核素的环境行为的目的,主要在于采取有效措施,减弱或减轻在核能发展及核技术应用中放射性核素对环境造成的污染,降低相关人群受到不必要的辐射危害。这就要求我们不仅要开展放射性核素在环境中的行为规律研究,也需要对放射性核素从环境到人体的整个过程中存在形式的变化情况,也就是对放射性核素种态的变化情况进行研究。若想了解以气态或气溶胶形式进入大气环境中的放射性核素的行为规律,就需要结合大气的运动和输运规律来了解放射性核素的行为。若想了解进入水体中的放射性核素的行为规律,则需要了解水体的一些重要性质,如酸碱度、矿物质含量、温度变化、胶体含量等。因此,环境放射化学是一门高度交叉的学科,包括放射化学、辐射化学、放射生态学、水化学、大气化学、动物学、植物学等。

目前,国际上尚没有公认的有关环境放射化学的明确定义。基于环境放射化学的相关研究内容,我们对环境放射化学做出如下定义:环境放射化学是研究放射性核素(物质)在大气、土壤、岩石、水体、动/植物等环境介质中的吸附、扩散、迁移、转化、富集、载带行为以及与这些过程有关的热力学、动力学、氧化还原、结构变化、种态变化等行为规律的一门分支学科,是放射化学与环境化学交叉形成的一门应用基础学科。20 世纪中期以来,环境放射化学主要围绕核设施退役治理及放射性废物治理开展了大量的实验室研究、现场研究和模型研究,旨在为保障核能发展及核技术应用中的环境安全提供基础科学数据和技术。

1.2.2 环境放射化学的研究内容

如前所述,环境放射化学是伴随着人们对环境放射性的关注而发展起来的一门分支学科,因此环境放射性监测与评价毫无疑问是环境放射化学的研究内容之一。环境放射性监测与评价可以针对一个事件,也可以针对一个设施。环境放射性监测的目的在于了解环境中放射性物质的水平及其变化情况,以便采取必要的措施消除或减轻其对环境及人群的危害,这就需要人们进一步了解放射性物质或放射性核素的环境行为,即放射性物质在大气、水体、岩石、动物、植物等环境介质中的存在形式和运移方式,这也是环境放射化学的主要研究内容。以水/岩体系为例,环境放射化学初期主要研究放射性核素在环境介质中的浓度分布以及其在土壤、岩石等水溶液体系中平衡时的吸附平衡分配系数(K_d)及影响因素。随着研究工作的深入,人们逐渐开始研究放射性核素在水/岩体系中吸附后形成的配合物的结构及性质,并构建了相应的模型,以便能够较好地预测核素的吸附行为随酸碱度、温度、离子强度等影响因素的变化。与此同时,随着高水平放射性废物(高放废物)地质处置地下实验室的建立,人们利用地下实验室的自然条件,开展了大量的现场核素扩散和迁移实验,并与实验室研究及模型预测结果进行比较和分析,以便总结出现场实验与实验室研究的区别及联系。由于环境体系的复杂性,环境放射性样品的处理和分析一直是一项极具挑战性的工作,尤其是复杂环境样品中微量放射性物质的测量和分析。上述三个方面的工作是环境放射化学的基础工作,也是前沿工作。

1. 吸附平衡分配系数(K_d)

放射性核素在环境介质中的吸附平衡分配系数[K_d,(mL/kg)],是评价放射性核素在环境介质中吸附、扩散和迁移能力的基础参数。它是指在确定的固液比、酸度、离子强度等条件下,处于平衡状态的水岩体系中,放射性核素在固相(以不同状态存在的土壤、岩石等环境介质)中的比活度(C_s,Bq/kg)与放射性核素在液相中的比活度(C_l,Bq/mL)的比值。

$$K_{\mathrm{d}} = \frac{C_{\mathrm{s}}}{C_{\mathrm{l}}} \qquad\qquad (1-1)$$

K_{d} 的含义是在相应的平衡条件下,单位质量的固相物质包容的放射性核素的量相当于多大体积的液相中所含有的放射性核素的量。例如 $K_{\mathrm{d}} = 1\,000$ mL/kg,意味着 1 kg 固相物质包容的放射性核素的量相当于 1 000 mL 液相中含有的放射性核素的量。K_{d} 越大,说明固相物质的包容能力越强;K_{d} 越小,表明固相物质的包容能力越弱。由于大部分固体物质表面带负电荷,以阳离子形式存在的放射性核素种态通常具有较大的 K_{d},而以阴离子形式存在的放射性核素种态通常具有较小的 K_{d}。

由于 K_{d} 是一个平衡状态下的参量,它将随体系的变化而变化,温度、pH、离子强度、胶体种类及浓度、氧浓度等的变化均可能对放射性核素的 K_{d} 产生影响。由于环境介质对特定放射性核素存在最大吸附容量,体系中若有大量的其他放射性核素或元素存在,将对放射性核素的吸附产生影响。因此,常量浓度与低浓度(小于 10^{-6} mol/L)条件下获得的 K_{d} 及其变化规律通常是不完全相同的。

静态吸附实验(又称批式吸附实验)是获得 K_{d} 的最常用实验室研究方法。利用静态吸附实验方法计算放射性核素在固液两相间的 K_{d} 的公式如下:

$$K_{\mathrm{d}} = \frac{(A_0 - A_{\mathrm{e}})}{A_{\mathrm{e}}} \times \frac{V}{m} \qquad\qquad (1-2)$$

式中,A_0 为体系中放射性物质的总活度,Bq;A_{e} 为体系平衡时液相中放射性物质的活度,Bq;V 为初始液态物质的体积,mL;m 为固态物质的质量,g。K_{d} 的计算中包含 4 个量:A_0、A_{e}、V 和 m,其中 A_0 和 A_{e} 的测量为放射性计数测量,当其值较小时,测量误差是比较大的。因此,K_{d} 的结果表示应该给出其误差范围。若 A_0 和 A_{e} 的测量均为单次测量,K_{d} 的相对误差可用式(1-3)计算:

$$\frac{\sigma_{K_{\mathrm{d}}}}{K_{\mathrm{d}}} = \sqrt{\left(\frac{\sigma_V}{V}\right)^2 + \left(\frac{\sigma_m}{m}\right)^2 + \left(\frac{\sigma_{(A_0 - A_{\mathrm{e}})}}{A_0 - A_{\mathrm{e}}}\right)^2 + \left(\frac{\sigma_{A_{\mathrm{e}}}}{A_{\mathrm{e}}}\right)^2} \qquad (1-3)$$

只要 V 和 m 不是很小(如 $V > 5.0$ mL,$m > 0.20$ g),测量它们的精确度<0.5%是很容易做到的,这与测量放射性的误差相比要小得多,可以忽略不计。于是有:

$$
\begin{aligned}
\frac{\sigma_{K_{\mathrm{d}}}}{K_{\mathrm{d}}} &= \sqrt{\left(\frac{\sigma_V}{V}\right)^2 + \left(\frac{\sigma_m}{m}\right)^2 + \left(\frac{\sigma_{(A_0 - A_{\mathrm{e}})}}{A_0 - A_{\mathrm{e}}}\right)^2 + \left(\frac{\sigma_{A_{\mathrm{e}}}}{A_{\mathrm{e}}}\right)^2} \\
&\approx \sqrt{\left(\frac{\sigma_{(A_0 - A_{\mathrm{e}})}}{A_0 - A_{\mathrm{e}}}\right)^2 + \left(\frac{\sigma_{A_{\mathrm{e}}}}{A_{\mathrm{e}}}\right)^2} = \sqrt{\frac{A_0 + A_{\mathrm{e}}}{(A_0 - A_{\mathrm{e}})^2} + \frac{A_{\mathrm{e}}}{A_{\mathrm{e}}^2}} \\
\sigma_{(A_0 - A_{\mathrm{e}})} &= \sqrt{(\sigma_{A_0})^2 + (\sigma_{A_{\mathrm{e}}})^2} = \sqrt{A_0 + A_{\mathrm{e}}}
\end{aligned}
\qquad (1-4)
$$

假设 $A_0 = 1.0 \times 10^4$ Bq，$A_e = 2.5 \times 10^3$ Bq，$V = 5.0$ mL，$m = 0.20$ g，根据式（1-2）计算得到 $K_d = 75$ mL/g。若上述放射性测量的本底计数很小，其误差可忽略不计，则有：

$$\sigma_{A_0} = \sqrt{A_0} = 100，\quad \sigma_{A_e} = \sqrt{A_e} = 50$$

$$A_0 - A_e = 7\,500 \text{ Bq}，\quad \sigma_{(A_0 - A_e)} = \sqrt{\sigma_{A_0}^2 + \sigma_{A_e}^2} = 119$$

$$\sigma_{K_d} = K_d \times \sqrt{\left(\frac{\sigma_{(A_0 - A_e)}}{A_0 - A_e}\right)^2 + \left(\frac{\sigma_{A_e}}{A_e}\right)^2} = 75 \times \sqrt{(119/7\,500)^2 + (50/2\,500)^2}$$

$$= 75 \times \sqrt{0.000\,651\,75 + 0.000\,4} = 75 \times 0.025\,5 = 1.9 \approx 2$$

$$K_d = (75 \pm 2) \text{ mL/g}$$

通常，由于环境中放射性核素或放射性物质的浓度或比活度都比较小，其放射性测量中又存在很多影响因素，实验得到的 K_d 的误差是较大的，这就要求相关研究者在给出实验结果时要标出相应的误差，以便对实验结果做出客观的评价。

2. 扩散系数（D）

为了解放射性核素在环境介质中的扩散，通常需要得到有关核素在相应条件下的扩散系数（D）。根据 Fick 第一定律，在一维扩散条件下，当扩散物质穿过界面由高浓度一侧向低浓度一侧扩散时，其扩散通量[J，mol/（m^2·s）]可表示为

$$J = -D_m \frac{\partial C}{\partial x} \tag{1-5}$$

式中，D_m 为核素在相应条件下的扩散系数，其量纲为单位时间内核素扩散的面积（m^2/s）；C 为扩散物质在 x 处的浓度，mol/L。很明显，易扩散的核素种态有较大的扩散系数，而不易扩散的核素种态则有较小的扩散系数。如铀在大气条件下通常以 6 价铀（UO_2^{2+}）的形式存在，但在大气/水环境条件下，当体系中有大量的碳酸根存在时，铀则可能会形成 UO_2CO_3、$UO_2(CO_3)_2^{2-}$ 和 $UO_2(CO_3)_3^{4-}$ 等种态。由于每个种态所带的电荷不同，它们在不同矿物表面上的吸附和扩散也不尽相同。也就是说，它们在不同的水岩体系中的吸附和扩散是随体系的变化而变化的。换言之，它们在中国西部和东部不同地区的环境行为是不尽相同的。因此，要想了解铀等放射性元素在环境中的行为规律，仅基于相同条件下的研究结果可能是不够的，还需要开展大量的不同条件下的实验研究。

放射性核素在环境中的不同存在形式，决定了它们的吸附和扩散能力的不同。由

于地表或地下水流的影响,在一个小区域内存在的放射性物质会随径流作用而扩散至更大的区域,造成更大面积的放射性物质的存在。因此,在环境放射化学领域,人们不仅关注放射性核素的吸附问题,更关心的是放射性核素在环境介质中的扩散问题。鉴于环境介质大多为孔隙介质,下面以孔隙介质为例讨论几个扩散系数之间的关系。

对于多孔介质,按其孔隙的开放程度及其与其他孔隙的连通关系,主要分为三类孔隙,即传输孔隙、扩散孔隙和残余孔隙。传输孔隙系指可以通过水流传输放射性物质的孔隙,也就是环境介质中较大的水流可以顺畅流过的孔隙。这类孔隙通常比较直,孔隙中间没有或很少有矿物颗粒的存在(图 1-1 中的 1)。扩散孔隙,即孔隙中没有水流通过,但其中包含水,放射性物质在其中可通过扩散的方式从一个位置转移到另一个位置(图 1-1 中的 2)。残余孔隙,系指与其他孔隙没有连通的孔隙,如图 1-1 中的 3 所示的孔隙。在存在水流的情况下,放射性物质通常主要通过传输孔隙迁移。由于传输孔隙的孔径较大,可同时传输的核素种态可能不止一种,如带正电荷、带负电荷、不带电荷的核素种态等。孔隙壁表面通常也带有负电荷,因此带正电荷和不带电荷的核素种态可在整个孔隙的截面上进行传输,而带负电荷的核素种态则由于同性电荷的排斥作用而只能在孔隙的中间部位进行传输。由于水分子是偶极子,在孔隙壁附近的水分子由于与孔隙壁上的负电荷存在相互吸引而运动较慢,位于孔隙截面内侧的水分子则相对运动较快。因此,若测量通过一个均匀孔隙介质柱体后的放射性物质或放射性核素的比活度,就会发现如高锝酸根(TcO_4^-)一类的带负电荷的核素种态的平均迁移速率可能大于水分子的平均运动速率。这就是所谓的阴离子排斥效应。当然,阴离子排斥效应的强弱因核素种态的不同而不同。一般而言,核素种态所带的负电荷越多,质量越小,阴离子排斥效应就会越明显。下面就孔隙介质的一些基本参数做简要介绍。

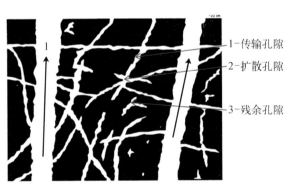

1—传输孔隙
2—扩散孔隙
3—残余孔隙

图 1-1　多孔介质中的三类孔隙示意图

(1) 孔隙率(ε)

孔隙率(porosity)是描述孔隙介质特性的重要参数,是指孔隙介质中的孔隙体积占介质总体积的比值,通常用 ε 表示。岩石的孔隙率多在 10^{-3} 数量级,而黏土类矿物的孔隙率可高达 10^{-1} 数量级。若分别以 ε_t、ε_d、ε_r 和 ε_c 表示孔隙介质的传输孔隙率、扩散

孔隙率、残余孔隙率和连通孔隙率,则它们满足如下关系:

$$\varepsilon = \varepsilon_t + \varepsilon_d + \varepsilon_r \tag{1-6}$$

$$\varepsilon_c = \varepsilon_t + \varepsilon_d \tag{1-7}$$

孔隙介质中的开放性孔隙体积与其总体积的比值常用 ε_p 表示(角标 p 代表孔隙),即 $\varepsilon_p = \varepsilon_c$。在多孔介质中,溶质主要在传输孔隙及扩散孔隙中扩散,残余孔隙对溶质扩散的贡献很小,可忽略。孔隙介质的孔隙率可认为是传输孔隙率与扩散孔隙率之和,即

$$\varepsilon = \varepsilon_t + \varepsilon_d + \varepsilon_r \approx \varepsilon_t + \varepsilon_d = \varepsilon_c = \varepsilon_p \tag{1-8}$$

于是,用于描述溶质在多孔介质中扩散的 Fick 第一定律可表示为

$$J = -\varepsilon_p D_p \frac{\partial C_p}{\partial x} \tag{1-9}$$

式中,D_p 为孔隙扩散系数,m^2/s;C_p 为物质在孔隙中的浓度,mol/m^3。

在孔隙介质内部,核素或污染物扩散的孔隙大部分并不是直的而是弯曲的,核素在孔隙中的扩散也因此受到影响,这种影响用孔隙的曲折度来描述,如图 1-2 所示。曲折度(tortuosity)是指连接孔隙两端的实际长度与直线长度的比值,用 τ 表示,$\tau \geqslant 1$。同时,孔隙的直径也不是均匀的,常用不均匀系数(nonuniform contrictivity)δ 来表示。δ 可理解为孔隙的最小直径和最大直径之比,$0 \leqslant \delta \leqslant 1$。

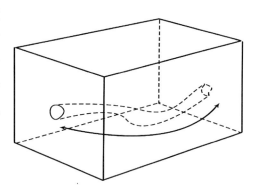

图 1-2　孔隙介质中孔隙曲折度和非均匀度的示意图

考虑到曲折度和非均匀度的影响,D_p 与 D_m 两者之间的关系可表示为

$$D_p = \frac{\delta}{\tau^2} D_m = F_g D_m \tag{1-10}$$

式中,F_g 为孔隙的几何因子。实际测量 δ 和 τ 都是很困难的,因此通常将 δ/τ^2 作为整体加以考虑,并称其为孔隙的几何因子。通过柱法实验可求得 D_p,利用式(1-10)即可计算出 F_g。

(2)有效扩散系数(D_e)

对于溶质在多孔介质中的扩散而言,其孔隙扩散系数与孔隙率之积——$\varepsilon_p D_p$,即溶质在多孔介质中扩散的有效扩散系数(effective diffusion coefficient),通常用 D_e 表

示,即

$$D_e = \varepsilon_p D_p = \varepsilon_p \frac{\delta}{\tau^2} D_m = F_f D_m \qquad (1-11)$$

式中，$\varepsilon_p \dfrac{\delta}{\tau^2}$ 体现了孔隙介质的整体特征，可用构成因子 F_f（formation factor）表示。F_f 综合反映了多孔介质的曲折度、不均匀度、孔隙率等参量，在一定程度上反映多孔介质的总体构成状况。

（3）表观扩散系数（D_a）

对于某些可在介质上发生吸附作用的放射性核素而言，其在多孔介质中扩散时，因与介质表面的吸附作用而导致其平均扩散速率有所减小，即与其他的不能与介质表面发生吸附作用的核素相比，其平均扩散速率减小了，我们称这种现象为迟滞现象，即这类核素与固相表面的吸附作用对其在孔隙中的扩散起到了一定程度的减缓。表观扩散系数（apparent diffusion coefficient）便是反映放射性物质或放射性核素在孔隙介质中发生吸附、扩散、阴离子排斥效应等综合现象的一个参量，是衡量放射性核素在孔隙介质中表观性质的最重要参数。为深入理解表观扩散系数，我们需要先了解迟滞因子和容量因子。

迟滞因子 R（retardation factor）由式（1-12）定义：

$$R = 1 + K_d \rho \frac{(1-\varepsilon_p)}{\varepsilon_p} \qquad (1-12)$$

式中，ρ 为多孔介质的密度。对于孔隙率小于 1% 的孔隙介质，$1 - \varepsilon_p \approx 1$，因此式（1-12）可简化为式（1-13）：

$$R = 1 + K_d \frac{\rho}{\varepsilon_p} \qquad (1-13)$$

容量因子 α（capacity factor）由式（1-14）定义：

$$\alpha = R\varepsilon_p = \varepsilon_p + K_d \rho(1-\varepsilon_p) \qquad (1-14)$$

顾名思义，容量因子指单位体积或质量的孔隙介质可容纳放射性物质或核素多少的一个量度。α 越大，表明单位体积或质量的孔隙介质可吸附或容纳的放射性物质的量越多；α 越小，表明单位体积或质量的孔隙介质可吸附或容纳的放射性物质的量越少。当 $K_d = 0$ 时，$\alpha = \varepsilon_p$，即孔隙介质对不发生任何吸附作用的放射性核素的容量因子即孔隙介质的孔隙率。

于是,表观扩散系数可表示为

$$D_a = \frac{D_p}{R} = \frac{D_p}{1 + K_d \rho \dfrac{(1-\varepsilon_p)}{\varepsilon_p}} = \frac{\varepsilon_p D_p}{\varepsilon_p + K_d \rho (1-\varepsilon_p)} = \frac{D_e}{\alpha} \qquad (1-15)$$

从式(1-15)中可以看出,孔隙介质的容量因子 α 越大,放射性物质或放射性核素的表观扩散系数越小;孔隙介质的容量因子 α 越小,放射性物质或放射性核素的表观扩散系数越大。由此可见,对于非吸附型放射性物质或放射性核素而言,因 $K_d = 0$, $\alpha = \varepsilon_p <$ 1,则有 $D_a > D_e$;而对于其他类型的放射性物质或放射性核素而言,D_a 与 D_e 的相对大小则取决于容量因子 α 的大小。为获得某放射性物质或放射性核素在特定水岩体系中的吸附平衡分配系数 K_d 或表观扩散系数 D_a,通常需要开展静态吸附实验和扩散实验。下面简要介绍静态吸附实验和传统扩散实验的方法和技术。

3. 静态吸附实验方法、技术及问题

静态吸附实验,一般是在具塞的容器(如 10 mL 聚乙烯具塞离心管)中进行的。将固态样品(如甘肃北山花岗岩粉末或高庙子膨润土)与液态样品(如甘肃北山地下水)配置成一定固液比的混合体系,充分振荡,使固态物质与液态物质间的相互作用达到平衡状态,通常至少需要 1 d 的时间。测量该混合体系的理化参数,如酸度、离子浓度、氧化还原电位等。然后,向该混合体系中加入已知的放射性物质或放射性核素,再充分振荡使之再次达到平衡,通常需要 3~5 d 的时间。然后,再将混合体系分离得到固态部分和液态部分,分别测量固态部分和液态部分的放射性比活度,即可得到在上述条件下该放射性物质在固液两相间的平衡吸附分配比参数 K_d(mL/g),通常称之为分配系数。

由此可见,K_d 是在特定条件下,放射性物质或放射性核素在固液两相间平衡时,固液相的放射性比活度之比值,它是随体系的变化而变化的,不是一个固定不变的参数,尤其对环境体系而言。由于在特定的条件下,放射性核素主要是以某个种态形式存在的,这种特定的种态与固态物质的作用方式也基本上是固定的。因此,若这种放射性核素的种态能够在固态物质上发生吸附作用,随着体系作用时间的增加,放射性核素在固态物质上的吸附量将逐渐增加,最终达到一个平衡状态。

图 1-3 为在液相为 pH = 3.5±0.1、0.10 mol/L NaClO$_4$ 溶液的条件下,Se(Ⅳ)在北山花岗岩中的吸附量随时间的变化。从图 1-3 可以看出,在上述条件下,硒在北山花岗岩上的吸附平衡时间大约是 5 d(120 h)。图 1-4 为水溶液中硒的 Eh-pH 图。结合图

1-3和图1-4可以看出,在上述实验条件下,硒可能主要以亚硒酸氢根(HSeO₃⁻)的形式存在。仅仅知道放射性核素的主要存在种态,仍然不能理解其吸附特性,我们还需要了解此时北山花岗岩的表面带电情况。

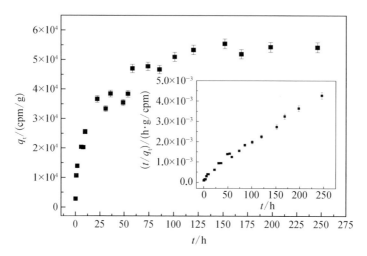

图1-3　Se(Ⅳ)在北山花岗岩中的吸附量随时间的变化[3]

(小图为120 h 之内的吸附量随时间的变化,$I = 0.10 \, \text{mol/L NaClO}_4$,pH = 3.5±0.1)

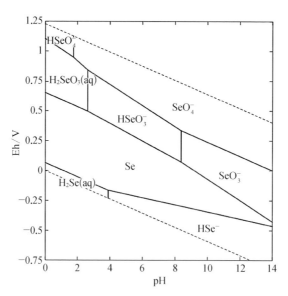

图1-4　水溶液中硒的 Eh-pH 图,(Se)$_{\text{tot}}$ = 1.0×10⁻⁶ mol/L

图 1-5 为北山花岗岩粉末样品的表面质子过剩随 pH 的变化。从图中可见,在 pH = 3.5 的条件下,花岗岩粉末样品表面是带正电荷的。因此,我们可以这样来理解主要以 $HSeO_3^-$ 形式存在于 0.10 mol/L $NaClO_4$ 溶液中的硒与北山花岗岩的作用过程。首先是异性电荷间的相互吸引,在 $HSeO_3^-$ 被吸引到花岗岩表面上之后,可能会与花岗岩表面上裸露的某些元素,例如 Fe,发生相互作用。随着越来越多的 $HSeO_3^-$ 被吸引到花岗岩表面上,花岗岩表面上的正电荷逐渐减少,被吸引到花岗岩表面上的 $HSeO_3^-$ 的量也必然逐渐减少,最后达到一个平衡状态。因此,在图 1-3 中,硒在甘肃北山花岗岩上的吸附有一个吸附量快速增长的过程,这个过程小于 10 h,之后,被吸附到花岗岩表面上的 $HSeO_3^-$ 的量缓慢增长。对于这一缓慢增长过程,我们可以理解为:吸附到花岗岩表面上的 $HSeO_3^-$ 可能会与 Fe^{2+} 发生相互作用生成 $FeSeO_3$;或发生氧化还原反应生成 SeO_4^{2-}。其相关反应的方程式如下:

$$4Fe^{2+} + O_2 + 4H^+ === 4Fe^{3+} + 2H_2O$$

$$2Fe^{3+} + H_2O + HSeO_3^- === 2Fe^{2+} + SeO_4^{2-} + 3H^+$$

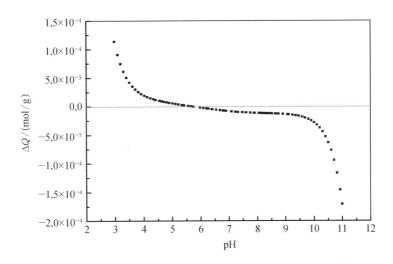

图 1-5　北山花岗岩粉末样品的表面质子过剩随 pH 的变化[4]

$HSeO_3^-$ 在花岗岩表面上发生的氧化还原反应是一个较慢的过程。当花岗岩表面上的亚铁离子消耗殆尽时,整个吸附过程就达到了最后的平衡阶段。整个过程需要 4~5 d。

因此,硒在花岗岩上的吸附是由多种因素决定的,其吸附机理在不同的条件下可能是不同的。在这个过程中,需要注意的是,由于单位面积花岗岩颗粒上的电荷数量是有限的,花岗岩表面上裸露的亚铁离子或其他可与亚硒酸氢根发生氧化还原反应的离子的数量也是有限的,当液相中含有大量亚硒酸氢根的时候,可能观测不到第一阶段的静电吸附过程和第二阶段的氧化还原过程,而很可能得到一个快速达到平衡态的吸附过程。这就是用常量核素浓度开展静态吸附实验中常见的现象。因此,用较高浓度($\geqslant 10^{-4}$ mol/L)的稳定同位素开展模拟放射性核素吸附的静态吸附实验得到的吸附量随时间的变化曲线可能与用低浓度($\leqslant 10^{-6}$ mol/L)的放射性核素开展的静态吸附实验的结果会不尽相同。与此类似,在不同的酸度条件下得到的实验结果也可能是不同的。因此,低浓度的放射性核素在不同环境条件下的吸附机理与常量的稳定元素的吸附机理可能是不同的,其污染治理的方式和方法也因此不同。这就需要我们开展大量的实验室和野外实验研究,以确定在不同的环境条件下,关键放射性核素的主要存在种态(化学元素可能存在的各种形式统称为种态)及最可能的与环境介质的相互作用方式,以便采取最适宜的措施进行污染治理。

4. 扩散实验方法、技术及问题

放射性物质对人群健康造成影响的另一个方面是放射性物质在环境中的扩散和迁移,正是这种扩散和迁移使放射性物质得以从一个区域扩散到另外一些区域。放射性物质在大气中的扩散和迁移受大气环境的影响,在水体中的扩散和迁移则受水体环境的影响。这里,我们以放射性物质在水/岩体系中的扩散问题为例,简要介绍扩散实验的方法、技术及问题。

扩散系数是评价放射性物质或放射性核素在水/岩体系中扩散和迁移的重要参数之一。扩散参数的获取方法主要有实验室研究和现场实验研究。由于现场实验研究要求有相应的野外实验条件,如地下实验室、特定的野外实验场所等,实施起来比较困难,因此,大部分的研究工作是在实验室内完成的。

在实验室内获取放射性核素在水/岩体系中的扩散参数比较常用的研究方法,主要有通透扩散法(through-diffusion)、内扩散法(in-diffusion)、外扩散法(out-diffusion)、柱法实验(column test)等,通过这些方法可以获得相应的扩散系数及吸附平衡分配系数。其中,利用小而薄的片状样品进行的通透扩散法和内扩散法是研究放射性核素扩散的经典方法。通透扩散法可直接获得放射性核素的穿透曲线,经数学处理可获得有效扩散系数等重要参数,比较适用于研究非吸附型核素及弱吸附型核素的扩散特性;内扩散法则适合于获得具有较强吸附型核素的扩散系数。下面就几种典型的扩散实验方法作简要介绍。

（1）通透扩散法

通透扩散法是指待研究核素在浓差的作用下，从扩散装置的高浓度一侧穿透扩散介质扩散到低浓度一侧的实验方法，是获取放射性核素在环境介质中扩散系数的经典实验方法之一。通透扩散实验要求扩散装置两侧的液面高度相同，即高浓度一侧与低浓度一侧的液面高度相同，这样就避免了放射性核素在扩散过程中，因发生液相流动而造成的弥散问题。由于通透扩散法避免了对流过程（advection process）对扩散过程的干扰，通常可获得比较可靠的扩散数据。

图 1-6 所示为瑞士 PSI 设计的一种比较典型的通透扩散实验装置[5,6]。此扩散装置由两个储液池和一个中心扩散池组成，目标扩散介质固定于中心扩散池中间，两个储液池分别为高核素浓度的源液池（source reservoir）和低核素浓度的取样池（sampling reservoir），借助蠕动泵的作用使储液池中的溶液进入中心扩散池介质两侧并实现整个系统的持续循环。在系统持续循环的过程中，目标核素将从高浓度侧向低浓度侧扩散。在确定的边界条件下，通过拟合取样池中核素的浓度随时间的变化，即可计算得到核素

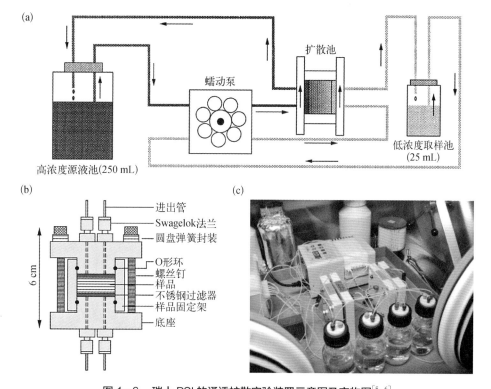

图 1-6　瑞士 PSI 的通透扩散实验装置示意图及实物图[5,6]

（a）扩散装置设计图；（b）扩散池结构示意图；（c）扩散装置实物图

在目标介质中的有效扩散系数(D_e)及吸附平衡分配系数(K_d)等关键参数,而且可以通过改变溶液/介质体系的实验环境来探讨相关因素如温度、pH、离子强度、氧浓度、胶体等对核素在目标介质中扩散和吸附行为的影响。

（2）内扩散法及外扩散法

内扩散法是另外一种重要的扩散实验方法。一般是将扩散介质制成柱状或饼状,使含有放射性核素的溶液接触扩散介质的一端,溶液由介质外侧向内部扩散,并通过测量目标核素在扩散介质中的扩散距离随时间的变化来研究核素的扩散行为。与内扩散法相对应,外扩散法则是将放射性核素埋置在扩散介质内部(通常是中间),让核素在扩散介质中从内向外扩散,同样通过测量核素在介质中的扩散距离随时间的变化来研究核素的扩散行为。

毛细管法是一种典型的内扩散法。用毛细管作为实验工具实现了传统内扩散法扩散装置的小型化及便捷化。2003年,王祥科及其合作者将毛细管法应用到核素迁移研究中,其方法原理如图1-7所示。将考察介质的颗粒物填入毛细管中,进行压实处理后,将毛细管浸泡在装有核素的溶液中,毛细管一端封口,另一端敞开,使核素在介质中扩散;扩散结束后将毛细管定长切割后再进行放射性计数测量,从而推算出放射性核素在对应介质中的扩散系数及吸附分配比系数等参数。

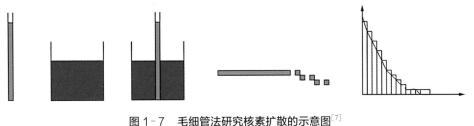

图1-7　毛细管法研究核素扩散的示意图[7]

与通透扩散实验相比,内扩散法的优势在于实验所需时间较短,其缺点是需要测量核素在固相中的浓度分布,在实验操作上相对困难些。由于实验中所用毛细管的长度有限(通常小于20 cm),实验中获取的数据点通常相对较少,这必然会造成在拟合实验数据时引入较大的误差;同时,由于在毛细管的切割过程中需要避免交叉污染,这就要求具有一定经验的研究人员来开展此项工作,否则,其结果的重复性就较差。此外,内扩散法只能得到表观扩散系数 D_a,无法直接获取有效扩散系数 D_e 的数值。表观扩散系数 D_a 是一个综合性参数,在反映扩散过程的内在机理方面不如有效扩散系数 D_e。

（3）柱法实验

柱法实验是通过将目标扩散介质填充成柱状体后,从扩散柱的一端以恒定流速注入核素溶液,而在扩散柱的另一端检测流出液中核素的浓度,从而得到相关核素在流出液中的浓度随时间的变化曲线(也称流出曲线)。用对流弥散方程的解析解对实验数据点进行拟合,即可得到相关核素在目标扩散介质中的弥散系数 D_d(dispersion coefficient)及吸附平衡分配系数 K_d 等参数。柱法实验可以通过改变注入溶液的流速及其他条件来考察水动力学及相关因素的影响,是研究核素在环境介质中迁移行为的一种经典实验方法。图 1-8 所示为法国 F. Bazer-Bachi 等设计的一种柱法实验装置。

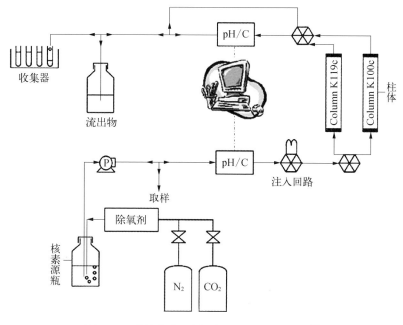

图 1-8　柱法实验研究核素迁移行为的示意图[8]

与通透扩散实验相比,柱法实验的周期更短些,花费也更少,而且相对于批式吸附实验,获取的 K_d 等参数的数值更接近实际情况,在核素迁移研究方面有较好的应用前景[8]。

1.3　环境放射化学的主要研究方向及热点

1.3.1　环境放射化学的主要研究方向

纵观国内外从事环境放射化学研究工作者的工作内容,环境放射化学主要包含以下研究内容。

(1) 环境放射性研究。这主要指的是研究环境中放射性物质的来源以及浓度变化趋势,以便评价和分析环境放射性与人群健康之间的关系。环境放射性研究通常包括样品采集、样品保存、样品处理和分析。由于一个国家不同区域同类环境样品的组成可能存在差异,这就需要建立比较统一的样品采集、保存、处理和分析方法。鉴于不同实验室的人员组成及素质不同,要求经常进行不同实验室间的样品测量结果比对,以避免可能出现的测量结果的系统误差或方法误差。开展区域性或全国性的环境放射性研究工作需要依托国家层面的统筹协调和全国多家单位和部门的协作。

(2) 环境放射性样品分析。由于环境介质的组成相当复杂,且不同地区,甚至同一地区不同深度的土质成分也不尽相同,而环境样品中放射性物质的量通常是很少的,通常小于 10^{-7} mol/kg,这就给准确分析环境样品中放射性物质的浓度带来挑战。不同核素的化学性质和核衰变方式不同,其在不同环境条件下的存在种态也不尽相同,这也给环境放射性样品的分析工作提出了很大的挑战,需要针对不同核素的核衰变性质和化学性质建立相应的样品采集、处理、分离和分析方法,以便给出合理的测量结果。因此,准确给出环境放射性样品的浓度水平是一个极具挑战性的工作,这将永远是环境放射化学的重要研究内容之一。

(3) 关键放射性核素在环境介质中的吸附、扩散和迁移研究。这是目前在世界范围内最活跃的研究方向之一。由于核技术的广泛应用,环境中人工放射性物质的盘存量在不断增加,放射性物质对人群健康的影响越来越受到关注。研究并掌握关键放射性核素在环境介质中的吸附、扩散和迁移规律,对探究放射性物质在环境中的运移行为至关重要,可为评价放射性物质对环境的影响提供科学依据。前两部分的研究内容分别在第 2 章和第 3 章有详细介绍。这里就环境放射化学在放射性废物处置领域的应用作简要介绍。

1.3.2　环境放射化学的研究热点

随着核电的发展,乏燃料的积存量不断增加,乏燃料在站积存风险也不断增大。消除乏燃料在站积存风险的方法之一是安全处置。我国采取的核燃料循环政策是闭式循环,即经核电站焚烧后的燃料元件(我们称之为乏燃料)需要进行后处理,以便提取有用的核材料如钚- 239 等核素。乏燃料后处理之后将产生数量可观的高水平放射性废液(高放废液),高放废液经玻璃固化后形成高放废物玻璃固化体。这是我国高放废物地质处置的主要固体废物形式。另外,有些核电站产生的乏燃料可能不适合进行后处理,这部分乏燃料可能需要直接处置。

高放废物的地质处置是一个世界性难题,有关的研究可以追溯到 20 世纪 60 年代。但是,直到 2023 年初,世界上尚没有一座已建成并投入运行的商用高放废物地质处置库。其主要原因是人们担心埋置在处置库中的乏燃料或高放废物玻璃固化体会在未来某一时间,因地质处置库的失效而释放出放射性核素。这些放射性核素会随着地下水的运动而进入人类的生存环境,进而对涉及的人群造成额外的辐射损伤。尽管这类事件发生的概率很小,时间跨度也许会长达上千年。为确保高放废物地质处置库的长期安全性,人们开展了大量的关键放射性核素,诸如锝-99、碘-129、硒-79、氯-36、镅-241、钚-239、镎-237 等在候选高放废物地质处置库围岩,如黏土岩、花岗岩、凝灰岩以及表层土壤、动物、植物等环境介质中的吸附、扩散、迁移、转换、分布、载带、富集、转化等研究,这促进了世界范围内环境放射化学的发展。

中国的高放废物地质处置研发工作始于 20 世纪 80 年代[9]。经过近 40 年的研究,目前普遍认为甘肃北山新场地段可以作为中国首座高放废物地质处置地下实验室的建造地。地下实验室约位于地表以下 400~600 米深处。预计 2027 年前后,中国首座高放废物地质处置地下实验室可能会建造完成并开展相应的研究。

中国是世界上为数不多的具有完整核工业体系的国家之一。核燃料循环(从矿冶到后处理)的每个环节都产生放射性废物,其中大部分是低、中水平放射性废物,少部分为高水平放射性废物(高放废物)。中国的高放废物主要来源于压水堆核电站、军工核设施、重水反应堆(CANDU)核电站和将来可能建造的高温气冷堆核电站[10]。压水堆核电站产生的乏燃料经后处理最终将产生高放玻璃固化体、高放固体废物和阿尔法(α)废物。军工核设施在生产、退役和治理阶段,最终也将产生高放玻璃固化体、高放固体废物和 α 废物。CANDU 反应堆核电站和将来可能建造的高温气冷堆核电站产出的乏燃料,目前还没有相关的处理政策,其高放废物的最终形式尚无法确定,但很可能是乏燃料元件棒及一定形态的固体废物。此外,研究堆、核潜艇以及未来核航母反应堆的乏燃料经后处理也将产生高放固体废物,但其数量有限。

随着我国核工业的发展,高放废物的处理和安全处置已经成为体现国家科技水平、经济实力、社会和环保意识提升的重要挑战之一。这体现在如何安全有效地处置军工核设施生产过程中业已产生的高放废物、核电站反应堆乏燃料后处理产生的高放废物以及我国存在的某些可能不宜后处理的乏燃料。特别需要指出的是,我国军工核设施已经暂存了一定量的高放废液,急需进行玻璃固化和最终地质处置。

根据 2007 年 10 月国务院批准的《国家核电中长期发展规划(2005—2020 年)》,我国大陆到 2020 年投入运行的核电装机容量将达到 40 GWe,在建装机容量 18 GWe[10]。以 58 GWe 为基础计算,至 2020 年我国将积存约 10 300 tHM(吨重金属)乏燃料(其中压水堆乏燃料约 7 000 tHM,重水堆乏燃料约 3 300 tHM)。2020 年之前建成和在建的核电站反应堆,全寿期将产生约 82 630 tHM 乏燃料。2020 年以后,每座新建的百万千瓦级核电站,每年将产生约 22 tHM 乏燃料,全寿期将产生约 1 320 tHM 乏燃料。

截至 2020 年 9 月 30 日,我国大陆共有 62 个核电机组,其中有 49 个机组装料投入运行,分布在 18 座核电厂中,装机容量为 51 GWe。如果我国核电规模达到 100 GWe,核电站全寿期产生的乏燃料总量将达到约 14 万吨。安全处置军工高放废物和核电站产生的高放废物,是确保我国环境安全和核工业可持续发展的必然要求。

目前,世界上的核能主要是铀-235(^{235}U)中子诱发裂变反应产生的裂变能。核燃料元件中的 ^{235}U 发生热中子诱发裂变产生大量的裂变碎片核素(裂片核素),如 ^{137}Cs、^{90}Sr、^{147}Pm、^{99}Tc 等,^{238}U 则发生中子俘获反应产生 ^{237}Np、^{239}Pu、^{241}Am 等超铀核素。与此同时,核燃料元件包壳、控制棒中的元素则发生中子活化反应,产生中子活化产物。因此,高放废物中的核素组成相当复杂,既有半衰期较短的释热核素($^{134/137}$Cs、^{90}Sr 等),又有在环境介质中易于迁移的核素(^{99}Tc、^{129}I、^{79}Se、^{36}Cl 等),还有半衰期长、毒性大的超铀核素(^{237}Np、^{239}Pu、^{241}Am 等)。因此,高放废物的安全处置一直是一个世界性难题。

半个多世纪的研究表明,适宜的深地质处置,即把含高放废物固化体的废物包装容器(铸铁等)埋置在地下 500~1 000 米的稳定地质体中,可将高放废物与人类的生存环境长期有效隔离。这种埋置高放废物固化体的地下设施称作高放废物地质处置库。考虑到高放废物地质处置的复杂性,人们将高放废物地质处置库设计为多重屏障(工程屏障和天然屏障)体系。工程屏障包括废物体、废物包装容器和缓冲回填材料等,天然屏障则为岩性适宜的地质岩体(围岩)。

在地质活动或自然灾害(如地震等)的作用下,在未来上万年或更长的时间跨度内,处置库可能会受到侵扰而失去其对高放废物的隔离作用,地下水将通过围岩、缓冲回填材料及废物包装容器与废物体接触;废物体中的放射性核素则通过浸出、扩散和迁移等过程最终进入生物圈。前已述及,高放废物中含有半衰期大于百万年的核素(如超铀核素 ^{237}Np,$t_{1/2} = 2.14 \times 10^6$ a),若这类核素从废物库中释放出来并最终进入处置库周围的生态环境中,可能会对相关人群产生额外的辐射剂照射量,因此要求高放废物地质处置库的安全监管期限长达万年或十万年。对高放废物如此长时间的隔离(实质上是对一些关键放射性核素的隔离)所依赖的屏障主要是围岩,尽管废物体、废物包装容器和缓冲回填材料可在一定程度上阻止地下水的侵入和放射性核素的释放。由此可见，建造高放废物地质处置库的核心任务是选择适宜的处置库围岩并评估其适宜性。在一些国家，由于可供选择的围岩种类较少（如瑞典和芬兰只能选择花岗岩），其处置库建造及安全评价的中心相应地转移到围岩的稳定性研究、废物体的包容性能研究、废物包装容器的抗腐蚀性研究及回填材料的缓冲吸附性能研究等；而对于围岩种类相对较多的国家而言，处置库围岩的选择则毫无疑问是处置库建造的重心。无论在什么情况下，由于我们最关心的是放射性核素对相关人群和环境的影响，研究关键放射性核素在处置库条件下的化学性质及其与处置库围岩、缓冲回填材料和处置库周围环境介质之间的相关作用都是至关重要的。

我国核电的发展必然在一定的时间内产生数量可观的乏燃料，对这些乏燃料进行后处理将产生数量可观的高放废物玻璃固化体，加上少量核电站卸出的乏燃料固体废物，到 21 世纪中叶，预计我国积存的高放固体废物将达到必须进行安全处置的规模。

高放废物的安全处置是世界上许多国家面临的集科技、政治、经济、社会稳定和环境保护为一体的重大问题之一。由于高放废物中含有放射性强、发热量大、毒性大、半衰期长的核素，将它们与人类的生存环境长期、有效隔离是一道极为棘手的科学难题，涉及物理、化学、数学、水文地质、工程地质等多个学科领域，是一项多学科高度交叉、密切协作的大工程。因处置库场址条件是影响处置库长期安全性的最重要因素之一，许多国家对处置库场址的选择都非常慎重，要求从地质条件、围岩类型与特性、经济社会条件、建造与运输条件等多方面进行比选。2013 年 5 月，中国国家核安全局颁布的《高水平放射性废物地质处置设施选址》[11]，为选择合适的高放废物地质处置库场址提供了指导和安全要求，是开展高放废物地质处置库场址筛选工作的基础。

我国 1985 年启动高放废物地质处置库场址筛选工作。2010 年国家国防科技工业局提出了我国"十二五"高放废物地质处置研究开发总体思路：重点开展场址筛选和比选工作，大力推进北山预选区研究工作，适度开展地下实验室前期研究工作。明确提出重点在甘肃、新疆、内蒙古开展花岗岩场址筛选及比选工作、在西北地区开展黏土岩处置库场址筛选工作，并确定了甘肃北山花岗岩重点地段和候选场址，重点开展花岗岩场址适宜性研究，启动地下实验室设计与建设关键技术研究。

尽管我们在高放废物地质处置库的设计和建造中已经考虑了多方面的安全性问题，然而，由于地质构造变化的长期性和复杂性，目前人类的科技水平尚不能准确预测地质构造的长期变化情况（例如地震发生的时间、震级、震中位置、烈度、波及范围等）。因此，处置库破损或失效后所释放的放射性核素在缓冲回填材料和处置库围岩中的吸附、扩散和迁移是高放废物地质处置库安全评价中需要回答的最重要问题。鉴于各国对处置库围岩的选择不同,如瑞典、加拿大和芬兰选择花岗岩,比利时选择黏土岩,法国选择花岗岩和黏土岩,德国选择岩盐,美国选择凝灰岩等,不同国家研究的侧重点也因此不尽相同。

我国地域相对宽广,可供选择的围岩不仅有花岗岩,还有黏土岩、页岩等,因此,处置库围岩和缓冲回填材料的选择在建造我国高放废物地质处置库中占据核心位置,其中关键放射性核素,如 ^{99}Tc、^{129}I、^{79}Se、^{36}Cl、^{237}Np、^{239}Pu、^{241}Am 等在候选处置库围岩/地下水和缓冲回填材料/地下水中的吸附、扩散和迁移参数是处置库安全评价的基础参数,在处置库场址适宜性评价中具有重要作用。

上述关键核素在水岩体系中的吸附、扩散和迁移与这些核素在这两个体系中的化学性质密切相关。因此,研究上述关键核素在水岩体系中的吸附、扩散、迁移等宏观规律以及影响吸附、扩散和迁移规律的核素化学性质,包括关键核素的吸附热力学和动力学、沉淀溶解平衡、吸附和溶解过程中的种态变化、与处置库围岩或缓冲回填材料中的主要矿物发生化学反应后的结构变化等,是我国高放废物地质处置的研究重点之一。

放射性核素在水岩体系中的化学性质会受到水/岩界面性质的影响。如带负电荷的离子或基团(负离子)会受到围岩表面负电荷的排斥而不易吸附在固相表面上,而带正电荷的离子或基团(正离子)则容易吸附。因此放射性核素在围岩或缓冲回填材料上的吸附主要受核素离子性质和围岩表面性质的影响,同时受到地下水组成和性质的影响,例如,锕系元素在深层地下水中的化学行为受配合反应、氧化还原反应、胶体形成以及与矿物表面发生的反应等因素的影响。因此,预测这些核素在上万年或数万年内的化学行为需要深入研究有关的反应过程和机理。

核素离子吸附到围岩表面后可与围岩表面的氧化物或盐发生化学反应,形成新的配合物或化合物。有些核素吸附在矿物表面上所形成的配合物相对稳定,很难从一个吸附位点转移到另一个吸附位点;而另外一些核素吸附在矿物表面上所形成的配合物则相对不稳定,不仅易于解离,而且容易从一个吸附位点转移到另一个吸附位点。第一类吸附主要为化学吸附,第二类吸附则主要为物理吸附。因此,研究围岩的表面性质以及关键核素在围岩/水界面发生的化学反应,对于深入了解关键核素在处置库条件下的吸附、扩散和迁移行为是必要的。

在深层承压含水层中,各种矿物长期沉淀溶解平衡作用的结果产生各种各样的胶体。不同地球化学环境下形成的胶体性质是不同的。放射性核素吸附在不同胶体上的结果也是不同的,某些胶体因吸附放射性核素而发生聚沉,而另外一些则更加稳定。研究不同条件下胶体与关键核素的作用机制对预测这些核素的扩散和迁移特性是必要的。高放废物地质处置虽然是一个多学科交叉的大工程,但其核心问题是关键核素在废物体中的浸出行为、关键核素与废物包装容器材料、处置库缓冲回填材料和围岩发生相互作用的问题。一个具有良好化学环境的区域(包括岩体和地下水)可能是最好的高放废物地质处置库预选场址。因此,全面、系统研究关键核素在我国候选处置库水岩体系中的行为是评价处置库场址适宜性的关键。

我国于 1985 年开始开展高放废物地质处置相关研究工作。原核工业部 1985 年 9月制订了高放废物深地质处置研究发展计划,成立了以原核工业第二研究设计院为协调组组长,以核工业北京地质研究院、中国原子能科学研究院、中国辐射防护研究院、华东地质学院为主要成员单位的高放废物深地质处置协调组,开展高放废物地质处置前期科研工作。因当时我国核电尚处于发展初期,国家及公众对高放废物安全处置的关注度不高,至 20 世纪末,我国在高放废物研发领域的投入仍然十分有限,相关研发工作未成体系。随着我国经济和社会的发展,发展核电成为补充我国化石能源供给、减轻环境污染压力的重要方式之一。

我国核工业已经走过 60 多年的发展历程,早期建造的核设施面临更新换代或现代化改造的迫切要求,国家为此设立了核设施退役及放射性废物治理专项。1999 年原国防科工委在核设施退役及放射性废物治理专项下设立了高放废物地质处置专题科研项目,统筹安排高放废物地质处置相关研究。2003 年,我国颁布的《中华人民共和国放射性污染防治法》明确规定:高水平放射性固体废物及 α 放射性固体废物实行集中的深地质处置。自此,我国高放废物地质处置研究工作便以法律的形式得到国家层面的支持。原国防科工委设置的高放废物地质处置专项研究,有力地推动了我国高放废物地质处置相关研究工作的全面开展。

国家"三部委"(原国防科学技术工业委员会、科学技术部、原国家环境保护总局)于 2006 年初联合发布了《高放废物地质处置研究开发规划指南》,明确提出了我国高放废物地质处置的发展目标和总体思路,提出 2020 年建成地下实验室以及 21 世纪中叶建成高放废物地质处置库的目标。这是一项极具挑战性的目标。

高放废物安全处置是核燃料循环的最后端,是我国核能健康、可持续发展的环境和社会保障。随着我国经济和社会的快速发展,安全处置高放废物的社会、环境、国土安全和经济压力日益增大,引起政府和公众的高度关注。以核工业北京地质研究院为牵头单位承担的位于甘肃北山的"我国首座高放废物地下实验室"建造工程建议书已获批,我国首座高放废物地质处置地下实验室建设工程已经启动。

地下实验室建设不仅是一个工程项目,更重要的是一个科学研究和试验平台。拟建的我国首座高放废物地质处置地下实验室位于甘肃北山新场地段,位于地表以下400~600米深处,具有良好的还原性环境。已有的研究表明,高放废物地质处置库安全评价中受关注的核素,如^{79}Se、^{99}Tc、^{129}I、^{239}Pu等在还原性环境中的价态分布与其在氧化性环境(大气环境)中的价态分布是不同的。价态分布的变化,必然引起其种态分布的变化,从而引起这些核素在处置库周围水岩体系中吸附、扩散和迁移行为的变化。因此,利用高放废物地质处置地下实验室的还原性环境开展关键核素的吸附、扩散、种态分布等研究工作是验证实验室研究结果不可或缺的步骤,是高放废物地质处置库安全评价的重要环节。

高放废物地质处置地下实验室担负着为未来的处置库安全评价、环境影响评价等提供各种数据的重任,包括关键核素吸附、扩散、种态分布、氧化还原和迁移等数据。由于地下实验室的空间有限,而需要利用地下实验室开展的相关研究工作和实验比较多。各种实验的空间布局、设备使用情况及性能等,均需在地下实验室建成之前开展预先研究。

花岗岩是一种具有裂隙分布特征的岩体,关键放射性核素在花岗岩裂隙中的扩散和迁移是以花岗岩为围岩的高放废物地质处置库安全评价的一个重要模块。到目前为止,关键核素在甘肃北山花岗岩裂隙中的扩散、迁移及其机理研究在中国尚属空白。尽管"十三五"之前研究了部分关键核素在裂隙填充物及裂隙表面上的吸附行为,但由于地面钻孔获得的裂隙填充物数量有限,且对样品的防氧化保护措施有限,其研究结果有待进一步验证。

高放废物地质处置库安全评价主要包含3方面的内容:(1)场址特征调查,包括地质结构稳定性、地震发生概率及区域安全性、水文地质条件及其演化、工程地质特征、岩体特性、地球化学性质、深部地质环境、未来变化、地学信息库等;(2)工程设计,包括工程布局、开挖技术、硐室结构及稳定性、硐室布局、硐室间隔、废物体及废物罐的形态、回填材料及结构、工程经济性分析等;(3)安全评价,主要包括安全标准的制订,关键核素在处置库近场、远场、生物圈中的吸附、扩散、迁移、转移、转化、富集、载带等基础数据库和相关模型、程序等。

场址特征调查为工程设计提供基础数据,工程设计为安全评价标准的制订提供基本模型。根据工程设计,开展相应的关键核素在废物体、废物包装容器中的浸出实验研究,以获取关键核素的释出速率;开展关键核素在缓冲回填材料/地下水体系中的吸附、扩散、种态分布、氧化还原反应等研究,以获得关键核素在回填材料/地下水体系中的扩散和迁移特征参数;开展关键核素在围岩/地下水中的吸附、扩散、种态分布、氧化还原反应等研究,以获得关键核素在围岩/地下水体系中的扩散和迁移特征参数;开展关键核素在地表水体、动植物、农作物等生物圈主要组成元素中的种态分布、转移、转化、富集、载带等相关研究,以获得关键核素在生物圈中的迁移和富集特征参数。安全评价需要的关键核素特征参数获取阶段及过程如图 1-9 所示。

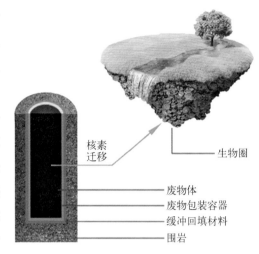

图 1-9　高放废物地质处置库安全评价核素迁移过程示意图

　　因此,获取我国高放废物地质处置库安全评价所需的关键核素的释出、扩散、迁移、转移、转化等参数是一个庞大的科研项目群,涉及化学、物理、环境、生物、生态等多个学科领域。尽管国际上一些发达国家,如美国、德国、法国、瑞典、日本等已经获得了部分适合其国家候选高放废物地质处置库场址特征的上述关键核素的有关参数,但因不同国家的围岩选择不尽相同,即使围岩的类型相同,因不同国家候选处置库场址的地质条件、地球化学环境、生态环境等影响关键核素种态分布的因素不同,完全依赖其他国家的有关参数进行的安全评价之结果是很难让决策者和公众接受的!中国高放废物地质处置库安全评价所需要的关键核素的有关参数只能依据中国高放废物地质处置库预选区的特定条件和环境获取。

　　前已述及,我国高放废物地质处置研发工作始于 1985 年,但因早期的投入有限,针对甘肃北山预选区的核素迁移研究工作实际上始于 21 世纪初。经过 10 多年的积累,中国原子能科学研究院、北京大学、兰州大学等单位已经具备开展关键核素吸附、扩散等相关研究的基础条件,也得到了一些核素在甘肃北山花岗岩水岩体系及高庙子膨润土水岩体系中的吸附分配比参数、扩散系数,并对一些吸附和扩散的机理进行了分析,但关键核素在甘肃北山花岗岩裂隙中吸附、扩散等相关研究尚属空白。

　　目前我国有能力开展关键放射性核素在甘肃北山等高放废物地质处置预选区围岩水岩体系及回填材料水岩体系中吸附、扩散等基础性研究工作的院所十分有限,主要有中国原子能科学研究院、中国辐射防护研究院、北京大学、兰州大学、四川大学、中山大学、东华理工大学、中物院核物理与化学研究所等。目前,我国的高放废物地质处置库预选区主要有三个,甘肃北山(花岗岩)、新疆雅买苏和天湖地段(花岗岩)以及内蒙古阿拉善(黏土岩)。我国已明确在 21 世纪中叶建成高放废物地质处置库的国家目标。根据目前的研发力量,要满足为处置库建设安全评价提供最基本参数的要求是一件十分困难的事。这一方面要求有个较好的顶层设计,另一方面也要求各研发单位要有相对明确的分工及合作。

目前,我国高放废物地质处置研发工作的重点集中在甘肃北山预选区,并计划在甘肃北山新场地段建造我国首座高放废物地质处置地下实验室。甘肃北山预选区的围岩为具有裂隙发育特征的花岗岩。在以花岗岩为围岩的高放废物地质处置库安全评价中,关键核素在花岗岩裂隙中的扩散、迁移、吸附等参数和模型是最基本和最重要的数据和模型。基于我国的实际情况,我们对关键核素在花岗岩裂隙中扩散、迁移和吸附研究提出如下建议:2020—2025 年,建立关键核素在甘肃北山花岗岩单裂隙中扩散、迁移和吸附的实验室模拟研究方法和技术;2025—2030 年,建立关键核素在甘肃北山花岗岩裂隙中扩散、迁移和吸附的实验室模拟研究方法和技术;2030—2035 年,多方位开展关键核素在甘肃北山花岗岩裂隙中扩散、迁移和吸附的实验室研究和现场研究,获取必要的参数和模型;2035—2045 年,全面开展关键核素在甘肃北山花岗岩裂隙中扩散、迁移和吸附的实验室研究和现场研究,为处置库安全评价提供基础参数和模型。其他相关领域的研究也应有类似的计划。

1.3.3 关键放射性核素在水岩体系中的种态及其分布

前已述及,放射性核素在不同的水岩体系中的存在种态及其分布是随体系的组成变化而变化的。因此,理解放射性核素在不同条件下的吸附、扩散、迁移等特性的前提是了解其种态存在形式及其变化。

核素的化学种态系指核素在特定水文地质条件下的具体存在形式,如 UO_2^{2+} 和 $UO_2(CO_3)_2^{2-}$ 即为铀在某种条件下的 2 个种态。种态分析系指根据体系的组成、温度和压力,计算体系处于平衡状态时元素各种态的组成,即体系中各元素或核素的种态分布。自 20 世纪 80 年代起,国外已经开发了多款化学种态分析软件,如 PHREEQC、EQ3/6、MINTEQA2 等。这些软件开发的先决条件是得到了在相应条件下的各种元素或核素种态的热力学参数,因此具有一定的地域性。由于在软件的编写过程中需要采用大量的热力学数据,因此,这些软件的编写工作首先是在美国等西方发达国家开始的。20世纪80年代,我国的一些科研人员在美国进修期间首次接触到这些软件,如EQ3/6,并在国内的一些工作中使用了这些软件。一般来讲,使用这些软件是相对比较简单的,只要在计算机上安装上相应的启动程序,并将程序要求的数据按一定的格式输入,便会得到结果。但是,对计算结果的解释往往存在很大的不确定性,有时甚至会出现一些预想不到的结果。与此同时,非软件编写国家的用户虽然可以使用这些程序,但往往不能得到源程序。因此,其计算结果只能是假定所计算的条件与程序中某些给定条件一致情况下的结果。毫无疑问,这多少是有点问题的。这也正是为什么国际上出现了不同款的种态分析软件。

我国是一个具有较宽广区域的国家之一,东西南北不同区域的水文地质条件有较大的差异,因此有必要开发适合我国特定条件的化学种态分析软件,以服务于我国核设施退役治理研发工作的需要,尤其是高放废物地质处置研发工作的需要。为此,北京大学核环境化学课题组在王祥云教授的鼎力帮助下,于2008年开始编写化学种态分析软件CHEMSPEC[12]。这是一项非常艰巨的工作。由于软件的编写需要具备一定的数学基础和软件编写能力,同时还需要对有关的化学反应有深刻的理解。王祥云教授是中国放射化学领域少有的既有坚实的化学基础,又有坚实的数学功底,且可进行程序编写工作的前辈之一。由于在程序的编写过程中,需要对实际体系进行计算,以便及时发现程序在运行过程中存在的问题并加以修正。课题组的陈涛等同学参与了这一工作。在王祥云教授的鼎力帮助下,北京大学核环境化学课题组编写了中国首款化学种态分析软件CHEMSPEC。这款软件经多名学生的使用,如陈涛、孙茂等利用该软件计算了Am和Np在特定地下水中的种态分布和溶解度,其溶解度的计算结果与实验结果符合良好,证明了软件的可靠性[13-14];朱建波等利用C++语言对软件界面进行了可视化,并增加了作图功能[15];蒋美玲、蒋京呈、周万强等利用CHEMSPEC计算了Am、Np、Pu、U在北山地下水中的种态分布,并利用新加入的表面配合模型模拟计算了关键核素在固液界面的吸附[16-17];兰图等利用CHEMSPEC计算了低浓缩铀靶辐照后溶液中铀的化学种态及主要裂变元素对铀种态分布的影响[18]。这在一定程度上对该软件的适应性进行了验证。

需要特别指出的是,这款软件所使用的数据主要来自国际上可公开获取的热力学数据库中的数据,与此同时,我们对一些可疑的数据进行了详细的分析和甄别。尽管如此,仍然有些数据需要进一步核实。

CHEMSPEC的基本原理是根据输入文件,基于热力学平衡调用计算程序并在数据库中搜索可能形成的所有种态,最终输出计算结果。在整个流程中,体系组成、平衡方程求解、反应模型和数据库是软件计算模型的关键组成。CHEMSPEC 的计算输入体系分为两大部分。第一部分是研究体系的环境条件,第二部分是研究体系物质的数量、存在形式、浓度以及是否参与氧化还原反应等信息。CHEMSPEC 将物质划分成种态和组分两类,化学元素可能存在的各种形式统称为种态,将可定量表示体系组成的最少种态称为组分。以 $Al(NO_3)_3 - UO_2(NO_3)_2 - NaF - H_2O$ 体系为例,可识别的输入组分为 Al^{3+}、UO_2^{2+}、F^-、NO_3^-、H^+ 和 H_2O;以 $Am(NO_3)_3 - Na_2CO_3$ 溶液体系为例,体系的种态数目可多达 19 种,但考虑到各种态浓度同时满足多个平衡的关系,例如 H_2CO_3、HCO_3^- 和 CO_3^{2-} 的浓度与电离平衡常数、H^+ 和 OH^- 浓度与水的离子积有关,最终完整描述该体系只需要 6 个组分。

正确读取给定的体系后,软件会进行种态求解。通过热力学数据计算体系平衡状态的两种方法分别是吉布斯自由能最小化法和质量平衡法。CHEMSPEC 程序选择利用质量平衡法求解化学反应方程。方程的具体构建过程如下:对任意组成为 $AaBbCc\cdots$ 的种态 S_j,设其生成反应对应的热力学平衡常数 K_j 的表达式为式(1-18)。

$$aA + bB + cC + \cdots = AaBbCc\cdots \tag{1-16}$$

$$S_j = AaBbCc\cdots \tag{1-17}$$

$$K_j = \frac{\{S_j\}}{\{A\}^a \{B\}^b \{C\}^c} \tag{1-18}$$

式(1-16)~式(1-18)中 a、b、$c\cdots$ 为组分 A、B、C 的化学计量因子。种态 S_j 的浓度引入活度系数 γ 后的表达式为式(1-19),而每一个组分的质量平衡方程为式(1-20)。其中,C_i 为组分 i 的分析浓度,$[X_i]$ 为组分 i 的游离种态浓度,X_{ji} 为组分 i 在种态 j 中的化学计量因子,若体系有 n 个组分,可以写出 n 个质量平衡方程,联立求解可求出 n 个游离组分的浓度,进而得到各种态的浓度。

$$[S_j] = \frac{\{S_j\}}{\gamma_j} = K_j [A]^a [B]^b [C]^c \cdots \times \frac{\gamma_A^a \times \gamma_B^b \times \gamma_C^c}{\gamma_j} \tag{1-19}$$

$$C_j = [X_i] + \sum_{j=1}^m X_{ji} K_j \left(\prod_k [X_k]^{X_{jk}} \gamma_k^{x_{jk}} \right) \times \frac{1}{\gamma_j}, \ i = 1, 2, 3, \cdots, n \tag{1-20}$$

$\lg K$ 与温度的函数关系用式(1-21)表示,A、B、C、D 和 E 为各种态的常数,程序中有 25 ℃时的 ΔH 值,其他温度下的 $\lg K$ 由范德霍夫公式计算。

$$\lg K(T) = A + BT + C/T + D\lg T + E/T^2 \tag{1-21}$$

由一个种态的浓度计算其活度,需要知道其活度系数。活度系数的求算与体系的离子强度有关,根据不同的离子强度,程序会选择不同的公式进行计算。CHEMSPEC采用 Debye - Hückel 公式、Devies 公式、B - dot 公式和专属离子相互作用理论 SIT 公式和 Pizer 公式进行计算。国际上常用的种态分析软件 EQ3/6 与 WATEQ 采取了不同的 B - dot 公式,Pizer 公式适用于离子强度较大的情况,但相关参数极其有限。

对于中性物质的活度系数,CHEMSPEC 采用两种方法处理,一种是采用 CO_2 的活度系数作为除 H_2O、H_2S 和 $Si(OH)_4$ 以外的中性溶液中其他各种态的活度系数,因为这 4 种物质在不同浓度的 NaCl 溶液中都有精确的实验值;另一种则是使用 Setchénow 方程(1 - 22):

$$\lg \gamma_i = \alpha \times I \tag{1-22}$$

计算 H_2O 的活度系数,采用适用于稀溶液的拉乌尔定律计算 α 值。

$$\alpha_{water} = 1 - 0.017 \sum_i \frac{n_i}{W_{aq}} \tag{1-23}$$

式中,W_{aq} 为 H_2O 的质量,当 $W_{aq} = 1$ kg 时:

$$\alpha_{water} = 1 - 0.017 \sum_i n_i \tag{1-24}$$

此外,规定难溶化合物(固态)、离子交换态、表面组分、静电组分及表面种态的活度均为 1。

质量平衡方程的求解。求解质量平衡方程的本质是求解高阶非线性方程组,为达到快速、可靠收敛到有意义的解,CHEMSPEC 可在五种解非线性方程组的算法间自动跳转。首先调用牛顿-拉夫森迭代法,在多数情况下,都能快速收敛到合理解。如果不收敛,程序自动调用阻尼最小二乘法。在处理沉淀溶解平衡及氧化还原平衡问题时,难溶化合物的生成或价态变化往往使有些组分的游离浓度变得非常低,导致数值之间的数量级差异过大,不利于质量平衡方程组的求解,而阻尼最小二乘法可以避免迭代求解过程中的无效修正。如果仍不能收敛,程序将调用单纯型算法,这是一种无需求导的直接型最优化方法,虽然收敛得较慢,但对于初值的选取比较宽松。如果三种方法都不能收敛,程序调用广义逆法,以克服在计算一阶导数时出现的奇异问题。如果四种方法都不能收敛,程序将调用另一个直接搜索法——模式搜索法(或称步长加速法),轮番逐一进行一维搜索下降方向,若仍不收敛,迭代过程将被中断,此时程序显示迭代失败,询问用户是否要修改初值重新计算,或者就此终止。用户可尝试修改输入文件,或者变更被剔除种态的名单,以期达到收敛的目的。

根据数学求解,以各反应模型中的热力学平衡关系为桥梁,可以从实际体系中提取出计算方程并进行求解。目前,CHEMSPEC 能处理溶液体系中发生的酸碱反应、沉淀溶解反应、氧化还原反应、配位反应以及表面配位吸附反应。

(1) 沉淀溶解平衡。具体地说,在处理沉淀反应中引入了饱和指数 SI 的概念,见式(1-25)。当 SI > 0 时,溶液处于过饱和状态;SI = 0 时,溶液恰好饱和;SI < 0 时,溶液处于不饱和状态。因为事先无法知道何种物质将发生沉淀及沉淀的量,需要通过预报-校正或者迭代计算,使得最终的计算结果小于零或者等于零。CHEMSPEC 程序给出的最终结果是沉淀种类和具体的量,对于计算溶解度十分方便。

$$SI = \lg \left\{ \frac{\text{离子积活度}}{\text{溶度积}} \right\} \tag{1-25}$$

(2) 氧化还原反应。在氧化还原反应中,体系的平衡关系与其氧化还原电位密切相关。对于任意氧化还原反应式(1-26),M 为氧化还原电对的主组分,S 为从组分,m、n、h 和 w 为化学计量因子,a 表示活度。设该反应的平衡常数为 K,由热力学平衡可以得到其活度关系式(1-27)。

$$m\text{M} + n\,\text{e}^- + h\,\text{H}^+ + w\text{H}_2\text{O} =\!=\!= \text{S} \tag{1-26}$$

$$a_\text{S} = K \cdot a_\text{M}^m \cdot a_\text{H}^h \cdot a_\text{e}^n \cdot a_{\text{H}_2\text{O}}^w \tag{1-27}$$

氧化还原电位可以由三种方式给出。一是直接给出体系的电位值或自由电子的活度,直接得到 p_e,如式(1-28)所示;二是由氧化还原优势电对来决定体系的氧化还原电位,反应满足浓度平衡关系式(1-29),进行转化后得到式(1-30);三是由氧分压来确定,由反应方程可以得到 p_e 的计算公式(1-31)。

$$p_\text{e} = \lg(a_{\text{e}^-}) \tag{1-28}$$

$$p_\text{e} = \frac{(\lg K + m \lg a_\text{M} - \lg a_\text{S} + w \lg a_{\text{H}_2\text{O}} - \lg \text{pH})}{n} \tag{1-29}$$

$$\text{O}_2 + 4\text{H}^+ + 4\text{e}^- =\!=\!= 2\text{H}_2\text{O} \tag{1-30}$$

$$p_\text{e} = -0.25\lg K + 0.25\lg a_{\text{O}_2} - \text{pH} - 0.5\lg a_{\text{O}_2} \tag{1-31}$$

在既有氧化还原反应,又有沉淀生成的情况下,程序采取"冻结"和"解冻"氧化态的策略。该策略首先将氧化态解冻，即调用子程序 KERN 计算溶液的平衡组成时，容许所有可能的氧化还原反应发生，然后冻结氧化态，调用 DEPOSI 计算沉淀-溶解平衡，再解冻氧化态，调用 KERN 计算溶液中包括氧化还原反应的平衡浓度，再次调用 DEPOSI，如此反复，直至体系达到热力学平衡。这样就避免了同时计算氧化还原和沉淀反应所带来的复杂性，但是当体系中含有发生氧化还原反应产生的沉淀（RDXSS）时，由于 RDXSS 是伴随氧化还原反应而生成的，它既不能在"解冻"阶段，也不能在"冻结"阶段生成。程序为此采用了一种专门处理 RDXSS 的计算策略。

（3）离子交换模型。目前可用于解决比较简单的离子交换计算。假设初始吸附离子为 +1 价，可交换离子为 +n 价，则离子交换反应可以用式（1-32）表示，其中 R 代表固相上的可交换位点，并设定离子交换平衡常数为 K_{ex}，且满足平衡方程式（1-33）。

$$n\text{RgM} + \text{M}' \Longrightarrow (\text{Rg})_n\text{M}' + n\text{M} \tag{1-32}$$

$$K_{ex} = \frac{\{(\text{Rg})_n\text{M}'\}\{\text{M}\}^n}{\{\text{RgM}\}^n\{\text{M}'\}} \tag{1-33}$$

进一步引入总的离子交换容量 T_e。假定吸附态的活度为 1，则吸附态的活度等于该吸附态所用交换位点数占离子交换容量的当量分数，即式（1-34）；与此同时，各吸附态之间还满足式（1-35）。将固相的交换位点作为组分，利用式（1-35）在质量平衡方程中加入离子交换相，就可以计算固相上的可交换位点被各种离子占据的情况，从而可在任何平衡中加入离子交换平衡。

$$k_{ex} = \frac{n\left[(\text{Rg})_n\text{M}'/T_e\right]}{(\left[\text{RgM}\right]/T_e)^n} \times \frac{(\gamma_M\left[\text{M}\right])^n}{\gamma_{M'}\left[\text{M}'\right]} \tag{1-34}$$

$$T_e - \sum_k n_k\left[R_K \cdot M^K\right] = 0 \tag{1-35}$$

在实际体系中，往往同时包含多种反应，程序会按照一定的流程设计调用多个反应模型协同解决问题，最终经过多次迭代自检后输出计算结果。

这里就程序中使用的几个模型作简要介绍，以便理解输出结果的含义。表面配位模型将溶质在吸附剂表面上的吸附视为溶液中的离子与吸附剂表面的配位基团间发生的配合反应。吸附模型可以分为经验模型与机理模型。习惯上将传统的吸附模型，如 K_d 模型、Langmuir 模型、Freundlich 模型等称为经验模型，而将表面配位模型称作机理模型。经验模型不涉及吸附机理，所得的经验常数只适用于回归这些常数的实验数据所包括的范围，而对于实验条件如 pH、Eh、离子强度、被吸附离子及溶液中其他离子浓度的影响难以给出定量的解释,表面配位模型则能从机理上给出较为满意的解释。

　　吸附剂与溶液接触,吸附剂表面的官能团因解离或吸附溶液中的离子导致其表面带电荷。pH 是影响表面电荷的主要因素,其他阴离子、阳离子的吸附也影响表面的荷电状态。在除零电荷点(point zero charge,PZC)外的其他 pH 条件下,表面总是带电荷的。为了保持电中性,在吸附剂表面附近分布着与表面所带电荷符号相反的离子,于是在吸附剂表面便形成了双电层,带电荷的吸附剂表面便具有了一定的电位,我们称之为表面电位。表面附近的离子因受这一电位的作用,其活度与本体溶液中该离子的活度不同。

　　吸附剂的官能团可用 $\equiv$SOH 或 >SOH 等类似的符号表示,其中符号"$\equiv$"或">"表示官能团 S—OH 以共价方式与基体物质结合。有的吸附剂的官能团表现为一元酸形式,通过式(1-36)质子化,这类吸附剂称为"1-pK"型吸附剂;有的吸附剂则表现为二元酸形式,其反应式为式(1-37)和式(1-38),这类吸附剂称为"2-pK"型吸附剂。从吸附表面官能团分布来看,有的吸附剂表面官能团分布均匀,吸附性质均一,这类吸附剂称为单位点吸附剂;有的吸附剂表面官能团对于给定离子的吸附能力不均一,有些位点吸附能力较弱,有些位点吸附能力较强,这类吸附剂称为双位点吸附剂。

$$\equiv SOH^{1/2-} + H^+ \Longrightarrow \equiv SOH_2^{1/2+} \tag{1-36}$$

$$\equiv SOH + H^+ \Longrightarrow \equiv SOH_2^{1+} \tag{1-37}$$

$$\equiv SOH - H^+ \Longrightarrow \equiv SO^- \tag{1-38}$$

　　CHEMSPEC 采用的表面配位模型包含非静电模型(NEM)、恒电容模型(CCM)、扩散层模型(DLM)、基本斯特恩模型(BSM)和三层模型(TLM)。不同模型之间的主要区别在于所采用的双电层结构之不同,不同表面配位模型的双电层结构示意图如图 1-10 所示。

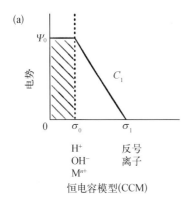

恒电容模型(CCM)

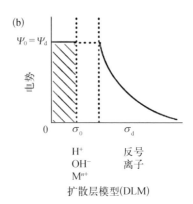

扩散层模型(DLM)

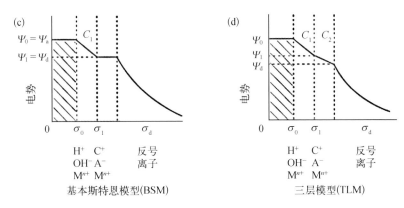

图 1‑10　不同表面配位模型双电层结构示意图

在非静电模型中,吸附剂表面电荷对表面配位反应没有影响,处于吸附剂表面附近的离子活度与该离子在本体溶液中的活度相等。非静电模型的表面配合反应及相应的平衡常数在形式上与溶液中的配位反应完全相同。

在离子强度比较大($>0.01\ \mathrm{mol/L}$)的溶液中,扩散双电层可以用一个平行板电容器来近似描述。按照恒电容模型,所有的表面配合物位于平行板电容器的内层(图 1‑10 中的 0 平面),反号离子则位于外层,背景电解质离子不发生吸附。

在扩散层模型中,吸附剂与被吸附离子的配位反应发生在 σ_0 层,形成内层配合物,背景电解质不发生吸附。扩散层模型认为反号离子同时受到平面电场与热运动的双重作用形成由近到远浓度逐渐减小的扩散层。三层模型是在扩散层模型的基础上,增加了 σ_1 平面,被吸附离子与表面功能团既可生成内层配合物(位于 σ_0 层),也可生成外层配合物(位于 σ_1 层),反号离子位于 σ_d 层中。基本斯特恩模型认为在固液相界面存在两个平行的吸附平面,σ_0 平面位于内部,吸附 H^+ 与 OH^-,被吸附的其他离子位于 σ_0 平面之外的 σ_1 平面,两个平面被一个电容为 C_1 的区域分开,反号离子位于 σ_1 平面之外的扩散层中。

在高放废物地质处置领域,研究的吸附剂多为天然矿物,组成比较复杂,最终的吸附可能是多种模型同时作用的结果。对于复杂吸附体系的研究主要包括广义构成法(GC,generalized composite)与组分加和法(CA,component additivity)。

广义构成法将复杂的吸附视作一种结构单一均匀的整体,将各官能团总的吸附等效为某一特定官能团的吸附结果。一般吸附材料表面往往发生羟基化,将不同的羟基化吸附位点简化为同一种羟基官能团,最后给出总的表面吸附配位常数。这种方法得到的参数比较适合组成固定的体系,但由于其大量简化,需要的信息与实验参数较少,应用得十分广泛。

组分加和法是将吸附剂总的吸附结果看作吸附剂中各单一物质吸附结果经加权后的总和。该方法适合组分相对明确的体系,需要的参数较多,在进行大量模拟后可以探究各单一物质对总吸附量的贡献百分数,预测各物质组成在一定范围内变动时总吸附量的变化。

热力学数据库包含了软件计算运行需要的所有信息。不同的软件都有自己特定的数据格式,数据库的品质对计算结果至关重要。数据库要求具有完备性、准确性、内部一致性、可溯源性、误差满足要求、可读性和易于修改和补充等性质。数据库中应包含体系中所有可能生成的种态。平衡常数和活度系数的可信度会直接影响最终的计算结果。

目前 CHEMSPEC 采用了具有一定权威性的瑞士 PSI 的数据库,加上离子交换与表面配位的组分与种态,共有 125 个组分和 555 个种态,包含了 Th、U、Pu、Np、Am、Tc、I、Se 等高放废物地质处置安全评估中关键核素的热力学信息。数据库的扩建通过以下方式进行,收集已经得到实验测定或者经过专家审核的数据,进行类比近似和通过经验公式推导。CHEMSPEC 使用的表面配位吸附数据库采用的是德国罗森道夫(Rossendorf)放射化学研究所开发的一个表面吸附热力学专家系统(Rossendorf expert system for surface and sorption thermodynamics,RES^{3}T)中的数据,截至 2016 年 4 月 30 日,该数据库包含了 135 种矿物,1 668 个比表面积测量数据,1 551 个表面位点数据记录,4 938 个表面配合反应和 2 705 篇参考文献。总的来看,早期有关矿物的研究较多,目前研究较多的是对早期吸附实验的补充,不同黏土矿上的吸附实验也在逐步开展中。我们需要做的工作是在 RES^{3}T 系统中根据实际研究体系筛选数据库,按照 CHEMSPEC 可以识别的格式输入,就能实现扩展 CHEMSPEC 数据库,不断扩大 CHEMSPEC 的应用范围。

最近,随着数据库的不断完善、理论模型的改进以及程序计算的优化,CHEMSPEC 的计算能力与准确性也有了较大的提升。为使更多的国内同行更好地使用该软件进行有关计算,我们在此重点介绍 CHEMSPEC 软件的新进展,并用实例说明软件目前可以计算的问题。

(1) 增加了表面配合模型

表面配合模型将吸附剂对溶质的吸附视为吸附剂表面基团与溶液中的溶质离子发生了表面配合反应。表面配合反应与溶液中的配合反应最大的区别是前者涉及固液两相反应,而后者的反应物与生成物均处于液相中。

在表面配合模型中,吸附剂表面的官能团被看作一类组分,称为表面组分,凡组成中包含表面组分的物种称为表面物种。吸附离子与吸附剂吸附位点(表面官能团)相互作用生成的配合物分两种类型:若吸附离子与表面位点以形成化学键的方式结合,形成的表面配合物我们称为内层配合物;若吸附离子与吸附剂吸附位点以静电相互作用形式形成离子对(二者之间常有水分子),这样形成的配合物我们称为外层配合物。为与内层配合物区别,外层配合物通常用连字符"-"或"…"表示,以区分内层与外层,例如

$$内层配合物>SOH + UO2 + 2 - H^+ = >SOUO2 + 2$$

$$外层配合物>SOH + UO2 + 2 - H^+ = >SO^- - UO2 + 2$$

表面配合模型可用多种方法处理静电项,相应地便有多种表面配合模型。CHEMSPEC 有 5 种表面配合模型,分别为:非静电模型、恒电容模型、扩散层模型、三层模型和基本斯特恩模型。具体的处理方法和应用范围可参考 CHEMSPEC 用户手册,这里不再赘述。

(2) 数据库完善

毋庸置疑,软件计算结果的可信度高度依赖于数据库。一个好的热力学数据库所包含的数据必须具备完备性,准确性和内部一致性。在所给条件下以显著量存在的种态若未包括在相应的数据库中,计算结果将会与实际情况偏离。自开始编写该软件至今,我们对 CHEMSPEC 的数据库不断进行完善、处理和更新工作。

CHEMSPEC 目前收录了 PSI/Nagra 和 LLNL 两个数据库,用户可以选用。CHEMSPEC 还将某些离子交换和表面配合反应的物种包含在内,使得 PSI/Nagra 数据库包含 125 个组分和 555 个物种,LLNL 数据库包含 265 个组分和 3 017 个物种。这些数据已经转换成 CHEMSPEC 的数据格式,即组分文件 components.dtb,物种文件 species.dtb 和化学计量矩阵文件 stoichiometry.dtb。由于 LLNL 的数据库过于庞大,原始数据库也存在诸多问题,因此计算时常常不能收敛。最近,我们花费了非常大的精力重新审查了原始数据库,修正了其中发现的错误,补充了一组关键数据(用于 O_2 分压控制的 redox 反应计算),并加入了几十组表面配合反应数据。

迄今公开发表的表面配合数据非常多,涉及的吸附剂包括晶态和无定形难溶无机物,天然和合成的高分子材料,天然矿物、土壤及生物物质,研究过的吸附物质包括无机阴、阳离子和有机物。但遗憾的是,对于同一体系,不同作者给出的表面配合反应平衡常数很难进行比较,以至于迄今没有被普遍认同的表面配合反应热力学数据库。造成这种现象的原因是多方面的。① 天然矿物的实际组成与结晶状态因产地不同存在差异。② 表面配合反应假定溶液/固相界面和固相表面溶液/本体溶液均达到热力学平衡,这点是不能完全保证的,尤其是固液相界面达到热力学平衡可能很慢。在不能达到

热力学平衡时，不同作者报告的数据可能来源于不同的时间点。③ 每种表面配合模型都有一个或多个可调参数。例如不同平面间的电容值 C_0、C_1 或 C_2。不同作者所取的值不同，也会影响表面配合反应的平衡常数。正因如此，德国罗森道夫（Rossendorf）放射化学研究所开发了一个表面和吸附热力学专家系统——RES^{3}T。该专家系统目前包括 139 个矿物、1 725 个比表面积测量数据、1 591 个表面位点数据、5 141 个表面配合反应和 2 842 篇参考文献，可以供研究者免费查阅（http://www.hzdr.de/db/RES3T.login）。

最近一些文献报道了锕系元素和碳酸根离子与碱土金属形成了非常稳定的三元配合物。尤其是钙与碳酸铀酰形成的三元配合物在中性和碱性条件下是铀的优势种态。我们从中选择了一些可信的物种，在数据库中添加了 $BaUO_2(CO_3)_3^{2-}$，$Ca_2Am(OH)_4^{3+}$ 和 $Ca_2UO_2(CO_3)_3$ 等 11 个三元配合物的有关数据。

向数据文件中手工添加新的数据不但非常麻烦，而且极易出错。为此，我们编写了相应的预处理程序，用户只需将收集到的数据按照规定的格式填写到预处理程序的输入文件中，运行后，新数据就可自动加入相应的数据文件中。

离子和中性分子在溶液中的活度系数计算的准确度对于种态分析计算结果的可靠性影响很大。溶液的离子强度较低时，各种模型差别不大。离子强度 >0.1 后，不同活度系数模型给出的计算结果差别明显。对高离子强度溶液的活度计算，Pitzer 公式可给出较满意的结果，但需要的参数太多又不易得到。鉴于此，经济合作与发展组织（OECD）推荐使用专属离子相互作用模型（SIT）。我们从文献中收集了尽可能多的 SIT 参数到 CHEMSPEC 的数据文件中。

（3）计算优化

使用最新的数据库进行计算时，由于数据库更加完善，搜索到体系可能生成的物种也更加复杂多样，导致软件在计算时十分烦冗，耗时长且不易收敛。为此我们增加了两个物种搜索模式 ipick = 4 和 ipick = 5。其中，ipick = 4 是指对搜索到的可能形成的物种，只保留所有的溶液物种，难溶物种全部忽略，但在结果中列出了难溶物种的饱和指数 SI。用户根据难溶化合物的 SI 可以判断在给定的条件下哪些难溶化合物一定不会生成，哪些难溶化合物生成倾向最大，从而为正式计算时对难溶化合物的取舍提供参考。ipick = 5 是指程序默认接受搜索到的全部溶液物种，将所有的固相物种逐一显示，要求用户对之做出取舍。在进行计算时，可以先令 ipick = 4，不让固相物种生成，计算速度和收敛性较好，用户从 results.dat 文件中查到各个固相物种的 SI，做选取后再令 ipick = 5，对固相物种进行取舍。如此，便可在软件计算结果的收敛性和准确性之间做到有效平衡。

1.3.4　应用举例

1. 铀在西南地下水的种态分布

我们利用最新版的 CHEMSPEC 程序计算了铀在西南地下水中的种态分布,并考察了 pH、Eh 对种态分布的影响,结果如下。计算所采用的地下水的组成为北京大学核环境化学课题组自行采样并分析的结果,具体的离子浓度如表 1-1 所示。其 pH 为 8.18 ± 0.01,电位值为 $(-58 \pm 2)\mathrm{mV}$。计算结果如图 1-11 所示。

表 1-1　西南地下水化学组成(均值)

组　分	Na^+	K^+	Ca^{2+}	Mg^{2+}	Fe^{2+}	Al^{3+}	Li^+
浓度/(mg/L)	6.35	7.71	74.4	39.2	1.33×10^{-3}	0.163	5.09×10^{-3}
组　分	Sr^{2+}	Cl^-	HCO_3^-	SO_4^{2-}	F^-	Mn^{2+}	Cu^{2+}
浓度/(mg/L)	0.8	0.975	95.8	201	0.576	8.3×10^{-3}	2.83×10^{-3}

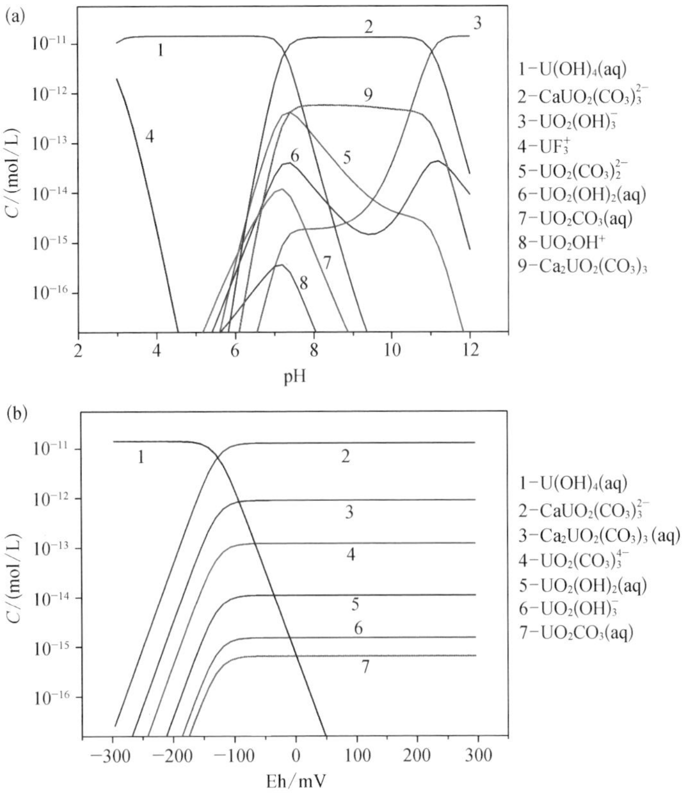

图 1-11　pH(a)和 Eh(b)对铀在西南地下水中种态分布的影响

从图 1-11 可以看出，铀在西南地下水中的优势种态随 pH 变化显著。在 pH < 7.0 时，铀主要以四价的 $U(OH)_4(aq)$ 形式存在；当 pH 在 7.0~10.9 时，铀的优势种态为三元配合物 $CaUO_2(CO_3)_3^{2-}$；当 pH > 10.9 时，铀在西南地下水中的优势种态为 $UO_2(OH)_3^-$。pH 主要通过影响铀的氧化还原平衡、地下水中碳酸体系平衡和铀的水解平衡来影响铀的优势种态。一般情况下，地下水的电位值较低，处于还原气氛，但考虑到放射性核素的存在，地下水可能受到射线的照射而产生自由基，这些高活性的自由基可能使局部地下水的电位值产生较大变化。故计算中考察了西南地下水体系的 Eh 从 -300 mV 到 +300 mV 的变化可能对种态分布的影响。铀在水溶液中主要以 +3、+4、+5 和 6 价四个价态存在。其中 +3 价易被氧化而不会稳定存在，+5 价易发生歧化反应而不会大量存在。当 Eh < -140 mV 时，溶液中的优势种态为四价的 $U(OH)_4(aq)$；当 Eh > -140 mV 时，溶液中的优势种态为六价的铀酰配合物。

数据库中添加了三元配合物的有关数据后，在中性和弱碱性条件下，铀几乎都以三元配合物 $CaUO_2(CO_3)_3^{2-}$ 的形式存在，而不是以 $UO_2(CO_3)_3^{4-}$ 和 $UO_2(CO_3)_2^{2-}$ 的形式存在。我们还考察了 Ca^{2+} 浓度从 0.1 mol/L 到 10^{-7} mol/L 变化对铀种态分布的影响，结果如图 1-12 所示。从图 1-12 可以看出，当 Ca^{2+} 的浓度大于 10^{-5} mol/L 时，三元配合物开始成为铀的优势种态。碱土金属钡也可以与铀形成三元配合物，虽然西南地下水没有检测出钡元素，但是 Ba 和 Ra 常常是伴生的。在处置库破损后，Ra 可能与 U 一同进入地下水中。设定 Ba^{2+} 的浓度从 0.1 mol/L 到 10^{-7} mol/L 依次变化，研究其对铀种态分布的影响，发现 Ba^{2+} 浓度大于 $10^{-2.5}$ mol/L 时，$Ba_2UO_2(CO_3)_3$ 成为铀的优势种态。这项研究表明，完善的数据库是程序计算结果可靠性的保障，目前我国缺乏的正是具有场址特征的热力学数据。

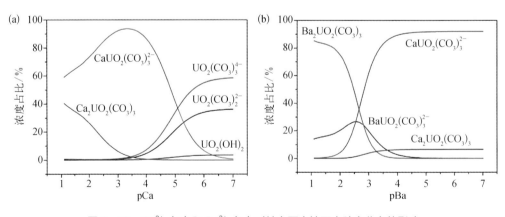

图 1-12　Ca^{2+}（a）和 Ba^{2+}（b）对铀在西南地下水种态分布的影响

2. Se（IV）在水合氧化铁上的吸附

我们利用扩散层模型模拟计算了 Se（IV）在水合氧化铁上的吸附，结果如图 1-13 所示。从图 1-13 可以看出，Se（IV）在水合氧化铁上的吸附量随 pH 的增大先增大再减小，在 pH = 7.7 处达到最大值。水合氧化铁表面有两个吸附位点，分别用强吸附位点 Hfo_sOH 和弱吸附位点 Hfo_wOH 表示。其中，弱吸附位点数占总吸附位点数的 90%，其对吸附的贡献也较大。

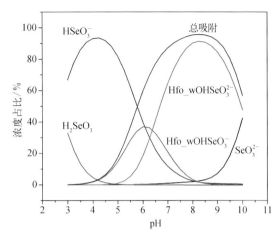

图 1-13　Se（IV）在水合氧化铁上的吸附

当 pH＜5.6 时，溶液体系中硒主要以 $HSeO_3^-$ 的形式存在，随着 pH 不断升高，体系的总吸附量也不断增大，在 pH＞5.6 时，体系中的绝大部分硒已发生吸附。当 pH 为 7.5～8.5 时，硒在水合氧化铁上的吸附量达到最大值，其吸附率大于 90%。当 pH＞8.5 时，吸附量开始下降。这主要是因为水合氧化铁的零电荷点在 8.0 左右，当 pH 在零电荷点之前时矿物表面带正电，Se 在水溶液中以 $HSeO_3^-$ 和 SeO_3^{2-} 等阴离子形式存在，有利于吸附；而当 pH 在零电荷点之后时，矿物表面与溶质离子都带负电，静电排斥效应使吸附减弱。

该软件目前仍称不上十分成熟，尚需要进一步的补充和完善。今后的研发可能主要集中在以下几个方面。

（1）进一步完善热力学数据库。目前尚缺少某些有机配体（腐殖酸、天然有机酸及络合剂如 EDTA 等）与金属离子的配合物稳定常数，需要利用现有的分析手段对现有数据进行补充和校正。同时，由于天然矿物的实际组成与结晶状态因产地不同而存在差异，使得表面配合数据库具有很强的地域性，逐步补充具有我国地域特征的数据是当务之急。

（2）实验验证。软件计算属于理论研究，要评价计算结果的可靠性，需要通过大量实验验证。希望未来利用一些光谱方法［如时间分辨荧光光谱法（TRLFS）、X 射线吸收光谱法（XAS）等］和技术对种态进行实验测量，以便对软件计算结果进行评价和验证。

（3）耦合作用。目前反应-运移耦合模型的研究状况是，较为详尽的种态分析模型只包含简单的运移计算,而较为详尽的运移模型只包含简单的化学反应模型。在今后的软件开发中,我们将加强这两者的结合。同时,包含热-水力-应力-化学(THMC)或热-水力-应力-化学-生物(THMCB)的多因素耦合模型目前还刚刚起步,是一个广受关注的领域。

1.4　重要出版物及国际会议

目前,国际上尚没有一份具有重要影响力的环境放射化学杂志。有关环境放射化学的重要研究成果分散报道在各类与环境和放射性有关的期刊中。如《环境放射性》(*Environmental Radioactivity*)、《放射化学学报》(*Radiocheimica Acta*)、《放射分析与核化学》(*Journal of Radioanalytical and Nuclear Chemistry*)、《环境科学与技术》(*Environmental Science and Technology*)等。国际系列会议锕系及裂片核素在地球中的化学与迁移行为(Chemistry and Migration Behavior of Actinides and Fission Products in the Geosphere)是目前世界范围内主要讨论环境放射化学前沿问题的平台。该国际系列会议由德国发起,并于 1987 年在德国慕尼黑召开了首届大会。此后该系列会议分别在美国(1989)、西班牙(1991)、美国(1993)、法国(1995)、日本(1997)、美国(1999)、澳大利亚(2001)、韩国(2003)、法国(2005)、德国(2007)、美国(2009)、中国(2011)、英国(2013)、美国(2015)、西班牙(2017)、日本(2019)举行。原确定于 2021 年在法国举行,但是因新冠疫情,推迟于 2023 年召开。2011 年9 月在北京举行的第 13 届锕系及裂片核素在地圈中的化学与迁移行为大会,是该国际会议 30 多年来首次在发展中国家举行。这次会议由北京大学、中国原子能科学研究院、中国核学会核化学与放射化学分会、中国辐射防护学会、北京核学会等单位和组织共同承办,国家自然科学基金委员会、北京分子科学国家实验室(筹)、中国工程物理研究院、中国科学院高能物理研究所、兰州大学、四川大学等单位协办。中国及世界各国相关领域的专家、学者 260 余人参加了此次大会。其中来自中国大陆之外的学者 162 人。这是一次中国科研人员与世界各国专家学者面对面充分交流与探讨环境放射化学前沿问题的盛会。此后,中国相关研究工作均取得显著进步。

1.5 中国环境放射化学面临的问题及挑战

至 2021 年,中国的核工业已经走过 65 年的发展历程,许多核设施面临升级改造甚至退役治理的迫切要求。在这些核设施的升级、改造和退役治理过程中,人们最关心的问题是遗留在核设施周围环境中放射性物质的量及其潜在的环境和健康风险。评估这种风险需要获得有关放射性核素在相应条件下的吸附、扩散、转移、转化等基础数据,并据此建立相应的评价模型。这就要求中国环境放射化学工作者深入、系统地研究不同核素在相同环境条件下的吸附、扩散和迁移行为,以及同一核素在不同环境条件下的吸附、扩散和迁移行为。这是一项极其复杂、艰巨、耗时、费力的研究工作。2011 年日本福岛核事故后,日本科研人员所开展的关键放射性核素在环境中的行为研究提示我们,中国对关键放射性核素在诸如核电站一类核设施周围环境中的行为规律研究的技术、方法和数据积累远没有达到满足事故情况下对环境及健康风险进行合理评估的程度。

随着中国经济的发展,能源需求问题日显突出,核电的安全、稳定、健康发展是中国解决能源短缺的最重要手段之一。在现有技术水平条件下,核能将主要来自铀-235 的热中子诱发裂变能。核电的发展必然带来放射性废物的处理和处置要求。经过半个多世纪的研究和论证,目前普遍认识到高水平放射性废物深地质处置是最经济和可行的。根据中国的具体情况,计划在 2040 年左右建造中国的首座高放废物地质处置库。这是一项涉及政治、经济、社会、环境等诸多问题的系统工程。其中,最关键的问题之一是回答放射性废物中的一些关键放射性核素在处置库条件下的吸附、扩散和迁移行为。尽管世界上已有不少国家的科研人员在这方面开展了大量的研究工作,如美国的一些国家实验室和大学,德国的卡尔斯鲁科技大学、法国的放射化学研究所、瑞典的核燃料管理部门(SKB)等。然而,鉴于各国的废物体、废物包装容器以及处置库围岩、处置库所处位置的水化学条件等均有较大差异,每个国家均需要按自身的具体情况开展相关研究,尽管研究的方法和技术是相近的。研究放射性核素在深部地质体中的吸附和扩散,除常规的实验技术外,最重要的是研究深部低氧条件下一些关键放射性核素的行为,包括吸附、扩散、种态变化以及温度、胶体、盐度等对吸附、扩散和种态变化的影响。其中,最为重要的一项工作是在地下实验室中开展核素扩散和迁移研究工作,以便为处置库建造预评价提供基础关键参数。这是一项艰巨而庞杂的研究工作。

总体看来,随着中国经济和科技实力的提升,中国的环境放射化学队伍在逐渐壮大,研究工作的广度和深度在不断加强。但是,由于中国地域较广,不同地区的环境条件差异较大,关键放射性核素在不同条件下的吸附和扩散行为会有较大的差别。如何获取必要的参数,并建立相应的模型预测关键放射性核素在不同环境条件下的行为规律,将是中国环境放射化学工作者在未来20～30年内面临的主要挑战。

参考文献

[1] 王祥云,刘元方.核化学与放射化学[M].北京:北京大学出版社,2007.

[2] 李振平.长江水系放射性水平调查及评价:1984[M].北京:原子能出版社,1988.

[3] 王春丽.⁷⁵Se(Ⅳ)在北山花岗岩中的扩散和吸附行为研究[D].北京:北京大学,2016.

[4] 何建刚.硒-75在北山花岗岩和高庙子膨润土中的扩散和吸附行为研究[D].北京:北京大学,2018.

[5] Van Loon L R, Soler J M, Bradbury M H. Diffusion of HTO, ³⁶Cl⁻ and ¹²⁵I⁻ in Opalinus Clay samples from Mont Terri. Effect of confining pressure[J]. Journal of Contaminant Hydrology, 2003, 61(1/2/3/4): 73-83.

[6] Van Loon L R, Mibus J. A modified version of Archie's law to estimate effective diffusion coefficients of radionuclides in argillaceous rocks and its application in safety analysis studies[J]. Applied Geochemistry, 2015, 59: 85-94.

[7] Wang X K, Montavon G, Grambow B. A new experimental design to investigate the concentration dependent diffusion of Eu(Ⅲ) in compacted bentonite[J]. Journal of Radioanalytical and Nuclear Chemistry, 2003, 257(2): 293-297.

[8] Bazer-Bachi F, Descostes M, Tevissen E, et al. Characterization of sulphate sorption on Callovo-Oxfordian argillites by batch, column and through-diffusion experiments[J]. Physics and Chemistry Earth, Parts A/B/C, 2007, 32(8/9/10/11/12/13/14): 552-558.

[9] 王驹.中国高放废物地质处置十年进展[M].北京:原子能出版社,2004.

[10] 国防科学技术工业委员会,科学技术部,国家环境保护总局.高放废物地质处置研究开发规划指南[R].北京,2006.

[11] 国家核安全局.高水平放射性废物地质处置设施选址[R].北京,2013.

[12] 王祥云,陈涛,刘春立.化学形态分析软件 CHEMSPEC 及其应用[J].中国科学(B辑:化学),2009,39(11):1551-1562.

[13] 陈涛,王祥云,田文宇,等.镭在榆次地下水中的溶解度分析[J].物理化学学报,2010,26(4):811-816.

[14] 孙茂,陈涛,田文宇,等.镎在北山五一井水中的溶解度计算分析[J].核化学与放射化学,2011,33(2):71-76.

[15] 朱建波,王祥云,陈涛,等.化学种态分析软件 CHEMSPEC(C++)及其应用[J].中国科学:化学,2012,42(6):856-864.

[16] 蒋美玲,王祥云,刘春立,等.Am 在两种不同地下水中的种态分布及溶解度分析[J].核化学与放射化学,2014,36(5):263-271.

[17] 蒋京呈,王晓丽,蒋美玲,等.利用 CHEMSPEC 模拟计算 Np 和 Pu 在北山地下水中的种态分布及其在水合氧化铁上的吸附[J].中国科学:化学,2016,46(8):816-822.

[18] 兰图,刘展翔,李兴亮,等.低浓缩铀靶辐照后溶液中铀的化学种态及主要裂变元素的影响[J].无机化学学报,2015,31(9):1774-1784.

Chapter 2

环境放射性

2.1 引言

放射性物质广泛存在于环境中,除了地球形成初期生成的且仍然存在于地球上的长寿命放射性核素(原生放射性核素,如^{40}K),自然界还存在有大量天然放射性核素,主要来源于宇宙射线及与大气层和地球表面物质通过核反应生成的各种放射性核素(宇生放射性核素),以及三个主要原生放射性核素^{232}Th、^{235}U和^{238}U的放射性衰变子体核素(铀、钍衰变系放射性核素)。

自20世纪40年代人类进行核活动以来,通过核反应生成了大量人工放射性核素,这些放射性核素主要在核反应堆运行和核武器试验中生成,小部分通过加速器和反应堆生成,主要用于核医学诊断和治疗、科学研究、工业应用等。核反应堆中生成的放射性物质主要为铀和钚的裂变产物、铀与中子反应生成的一系列超铀核素,以及燃料元件和反应堆内材料中各种元素的中子活化反应产物。反应堆中生成的这些放射性物质主要存在于从反应堆卸出的乏燃料元件中,而这些元件除小部分进行了后处理外,大部分作为整体乏燃料组件储存,等待最终处置。乏燃料后处理将乏燃料元件中剩余的大部分铀和通过核反应生成的钚与其他放射性物质分离,并重新制成核燃料元件。1945—1980年进行的大气核试验产生的放射性物质基本全部释放到环境中,并通过大气扩散进入大气、海洋、陆地等整个地球表层环境中,而地下核武器试验释放的放射性核素基本全部封存在地下核试验点的地下环境中,只有极少量进入大气并在地表环境中扩散。

目前环境中除个别高污染区域,如核武器试验场和核事故点及其周围外,环境中的放射性主要来源依然为天然放射性。人类工业活动,如采矿、冶炼、燃煤等导致天然放射性物质在某些环境区域显著升高,在局部环境中产生较高的环境辐射。本章将主要介绍环境放射性的来源、水平、分布以及放射性核素的一些环境示踪应用。

2.2 天然放射性

天然放射性核素主要来源于宇宙形成初期通过核反应生成的原生放射性核素,

^{232}Th、^{235}U 和 ^{238}U 三个衰变系放射性核素,以及宇宙射线与大气和地表物质通过核反应生成的宇生放射性核素等,下面将分别介绍。

2.2.1 原生放射性核素

原生放射性核素(primordial radionuclides)是指地球形成初期就有的放射性核素。太阳系的物质均由几个级联核反应过程生成,包括太阳形成之前短时间内原始星云附近的超新星爆炸和太阳系行星的凝结。最初,由质子和 α 粒子激发并参与的一系列核反应生成了质量数小于 60 的核素。这些核素中的一部分为稳定核素,另一部分为放射性核素。其中除 ^{40}K 外,大部分放射性核素为半衰期比地球年龄短的 β 放射性核素。质量数在 60~90 的核素主要通过质量数较小的核素的一系列逐级中子俘获反应生成,生成的丰中子核素再通过 β 衰变生成较稳定的核素。同样,生成的大多数放射性核素的半衰期远小于地球的寿命,除 ^{87}Rb 外,这些核素已经全部衰变成其他稳定核素了。铀及超铀元素(Z > 92)也可通过低质量数核素的中子俘获反应生成。然而在这种情况下,由于库仑斥力相对核引力,会随着原子序数的增加而更快速地增加,核裂变和 α 衰变成为这些核素的主要衰变方式。这些核素中 ^{232}Th、^{235}U 和 ^{238}U 的半衰期与地球的寿命相比较长,也成为天然衰变系放射性核素的主要来源。其他更高质量数的核素是通过逐级中子俘获反应生成的,由于形成核素的核裂变和一系列 α 衰变终止并重新生成中等质量数的核素(A = 80~160),这些生成的中等质量数的核素又通过逐级中子俘获反应生成更高质量数的核素。目前地球上存在的所有稳定核素均是通过这些核反应过程形成的。通过这些核反应过程生成的放射性核素,绝大部分由于半衰期较短而在地球演变过程中已经衰变殆尽,仅有少数半衰期与地球寿命相当或大于地球寿命(4.5×10^9 a)的核素仍存在于自然界中。这些天然生成的放射性核素(原生放射性核素)可以分成两类:一类包括 ^{232}Th、^{235}U 和 ^{238}U,它们通过一系列衰变过程,经过多种中间放射性核素(衰变子体),最终衰变成稳定铅同位素,这类中间放射性核素通常称为天然衰变系核素或次生放射性核素;另一类核素则是由母体直接衰变成稳定核素,我们称之为单次衰变原生放射性核素(no series primordial radionuclides)。通常,原生放射性核素主要是指单次衰变生成稳定同位素的原生放射性核素。表 2-1 列出了目前发现的半衰期小于 10^{16} a 的 19 种单次衰变原生放射性核素。

表 2-1 原生放射性核素（$t_{1/2} < 10^{16}$ a）

核素	同位素丰度/%	半衰期/年	衰变方式	发射粒子能量/MeV	放射性比活度/（mBq/g）	在地壳中的活度/（mBq/kg）	在海水中的活度/（mBq/L）
^{40}K	0.011 7	1.26×10^{9}	β^{-}，EC	1.31	30 700	6.42×10^{5}	12 249
^{87}Rb	27.83	4.88×10^{10}	β^{-}	0.273	868 000	7.81×10^{4}	104
^{113}Cd	12.22	9.0×10^{15}	β^{-}	0.316	1.59	2.39×10^{-4}	1.7×10^{-7}
^{115}In	95.72	4.4×10^{14}	β^{-}	1.0	250	0.062 5	0.005
^{123}Te	0.905	1.3×10^{13}	EC	(0.052)	74.9	7.49×10^{-5}	—
^{138}La	0.092	1.06×10^{11}	β^{-}，EC	1.04，1.74	833	32.5	2.8×10^{-6}
^{142}Ce	11.11	5×10^{15}	α	1.5	2.07	0.138	2.5×10^{-9}
^{144}Nd	23.80	2.1×10^{15}	α	1.91	10.4	0.432	2.9×10^{-8}
^{147}Sm	15.0	1.06×10^{11}	α	2.23	127 000	895	5.7×10^{-5}
^{148}Sm	11.3	7×10^{15}	α	1.96	1.44	0.010 2	6.5×10^{-10}
^{149}Sm	13.82	4×10^{14}	α	1.84	30.7	0.216	1.4×10^{-8}
^{152}Gd	0.20	1.1×10^{14}	α	2.21	1.58	0.009 8	1.1×10^{-9}
^{174}Hf	0.162	2×10^{15}	α	2.50	6.16×10^{-2}	1.85×10^{-4}	4.3×10^{-10}
^{176}Lu	2.59	3.8×10^{10}	β^{-}	(1.188)	51 300	41	7.7×10^{-6}
^{180m}Ta	0.012	1.2×10^{15}	β^{-}，EC	(0.688)	7.35×10^{-3}	1.47×10^{-5}	1.5×10^{-11}
^{186}Os	1.58	2.0×10^{15}	α	2.8	0.562	8.43×10^{-7}	—
^{187}Re	62.60	4.2×10^{10}	β^{-}	0.002 5	1 055 000	0.739	0.004
^{190}Pt	0.012	6.5×10^{11}	α	3.249	12.9	6.45×10^{-5}	—
^{192}Pt	0.78	1×10^{15}	α	2.6	0.538	2.69×10^{-6}	—

注：EC 为轨道电子捕获；—表示暂无数据。

另外，在自然界还发现一些半衰期大于 10^{16} a 的原生放射性核素，这些核素包括 ^{50}V（1.4×10^{17} a）、^{76}Ge（1.5×10^{21} a）、^{82}Se（1.0×10^{20} a）、^{96}Zr（3.9×10^{19} a）、^{100}Mo（1.2×10^{19} a）、^{128}Te（7.2×10^{24} a）、^{130}Te（2.7×10^{21} a）、^{150}Nd（1.7×10^{19} a）、^{204}Pb（1.4×10^{17} a）和 ^{209}Bi（1.9×10^{19} a）。

在这些原生放射性核素中，由于 ^{40}K 和 ^{87}Rb 在自然界有较高的活度水平，是环境中两个最重要的原生放射性核素和本底辐射剂量的主要来源。^{40}K 是钾的三种天然同位素之一，其天然丰度为 0.011 7%。钾是自然界丰度较高的元素，地壳中 ^{40}K 的放射性活度为 0.642 Bq/g，海水中的活度为 12.249 Bq/L。70 kg 成人体内平均含有 140 g 的钾和 4 300 Bq 的 ^{40}K，由此产生的年当量剂量为 0.17 mSv，成为公众放射性内照射当量剂量的一个主要来源。Rb 有两种天然同位素，^{87}Rb 的天然丰度为 27.83%。地壳中 Rb 的平均浓度为 1 mg/kg，相应 ^{87}Rb 的活度为 0.078 1 Bq/kg，海水中 ^{87}Rb 的活度为 0.104 Bq/L，因此由 ^{86}Rb 导致的辐射当量剂量可以忽略不计。

2.2.2　次生放射性核素

三个原生放射性核素^{232}Th、^{235}U和^{238}U及其衰变产物核素是自然界天然放射性的主要来源。^{232}Th、^{235}U和^{238}U均通过系列α衰变和β衰变,最终生成稳定铅同位素。根据其衰变类型,三个天然放射系分别为钍系(^{232}Th)、铀系(^{238}U)、锕-铀系(^{235}U)。钍系从^{232}Th开始,经过10次连续衰变,最后衰变到稳定核素^{208}Pb。该衰变系成员的质量数A都是4的整倍数,即$A=4n$,所以钍系也叫$4n$系。该衰变链如图2-1所示,其中母体

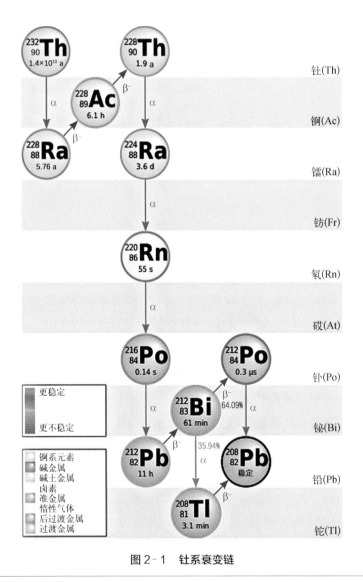

图2-1　钍系衰变链

核素^{232}Th的半衰期为1.4×10^{10} a,其子体核素中半衰期最长的是^{228}Ra,为5.76 a。因此,钍系建立起长期平衡仅需要几十年的时间。在钍系中,由于^{228}Ra和^{224}Ra的半衰期较长,是该衰变过程中两种最重要的放射性核素。

铀系从^{238}U开始,经过14次连续衰变,最后衰变到稳定核素^{206}Pb。该系成员的质量数A都是4的整倍数加2,即$A=4n+2$,所以铀系也叫$4n+2$系。该衰变链如图2-2

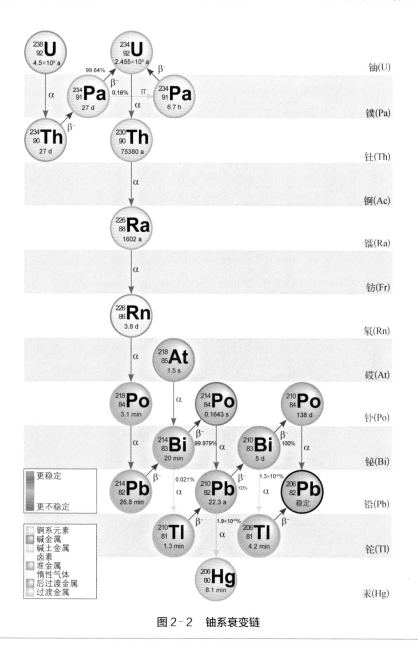

图2-2　铀系衰变链

所示,其中母体核素^{238}U 的半衰期为 4.5×10^9 a。子体核素半衰期最长的是^{234}U,为 2.455×10^5 a。所以,铀系建立起长期平衡极慢,需要几百万年的时间。由于^{238}U 在自然界的含量较高,铀系放射性核素是环境中天然放射性的主要来源。

锕-铀系衰变链从^{235}U 开始,经过 11 次连续衰变,最后衰变到稳定核素^{207}Pb。由于^{235}U 俗称锕-铀,因而该系称为锕-铀系。该衰变链如图 2-3 所示。该衰变系成员的质量数 A 都是 4 的整倍数加 3,即 $A = 4n + 3$,所以其也叫 $4n + 3$ 系。该衰变链的母体

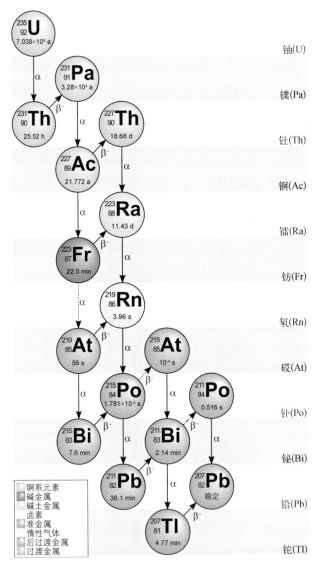

图 2-3　锕-铀系衰变链

核素^{235}U 的半衰期为 $7.038×10^8$ a。子体核素半衰期最长的是^{231}Pa，为 $3.28×10^4$ a。因此，锕-铀系建立起长期平衡需要几十万年的时间。

铀广泛存在于自然界，其在地壳中的含量为 $2.3×10^{-4}$％，但很分散。在火山岩中含量较低（0.03 mg/kg），而在磷酸盐岩中其含量高达 120 mg/kg。铀在土壤中的含量随成壤母岩类型或土壤颗粒的来源变化较大，为 1～8 mg/kg；在海水中铀的含量为 3 mg/m^3，可与大量溶解于海水中的碳酸根离子形成稳定的水溶性配合物。海水中铀的蕴藏量约为 45 亿吨，是陆地上已探明的铀矿储量的 1 000 倍，因此海水是一种重要的潜在铀资源。淡水中铀含量较低，在近岸海水中铀浓度与海水的盐度呈明显正相关。

铀有三种天然同位素，分别为^{234}U（$t_{1/2}=2.48×10^5$ a）、^{235}U（$t_{1/2}=7.04×10^8$ a）和^{238}U（$t_{1/2}=4.47×10^9$ a），其天然丰度分别为 99.27%、0.72% 和 0.005 8%。^{234}U 是^{238}U 衰变链中的子体核素，在封闭体系中^{234}U 和^{238}U 会形成衰变平衡，其放射性活度比为 1（质量比为 $5.84×10^{-5}$）。在自然界，由于衰变过程的反冲作用和水浸可能导致严重分馏，因此利用其比值可以研究环境过程。

地壳中钍的浓度为 6～12 mg/kg，高于铀。土壤中钍浓度一般高于铀，但海水中钍浓度远低于铀，仅为 0.001～0.015 Bq/m^3，这主要是由于钍主要以 Th(IV) 存在，在海水中易水解并吸附于悬浮颗粒物上，而从水体中清除。在所有三个天然衰变系核素中，从环境放射性和环境示踪的角度看，最为重要核素为^{238}U 衰变系的^{226}Ra、^{222}Rn 和^{210}Po。^{234}U 和^{234}Th 在海洋示踪中有重要作用，^{210}Pb 是沉积物定年的关键核素。^{226}Ra 由于具有较长的半衰期（1 622 a），广泛存在于自然界中，在岩石圈中其放射性活度从石灰石中的 16 Bq/kg 到火成岩中的 48 Bq/kg。在水圈中，地表水中的^{226}Ra 浓度为 3～18 Bq/m^3，而地下水中^{226}Ra 浓度为地表水的 10～50 倍。氡为惰性气体，生成后可以从土壤或沉积物中扩散至大气和水中，然后通过呼吸和饮水进入体内，^{222}Rn 和^{220}Rn 均为 α 衰变核素，放射性氡是天然辐射剂量的一个主要来源。室外大气中^{222}Rn 的放射性浓度达 3～18 Bq/m^3，而地下水中^{222}Rn 浓度为 1～1 000 kBq/L。室内空气中^{222}Rn 与建筑材料及其地表土壤和岩石中的^{226}Ra 含量有关。

2.2.3　宇生放射性核素

产生于太阳系外层空间的初级宇宙射线，主要是高能重粒子、光子和介子，穿透整个空间到达地球大气层后与大气和地表物质发生级联反应，生成大量次级粒子（次级宇宙射线),如中子、质子、电子、光子等(图2-4)。这些次级粒子再与大气层和地表元素的原子核反应生成一系列放射性核素,这类放射性核素称为宇宙成因核素或宇生核素。这些反应主要为高能粒子的散裂反应(如与 Xe 的散裂反应生成^{129}I)和低能粒子活化反应,如中子活化反应[^{14}N(n,p)^{14}C 与 ^{35}Cl(n,γ)^{36}Cl]、质子活化反应[^{27}Al(p,2n)^{26}Si(β^+)^{26}Al],以及光子、介子活化反应等。已发现的宇生放射性核素有几十种,表2-2列出了环境中的主要宇生放射性核素及其在地球上的储量。宇生放射性核素的产额及其分布与宇宙线的组成、通量、能谱及其时空变化有关,也与受照射物体的化学组成、大小、几何形状及样品的埋藏深度有关。宇生核素可用于研究历史上宇宙射线的组成、通量、能谱的时空变化,也可以用于测定陨石的宇宙暴露年龄和落地年龄。地表物质中的宇生放射性核素如^{14}C、^{10}Be、^{26}Al、^{129}I 可用于测量其形成、埋藏或暴露年龄。其中^{14}C 测年是应用最为广泛的年代测定方法。而这些宇生核素在自然界的含量极低,对环境和人体的辐射剂量贡献可以忽略不计。

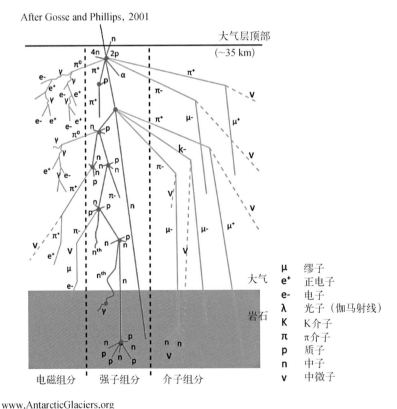

图2-4 大气层和地表次级宇宙射线的形成过程

表2-2　主要宇生放射性核素及其在地球上的储量[1]

核素	半衰期/a	主要靶元素	地球储量/Bq
^{3}H	12.3	O，Mg，Si，Fe[N，O]	1.3×10^{18}
^{10}Be	1.5×10^6	O，Mg，Si，Fe[N，O]	9.3×10^{16}
^{7}Be	53.1 d	O，Mg，Si，Fe[N，O]	1.8×10^{17}
^{14}C	5 730	O，Mg，Si，Fe[N，O]	1.1×10^{19}
^{22}Na	2.6	Si，Al，Fe[Ar]	4.4×10^{14}
^{26}Al	7.17×10^5	Si，Al，Fe[Ar]	6.1×10^{13}
^{36}Cl	3.0×10^5	Fe，Ca，K，Cl[Ar]	9.9×10^{15}
^{39}Ar	269	Fe，Ca，K[Ar]	4.2×10^{15}
^{41}Ca	1.03×10^5	Ca，Fe	
^{53}Mn	3.74×10^6	Fe	
^{60}Co	5.27	Co，Ni	
^{129}I	1.57×10^7	Te，Ba，La，Ce[Xe]	

　　虽然宇生放射性核素对环境和人体的辐射当量剂量贡献极小，但宇宙射线，特别是次级宇宙射线(主要是μ介子、光子、电子以及中子)是环境本底辐射的重要组成部分，主要通过外照射对人体产生危害。由于大气对宇宙射线形成的屏蔽效应，宇宙射线造成的辐射当量剂量随海拔高度的升高而增加，在高海拔地区和高空，如飞机和宇宙飞船上，宇宙射线的辐射影响尤为显著。表2-3为天然放射性源导致的辐射水平，可以看出天然放射性源中氡及其子体是人体受到的辐射剂量的主要来源，占年均个人辐射当量剂量的一半左右。宇宙射线导致的外照射贡献10%左右，陆地放射性核素导致的外照射占20%左右，人体内的^{40}K内照射导致的剂量占6%左右。

表2-3　天然辐射源所致个人年有效剂量平均值[2]

		个人年有效剂量平均值/mSv	
		全　球	我　国
外照射	宇宙射线电离成分	0.28	0.26
	中子	0.10	0.10
	陆地伽马射线	0.48	0.54
内照射	氡及其子体	1.15	1.56
	钍及其子体	0.10	0.185
	钾-40	0.17	0.17
	其他核素	0.12	0.315
	总　　计	2.4	3.1

天然放射性物质一直存在于自然界，人为活动可造成其分布发生变化，进而造成辐射暴露水平发生变化。这些人为活动中最为重要的是铀矿开采、冶炼和加工。由于铀矿中含有极高水平的铀、钍及其衰变产物，在开采过程中除氡挥发造成氡及其衰变产物向大气中释放外，含有大量铀衰变产物、钍及其衰变产物的粉尘、尾矿和矿渣会导致区域环境污染，造成环境辐射水平升高。其他工业活动，如金属冶炼、磷酸盐加工、煤矿和燃煤电厂、石油和天然气开采、稀土金属和氧化钛工业、锆与制陶工业、天然放射性核素的使用（如镭和钍的应用）以及建筑业等也会造成环境放射性水平的改变。由于铀和钍在某些矿物中高度富集（如稀土、磷酸盐、钛、锆矿等），这些矿物的开采和冶炼导致其中的铀、钍及其衰变链中的天然放射性核素释放，造成区域环境放射性水平升高。表2-4列出了各种稀土矿物及其开采和冶炼产生的废物的天然放射性水平。在一些工业活动中，虽然其原料中的铀、钍和衰变产物核素的放射性水平不高，但开采和冶炼过程可使其在矿渣和废物中富集，导致环境放射性水平升高，如金属冶炼、燃煤、石油和天然气工业等。另外一些建筑材料掺入含有高水平放射性物质的炉渣，也会导致环境放射性水平升高。人为因素导致的天然放射性物质（TENORM）已成为环境辐射的一个重要来源和关注对象。

表2-4　主要稀土矿物及其废物的天然放射性水平

矿物类型	组　　成	伴　生　元　素	废物a放射性水平/(Bq/kg)
混合型	$(Ce, La)CO_3F$ $(Ce, La, Nd, Th)PO_4$	Th，U	$>2 \times 10^4$
氟碳铈矿	$(Ce, La)CO_3F$	Th，U	$>10^4$
独居石	$(Ce, La, Nd, Th)PO_4$	Th(9.2%)，U(0.4%)	$>10^5$
离子型	Re^{3+}	Th，U	$>10^4$
磷钇矿	YPO_4	Th，U	$>10^4$

2.3　人工放射性

人工放射性是指自然界不存在，而是通过人工方式产生的放射性，包括人工放射性核素和放射性仪器两种方式。人工放射性核素是通过人工核反应过程生成的放射性核素，主要包括核武器试验、核反应堆和粒子加速器运行等。由放射性仪器产生的放射性，主要是指产生的各种放射性粒子,如各种原子核粒子、中子、质子、γ射线、X射线,以及其他粒子。这种辐射暴露主要包括医学诊断和治疗(如 X-、γ-相机及放射性治疗,CT诊断等)、科学实验(如应用离子加速器、同步辐射、X-射线扫描,X-荧光仪等)和工业放射性诊断仪器运行(如中子、X-射线等)。环境中的人工放射性主要来源于人类活动产生并释放于环境中的放射性核素。除核活动造成的高污染区域存留的大量放射性核素可对环境和相关人群产生明显的辐射影响外,区域本底水平的放射性核素的辐射影响非常有限。这些存在于环境中的放射性核素与其元素的稳定同位素一起参与环境过程,可用作示踪剂研究各种环境过程和机理。自从 20 世纪 40 年代人类开始核活动以来,已经生产了大量放射性物质,其中部分放射性物质释放到环境,并扩散到大气、土壤、水圈、生物圈等整个生态系统。

2.3.1 大气核武器试验

从 1945 年 7 月 16 日美国在新墨西哥州的阿拉莫戈多(Alamogordo)进行第一次核试验开始,到 1996 年全面禁止核试验条约签署,美国、苏联、英国、法国和中国共进行了2 398 次核试验,其中 543 次核试验为大气核试验。从 1998 年开始到 2017 年,印度、巴基斯坦和朝鲜先后进行了 18 次地下核试验。图 2-5 为 1945—2017 年全球各国大气核武器试验的次数分布。地下核试验由于其较好的密封性,产生的放射性物质一般被封存在地下,除少数外,较少泄漏进入表层环境,因此核武器试验对环境的影响主要是大气核试验。大气核试验主要发生在核试验活动早期(图 2-6)。

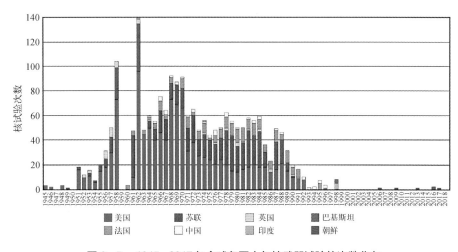

图 2-5　1945—2017 年全球各国大气核武器试验的次数分布

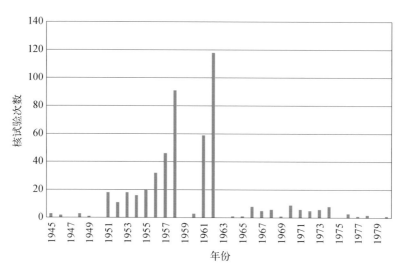

图 2-6　全球大气核武器试验的次数分布（1945—1980）

大气核试验一般分为地面（<100 m）、空中（<3 000 m）、高空（3 000～10 000 m）和水下核试验。地面核试验方式一般为地表爆炸和塔爆，空中核试验以空投为主，高空核试验以火箭发射为主，而水下核试验是指在水面下进行的核试验。深层水下爆炸时，大部分的爆炸产物沉积在水中，一般不产生放射性云团，因此较少引起局部和全球地表沉降；浅层水下爆炸时，水面附近的放射性云中包含了大部分放射性物质，但一般升空不高，直接降落在爆心附近几千米的范围内，因此大部分放射性物质都仍然残留在水中。大气核试验产生的放射性物质（气体、气溶胶和放射性颗粒物）全部释放到环境中，随爆炸当量和高度不同，分别进入低空、对流层和平流层。进入低空和对流层的放射性物质依其形态和颗粒物大小，沉降在距离核试验点不同距离的区域。较大的颗粒近地沉降在爆心附近几十至几百千米范围内，其范围大小与爆炸当量、高度和地貌以及气候因素有关。进入对流层的放射性气体和气溶胶将在东西向大范围扩散，最后沉降至地表。进入平流层的放射性气溶胶和气体，可以滞留较长时间（1 a 以上），经过充分混合，再进入对流层，最后沉降至地表。小于 100 kt TNT 爆炸当量的低空和地面爆炸，烟云不会上升到 9 km 以上的对流层，其大部分放射性物质都保留在对流层，而中等当量以上的爆炸和高当量爆炸，大部分放射性物质将进入平流层，并在全球范围内沉降。

核武器主要有两类，以铀和钚为燃料利用裂变能的原子弹和以氢核聚变能为主的氢弹（热核武器）。一般氢弹的爆炸当量远高于原子弹，因此大气热核武器试验产生的放射性物质大部分进入平流层,而相对较低爆炸当量的原子弹产生的放射性物质主要进入对流层,因此在核试验点周围区域沉降较多。图 2-7 为 1945—1980 年全球大气核武器试验的当量分布,以及推算的裂变和聚变当量相对份额[1]。

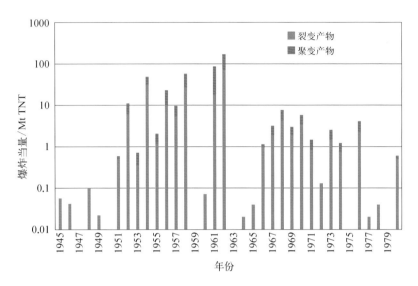

图 2-7　1945—1980 年全球大气核武器试验的裂变和聚变爆炸当量分布

　　表 2-5 列出了全球主要大气核试验场核武器试验的总裂变和聚变当量,以及推算的裂变当量在近场、对流层和平流层的相对分配份额。可以看出大气核武器试验产生的大部分放射性物质(145/189)进入平流层,由此产生的全球核武器试验沉降是本底环境中人工放射性的主要来源。核武器试验产生的放射性物质主要为铀和钚的裂变产物,以及武器材料、核爆现场建筑材料和近地面土壤和岩石的中子活化产物。氢核聚变本身不产生裂变产物,除氚外,主要放射性产物为武器材料本身和试验点周围材料的中子活化产物。但氢弹需要原子弹引爆,因此同时也会有大量裂变产物产生和释放。由于氢弹的爆炸当量高,产生的大部分放射性物质进入平流层。核试验中铀-235 裂变产生 200 多种放射性核素,其中大部分为短寿命放射性核素。表 2-6 列出了全球大气核武器试验产生的主要中长寿命放射性核素及其产额。可以看出^{131}I、^{140}Ba、^{103}Ru、^{141}Ce、^{144}Ce、^{89}Sr、^{90}Sr、^{91}Y、^{95}Zr 是产生和释放的主要放射性核素,但是这些核素的半衰期相对较短,^{131}I 的半衰期仅 8.02 d,其中最长的^{144}Ce 仅 284.9 d,在环境中存留的时间有限。^{90}Sr 和^{137}Cs 由于具有较长的半衰期和较高的裂变产额,成为目前环境中放射性水平最高的两种核素。除裂片核素外,核试验还产生和释放了大量活化产物,如^{3}H、^{14}C、^{54}Mn、^{55}Fe

等。聚变武器试验产生的大量^{3}H，其是大气核武器试验释放量最大的长寿命放射性核素，其次寿命较长的^{14}C和^{125}Sb的释放量也较大，会在环境中长时间滞留。目前环境中仍滞留有大量核武器试验产生的^{14}C。除裂片产物核素和中子活化产物核素外，由于大部分核武器燃料为^{239}Pu，而且在核武器爆炸过程中铀同位素和钚同位素的中子俘获反应也产生一定量^{239}Pu，以及^{238}Pu、^{240}Pu和^{241}Pu，导致大量^{239}Pu、^{240}Pu和^{241}Pu沉降于地表（表2-6）。半衰期较短的^{241}Pu会很快衰变为^{241}Am，使得地表中的^{241}Am不断增加。^{238}Pu、^{239}Pu、^{240}Pu、^{241}Am均为α衰变核素，有较高的辐射生物毒性，应受到高度重视；另外由于其和^{137}Cs一样可与土壤颗粒物结合，因此其可与^{137}Cs一起被用作土壤侵蚀示踪剂。

表2-5 全球各个试验场进行大气核武器试验的总裂变和聚变当量，以及裂变当量在近场、对流层和平流层的相对分布

国家	试验点地点	试验数量	爆炸当量/Mt			裂变当量分布/Mt		
			裂变	聚变	总量	近场和区域	对流层	平流层
中国	罗布泊	22	12.2	8.5	20.72	0.15	0.66	11.40
法国	Algeria	4	0.073	0	0.073	0.036	0.035	0.001
	Fangataufa	4	1.97	1.77	3.74	0.06	0.13	1.78
	Mururoa	37	4.13	2.25	6.38	0.13	0.41	3.59
	总计	45	6.17	4.02	10.20	0.23	0.57	5.37
英国	Monte Bello Island	3	0.1	0	0.1	0.050	0.049	0.000 7
	Emu Field	2	0.018	0	0.018	0.009	0.009	0
	Maralinga	7	0.062	0	0.062	0.023	0.038	0
	Malden Island	3	0.69	0.53	1.22	0	0.56	0.13
	Christmas Island	6	3.35	3.30	6.65	0	1.09	2.26
	总计	21	4.22	3.83	8.05	0.07	1.76	2.39
美国	New Mexico	1	0.021	0	0.021	0.011	0.010	0
	Japan（combat use）	2	0.036	0	0.036	0	0.036	0
	Nevada	86	1.05	0	1.05	0.28	0.77	0.004
	Bikini	23	42.2	34.6	76.8	20.3	1.07	20.8
	Enewetak	42	15.5	16.1	31.7	7.63	2.02	5.85
	Pacific Ocean	4	0.102	0	0.102	0.025	0.027	0.050
	Atlantic	3	0.004 5	0	0.004 5	0	0	0.005
	Johnston Island	12	10.5	10.3	20.8	0	0.71	9.76
	Christmas Island	24	12.1	11.2	23.3	0	3.62	8.45
	总计	197	81.5	72.2	153.8	28.2	8.27	44.9

国家	试验点地点	试验数量	爆炸当量/Mt			裂变当量分布/Mt		
			裂变	聚变	总量	近场和区域	对流层	平流层
苏联	Semipalatinsk	116	3.74	2.85	6.59	0.097	1.23	2.41
	Novaya Zemlya	91	80.8	158.8	239.6	0.036	2.93	77.8
	Totsk，Aralsk	2	0.040	0	0.040	0	0.037	0.003
	Kapustin Yar	10	0.68	0.30	0.98	0	0.078	0.61
	总计	219	85.3	162.0	247.3	0.13	4.28	80.8
	所有国家和地区	543	189	251	440	29	16	145

表 2-6　全球大气核武器试验释放的半衰期较长的主要放射性核素[3]

核素	半衰期	裂变产额/%	归一化的核素产生量/(PBq/Mt)	全球释放量/PBq
^{3}H	12.33 a		740	186 000
^{14}C	5 730 a		0.85	213
^{54}Mn	312.3 d		15.9	3 980
^{55}Fe	2.73 a		6.1	1 530
^{89}Sr	50.53 d	3.17	730	117 000
^{90}Sr	28.78 a	3.50	3.88	622
^{91}Y	58.51 d	3.76	748	120 000
^{95}Zr	64.02 d	5.07	921	148 000
^{103}Ru	39.26 d	5.20	1 540	247 000
^{125}Sb	2.76 a	0.40	4.62	741
^{131}I	8.02 d	2.90	4 210	675 000
^{140}Ba	12.75 d	5.18	4 730	759 000
^{141}Ce	32.50 d	4.58	1 640	263 000
^{144}Ce	284.9 d	4.69	191	30 700
^{137}Cs	30.07 a	5.57	5.90	948
^{239}Pu	24 110 a			6.52
^{240}Pu	6 563 a			4.35
^{241}Pu	14.35 a			142

2.3.2　核事故

　　到目前为止，核电站和核设施运行中有两次重大核事故，分别为 1986 年 4 月 26

日的切尔诺贝利核事故和 2011 年 3 月 11 日的日本福岛核事故。虽然在核反应堆运行过程中,有 800 多种放射性核素生成,但仅有 50 多种核素的半衰期大于 25 分钟。其中由于碘和铯为易挥发元素,且 ^{131}I、^{134}Cs 和 ^{137}Cs 的裂变产额较高,这三种核素成为核反应堆事故中释放的最重要核素。切尔诺贝利核事故是核电历史上最严重的事故,估计释放到环境的放射性物质总量为 1.2×10^{19} Bq,释放的放射性核素主要为 ^{131}I、^{134}Cs 和 ^{137}Cs 等,苏联、北欧、西欧等国家和地区的广大地区都受到了明显的污染,我国和北半球的一些国家也受到了不同程度的影响。福岛核事故与切尔诺贝利核事故虽然同为 7 级,但两者的事故状态不完全相同,福岛核事故放射性物质的释放量低一个量级。福岛核事故发生后,我国全国范围内多种环境介质中陆续检测到 ^{131}I、^{134}Cs 和 ^{137}Cs 等人工放射性核素,但这些人工放射性核素对我国境内公众个人有效剂量的贡献远低于国家标准的限值。到 2011 年 4 月底已探测不到福岛核事故对我国环境的影响。表 2-7 列出了切尔诺贝利核事故和福岛核事故释放到大气中的主要放射性核素及释放量。

表 2-7 切尔诺贝利核事故和福岛核事故释放到大气中的
主要放射性核素及释放量(PBq）[3-4]

核 素	福岛核事故 Daiichi	切尔诺贝利核事故 1
裂片惰性气体核素		
^{85}Kr	6.4~32.6	33
^{133}Xe	6 000~12 000	6 500
挥发性裂变产物核素		
^{129m}Te	3.3~12.2	240
^{132}Te	0.76~162	~1.15×10^3
^{131}I	100~400	~1.76×10^3
^{133}I	0.68~300	2 500
^{134}Cs	8.3~50	~47
^{136}Cs	—	36
^{137}Cs	7~20	~85
低挥发性裂变产物核素		
^{89}Sr	0.043~13	~115
^{90}Sr	0.003 3~0.14	~10
^{103}Ru	7.5×10^{-6}~7.1×10^{-5}	>168
^{106}Ru	2.1×10^{-6}	>73
^{140}Ba	1.1~20	240

核　　素	福岛核事故 Daiichi	切尔诺贝利核事故 1
难熔元素核素		
^{95}Zr	0.017	84
^{99}Mo	8.80×10^{-8}	>72
^{141}Ce	0.018	84
^{144}Ce	0.011	~50
^{239}Np	0.076	400
^{238}Pu	$2.4 \times 10^{-6} \sim 1.9 \times 10^{-5}$	0.015
^{239}Pu	$4.1 \times 10^{-7} \sim 3.2 \times 10^{-6}$	0.013
^{240}Pu	$5.1 \times 10^{-7} \sim 3.2 \times 10^{-6}$	0.018
^{241}Pu	$3.3 \times 10^{-7} \sim 1.2 \times 10^{-3}$	~2.6
^{242}Cm	$9.8 \times 10^{-6} \sim 10^{-4}$	~0.4

需要特别注意的是^{131}I 和^{137}Cs,以及低挥发和难挥发的放射性核素(如超铀元素)存在明显差别。这主要是由于切尔诺贝利核电站堆芯发生严重熔化并爆炸,导致部分低挥发性和少量难熔性组分释放,而福岛核事故的堆芯熔化并不特别严重,因此主要是挥发性放射性核素的释放。福岛核事故除了大气释放外,还向海洋直接排放了一定量放射性物质,估算的海洋直接排放量为 3～6 PBq 的^{137}Cs,10～20 PBq 的^{131}I[4]、0.09～0.9 PBq 的^{90}Sr[5]以及 2.35 GBq 的^{129}I[6],这导致福岛海域海水中放射性水平大幅度升高,并在北太平洋的大范围扩散。

除此之外,还有几个小型核反应堆事故,但释放的核素种类和总量都比较少。1957年发生于英国温茨凯尔群岛(Windscale)的钚生产堆的大火向环境释放了大约 740 TBq的^{131}I 和 94 TBq 的^{90}Sr;1961 年美国爱达荷(Idaho)试验反应堆事故向环境释放了大约0.4 TBq 的^{131}I;1979 年美国的三里岛核事故向环境中释放了大约 0.74 TBq 的^{131}I 和1.6 PBq 的^{85}Kr。另外,其他核设施和核装置事故也向环境释放了一定量的放射性物质。1957 年苏联在克什特姆(Kyshtym)的钚生产设施爆炸向环境释放了大约 2 PBq 的^{90}Sr和 30 PBq 的^{137}Cs。1966 年发生于西班牙帕洛马雷斯(Palomares)和 1967 年发生在格陵兰拓乐(Thule)的携带有核弹头的美国战略轰炸机坠机事故向环境释放了一定量的钚和镅。1964 年坠毁于印度洋上空的以^{238}Pu 为燃料的美国卫星(SNAP - 9A)向大气中释放了 630 TBq 的^{238}Pu。1978 年另一颗由反应堆提供能源的卫星坠毁在加拿大北部上空,向大气中释放了大约 200 TBq 的^{131}I、3 TBq 的^{90}Sr 和^{137}Cs。1963—2000 年曾发生了多起核潜艇事故[7],虽然核反应堆及其核弹头未发生严重事故和泄漏,但由于出事地点大部分位于海底,出事潜艇大部分还搁浅在出事海域,因而不可避免地向出事海域释放了少量放射性物质。表2-8列出了这几次核潜艇事故及其实际释放的放射性物质。

表2-8　核潜艇事故及其放射性释放[7]

国　家	潜艇编号	日　　期	核装置类型	总放射性/TBq	估计释放的放射性/GBq
美　国	SNN-593(Thresher)	1963-4-10	核反应堆	1 150	0.04
	SNN-583(Scorption)	1968-5-22	核反应堆,2个核弹头	1 300	0.04
苏　联	K-8	1970-4-8	2个核反应堆	9 250	—
			核弹头	0.03	—
	K-219	1986-10-6	2个核反应堆	9 250	
	K-278	1989-4-7	核反应堆	3 590	<370
俄罗斯	K-141	2000-8-12	2个核反应堆	$(1\sim2)\times10^6$	

2.3.3　核燃料循环

从20世纪40年代人类利用核能以来,生产、应用和处理了大量核燃料,主要是^{235}U,也包括少量^{239}Pu和^{233}U(^{232}Th)。核燃料循环包括铀矿的开采和冶炼、铀的转化和富集以及核燃料元件制造的前段,核电厂运行和乏燃料后处理以及放射性废物贮存和处理处置的后段。图2-8为闭式核燃料循环示意图。在核燃料循环前段的燃料生产过程中,铀矿开采中的尾矿和冶炼过程中的废渣中含有大量铀及其放射性衰变产物,风蚀和降水作用会导致其中小颗粒和水溶性组分扩散到周围环境中,同时由于挥发性氡在开采和冶炼过程中会释放到大气中,造成一定范围内的放射性污染。这些污染基本属于区域环境污染,较少造成大范围扩散。在早期铀矿冶炼过程中,部分含铀颗粒也释放到大气中,造成区域环境污染。在^{235}U同位素富集和燃料元件生产过程中的铀及其衰变产物核素的释放一般较少。^{233}U燃料的生产包括前段钍的采矿、冶炼和钍材料的生产,与铀的生产过程相似。到目前为止,^{233}U燃料的生产和使用量非常有限,因此由此导致的放射性释放量比较有限。核燃料循环前段并未生产任何新的放射性物质,仅导致原存在于含有铀和钍的矿物中的天然放射性暴露于表层环境,造成区域环境污染和辐射危害。

核燃料循环后段的乏燃料后处理是环境中人工放射性的一个重要来源。乏燃料后处理是将在反应堆中燃烧后的乏燃料通过化学方法处理,将其中尚未燃烧的^{235}U和新

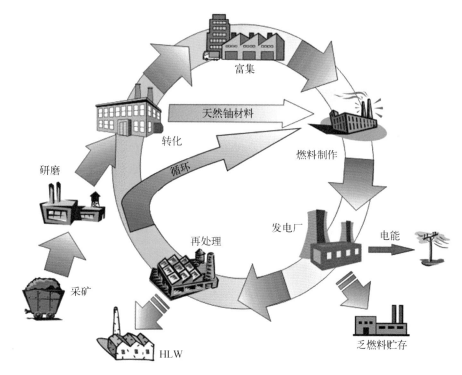

图 2-8　闭式核燃料循环示意图

生成的燃料(如^{239}Pu)分离回收,以制成新的燃料元件再使用,并将反应堆运行中产生的放射性裂变和活化产物提取、分离用于其他目的,或转化成合适的形式进行地质处置。虽然有多种乏燃料后处理流程和技术的研究和报道,但到目前为止工业规模的乏燃料后处理流程均采用磷酸三丁酯(TBP)为萃取剂的水法后处理流程分离铀和钚(PUREX)。图 2-9 为目前采用的改进的水法后处理 PUREX 流程框架图。在乏燃料元件的切割和酸溶阶段,乏燃料元件内部存在的大部分放射性气体组分会释放,虽然经过过滤和捕集,仍然会有一部分以气态形式释放于环境中。由于乏燃料在后处理前均经过长时间冷却,较短寿命的放射性核素(如^{131}I 等)已衰变殆尽,因此乏燃料后处理排放的主要放射性核素为较长寿命的^{3}H、^{14}C、^{129}I、^{85}Kr 等。其他非挥发性放射性裂片和活化产物核素,包括超铀核素则形成液态废物,固化后进行地质处置。部分低水平液态废物会通过稀释后排入海洋或河流,从而进入环境。表 2-9 列出了全球曾经运行和正在运行的乏燃料后处理厂及其处理能力[8]。这些后处理厂中,位于法国拉黑格(La Hague)和马科(Marcoule)以及英国塞拉菲尔德(Sellafield)的三座后处理厂处理能力最大,目前全球动力堆乏燃料大部分是在这三个后处理厂处理的,其向环境排放的放射性物质的量也最大。表2-10和表2-11分别为英国Sellafield和法国La Hague乏燃料后处理厂在1970—1997年的大气排放量和液态海洋排放量。两个后处理厂在运行早期,特别是1970—1985年的^{137}Cs和^{90}Sr的海洋排放量较高,而后迅速降低,这主要归因于日趋严格的允许排放标准。但20世纪90年代以来这两个后处理厂的液态^{129}I和^{99}Tc的排放量迅速增加(图2-10),这主要是由于允许的α放射性物质排放降低,两个后处理厂为降低锕系元素的排放而增加的减排措施没有考虑到对^{129}I和^{99}Tc的控制,从而导致其排放量增加。虽然这些排放的放射性物质导致欧洲海域的放射性水平远高于其他海域,但与天然放射性相比,对相关人群的年受照当量剂量并无显著影响。

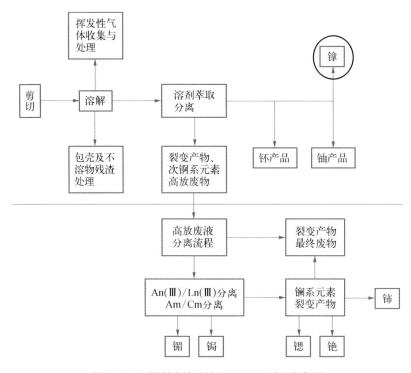

图2-9 乏燃料水法后处理 PUREX 流程框架图

表2-9 全球乏燃料后处理厂及其处理能力[8]

国　家	后　处　理　厂	燃料类型	处理能力/(tHM/yr)	运行时间/年
比利时	Mol	LWR, MTR	80	1966—1974
中　国	Qiuquan		60—100	1968 至 1970 年代初期
德　国	Karlsruhe, WAK	LWR	35	1971—1990

国 家	后 处 理 厂	燃料类型	处理能力/(tHM/yr)	运行时间/年
法 国	Marcoule，UP 1	Military	1 200	1958—1997
法 国	Marcoule，CEA APM	FBR	6	1988—今
法 国	La Hague，UP 2	LWR	900	1967—1974
法 国	La Hague，UP 2 - 400	LWR	400	1976—1990
法 国	La Hague，UP 2 - 800	LWR	800	1990
法 国	La Hague，UP 3	LWR	800	1990
英 国	Windscale	Magnox	1 000	1956—1962
英 国	Sellafield，B205	Magnox	1 500	1964
英 国	Dounreay	FBR	8	1980
英 国	Sellafield/THORP	AGR，LWR	900	1994—2018
意大利	Rotondella	Thorium	5	1968(停工)
印 度	Trombay	Military	60	1965
印 度	Tarapur	PHWR	100	1982
印 度	Kalpakkam	PHWR 及 FBTR	100	1998
印 度	Tarapur	PHWR	100	2011
日 本	Tokaimura	LWR	210	1977—2006
日 本	Rokkasho	LWR[9]	800	2021
巴基斯坦	New Labs，Rawalpindi	Military/Pu/Th	80	1982—今
巴基斯坦	Khushab	HWR/Military	22 kg	1986—今
俄罗斯	Mayak Plant B	Military	400	1948—1969
俄罗斯	Mayak Plant BB，RT - 1	LWR	400	1978
美 国	Hanford Site	Military		1944—1988
美 国	Savannah River Site	Military/LWR/HWR	5 000	1952—2002
美 国	West Valley	LWR	300	1966—1972

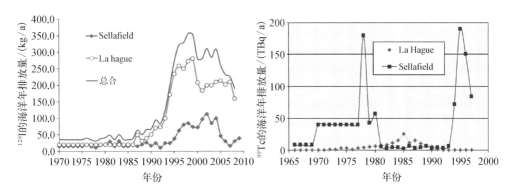

图 2 - 10 英国 Sellafield 和法国 La Hague 两个乏燃料后处理厂液态^{129}I 和^{99}Tc 的海洋年排放量变化

表2-10 英国Sellafield乏燃料后处理厂放射性大气排放量和液态海洋排放量（1970—1997）[3]

年份	后处理量/Gwa	气体排放/TBq						液体排放/TBq					
		^{3}H	^{14}C	^{85}Kr	^{129}I	^{131}I	^{137}Cs	^{3}H	^{14}C	^{90}Sr	^{106}Ru	^{129}I	^{137}Cs
1970		443	9.0		0.022	0.027	0.066	6 200	1.0	230	1 000	0.10	1 200
1971		443	10.0		0.022	0.069	0.13	1 200	1.0	460	1 400	0.10	1 300
1972	2.6	303	17.3	37 000	0.022	2.4	0.015	1 240	1.0	562	1 130	0.10	1 289
1973		443	24.3		0.022	0.13	0.068	740	1.0	280	1 400	0.10	770
1974		443	17.3		0.022	0.001 3	0.038	1 200	1.0	390	1 100	0.10	4 100
1975	3.2	444	20.3	44 000	0.022	0.001 1	0.096	1 400	1.0	466	762	0.10	5 230
1976	3.2	444	32.3	44 000	0.024	0.009	0.11	1 200	1.0	381	766	0.13	4 289
1977	2.1	296	26.3	33 000	0.018	0.007 8	0.49	910	1.0	427	816	0.096	4 480
1978	1.8	222	8.6	26 000	0.007 8	0.045	0.51	1 000	1.0	597	810	0.074	4 090
1979	2.5	290	7.3	35 000	0.017	0.091	0.51	1 200	1.0	250	390	0.12	2 600
1980	2.2	252	8.5	31 000	0.045	0.003 3	0.93	1 280	1.0	352	340	0.14	2 970
1981	3.7	459	19.3	52 000	0.027	0.90	0.19	1 966	1.0	277	530	0.19	2 360
1982	3.1	360	9.5	44 000	0.033	0.017	0.054	1 750	1.0	319	420	0.10	2 000
1983	3.0	268	7.3	41 800	0.027	0.015	0.046	1 831	1.0	204	553	0.20	1 200
1984	2.7	349	7.3	37 100	0.030	0.006	0.040	1 586	1.0	72	348	0.10	434
1985	1.7	268	7.3	23 800	0.021	0.006	0.036	1 062	1.3	52	81	0.10	325
1986	3.8	171	5.7	53 300	0.030	0.003	0.038	2 150	2.6	18.3	28	0.12	17.9
1987	2.4	78.3	9.8	34 000	0.019	0.003 5	0.007 1	1 375	2.1	15	22.1	0.10	11.8
1988	2.8	186	3.6	39 700	0.024	0.002 2	0.003 8	1 724	3	10.1	23.6	0.13	13.3
1989	3.7	677	4.2	51 700	0.024	0.002 1	0.002 6	2 144	2	9.2	25	0.17	28.6
1990	3.8	593	4.1	37 600	0.012	0.001 2	0.002 8	1 699	2.0	4.2	16.5	0.11	23.5

年份	后处理量/Gwa	气体排放/TBq						液体排放/TBq					
		^{3}H	^{14}C	^{85}Kr	^{129}I	^{131}I	^{137}Cs	^{3}H	^{14}C	^{90}Sr	^{106}Ru	^{129}I	^{137}Cs
1991	4.5	619	5.8	44 600	0.012	0.001 9	0.003 6	1 803	2.4	4.1	18.7	0.16	15.6
1992	2.7	324	2.5	27 400	0.019	0.001 6	0.002 0	1 199	0.8	4.2	12.6	0.07	15.3
1993	5.7	860	11.4	57 000	0.039	0.002 0	0.000 7	2 309	2.0	17.1	17.1	0.16	21.9
1994	3.8	550	4.2	38 000	0.024	0.001 7	0.000 7	1 680	8.2	28.9	6.7	0.16	13.8
1995	6.9	580	4.2	97 000	0.020	0.001 1	0.000 6	2 700	12	28	7.3	0.25	12
1996	7.1	530	3.8	100 000	0.025	0.002 3	0.000 9	3 000	11	16	9.0	0.41	10
1997	6.8	170	1.8	95 000	0.025	0.002 6	0.000 6	2 600	4.4	37	9.8	0.52	7.9

表 2 - 11　法国 La Hague 乏燃料后处理厂放射性大气排放量和液态海洋排放量（1970—1997）[3]

年份	后处理量/GWa	大气排放/TBq						液体海洋排放/TBq					
		^{3}H	^{14}C	^{85}Kr	^{129}I	^{131}I	^{137}Cs	^{3}H	^{14}C	^{90}Sr	^{106}Ru	^{129}I	^{137}Cs
1970				2 300		0.000 26		61		2	100		89
1971		0.9		4 400		0.007 4	0.000 81	78		8.3	143		243
1972		3.1		8 900		0.1		84		16	140		33
1973		2.6		8 500		0.026		110		19	132		69
1974		7.1		27 000		0.019	<0.000 01	281		52	269		56
1975		3.3		24 000		0.067		411		37.6	415		34
1976		1.8		13 000	0.000 21	0.011		264		20	278		35
1977	1.4	2.3		25 000	0.002 2	0.000 07	<0.000 01	331		36.4	270		51

年份	后处理量/GWa	大气排放/TBq						液体海洋排放/TBq					
		^{3}H	^{14}C	^{85}Kr	^{129}I	^{131}I	^{137}Cs	^{3}H	^{14}C	^{90}Sr	^{106}Ru	^{129}I	^{137}Cs
1978	1.6	4.4		29 000	0.01	0.000 1	<0.000 01	729		70	401		39
1979	2.9	7.1		24 000	0.007 4	0.028		539		56	374		23
1980	2.8	9.2		30 000	0.017	0.000 33	<0.000 01	539		29.4	387		27
1981	3.3	10		36 000	0.009 8	0.000 31	<0.000 01	710		27.1	331		39
1982	3.7	6.3		51 000	0.015	0.000 18		810		86.3	469		51
1983	5.2	8.3		50 000	0.021	0.000 5	<0.000 01	1 170		141.8	337	0.1	23
1984	4.8	8.5		27 000	0.027	0.000 51	<0.000 01	1 460		109.6	351	0.1	30
1985	9.3	33		71 000	0.021	0.000 57	0.000 03	2 600		47	437	0.13	29
1986	7.2	6.1		29 000	0.011	0.000 41	<0.000 01	2 310		68.5	403	0.13	10
1987	9.1	15		35 000	0.014	0.000 54	<0.000 01	2 960		57	525		7.6
1988	7.1	21		27 000	0.021	0.000 59		2 540		39.5	259	0.20	8.5
1989	10.8	25		42 000	0.027	0.000 77	<0.000 01	3 720		28.5	275	0.26	13
1990	12.3	25	2.6	63 000	0.018	0.000 53	<0.000 01	3 260		15.8	150	0.33	13
1991	18.5	28	2.3	100 000	0.023	0.000 74	<0.000 01	4 710		29.8	18	0.46	5.6
1992	16.4	30	2	95 000	0.011	0.000 38	<0.000 01	3 770		17.5	11	0.48	3.0
1993	21.5	42	3.8	120 000	0.010	0.000 58	<0.000 01	5 150		24.6	8	0.65	4.4
1994	34.3	55	5.4	180 000	0.021	0.000 49	<0.000 01	8 090		15.6	14	1.1	11
1995	43.4	84	8.5	230 000	0.032	0.000 78	<0.000 01	9 610		29.6	15.2	1.5	4.6
1996	43.0	75	12	260 000	0.038	0.001 5	<0.000 01	10 500	9.94	10.6	16.9	1.7	2.4
1997	49.8	76	17	300 000	0.017	0.001 2	<0.000 01	11 900	9.65	3.7	19.6	1.6	2.5

2.3.4 核反应堆运行

自从 1942 年第一座核反应堆运行开始至今,已有 1 200 多个研究、生产和动力核反应堆投入运行,包括用于舰船的大约 200 座核反应堆。核电厂是目前最为主要的核设施,核动力反应堆是人工放射性物质产生的主要场所。截至 2019 年 9 月,有大约 450 台核电机组正在运行,包括中国的 47 台机组,供应了全球约 10% 的电力。核动力反应堆类型主要有轻水反应堆(包括压水堆、沸水堆和石墨堆)、重水反应堆、高温气冷堆和中子增值堆。其中压水堆、沸水堆和重水堆是主要堆型。由于所有核电厂均具有很高的安全设计,在正常运行状况下事故概率很低。运行过程中燃料裂变产生的所有放射性裂变产物均密封在燃料元件中。另外由于其具有完善的多重安全屏障系统,即使个别燃料元件破损,导致燃料和裂变产物从元件中泄漏,其大部分也会保留在反应堆容器和封闭冷却系统内,除挥发性惰性气体核素(如 ^{85}Kr、^{133}Xe 等)外,极少排放到环境中。核电厂运行中堆芯产生的大量中子也会与堆内材料以及空气中的元素的发生核反应,生成大量活化产物核素(如 ^{3}H、^{14}C、^{41}Ar、^{60}Co、^{58}Co、^{55}Fe、^{59}Fe、^{54}Mn、^{51}Cr、^{63}Ni 等)。在正常运行条件下,这些活化产物核素除挥发性较高的惰性气体(^{41}Ar)和 ^{3}H、^{14}C 外,大部分滞留在堆内材料中,仅有微量进入反应堆循环水中的核素排出,但极为有限。

核电厂正常运行状况下仅有极小量放射性气体和液体废物排入环境,其中裂变产物核素主要是由于个别元件的破损或个别核素在元件包壳中渗透和扩散,或燃料元件表面和反应堆结构材料中的杂质铀的裂变所致。反应堆水循环过程中会溶解部分反应堆材料表面的放射性核素,其含量与反应堆类型和结构材料有关。虽然这些核素在反应堆水净化过程大部分会除掉,进入放射性树脂中处置,但也有少量会随液态排出物进入环境。核电厂排入大气的主要是惰性气体裂片核素(氪和氙等)、活化产物气体(^{14}C 和 ^{41}Ar 等)以及碘和氚。液态流出物主要为氚、碘、钴、铯等核素。表 2-12 列出了国际原子能机构汇总和归一化的全球不同类型核反应堆核电机组每生产 1 GWa 电能向环境排放的各种放射性核素量。可以看出核电厂放射性排放最高的为惰性气体,而且从 1970 年到 1997 年呈迅速下降的趋势;其次为氚,其气态排放量与液态排放量相当,且从 1970 年到 1997 年没有明显变化。^{14}C 是另外一个大气排放的主要核素。虽然其排放量远低于惰性放射性气体和氚,但由于其长的半衰期和较高的 β 射线能量,其累计辐射当量剂量远高于其他核素,成为核电厂排放的放射性物质中有效辐射当量剂量影响最大的核素(表 2-13)。

表 2- 12　全球不同类型核反应堆核电机组放射性核素环境排放量（1970—1997）[3]

核　素	年　份	归一化的放射性核素排放量/(TBq/GWa)					
		PWR	BWR	GCR	HWR	LWGR	总计
惰性气 体核素	1970—1974	530	44 000	580	4 800	5 000	13 000
	1975—1979	430	8 800	3 200	460	5 000	3 300
	1980—1984	220	2 200	2 300	210	5 500	1 200
	1985—1989	81	290	2 100	170	2 000	330
	1990—1994	27	350	1 600	2 100	1 700	330
	1995—1997	13	180	1 200	250	460	130
氚(^{3}H)	1970—1974	5.4	1.8	9.9	680	26	48
	1975—1979	7.8	3.4	7.6	540	26	38
	1980—1984	5.9	3.4	5.4	670	26	44
	1985—1989	2.7	2.1	8.1	690	26	40
	1990—1994	2.3	0.94	4.7	650	26	36
	1995—1997	2.4	0.86	3.9	330	26	16
碳-14(^{14}C)	1970—1974	0.22	0.52	0.22	6.3	1.3	0.71
	1975—1979	0.22	0.52	0.22	6.3	1.3	0.70
	1980—1984	0.35	0.33	0.35	6.3	1.3	0.74
	1985—1989	0.12	0.45	0.54	4.8	1.3	0.53
	1990—1994	0.22	0.51	1.4	1.6	1.3	0.44
碘-131(^{131}I)	1970—1974	0.003 3	0.15	0.001 4	0.001 4	0.080	0.047
	1975—1979	0.005 0	0.41	0.001 4	0.003 1	0.080	0.12
	1980—1984	0.001 8	0.093	0.001 4	0.000 2	0.080	0.030
	1985—1989	0.000 9	0.001 8	0.001 4	0.000 2	0.014	0.002
	1990—1994	0.000 3	0.000 8	0.001 4	0.000 4	0.007	0.000 7
	1995—1997	0.000 2	0.000 3	0.000 4	0.000 1	0.007	0.000 4
氚（液态）	1970—1974	11	3.9	9.9	180	11	19
	1975—1979	38	1.4	25	350	11	42
	1980—1984	27	2.1	96	290	11	38
	1985—1989	25	0.78	120	380	11	41
	1990—1994	22	0.94	220	490	11	48
	1995—1997	19	0.87	280	340	11	38
其他（液态）	1970—1974	0.20	2.0	5.5	0.60	0.20	2.1
	1975—1979	0.18	0.29	4.8	0.47	0.18	0.70
	1980—1984	0.13	0.12	4.5	0.026	0.13	0.38
	1985—1989	0.056	0.036	1.2	0.030	0.045	0.095
	1990—1994	0.019	0.043	0.51	0.13	0.005	0.047
	1995—1997	0.008	0.011	0.70	0.044	0.006	0.040

注：PWR 为压水反应堆；BWR 为沸水反应堆；GCR 为高温气冷反应堆；HWR 为重水反应堆；LWGR 为轻水冷却石
墨慢化反应堆。

表 2-13　归一化的核电厂排放的放射性核素所导致的

累计有效辐射当量剂量（1990—1994）[3]

反应堆型	生产的电能/%	单位电能排除的放射性核素导致的累计有效辐射剂量/（人·Sv/GWa）						
		气体排放					液体排放	
		惰性气体	^{3}H	^{14}C	^{131}I	颗粒物	^{3}H	其他
PWR	65.04	0.003	0.005	0.059	0.000 1	0.000 4	0.014	0.006
BWR	21.95	0.15	0.002	0.14	0.000 2	0.36	0.000 6	0.014
GCR	3.65	1.44	0.010	0.38	0.000 4	0.000 6	0.14	0.17
HWR	5.04	0.23	1.4	0.43	0.000 1	0.000 1	0.32	0.043
LWGR	4.09	0.19	0.05	0.35	0.002	0.028	0.007	0.002
FBR	0.24	0.042	0.10	0.032	0.000 09	0.024	0.001 2	0.016
权重平均		0.11	0.075	0.12	0.000 2	0.080	0.031	0.016
总计				0.43				

注：FBR 为快中子增值反应堆。

中国规定所有核动力反应堆向环境释放的放射性物质对公众任何个人造成的有效当量剂量约束值为 0.25 mSv/年。对于核电厂外围的公众，其实测人工辐射当量剂量远小于这一限制[10]。

2.3.5　其他来源

除上述这些来源外，其他核技术应用活动也可能向环境释放少量放射性物质，包括科研、医疗（医学诊断和治疗等）、工业（工业用加速器运行等），以及其他领域的放射性同位素应用等。离子加速器运行过程中由于粒子与受照材料中元素的原子发生核反应会直接生成放射性核素，其中一些核素会通过挥发或以颗粒物形式释放于环境中。一些加速器直接用于生产放射性同位素，从而也会有少量放射性核素在照射和分离过程中释放到环境中。医学诊断和治疗中大量使用的各种放射性核素，如 ^{18}F、^{99m}Tc、^{11}C 等短寿命放射性核素，以及 ^{131}I、^{90}Sr、^{99}Tc、^{14}C 等较长寿命的放射性核素中的长寿命核素会通过病人代谢和排泄进入环境。

放射性核素被大量用于科学研究、工业活动甚至日常生活用品中，如早期的手表中使用氚做荧光激发剂，火灾报警器中使用的 ^{241}Am、灯塔中用于能源供应的放射性同位素电池（^{90}Sr）、石油测井中使用的 ^{3}H 以及各种用于科研的放射性核素。其中有些也会被释放到环境中。但这些来源与大气核试验和核事故相比均非常小。表 2-14 比较了几种主要来源的人工核活动向环境中释放的各种放射性核素,可以看出 20 世纪 40—80 年代的核武器试验是环境中人工放射性的主要来源。切尔诺贝利核事故和福岛核事故是环境放射性的重要来源,特别是事故点附近以及周围高污染地区放射性的主要来源。乏燃料后处理厂是核燃料循环过程中向环境释放放射性物质最多的设施,是环境中 ^{129}I 和 ^{99}Tc 的主要来源。除高污染地区,如核试验点和核事故点周围环境外,这些人工放射性对公众的辐射影响比较有限。另外,这些核设施或核事故释放的核素由于其独特的来源可以用作示踪剂来研究环境过程。表 2-15 列出了环境中各种钚同位素的来源和贡献量,可以看出大气核武器试验是 ^{239}Pu、^{240}Pu、^{241}Pu 的主要来源,而卫星坠毁是 ^{238}Pu 的主要来源。

表 2-14　环境中重要人工放射性核素的主要来源

核　　　素	释放量/Bq			
	大气核武器试验	乏燃料后处理	切尔诺贝利核事故	福岛核事故
^{137}Cs	1.28×10^{18}	1.75×10^{16}	8.5×10^{16}	1.5×10^{16}
^{90}Sr	8.50×10^{17}	3.39×10^{15}	1.0×10^{16}	9.0×10^{14}
^{144}Cs	1.04×10^{15}	5.10×10^{14}	1.2×10^{17}	
^{106}Ru	4.25×10^{15}	7.47×10^{15}	7.3×10^{16}	
^{131}I	2.30×10^{22}		1.8×10^{18}	1.6×10^{17}
^{239}Pu	7.80×10^{15}	1.60×10^{14}	3.0×10^{13}	
^{129}I	4.12×10^{11}	3.86×10^{13}	1.0×10^{10}	8.6×10^{9}
^{99}Tc	1.40×10^{14}	1.87×10^{15}	7.5×10^{11}	$< 5 \times 10^{11}$

表 2-15　环境中各种钚同位素的来源和贡献量　　　　　　　　　单位:Bq

放射性核素	^{238}Pu	^{239}Pu	^{240}Pu	^{241}Pu	^{242}Pu	$^{239+240}Pu$	总　　计
大气核武器试验	3.3×10^{14}	6.5×10^{15}	4.4×10^{15}	1.4×10^{17}	1.6×10^{13}	1.26×10^{16}	1.7×10^{17}
乏燃料后处理(Sellafield)	1.2×10^{14}	—	—	1.2×10^{16}		6.1×10^{14}	2.2×10^{16}
切尔诺贝利核事故	3.5×10^{13}	3.0×10^{13}	4.2×10^{13}	6.0×10^{15}	7.0×10^{10}	7.2×10^{13}	6.0×10^{15}
乏燃料后处理(La Hague)	2.7×10^{12}			1.2×10^{14}	1.7×10^{9}	3.4×10^{12}	1.4×10^{14}
格陵兰 Thule 飞机事故	—			1.0×10^{13}			1.0×10^{13}
西班牙 Palomares 飞机事故	—			5.5×10^{10}			5.5×10^{10}
SNAP-9A 卫星坠毁	6.3×10^{14}						6.3×10^{14}

2.4 环境放射性水平、分布和变化

环境放射性核素的水平和分布主要与其来源有关。天然放射性核素的水平和分布,除人为活动导致的区域环境水平和分布的改变外,其在环境中的水平、分布相对比较稳定,并呈现一定的规律性变化。环境中的人工放射性核素的水平和分布,不但与其来源和历史有关,而且与其在环境中的行为有关,并且其随时间变化。下面分大气、陆地和海洋几个方面分别加以简要介绍。

2.4.1 大气中的放射性

大气中的天然放射性主要来源于宇宙射线及其核反应生成的宇生放射性核素。表 2-16 列出了主要宇生放射性核素在大气中的生成速率和总储量估算值。除 ^{14}C 主要是由宇宙射线的二次粒子中子与大气中的氮通过 ^{14}N(n, p)^{14}C 反应产生于对流层顶部外,其他核素大约 1/3 产生于对流层,2/3 产生于平流层[11]。在平流层生成的宇生放射性核素弥散进入对流层,沉降到地表。弥散速度对于其地表沉降量有重要影响,特别是对较短寿命的核素。图 2-11 为 ^{7}Be 在大气中的生成速率随高度和纬度的变化情况,赤道上空生成率最高,随纬度升高逐渐降低,在北极和南极上空生成率最低。随着高度的增加,生成速率显著增加,因此 ^{7}Be 主要生成于平流层和对流层顶部,对流层下层的生成量较小[11]。

表 2-16　主要宇生放射性核素在大气中的生成速率和总储量估算值[11, 14]

核素	半衰期	生成速率/atoms·cm^{-2}·s^{-1}		对流层活度/(mBq/m³)	全球储量
		对流层	平流层		
^{10}Be	1.5×10^5 a	1.5×10^{-2}	4.5×10^{-2}	0.15	260 t
^{26}Al	7.1×10^5 a	3.8×10^{-5}	1.4×10^{-4}	1.5×10^{-8}	1.1 t
^{81}Kr	2.3×10^5 a	5.2×10^{-7}	1.2×10^{-5}	1.2×10^3	8.5 kg
^{36}Cl	3.0×10^5 a	4×10^{-4}	1.1×10^{-3}	9.3×10^{-8}	15 t
^{14}C	5 730 a	1.1	2.5	56.3	75 t
^{39}Ar	268 a	4.5×10^{-3}	1.3×10^{-2}	6.5	52 kg
^{32}Si	~150 a	5.4×10^{-5}	1.6×10^{-4}	2.5×10^{-5}	0.3 kg
^{3}H	12.3 a	8.4×10^{-2}	0.25	1.4	3.5 kg

核素	半衰期	生成速率/atoms·cm^{-2}·s^{-1}		对流层活度/（mBq/m^3）	全球储量
		对流层	平流层		
^{22}Na	2.6 a	2.4×10^{-5}	8.6×10^{-5}	2.1×10^3	1.9 g
^{35}S	87 d	4.9×10^{-4}	1.4×10^{-3}	0.16	4.5 g
^{7}Be	53 d	2.7×10^{-2}	8.1×10^{-2}	12.5	3.2 g
^{37}Ar	35 d	2.8×10^{-4}	8.3×10^{-4}	0.43	1.1 g
^{33}P	25.3 d	2.2×10^{-4}	6.8×10^{-4}	0.15	0.6 g
^{32}P	14.3 d	2.7×10^{-4}	8.1×10^{-4}	0.27	0.4

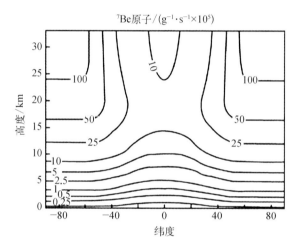

图 2-11　^{7}Be 在大气中的生成速率随高度和纬度的变化情况[11]

　　图 2-12（a）为瑞典的 Kiruna、Grindsjön、Ljungbyhed，捷克的 Prague 和法国的 Dion 这 5 个地点地表大气（气溶胶）中 ^{7}Be 浓度 30 年（1972—2002）的变化[12]。可以看出大气中 ^{7}Be 浓度在不同时间、不同地点的变化较小，基本处于 2 mBq/m^3 水平。但对其进行平滑后可以发现 ^{7}Be 浓度在大约 10 年的周期内呈现有规律的变化，且与太阳活动和宇宙射线的强度变化吻合[图 2-12（b）]。太阳活动活跃期宇宙射线强度较低，此时大气 ^{7}Be 的浓度较低，这与其主要由宇宙射线与大气中的氮和氧的散裂反应生成相符。图 2-13 为斯洛伐克（Bratislava）地面大气中月平均 ^{7}Be 活度浓度变化[13]，表明该地区大气中 ^{7}Be 浓度呈现出明显的季节变化，夏季高而冬季低，这是由于 ^{7}Be 主要产生于平流层和对流层顶部，宇生放射性核素从平流层到对流层的交换随温度而变化，夏季交换高于冬季，导致夏季对流层，特别是低层大气中 ^{7}Be 浓度升高。

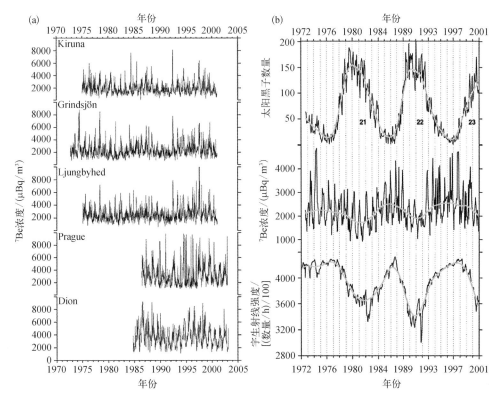

图 2-12　欧洲不同地点地表大气中⁷Be浓度随时间的变化及太阳活动对⁷Be浓度的影响

（a）瑞典（Kiruna、Grindsjön、Ljungbyhed）、捷克（Prague）和法国（Dion）这 5 个地点地表大气中（气溶胶）中⁷Be浓度的 30 年（1972—2002）的变化；（b）欧洲大气⁷Be浓度平滑曲线与太阳活动和宇宙射线强度变化比较

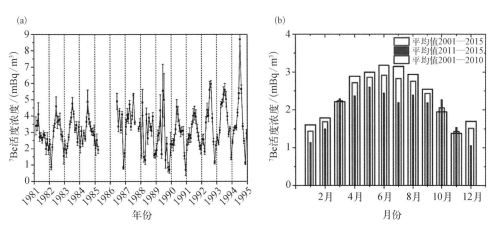

图 2-13　斯洛伐克（Bratislava）地面大气中月平均⁷Be 活度浓度变化

（a）1981—1995 年月平均浓度变化；（b）不同时间段月平均浓度变化[13]

土壤中铀和钍的衰变产物^{222}Rn 和^{220}Rn 等惰性气体核素,可以通过弥散进入大气,这些核素及其衰变产物成为大气放射性的另一个主要来源。但这些核素主要存在于低层大气中,极少进入高层和平流层大气中。大气中的^{210}Pb 是^{222}Rn 的衰变产物。地表土壤和岩石中的^{226}Ra 衰变产生的惰性气体核素^{222}Rn,可以从土壤和岩石颗粒物的缝隙弥散而进入大气,^{222}Rn 的半衰期较短(3.8 d),经过几个更短寿命衰变子体核素,快速衰变至较长寿命的^{210}Pb(23 年)。^{222}Rn 在大气中主要以气体形式存在,而其衰变子体包括^{210}Pb 等生成后,会迅速与大气中的颗粒物结合。

斯洛伐克地面大气中^{222}Rn 和^{210}Pb 活度浓度变化(图 2-14)表明,地面大气中^{222}Rn 的活度浓度比^{210}Pb 高 3~4 个量级(^{222}Rn/^{210}Pb 比值为 5 000~10 000),这主要归因于两者半衰期差别较大,无法达成放射性衰变平衡。另外由于这些核素在大气中滞留时间较短,仅几天到几周,半衰期长的^{210}Pb 在大气中的积累时间较短。虽然大气中^{222}Rn 和^{210}Pb 活度浓度差别较大,但季节分布相似,均呈现出秋冬季高于夏春季的特点,然而没有大气中^{7}Be 活度浓度季节变化得那么明显。其次,大气中^{222}Rn 和^{210}Pb 的季节变化规律与^{7}Be 相反。伯拉第斯拉瓦(Bratislava)位于欧洲中部,为典型大陆性气候,受海洋大气影响较小。该地区大气中^{222}Rn 主要来源于土壤中^{222}Rn 向大气的弥散。秋冬季大气中较高的^{222}Rn 和^{210}Pb 活度浓度可能是由于其较好的气候条件(如低湿度和较强的风力)有利于^{222}Rn 从土壤扩散到大气中。不同地点由于气候和环境条件的不同可能会导致不同的季节变化,如在科威特和布达佩斯就观察到^{222}Rn 和^{210}Pb 在夏秋季高于春冬季。

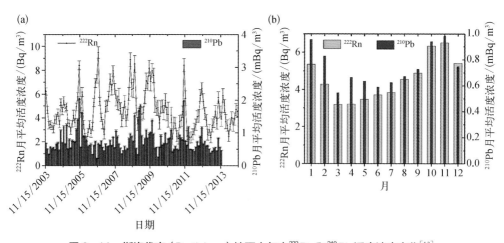

图 2-14   斯洛伐克(Bratislava)地面大气中^{222}Rn 和^{210}Pb 活度浓度变化[13]

(a) 2003—2013 年月平均^{222}Rn 和^{210}Pb 活度浓度变化;(b) 2004—2013 年各月平均活度浓度变化

由于海水中较低的²²⁶Ra和²²²Rn浓度,海洋上空大气中²²²Rn和²¹⁰Pb显著低于陆地上空。图2-15为北太平洋上空大气中²¹⁰Pb沉降通量随与亚洲大陆距离的变化[11],可以看出在接近亚洲大陆区域,大气中²¹⁰Pb沉降通量随距离大陆的距离增加快速降低,而在太平洋上空大气中²¹⁰Pb沉降通量处于极低水平。在北太平洋东部的美国西部沿海区域大气中²¹⁰Pb沉降通量也很低,这可能与北太平洋盛行的西风有关,美国西部沿海地区气团主要来源于太平洋,美国大陆上空的²²²Rn和²¹⁰Pb很少传输到太平洋沿岸区域。图2-16为日本的辰口(Tatsunokuchi)地区在1991—2002年大气月平均⁷Be和²¹⁰Pb沉降量(降水和降尘)的变化。[15]这两种核素的变化趋势相似,均呈现出冬季高、夏季低的季节变化(图2-16);其中⁷Be的季节变化与前面在斯洛伐克观察到的变化趋势相反,这可能与其气候和环境差异导致的从大气中去除⁷Be的过程和机理不一致有关。在该地区60%~70%的年度总²¹⁰Pb和⁷Be是在冬季随强降雪沉降至地表上的,说明强降水和降雪在⁷Be和²¹⁰Pb大气清除中发挥了重要作用。大气中的²¹⁰Pb是²²²Rn的衰变产物,辰口位于日本西海岸,冬季由于季风的作用,由陆地释放到大气中的²²²Rn及其衰变子体²¹⁰Pb通过由北向南的冬季风在日本上空扩散,呈现较高的浓度;而在夏季,由于由东向西的夏季风的作用,在辰口上空的大部分空气来源于太平洋上空。由于海水中较低的²²²Rn,及其在海水中较小的弥散性,海洋向大气中释放的²²²Rn较少,导致转移至该地区上空的²¹⁰Pb浓度较低。该地区大气沉降的⁷Be和²¹⁰Pb与月降水率明显相关,这与其他地方的观测不太一致。对比两种核素的沉降量变化可

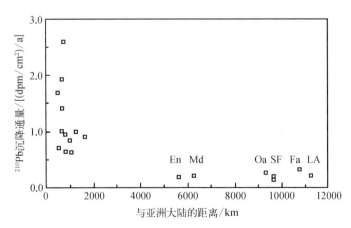

图2-15　北太平洋上空大气中²¹⁰Pb沉降通量随与亚洲大陆距离的变化[11]

注:标记数据点为太平洋西北区域,En为埃内韦塔克(Enewetak);Md为中途岛(Midway);SF为旧金山(San Francisco);LA为洛杉矶(Los Angeles);Oa为瓦胡岛(Oahu);Fa为范宁岛(Fanning)

以发现,虽然其沉降量的变化相似,但沉降物中^{210}Pb/^{7}Be 比值在冬季(0.16~0.26)明显高于夏季(0.06~0.13)[图 2-16(c)],再次证明由冬季风将北部陆地上空^{210}Pb 传输到该地区是其主要来源途径。

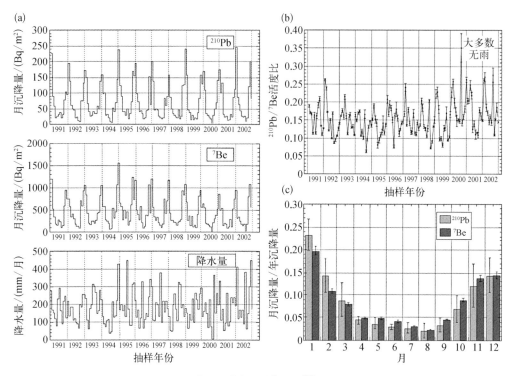

图 2-16　日本辰口大气沉降^{7}Be 和^{210}Pb 的季节变化

（a）1991—2002 年^{7}Be、^{210}Pb 月沉降量和月降水量的变化;（b）大气沉降物中^{210}Pb/^{7}Be 放射性活度比变化;（c）大气^{7}Be 和^{210}Pb 沉降量的平均月变化[15]

陆地、海洋表层大气和大洋上空平流层大气中^{7}Be/^{210}Pb 活度比值的变化(图 2-17)比较清晰地表明海洋表层及其上空平流层大气中^{7}Be/^{210}Pb 活度比值相近,但远高于陆地表层大气中的。另外,虽然不同区域大气中^{7}Be/^{210}Pb 活度比值均呈现出季节性变化,但其变化趋势不一致。这与两个核素来源不同,平流层大气与对流层大气交换,以及大气传输有关。在陆地表层大气中,^{210}Pb 来源于从土壤中逸出的^{222}Rn 的放射性衰变,其浓度远高于海洋上空。而主要产生于大气平流层的^{7}Be 向对流层扩散进而向地表沉降,导致其在陆地和海洋上空的来源相似,使得陆地表层大气中^{7}Be/^{210}Pb 活度比值低于海洋上空。

^{210}Po 是大气中另一种天然放射性核素,图 2-18 为厦门地区降水中^{210}Po 的沉降量随

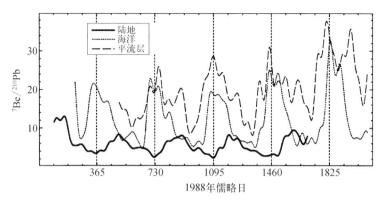

图2-17 陆地（Champaign）、海洋（Bermuda）表层大气和大洋上空平流层
大气中^{7}Be/^{210}Pb活度比值的变化（6年，1988—1994）[11]

时间的变化及其与^{7}Be和^{210}Pb沉降量的比较，可以看出^{210}Po的放射性沉降通量低于^{210}Pb 1～2个量级，低于^{7}Be达2～3个量级[16]。^{210}Po是^{210}Pb通过^{210}Bi（半衰期为5.3 d）的衰变子体，其半衰期为132 d，在大气中主要以颗粒物形式存在（^{210}Pb $\xrightarrow{\beta^-}$ ^{210}Bi $\xrightarrow[5.3\,d]{\beta^-}$ ^{210}Po）。由于颗粒物在大气中，特别是在低层大气中的滞留时间仅几天到十几天，^{210}Po和^{210}Pb在大气中无法形成放射性衰变平衡，因此在大气中的水平较低。该研究还发现降水中^{210}Po和^{210}Pb沉降量呈弱相关（$r=0.7$），且两者与降水量的变化显著相关，说明湿沉降是两者的主要沉降过程，^{210}Po除了来源于^{210}Pb的衰变外可能还有其他来源。由于Po是一种易挥发性元素，高温过程可以将Po从各种材料中释放到大气中。在韩国首尔大气中观察到水平明显升高的^{210}Po（图2-19），发现其主要来源于燃煤以及生物质燃烧向大气的释放[17]。^{210}Po是一种α衰变放射性核素，存在于大气中的^{210}Po通过呼吸进入人体内造

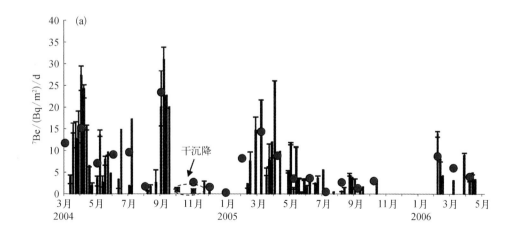

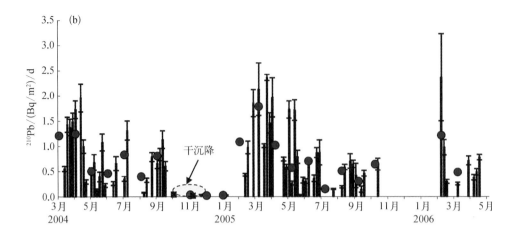

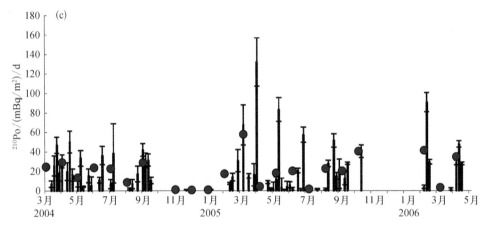

图 2-18　厦门地区 2004—2006 年降水中 ^{7}Be、^{210}Pb 和 ^{210}Po 的沉降通量变化，圆点为月平均值[16]

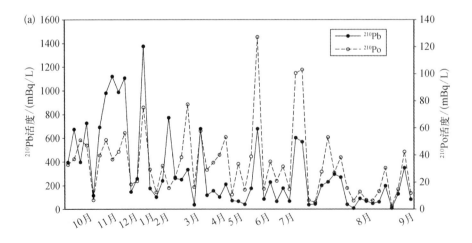

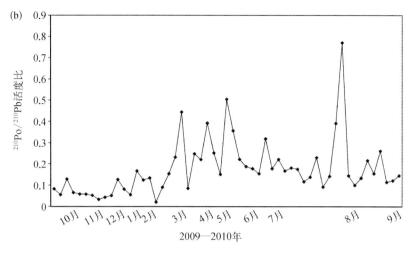

图 2-19　韩国首尔大气降水中 ^{210}Po 和 ^{210}Pb 活度及其比值随时间的变化[17]

成的内照射当量剂量远高于 ^{7}Be 和 ^{210}Pb 等 β 放射性核素的,因此在个别区域大气中存在的高水平 ^{210}Po,如燃煤电厂和金属冶炼厂环境等,可能会导致公众由于吸入 ^{210}Po 而受到较高的内照照剂量。

　　大气中的人工放射性核素主要来源于人工核活动的释放。1945—1980 年的大气核武器试验是大气中人工放射性的主要来源。虽然进入低空和对流层大气中的放射性物质在大气中的滞留时间较短(2～4 周),进入平流层的颗粒物和气体滞留时间大约为 1 年,但大气中来源于大气核试验的人工放射性核素直到现在仍然存在。其中一个主要原因是沉降于地表的放射性核素可能会以颗粒物和气态的形式重新进入大气。切尔诺贝利核事故和福岛核事故均向大气中释放了大量放射性物质,这些放射性颗粒物和气体随气团在大气中扩散,导致大范围的大气污染。这些放射性物质在扩散过程中大部分随降水冲刷,从大气沉降到地表,部分以干沉降的形式沉降到地表。由于细颗粒和气态核素的大气沉降速率极低,大气中放射性物质的主要清除方式是湿沉降。

　　图 2-20 是 1956 年以来在丹麦测得的地表(地面 1.5 m)大气中 ^{137}Cs 和 ^{90}Sr 浓度变化。在图中观察到 1962—1963 年出现了人工放射性核素的最高水平,这主要是由于大部分大气核试验发生在 1962 年(图 2-5～图 2-7),考虑到其在大气层的滞留时间,主要沉降出现在 1963 年。自此之后,大气中的人工放射性物质浓度迅速降低,这主要归因于部分大气核武器试验条约的签署,苏联和美国的大气核试验停止。但在 1963—1981 年仍有一些波动,这可能主要是在这期间法国、英国和中国的少量大气核武器试验

所致。1981年以后，大气中^{90}Sr浓度快速降低，2000年后逐渐趋于稳定。但^{137}Cs的浓度在1986年和2011年出现两个峰值，这是由于1986年4月的切尔诺贝利核事故和2011年3月日本福岛核事故释放所致。其中切尔诺贝利核事故期间丹麦大气中的^{137}Cs浓度与1962—1963年的大气核试验峰值相当，但^{90}Sr浓度低于大气核武器试验的峰值。由于^{137}Cs为反应堆中主要长寿命挥发性核素，而^{90}Sr的挥发性较低，因此这两起核事故，特别是福岛核事故释放的^{90}Sr较少(表2-14)，因此在欧洲大气中仅观测到较低的切尔诺贝利核事故导致的^{90}Sr信号，没有观测到明显的福岛核事故导致的^{90}Sr信号。

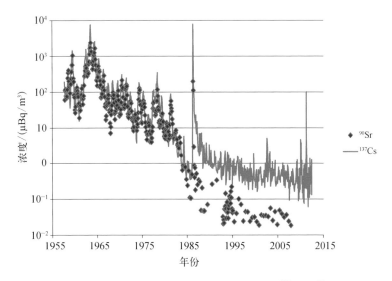

图2-20　丹麦索里(Risø)大气颗粒物种检测的大气^{137}Cs和^{90}Sr浓度的
长期变化，样品为一周连续采集大气气溶胶

图2-21为芬兰的罗凡涅米(Rovaniemi)(66°34′N，25°50′E)及北半球高纬度其他地区，如格陵兰岛拓乐(Thule)(76°31′N，68°41′W)、美国阿拉斯加(Alaska)和加拿大安大略省(Ontario)等大气中^{137}Cs和^{90}Sr浓度的变化。1980年以前芬兰罗凡涅米与丹麦大气的^{137}Cs浓度水平相当，1986年切尔诺贝利核事故的^{137}Cs信号也与丹麦接近，但格陵兰岛和阿拉斯加1986年的^{137}Cs浓度水平远低于丹麦和芬兰大气中^{137}Cs的浓度水平，说明切尔诺贝利核事故释放的^{137}Cs很少到达北半球高纬度地区。1966年前格陵兰岛大气中^{137}Cs和^{90}Sr浓度明显高于丹麦和芬兰，这可能与位于高纬度地区的苏联在新地岛(74°51′N，58°27′E)的大气核武器试验释放的放射性物质有关[18]。图2-22为芬兰赫尔辛基^{90}Sr大气沉降量的变化，与丹麦大气中^{90}Sr的浓度变化趋势相似[19]。

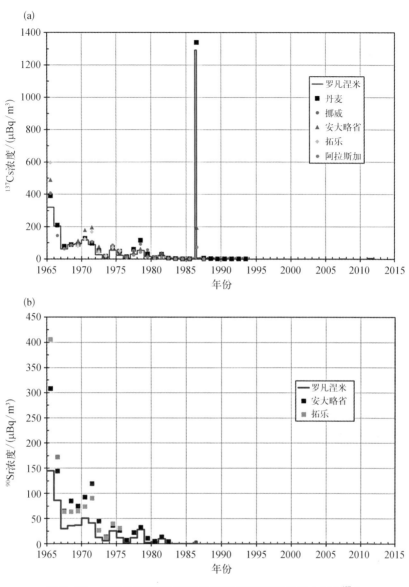

图2-21　芬兰北部罗凡涅米及北半球高纬度其他地区大气中^{137}Cs和^{90}Sr浓度变化（1965—2012）[18]

图2-23为日本东京/筑波1958—1999年^{137}Cs和^{239,240}Pu的大气月沉降量的变化。可以看出其^{137}Cs的沉降量变化趋势与在丹麦观测到的地表大气中的^{137}Cs浓度变化相似，最高值出现在1963年，之后逐渐降低，1986年同样观测到切尔诺贝利核事故释放的信号，但其对日本大气中^{137}Cs的影响比丹麦小。这主要是由于事故发生时及之后一段时间受风向影响，辐射云主要向西北和西南扩散，导致除切尔诺贝

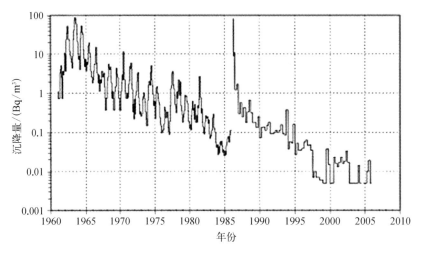

图 2-22　芬兰赫尔辛基 ^{90}Sr 大气沉降量（干沉降＋湿沉降）变化（1962—2010）[19]

利附近的乌克兰、白俄罗斯和俄罗斯部分地区外，北欧和南欧部分地区大气中的放射性水平较高。而包括日本在内的亚洲和美洲大部分地区人气中的放射性水平较低。钚同位素在日本东京/筑波的大气沉降量变化趋势与 ^{137}Cs 相似，最高值也出现在 1963 年，之后不断降低，20 世纪 80 年代后期以来的沉降量基本趋于稳定，没有在 1986 年观察到的切尔诺贝利核事故的沉降信号。这主要是由于切尔诺贝利核事故释放的钚主要结合在粗颗粒上，释放在大气中后，传输距离较短，大部分沉降在附近高污染地区。

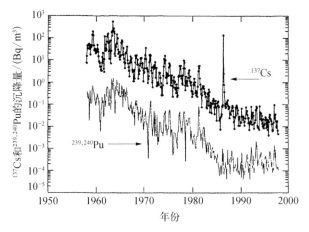

图 2-23　日本东京/筑波 1958—1999 年 ^{137}Cs 和
$^{239, 240}$Pu 大气月沉降量变化[20]

图 2-24 为北半球和南半球中纬度地区大气中⁹⁰Sr 浓度在 1957—1983 年随时间的变化,两个半球的变化趋势相似,但南半球大气中的⁹⁰Sr 水平比北半球低,且 1964 年的峰值不明显。这主要归因于全球大气核武器试验主要发生在北半球中高纬度地区,特别是 1962 年的大量大气核武器试验主要发生在北半球。北半球中纬度地区大气⁹⁰Sr 的浓度水平和变化趋势与在丹麦观察到的结果相似。

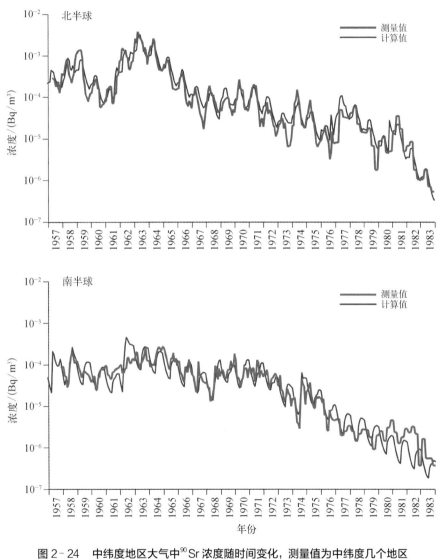

图 2-24　中纬度地区大气中⁹⁰Sr 浓度随时间变化,测量值为中纬度几个地区
测量值的平均值,并与大气模式计算值做了比较[3]

图 2-25 为北半球和南半球不同地点地表大气中^{239,240}Pu 浓度在 1996—2015 年长

时间的变化[21]。虽然其^{239,240}Pu 的放射性浓度水平比^{137}Cs 和^{90}Sr 低 2～3 个量级,但其随时间的变化趋势与^{137}Cs 和^{90}Sr 相似,最高值出现在 1963 年。然而在 1986 年和 2011 年均未观察到有明显的升高,这表明在全球范围大气中没有明显来源于切尔诺贝利核事故和福岛核事故的贡献。1980 年后大气中^{239,240}Pu 的浓度水平在南北半球均未见明显的变化,这表明 1980 年大气核试验停止后没有其他核活动的明显贡献,来源于地表颗

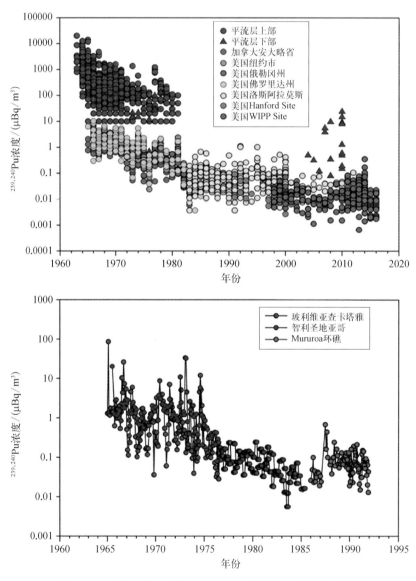

图 2-25　南北半球不同地点地表大气中$^{239,\,240}$Pu 浓度以及北半球平流层上部和下部大气中$^{239,\,240}$Pu 浓度变化[21]

粒物的再悬浮可能是维持大气^{239,240}Pu浓度水平的一个主要原因。图2-25还给出了平流层上部(20～40 km)和平流层下部(10.1～14.2 km)大气中^{239,240}Pu浓度水平及其随时间的变化,可以看出平流层上层大气^{239,240}Pu浓度水平明显高于平流层下部大气,且比地球表层大气高1～3个量级,这说明大气核武器试验产生的大部分放射性物质被注入平流层上部。根据^{239,240}Pu在1963年后一段时间内浓度水平的变化,可以估算出核武器产生的细颗粒在平流层的滞留时间为1.3年。但在2000—2010年平流层下部的大气中观测到了较高水平的^{239,240}Pu,由此估算出含钚放射性颗粒物在平流层的滞留时间可以达到2.5～5年。因此1980年后表层大气中较为稳定的^{239,240}Pu浓度水平可能也还有滞留在平流层的大气核武器试验来源的钚同位素的持续性贡献。与北半球相比南半球地表大气中^{239,240}Pu的浓度稍低,但变化趋势与北半球相似。由于南半球观测点少,且始于1965年,未能观测到1963年的峰值信号。由于1960—1962年的大量大气核武器试验主要发生在北半球,因此^{239,240}Pu浓度的变化趋势应该与大气中^{137}Cs和^{90}Sr的变化相似,在南半球1963年的峰值不明显。

图2-26列出了北半球大气中^{238}Pu浓度变化,除浓度水平稍低于^{239,240}Pu外,其变化趋势也不完全与^{239,240}Pu一致,大气中^{238}Pu浓度的峰值出现在1971—1973年,这主要与以^{238}Pu为燃料的SNAP-9A卫星坠毁的贡献有关。SNAP-9A卫星于1964年坠毁于

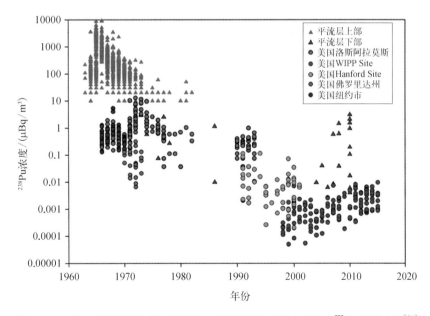

图2-26　北半球平流层上部和下部大气以及不同地点地表大气中^{238}Pu浓度变化[21]

印度洋上空,而北半球表层大气中的^{238}Pu浓度峰值却出现在7~9年以后,可能与其在平流层较长的滞留时间有关。在2000—2010年北半球平流层下部的大气中^{238}Pu浓度依然比地表大气高1~2个量级,进一步说明其在平流层较长的滞留时间。1965—1967年在南半球地表大气中观测到较高的^{238}Pu水平,来源于SNAP-9A卫星的钚在平流层从南半球到北半球较慢的扩散,这可能是^{238}Pu峰值滞后的一个主要原因。北半球平流层上部的测量结果表明^{238}Pu峰值出现在1965—1966年,进一步表明其来源于坠毁于印度洋上空大气层的SNAP-9A卫星,但比坠毁时间晚了1~2年,这可能归因于其在平流层从南半球到北半球的转移时间。

表2-17列出了不同来源或地点样品中钚同位素的比值(^{238}Pu/$^{239+240}$Pu的活度比、^{241}Pu/$^{239+240}$Pu活度比和^{240}Pu/^{239}Pu原子比)。不同来源钚的其同位素比值不同,利用该特性可以对环境中的钚进行溯源,判断不同核活动对环境的贡献,并可用于核诊断分析。环境中钚主要来源于大气核武器试验的近场沉降、全球沉降、核武器事故释放、核反应堆事故释放和乏燃料后处理厂排放等。北半球全球沉降的钚中^{238}Pu/$^{239+240}$Pu活度比值为0.024~0.029,在南半球则为0.20,高出近10倍,这主要是由于坠毁于南半球上空的SNAP-9A卫星导致在南半球有较高的^{238}Pu沉降。美国太平洋核试验场(PPG)释放的钚的^{238}Pu/$^{239+240}$Pu活度比值为0.001~0.014,比北半球多数核试验场的0.015~0.029低,但其^{240}Pu/^{239}Pu原子比值(0.30~0.36)却高于北半球核武器试验场(0.02~0.22)和全球大气核武器试验沉降(0.18),接近核电厂事故释放的钚同位素的比值(0.032 3~0.447)。核武器材料中^{238}Pu、^{240}Pu和^{241}Pu的含量较低,其相应^{238}Pu/$^{239+240}$Pu、^{241}Pu/$^{239+240}$Pu和^{240}Pu/^{239}Pu比值均较低,而在核武器试验后的材料中,由于这些同位素是在核反应过程中产生的,使其比值相应升高,特别是在核电站事故释放和后处理厂排放的物质中,比值更高。切尔诺贝利核事故和福岛核事故来源的^{241}Pu/$^{239+240}$Pu活度比高达80~123,远高于核武器材料中的0.75~8.5。

表2-17 不同来源或地点样品中钚同位素的比值[21]

钚来源或采样点	^{238}Pu/$^{239+240}$Pu 活度比	^{241}Pu/$^{239+240}$Pu 活度比	^{240}Pu/^{239}Pu 原子比
全球沉降-北半球	0.024~0.029	13~15	0.180 ± 0.014
全球沉降-南半球	0.20	—	0.185 ± 0.047
武器级钚	0.014	0.75~7.5	—
三一试验场(Trinity test site)土壤和空气			0.02
波马克导弹基地(BOMARC Missile site)土壤	0.024	1.0	0.057 6

钚来源或采样点	$^{238}Pu/^{239+240}Pu$ 活度比	$^{241}Pu/^{239+240}Pu$ 活度比	$^{240}Pu/^{239}Pu$ 原子比
谢米巴拉金斯克试验场(Semipalatinsk test site)	0.015	1.52 ± 0.04	0.036 ± 0.001
1963—1979 年日本大气沉降	0.037	1.86	0.192 2 ± 0.004 4
长崎(Nagasaki)原子弹	0.074 ± 0.001	1.51 ± 0.1	0.028~0.037
NTS 的沉降土壤	0.034~0.04	4.3~7.5	0.054~0.063
美国太平洋核试验场(PPG)	0.001~0.014	27(1945—1954)	0.30~0.36
罗布泊核试验场(Lop Nor test site)土壤	—		0.059~0.224
格陵兰图勒(Thule，Greenland)炸弹碎片、热颗粒	0.016 1 ± 0.000 5	0.87 ± 0.12 3.3~8.4	0.055 1 ± 0.000 8
西班牙帕洛马雷斯(Palomares，Spain)	0.015~0.03	8.2 ± 0.8	0.061 ± 0.006
切尔诺贝利核电站事故	0.5	83(5/1/1 986)	0.408 ± 0.003
切尔诺贝利沉降物，芬兰，空气过滤器	0.50 ± 0.13	98 ± 4	—
切尔诺贝利沉降物，瑞典南部	0.57 ± 0.07	85 ± 20	—
1986 年奥地利气溶胶样本	0.49 ± 0.05	64.4 ± 12.3	—
21 世纪中国测试的沉降	0.03 ± 0.007	11 ± 1	
第 26 次中国测试的沉降	0.02 ± 0.006	5.5 ± 0.8	
福岛核电站事故	1.77	118.1	0.395
福岛核电站事故	1.92	123.7	0.447
福岛沉降	1.07~2.89	—	0.323~0.33
福岛沉降，气溶胶	1.2		0.244 ± 0.018

^{14}C 既是宇生天然放射性核素，也是重要的人工放射性核素。1945 年以来的人类核活动向环境释放了大量 ^{14}C，其中大气核武器试验向环境释放了 220 PBq 的 ^{14}C。虽然其仍远低于全球天然 ^{14}C 总储量(11 TBq)，但其是核活动前大气中 ^{14}C 储量(140 PBq)的 1.6 倍，最终致使大气中 ^{14}C 的浓度大幅度提高。图 2-27 为通过测定大气和树轮中 ^{14}C/^{12}C

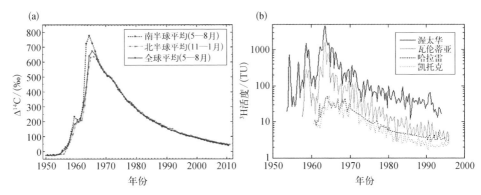

图 2-27　北半球和南半球夏天本底区域大气中 $^{14}CO_2$ 浓度水平在 1950—2010 年的变化（a）[22]，以及全球不同地点降水中 ^{3}H 活度水平（1 TU = 9.118 Bq/L）(b)[23]

比值获得的南半球和北半球夏天大气中 $^{14}CO_2$ 浓度水平在 1950—2010 年的变化。图中 $\Delta^{14}C$ 是归一化和同位素分馏校正后的样品中的 ^{14}C 活度(Bq/kg C)与衰变校正的 1950 年大气 ^{14}C 的活度(226 Bq/kgC)的比值,表示为‰。可以看出大气中 ^{14}C 在 1965—1966 年达到峰值,为天然水平的 1.6~1.8 倍,之后逐渐降低,2010 年后已接近核活动前的水平,仅高出大约 5%。这主要是由于 CO_2 在大气与生物圈和水圈的快速转移所致(图 2-28),目前水圈(如表层海水)以及生物圈中 ^{14}C 浓度水平仍远高于人类核活动前的水平。

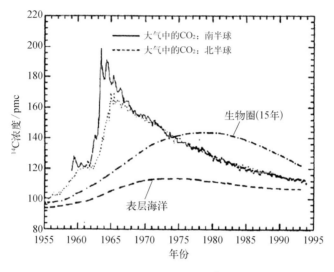

图 2-28　大气、生物圈和水圈中 ^{14}C 水平的变化

　　核动力反应堆的运行是目前环境中人工 ^{14}C 的主要来源,也是核电站对公众辐射当量剂量的主要贡献者。按照 1995 年归一化的核电厂 ^{14}C 排放量 0.44 TBq/GWa 和 2018 核电全年 2.6 TW·h 发电量计算,2018 年 ^{14}C 的全球总排放量仅为 130 TBq,为大气中天然 ^{14}C 总储量的 0.1% 左右,对大气中 ^{14}C 的浓度影响非常有限。然而对于核电厂周围区域环境,其排放量对周围环境可能会有较明显的影响,因此 ^{14}C 是核电厂环境辐射检测的重要内容。

　　放射性碘同位素是人类核活动释放的重要核素,特别是 ^{131}I 等短寿命放射性核素,它是全球大气核武器试验和两起核事故排放的最重要的核素。这主要是由于碘可以在人体甲状腺中富集,以及碘具有易挥发性和亲生物性,可以通过呼吸、饮水、牛奶和饮食引入人体,其是公众辐射当量剂量的主要贡献者。在乏燃料后处理厂,由于乏燃料已经过长期储存和冷却,碘的短寿命放射性同位素基本衰变殆尽,因其影响有限。核电厂运行中排放的 ^{131}I 是重点监测和控制核素。虽然经过了严格的过滤和捕集措施,但由于燃料元件破损或元件表面少量沾污的铀裂变所产生的少量碘同位素也有可能释放到环境中。目前环境中碘同位素主要来源于医用放射性碘同位素(如^{131}I、^{125}I、^{124}I、^{123}I等)的生产和操作事故,以及病人使用后的释放。^{129}I是一种宇生天然放射性核素,但目前环境中的^{129}I主要来源于人类核活动的排放,其中乏燃料后处理厂,特别是法国的La Hague和英国的Sellafield乏燃料后处理厂向环境排放了大量^{129}I,占目前环境^{129}I总储量的90%以上,使得表层环境中^{129}I浓度水平升高至核活动前天然浓度水平的3~8个量级。由于核活动和核设施排放,特别是核燃料后处理厂主要分布在北半球,尤其是欧洲地区,导致全球环境中^{129}I浓度水平极不均匀,呈现出欧洲,特别是西欧和北欧最高,北半球高于南半球,南极最低的分布。图2-29为全球降水中^{129}I浓度的纬度分布,最低^{129}I水平出现南极地区,比最高的欧洲地区低4个量级。

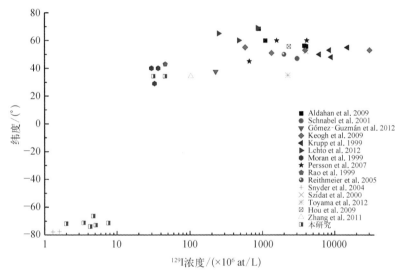

图2-29　全球降水中^{129}I浓度的纬度分布[24]

图2-30为2001—2006年丹麦大气降水中^{129}I浓度及其形态变化,可以看出这期间丹麦大气降水中^{129}I处于全球较高水平,而且主要以碘化物形式存在。这主要是由于欧洲两座乏燃料后处理厂从20世纪50—60年代开始运行,并向大气中排放了大量^{129}I。此外他们从1990年开始降低了大气中^{129}I的排放量,但显著增加了向海洋中排放^{129}I的量,导致欧洲海域海水中^{129}I浓度水平显著升高,^{129}I/^{127}I原子比值达到10^{-6}。海水中的^{129}I会通过生物和化学过程转变成挥发性碘(如I_2)而进入大气,挥发性碘经歧化反应后主要转变成碘化物,导致大气中^{129}I浓度水平升高,并且以^{129}I$^-$的形式进入降水中。

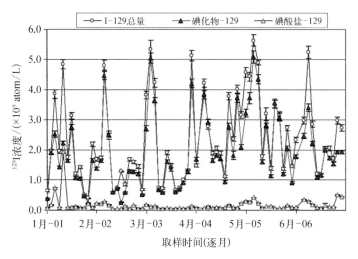

图 2-30　丹麦 2001—2006 年大气降水中^{129}I 浓度及其形态变化[25]

大气中^{129}I 浓度水平的变化会反应在冰雪中,通过分析冰芯中^{129}I 的浓度活度,可以获得大气^{129}I 浓度水平的长时间记录。图 2-31 为瑞士阿尔卑斯山冰芯中记录的 1950—2000 年大气中^{129}I 浓度的变化[26-27]。可以看出从 1950—1988 年大气降水中^{129}I 浓度连续上升了两个量级之后呈下降趋势。1950—1963 年大气中的^{129}I 应该主要来源于大气核武器试验沉降,之后一直到 1988 年,这期间^{129}I 应该主要来源于

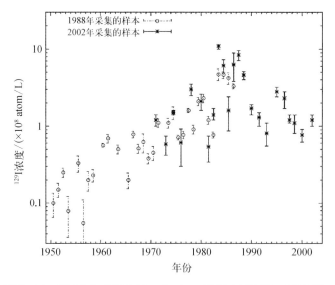

图 2-31　瑞士阿尔卑斯山 Fiescherhorn 冰川（46°33′N, 08°04′E;
3 900 m asl, Bernese Alps）冰芯中记录的大气中^{129}I 浓度变化[25-26]

乏燃料后处理厂的大气排放和 1963—1980 年的大气核武器试验释放。1988 年以后,两大欧洲乏燃料后处理厂大气 ^{129}I 排放降低是导致降水中 ^{129}I 浓度降低的主要原因。另外由于其较高的海拔(3 900 m)以及较低的纬度(46°33′N),欧洲乏燃料后处理厂排放于海洋后再挥发进入大气中的 ^{129}I 可能难以扩散到较低纬度的高海拔地区的冰川中。

图 2 - 32 为 1955—1977 年格陵兰岛东南冰芯中 ^{129}I 浓度变化。[28] 可以看出其变化趋势与瑞士阿尔卑斯山冰芯中的不同,在 1962—1964 年出现了几个 ^{129}I 峰值,1958 年、1972 年和 1974 年也出现了几个小的 ^{129}I 峰值。但 1964 年后,^{129}I 处于较低水平。

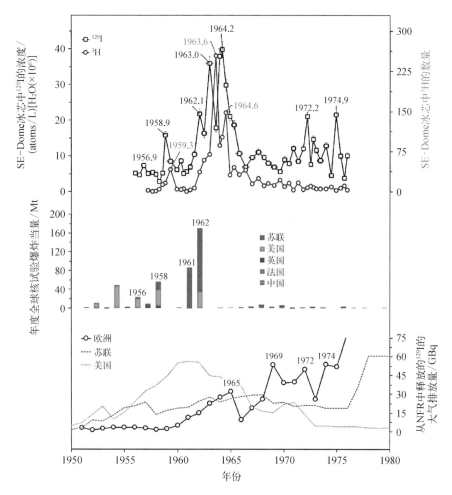

图 2 - 32　格陵兰岛东南 SE - Dome 冰川(67.18°N, 36.37°W; 3 170 masl)冰芯中 ^{129}I 和 ^{3}H 浓度变化(1955—1977)及其与年度全球核试验爆炸当量以及乏燃料后处理厂的大气排放量变化比较[28]

与大气核武器试验的次数和当量以及欧洲核燃料后处理厂大气^{129}I排放比较（图2-32），可以推测1955—1964年出现的几个较高的^{129}I峰值应该归因于大气核武器试验沉降，而1972年和1974的峰值可能与欧洲核燃料后处理厂的^{129}I排放有关。也可以看出，大气核武器试验和欧洲核燃料后处理厂对格陵兰的影响程度均低于瑞士阿尔卑斯地区。

另外大气中^{129}I浓度水平也会通过大气吸收保留在树轮中，通过分析树轮中^{129}I浓度水平，可以获得大气^{129}I的浓度水平和变化。由于植物的吸收和富集，树轮和其他环境载体中^{129}I浓度很难直接比较。但由于碘的不同同位素在植物吸收和其他环境介质中的行为相同，分馏小，因此常用^{129}I与碘的唯一稳定同位素^{127}I的原子比值来比较不同介质中^{129}I的水平。图2-33是在我国青海地区云杉树轮中^{129}I/^{127}I原子比值[29]，代表该地区1961—2015年大气^{129}I水平及其变化。由图发现树轮中^{129}I/^{127}I的原子比值为10^{-9}～10^{-8}，低于北欧地区的10^{-7}～10^{-6}两个量级。由于该采样点距离罗布泊核试验点较近，清楚记录了中国大气核试验的信号，其变化反映了大气核试验和欧洲乏燃料后处理厂排放的联合影响，表明欧洲乏燃料后处理厂^{129}I的大气排放和排入海洋的^{129}I向大气再次释放可通过西风传输到中国。

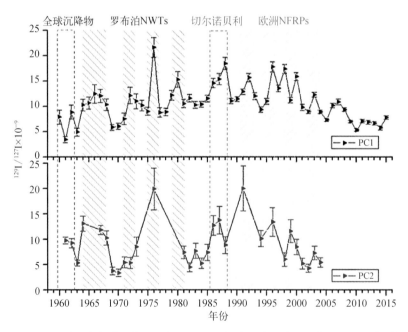

图2-33　我国青海群加（36°16′N，101°40′E）和麦秀（35°16′N，101°55′E）国家森林公园云杉树轮中^{129}I/^{127}I原子比值变化[29]

切尔诺贝利核事故和福岛核事故向环境释放了大量碘同位素,事故发生时在北半球大部分区域都可以探测到[131]I信号。与此同时也释放出一定量[129]I,造成区域环境大气[129]I浓度升高。图2-34为在距离福岛第一核电站70千米的日本福岛大学的降水中[129]I浓度的变化[30]。事故发生后大气降水中[129]I浓度升高了4个量级,达到了10^{12} atoms/L,然后随时间呈指数降低。事故发生200 d后,降水中[129]I浓度降低减缓,且呈周期性波动,这主要是由于沉降于地表的[129]I通过生物活动转化为气态[129]I重新释放到大气中,还有部分结合于细颗粒上的[129]I随细颗粒在大气中再悬浮所致。福岛核事故释放的[137]Cs也呈现相似的变化趋势(图2-34)。

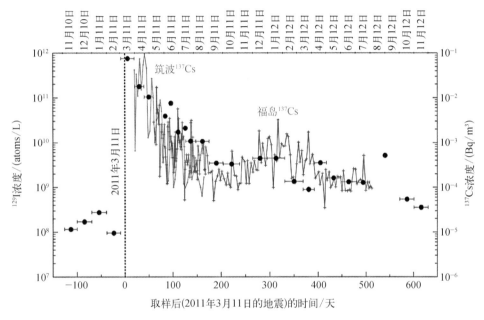

图2-34　日本福岛核事故发生后福岛大学大气降水中[129]I浓度（●）和福岛与筑波地区大气气溶胶中[137]Cs浓度(＋)的变化[31]

2.4.2　陆地环境放射性

陆地环境的天然放射性主要来源于宇宙射线辐照、原生放射性核素[40]K,以及天然铀和钍衰变系的放射性核素。宇生放射性核素的水平较低,分布不均匀,主要与环境过程有关。[7]Be、[10]Be、[26]Al、[36]Cl被广泛用于定年、环境和气候示踪,[40]K作为钾元素的一个天然同位素(丰度为0.011 7%),在环境中与钾的分布相似。铀和钍的分布与其介质有关,分布不均匀。虽然人类核活动大量开采和使用了铀,但环境中铀的主要天然同位素^{235}U和^{238}U的丰度,除个别区域和局部环境外改变不大,但由于^{234}U来源于^{238}U,经过^{234}Th和^{234}Pa的衰变而生成,原子核衰变过程的核反冲作用和水侵蚀作用会导致其有较大的分馏。图2-35为美国及周边地区表层土壤中铀和钍的分布,图2-36为欧洲以10 km×10 km网格为单位的表层土壤中铀和钍的估算值和分布。可以看出铀和钍在土壤中的分布并不均匀,主要与成壤母岩或有明确来源颗粒中的铀和钍含量有关。我国表层土壤中铀含量为0.42~21.1 μg/g,中位值为2.72 μg/g,几何平均值为2.79~1.50 μg/g,高于铀的地壳平均丰度(1.7 μg/g)及其在美国土壤中的含量平均值(2.3 μg/g),其中在红壤和赤红壤中的含量较高(4.1 μg/g),而在棕壤和高有机质的棕色森林土中的含量较低(2.3 μg/g)。我国表层土壤钍含量为0.003~100 μg/g,中位值为12.4 μg/g,几何平均值为(12.8±1.5) μg/g,远高于地壳中钍的平均含量(5.8 μg/g)。此外,还发现我国土壤中铀和钍含量呈现较好的线性相关($r=0.64$)[33]。由于铀和钍性质相近,在内生地球化学过程中常常共生,在土壤中铀和钍的高度正相关,说明他们都主要来源于成壤母岩中。但土壤中钍与铀的含量的比值(4.44)远高于地壳中钍铀丰度比(3.4),这与铀在土壤中的UO_2^{2+}离子可与碳酸根形成水溶性的铀酰碳酸根配合物,因此比稳定存在的钍更易流失有关。

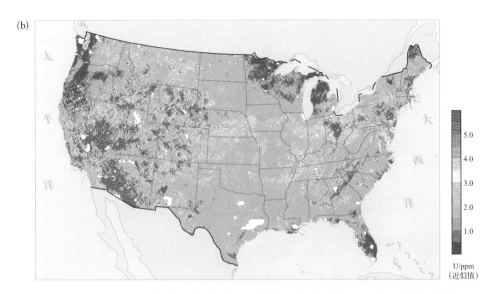

(b)

U/ppm
（近似值）

图 2 - 35 （a）美国及周边地区表层土壤中钍的分布；（b）美国本土表层土壤中铀的分布

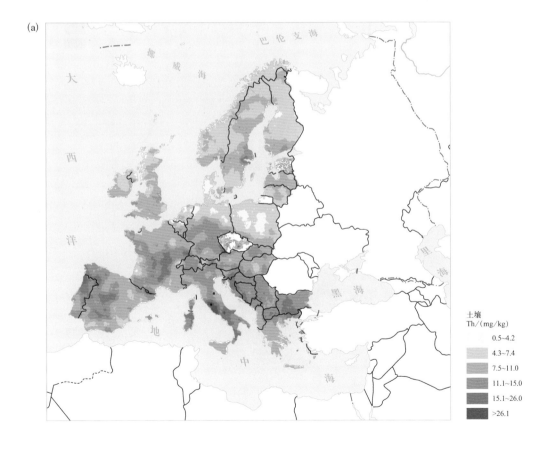

(a)

土壤
Th/(mg/kg)
0.5~4.2
4.3~7.4
7.5~11.0
11.1~15.0
15.1~26.0
>26.1

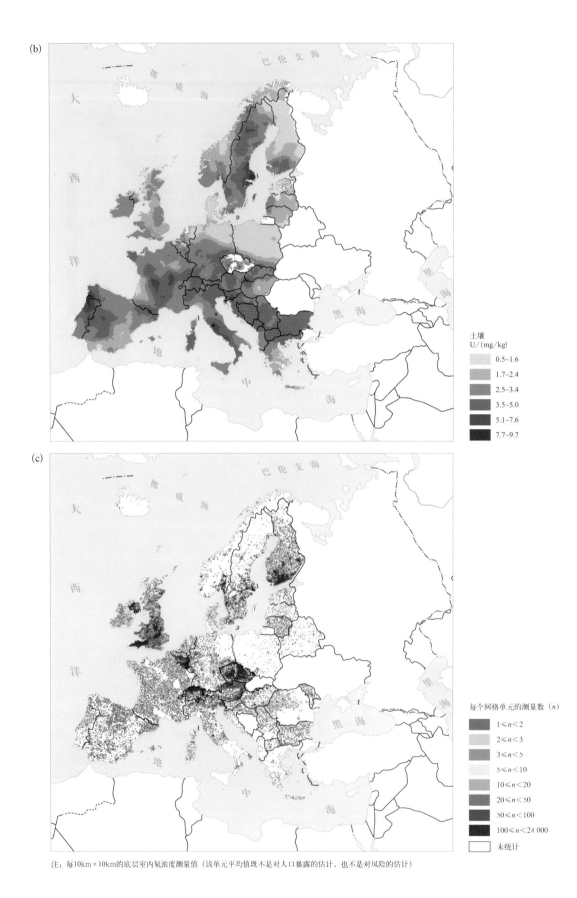

(b)

土壤
U/(mg/kg)
0.5~1.6
1.7~2.4
2.5~3.4
3.5~5.0
5.1~7.6
7.7~9.7

(c)

每个网格单元的测量数（n）
1≤n<2
2≤n<3
3≤n<5
5≤n<10
10≤n<20
20≤n<50
50≤n<100
100≤n<24 000
未统计

注：每10km×10km的底层室内氡浓度测量值（该单元平均值既不是对人口暴露的估计，也不是对风险的估计）

(d)

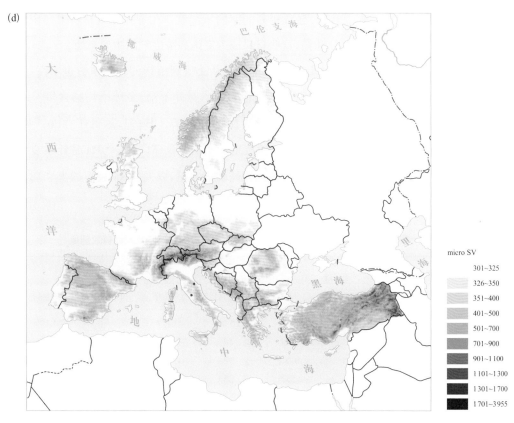

micro SV

301~325
326~350
351~400
401~500
501~700
701~900
901~1 100
1 101~1 300
1 301~1 700
1 701~3 955

图2-36 （a）欧洲局部地区表层土壤中的钍浓度分布（2019年1月）；（b）欧洲局部地区表层土壤中的铀浓度分布（2019年1月）；（c）欧洲局部地区室内氡浓度分布；（d）欧洲局部及周边地区宇宙射线年剂量分布

铀和钍系衰变产物中对环境放射性贡献较为重要的核素包括^{226}Ra、^{228}Ra、^{222}Rn、^{210}Pb和^{210}Po。土壤中^{226,228}Ra是大气氡以及室内氡的主要来源,而大气氡特别是室内氡的吸入是人体天然辐射暴露的主要贡献者。土壤中^{226}Ra浓度一般为20~30 Bq/kg,与土壤中铀含量呈正相关,这主要是由于^{226}Ra是^{238}U的衰变产物,土壤中铀和镭均主要来源于成壤母岩[33]。土壤中^{222}Rn浓度与^{226}Ra浓度呈正相关,但稍低于土壤^{226}Ra浓度,为0.2~20 Bq/kg。这主要归因于以气体存在的^{222}Rn非常容易通过扩散渗出土壤,进入大气中。大气中的^{222}Rn浓度与土壤中^{222}Rn的析出率直接相关,而土壤^{222}Rn的析出率与土壤^{226}Ra的浓度呈正相关,同时也与土壤孔隙度、含水量有关,含水量过高或过低均会导致^{222}Rn析出率降低。室内(直接建于地表的房子)^{222}Rn浓度与地表^{226}Ra浓度正相关,高铀和镭含量区域室内氡含量明显升高。欧洲地区室内氡浓度分布(图2-36)表明其变化很大,在芬兰和捷克室内氡浓度远高于其他地区。对于高层建筑,室内氡来源主要为建筑材料,其中较高的^{226}Ra会导致较高的室内氡浓度。在有些建筑材料生产中加入的炉渣可能含有较高的铀、钍和镭,这些材料成为室内高浓度氡的主要来源。

由于土壤中镭的生物可利用度并不高,因此其从土壤到植物的转移系数也不高,虽然人体内^{226}Ra暴露的主要途径是膳食摄入,但总摄入量并不高,全球平均膳食年^{226}Ra摄入量仅为19 Bq。我国1990年^{226}Ra的年膳食摄入为27.1 Bq[34],远低于^{210}Po、^{40}K、^{210}Pb等天然放射性核素(表2-18)。^{228}Ra的放射性摄入量高于^{226}Ra。^{228}Ra是钍系衰变链核素,直接由^{232}Th衰变而来。由于土壤中较高的钍含量,以及^{228}Ra较短的半衰期导致其在土壤中的放射性水平较高。

表2-18 我国正常本底地区成年男子放射性核素年膳食摄入量以及累计有效剂量[34]

来源	核素	年摄入量/Bq			待积有效剂量(μSv/a)		
		1982年	1990年	W.A.	1982年	1990年	W.A.
天然	天然铀	10.04		10.01	0.471		0.470
	^{226}Ra	22.1	27.1	19	6.188	7.588	5.32
	^{210}Pb	69.1	109.1	32	47.679	75.279	22.08
	^{210}Po	59.8	125.5	55	71.760	150.60	66.00
	^{227}Ac	0.293 4			0.323		
	合计				126.42	234.26	93.87
	天然钍	5.32		1.3	1.227		
	^{228}Ra	30.2	67.7	13	20.838	46.71	8.97
	合计				22.06	47.94	9.27
	^{40}K	22 780	8 343		141.24	51.73	165
	^{87}Rb	1 279	1 118		1.92	1.68	6
	总计*				291.64	335.61	
	总估算值				315.40	448.88	274.14
人工	^{90}Sr	59.7	92.4		1.67	2.58	
	^{137}Cs	34.7	22.4		0.45	0.29	

* 总计来自实际调查结果(包括天然铀、钍按1982年值),总估算值对^{40}K采用世界平均值

陆地环境中的人工放射性核素主要来源人类核活动释放在大气中的放射性物质的沉降,以及少量排放在河流中的放射性物质。全球环境中的人工放射性核素主要来自全球大气核武器试验的沉降。切尔诺贝利核事故和福岛核事故释放的放射性核素主要沉降在附近区域,对全球的影响有限。乏燃料后处理厂、核电站和其他核设施释放的核

素主要对其周边区域产生影响。由于全球核武器试验场主要分布在北半球中高纬度地区,全球大气核武器试验释放的放射性物质也主要分布在北半球,大气沉降^{90}Sr和^{137}Cs的全球分布(图2-37)表明其在北纬45°最高,向北极和赤道方向逐渐减小。南半球的大气核武器试验大气沉降量只有北半球的1/6~1/5,但也呈现出相似的分布,在南纬40°左右最高,向南极和赤道方向逐渐降低。全球最低沉降水平出现在南极地区。其他主要来源于大气核武器试验的核素(如钚同位素等),也呈现出相似的分布(图2-38)。

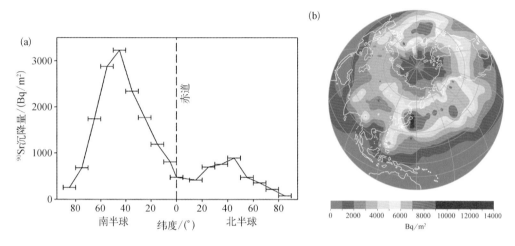

图2-37　大气核武器试验沉降^{90}Sr(a)和^{137}Cs(b)在全球的分布[35-36]

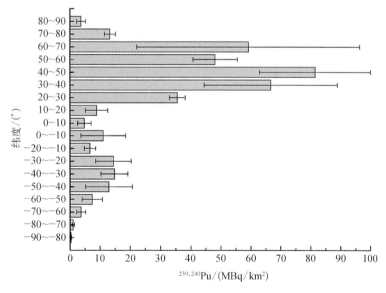

图2-38　大气核试验沉降^{239,240}Pu在全球的分布[3]

由于沉降的[137]Cs和钚同位素与大气颗粒物或矿物质结合牢固,被完好地保存在湖泊沉积物中,其在沉积物中的分布呈现出与大气沉降相同的时间分布,因此其作为时间指标被广泛用于沉积物的年代测定。图2-39为南半球澳大利亚 Victoria 湖和我国贵州省贵阳市红枫湖沉积物中钚同位素和[137]Cs 的分布[35,37]。可以看出在两个湖泊中[137]Cs和钚同位素的沉降峰值均出现在 1964 年的沉积物层中,这个峰值归因于 1962 年美国和苏联进行的多次大气核试验的释放。1~2 年的滞后应该是由于这些核试验大部分爆炸当量较高,释放的放射性物质大部分进入大气平流层,经过一段时间的滞留才沉降到地表所致。虽然[137]Cs 和钚同位素峰值的层位和分布相似,但[137]Cs 峰稍宽,这可能与这两个元素的化学性质和环境行为有关。[137]Cs 大部分与沉积物中的黏土矿物质结合,而钚除了矿物质外,也有部分与沉积物中的有机质结合[38]。另外,澳大利亚湖底沉积物中钚和[137]Cs 的活度和沉积总量也远低于北半球的中国贵州,与南半球低的大气核试验沉降一致。

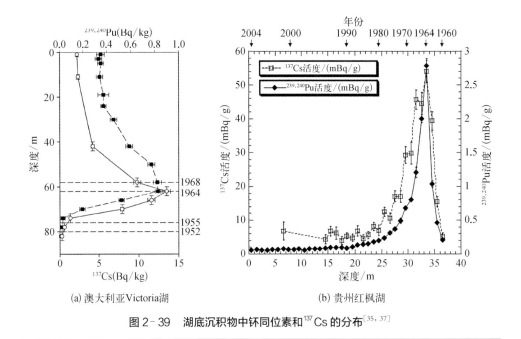

图2-39　湖底沉积物中钚同位素和[137]Cs 的分布[35,37]

沉降在地表的放射性物质主要保存在土壤中,并通过植物和水进入生物圈。由于[137]Cs 和钚同位素与土壤颗粒物的结合较强,沉降到地表的颗粒物的量和入渗深度有限,因此其主要存在于表层或次表层土壤中(图2-40)。然而在无明显人为扰动的土壤剖面也观察到钚同位素和[137]Cs 向下迁移至 10 cm 或更深处。这主要是由于降水作用导致结合到沉降的[137]Cs 和钚同位素的土壤小颗粒上的以及少部分水溶性[137]Cs 和钚同位素缓慢向下迁移所致。研究发现,大气沉降的[137]Cs 和钚同位素在土壤小颗粒中的活度明显高于粗颗粒,这主要是由于土壤小颗粒的比表面积较大,而沉降的[137]Cs 和钚同位素主要是通过吸附并结合在土壤颗粒物表面的相应组分上所致[39]。除大气核武器试验外,切尔诺贝利核事故、乏燃料后处理、卫星坠毁以及携带核弹头的飞机坠毁等均向区域环境释放了一定量的钚,导致区域环境浓度的升高。另外在大气核武器试验场及其周围区域也有较强的沉降。表 2-19 列出了不同区域环境中上层 30 cm 土壤中钚同位素浓度水平。

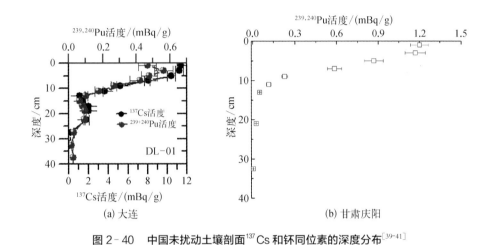

图 2-40　中国未扰动土壤剖面[137]Cs 和钚同位素的深度分布[39-41]

表 2-19　不同地表环境中[239, 240]Pu 和[238]Pu 浓度水平[41]

	上层 30 cm 土壤中的钚同位素的浓度	
	Bq/kg	mol/kg
天然[239]Pu	10^{-4}	10^{-16}
核武器沉降[239,240]Pu		
南半球($n = 33$)	7.1 ± 3.1	1.3×10^{-11}
北半球($n = 30$)	1.4 ± 0.9	2.5×10^{-12}
比基尼环礁(核武器试验场)	$18 \sim 1\,333$	$3.3 \times 10^{-11} \sim 2.4 \times 10^{-8}$
北大西洋(沉积物)	$0 \sim 0.28$	$0 \sim 5 \times 10^{-13}$
密歇根州(沉积物)	$3.3 \sim 15$	$(6 \sim 27) \times 10^{-12}$
[238]Pu		
南半球($n = 33$)	0.17 ± 0.09	1.1×10^{-15}
北半球($n = 30$)	$0.034 \pm 0.001\,7$	$(2.2 \pm 1.1) \times 10^{-16}$

	上层 30 cm 土壤中的钚同位素的浓度	
	Bq/kg	mol/kg
SNAP - 9A 卫星坠毁沉降		
南半球($n = 33$)	0.09 ± 0.06	$(6.0 \pm 4.0) \sim 16$
北半球($n = 30$)	0.22 ± 0.15	1.5×10^{-15}
核燃料厂释放^{239,240}Pu		
萨凡纳河(Savannah River)SC 土壤	$0.8 \sim 466$	$(1 \sim 85) \times 10^{-11}$
落基平地(Rocky Flats)土壤	$0.2 \sim 15$	$(0.4 \sim 27) \times 10^{-12}$
爱尔兰海沉积物	$12 \sim 1\ 750$	$(0.02 \sim 3) \times 10^{-9}$

　　核电厂事故向环境也释放了大量^{137}Cs。受切尔诺贝利核事故影响,欧洲大部分地区^{137}Cs 水平显著高于其他地区。图 2 - 41 是通过分析大量土壤样品获得的欧洲大陆

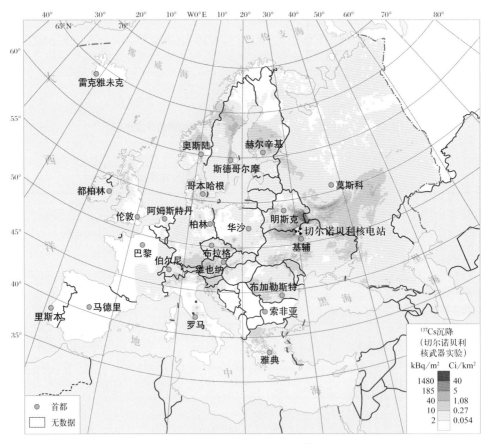

图 2 - 41　切尔诺贝利核电厂事故后欧洲大陆^{137}Cs 沉降水平和分布

^{137}Cs的分布。可以看出^{137}Cs的分布极不均匀,除了在切尔诺贝利核电厂周围的俄罗斯、白俄罗斯和乌克兰局部地区有较高的沉降外,在北欧(芬兰、瑞典、挪威)和南欧(奥地利、罗马尼亚)局部地区也有较高的沉降水平。这主要是由于核事故后连续释放多天放射性物质,其间以东风为主的风向发生改变,将部分放射性物质传输到北欧,部分传输到南欧,而沉降水平的差异主要是由于降水时间和降水量的差异所致。当辐射云遇到降水,大部分放射性物质被雨水冲刷以湿沉降的形式沉降到地表。图2-42是福岛核事故后通过分析表层土壤样品获得的日本表层土壤中沉降的^{137}Cs的空间分布。^{137}Cs主要分布在从福岛第一核电厂向西北方向的一个相对较小区域。这主要是由于福岛核事故发生期间西风为主导风向,福岛核事故释放的大部分放射性物质向东扩散,其中大部分沉降在北太平洋,少量继续向东沿美国、北大西洋、欧洲、中东、亚洲绕地球一圈后到达中国。其间的短时间东南风和降雨将部分放射性物质扩散到西北方向,并沉降于地表。

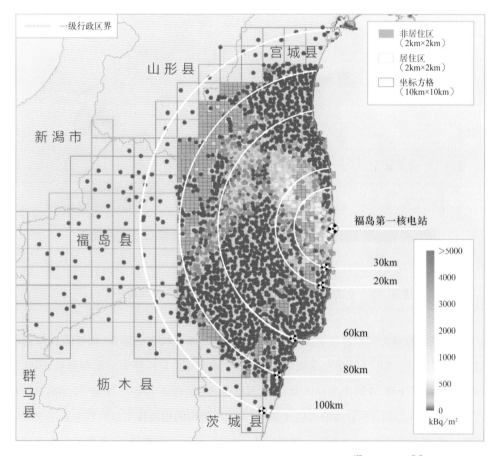

图2-42　福岛第一核电站事故后日本表层土壤中沉降的^{137}Cs的分布[4]

对于长寿命核素^{129}I,由于其主要来源为乏燃料后处理厂的大气和海洋排放,^{129}I在陆地环境中的分布和主要来源与大气核武器试验释放的核素不同。图2-43是根据测得的全球陆地淡水(河流、湖泊、降水)中的^{129}I的浓度绘制的全球陆地环境^{129}I浓度分布。可以看出与降水中^{129}I水平的分布相似,北半球^{129}I水平显著高于南半球,南极地区最低。全球范围内,在欧洲特别是西欧和北欧环境水样中^{129}I的浓度水平最高,这主要是由于Sellafield和La Hague乏燃料后处理厂的大量排放所致。在切尔诺贝利核事故污染区域也发现较高水平的^{129}I。在其他没有直接受到核试验、乏燃料后处理厂释放和核事故影响的地区,呈现出北半球中高纬度地区水平较高、低纬度地区较低的趋势。北极地区由于受到欧洲的乏燃料后处理厂的排放也呈现出较高的水平。

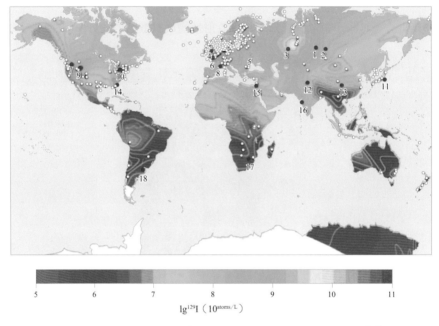

$\lg^{129}$I($10^{\text{atoms/L}}$)

图2-43　全球陆地淡水(河流、湖泊、降水)中^{129}I的浓度分布[43]

福岛核事故向大气中释放了大量^{131}I,由于碘在人体甲状腺的富集,因呼吸而导致的内照射剂量较高。但^{131}I的半衰期较短,大范围检测涉及大量样品的采集和测量,因此难以进行。由于^{129}I和^{131}I同为裂片核素,且发现福岛核事故污染土壤中^{129}I和^{131}I呈高度正相关[42]。图2-44为用分析获得的表层土壤中^{129}I浓度重构的福岛核事故后日本表层土壤中^{131}I的分布,可以看出虽然^{131}I与^{137}Cs的沉降模式相似,但不完全相同,这主要是由于碘和铯不同的化学性质,以及释放的^{131}I和^{137}Cs在大气中不同的化学形态和不同环境行为所致[42]。

(a)

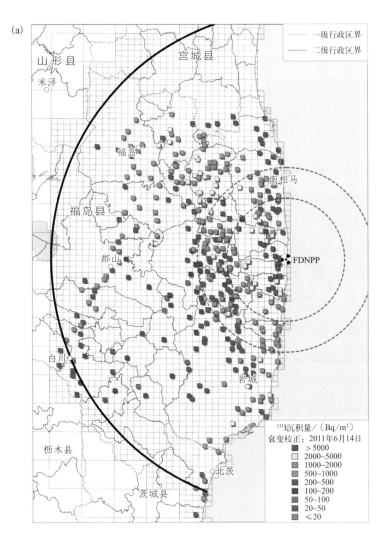

(b)

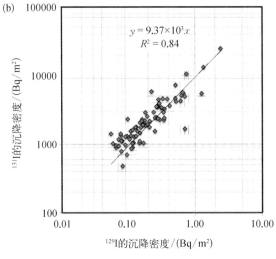

$y = 9.37 \times 10^3 x$
$R^2 = 0.84$

图 2 - 44　用表层土壤[129]I 浓度重构的福
　　　　岛核事故后日本表层土壤中
　　　　[131]I 的分布[42]

（a）福岛第一核电厂周围 30 千米内地
表单位面积[131]I 的沉降量；（b）高污染土壤
中[129]I 和[131]I 沉降密度的相关性分析

由于碘在哺乳动物和人体甲状腺中高度富集，以及^{129}I和稳定碘相同的化学性质，人和动物甲状腺中^{129}I与^{127}I的原子比值可以用来评价人类活动和核事故释放的放射性碘对人体的辐射危害，以及环境^{129}I的浓度水平[44-46]。图2-45为欧洲不同地点和时间采集的人和动物甲状腺中的^{129}I与^{127}I的原子比值（$2\times10^{-9}\sim1\times10^{-6}$），其显著高于中国人体甲状腺中的^{129}I与^{127}I的原子比值（$4\times10^{-10}\sim2\times10^{-9}$），这主要归因于欧洲乏燃料后处理厂的贡献。

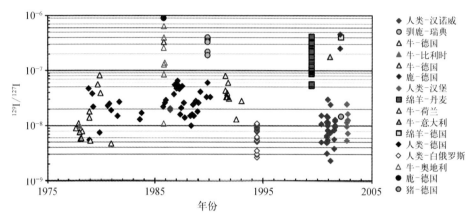

图2-45　欧洲不同地点和时间采集的人和动物甲状腺中的^{129}I与^{127}I的原子比值

2.4.3　海洋环境放射性

海洋中天然放射性核素的浓度水平和分布与其来源有关。宇生放生核素中^{3}H、^{14}C、^{7}Be、^{10}Be、^{129}I、^{36}Cl等的天然本底值极低，其分布主要与其生成的纬度差异、沉降和混合过程有关。对于长寿命核素如^{129}I和^{36}Cl，由于其在海洋中的滞留时间和半衰期远大于全球海洋洋流循环和混合时间，可以认为其分布基本是均匀的。在海洋中^{129}I/^{127}I的天然本底值估计为1.5×10^{-12}，而^{36}Cl/Cl仅为1×10^{-16}[46]。目前海洋中，特别是表层海水和表层沉积物中^{129}I和^{36}Cl的主要来源为人工核活动。天然^{3}H和^{14}C由于相对较短的半衰期，其在海洋中的分布受其在大气中生成和环境过程的影响，在海水中分布不均匀。表层海水中天然^{3}H的本底大约为2 TU（0.2 Bq/L）。通过分析珊瑚样品获得表层海水中天然^{14}C的含量约为50‰，其在海水中的浓度与其溶解的CO_2量有关。对于深层海水，由于其与大气和表层海水的交换较弱，其^{14}C浓度水平低于表层海水。由于铀在海水中与溶解的碳酸盐形成水溶性配合物而可以稳定存在于海水中。海水中铀的浓度也相对稳定,为 3.1～3.5 ng/g,且与盐度成正比。然而钍在海水中的溶解度极低,且易与颗粒物结合,仅为 0.14～0.88 ng/g,而且分布不均匀。^{234}Th 是 ^{238}U 的直接衰变产物,利用铀的高水溶性和钍的亲颗粒物特性,可以研究海洋颗粒物的清除,以及海洋中 CO_2 的海洋清除机理和速率。另外由于海洋中相对较高的铀浓度及其大的存储量,海水提铀作为解决铀资源缺乏的一个可能途径得到了广泛关注。由于相对较高的铀浓度,海水中铀系和铀-锕系天然衰变链核素的含量也相对较高,其中最为重要的是 ^{210}Po 和 ^{226}Ra。由于 ^{210}Po 为 α 衰变核素,其在海产品中的富集因子达到 10^4～10^5,在鱼类体内浓度可达到 0.08～1.9 Bq/kg 鲜重,在贝壳内食物中可达到 0.9～79 Bq/kg 鲜重,而 ^{210}Pb、^{226}Ra、^{228}Ra 等核素在海产品中的含量较低,因此海产品中的 ^{210}Po 成为公众天然辐射当量剂量的一个重要来源[47]。

人类核活动释放的放射性物质同样也进入海洋,通过直接沉降和排放、河流传输,使得海洋成为全球最大的人工放射性物质的汇集地。1945—1980 年全球大气核武器试验沉降中,大部分放射性物质直接沉降到海洋。美国在太平洋核试验场进行了一系列核试验,包括水下核试验,这导致其区域沉降的放射性物质直接进入海洋。另外沉降到陆地的放射性物质,通过雨水冲刷和河流传输也会进入海洋。位于欧洲 Sellafield 和 La Hague 的两个乏燃料后处理厂直接向海洋排放了大量放射性物质,这些放射性物质随洋流运动,在北大西洋和北极大范围扩散。切尔诺贝利核事故释放的放射性物质主要沉降在陆地,但也有一部分随辐射云到达波罗的海地区,通过直接沉降和随后的雨水冲刷及河流传输从北欧陆地进入波罗的海。福岛核事故直接向海洋排放了大量放射性物质,这些放射性物质随洋流在北太平洋大范围扩散,另外释放到大气中的大量放射性物质也沉降到北太平洋。坠毁在格陵兰岛 Thule 附近冰面上的携带有核弹头的美国轰炸机,直接向海洋中释放了一定量的钚同位素,导致该区域海洋环境的污染。表 2-20 列出了太平洋西部海域表层海水中 ^{137}Cs 和 ^{239,240}Pu 的浓度随纬度的分布[48],可以看出其浓度随纬度的分布为北半球高于南半球,中纬度地区高于高纬度和低纬度区域。^{137}Cs 的最高平均浓度出现在北纬 25°～30°海域,但南半球和北半球中纬度海域的浓度水平差别不是太大。北太平洋西部海域表层海水中 ^{239,240}Pu 浓度分布也列于表 2-20 中,高浓度钚同位素也出现在中纬度区域,但 ^{239,240}Pu 放射性浓度低于 ^{137}Cs 近 3 个数量级。而大气核试验释放的这两种核素的放射性仅相差两个数量级。表 2-21 为北太平洋西部海域表层沉积物中 ^{137}Cs 浓度和 ^{239,240}Pu 的浓度随纬度的变化[48]。最高 ^{137}Cs 浓度和 ^{239,240}Pu 浓度均出现在 35°～40°N，这与大气核武器试验全球沉降模式一致。另外，沉积物中 ^{137}Cs 比 ^{239,240}Pu 浓度高仅 5～10 倍。这一分布说明沉降于海洋中的 ^{239,240}Pu 的沉降速度快于 ^{137}Cs。仍然存留于海水中的 ^{137}Cs 到 ^{239,240}Pu 在海洋中有一定程度的混合，使得表层海水中的浓度梯度减小。

表 2-20　太平洋西部（包括中国）海域表层海水中 ^{137}Cs（衰变校正到 2001 年 3 月）和 ^{239,240}Pu 的浓度随纬度的变化[48]

采样位置	^{137}Cs 的浓度/(Bq/m³)		^{239,240}Pu 的浓度/(mBq/m³)	
	范围	平均值	范围	中位值
45°～50°N	1.4～3.8	3.0		
40°～45°N	2.2～4.9	2.6	3.4～34.8	13.6
35°～40°N	0.2～8.4	2.6	2.2～38.9	7.1
30°～35°N	1.6～6.2	2.7	2.2～84.3	5.9
25°～30°N	1.9～6.5	4.6	1.1～31.0	4.8
20°～25°N	0.3～5.2	2.9	3.5～20.7	6.2
15°～20°N	0.4～6.4	4.0	3.2～11.0	6.5
10°～15°N	1.9～6.4	3.0	0.8～7.3	4.2
5°～10°N	1.3～4.3	3.3	1.6～10.4	2.7
0°～5°N	1.7～4.3	2.7	2.2～40.0	3.5
0°～5°S	2.0～3.7	3.1		
10°～15°S	2.5～3.9	3.0		
15°～20°S	2.5～3.3	2.7		
20°～25°S	2.3～3.0	2.7		
25°～30°S	2.3～3.3	2.5		
30°～35°S	2.6～3.5	2.7		
35°～40°S	1.0～3.3	1.5		
40°～45°S	1.0～2.0	1.5		
45°～50°S	1.3～1.7	1.4		
50°～60°S	0.4～1.3	0.9		
60°～65°S	0.4～0.7	0.5		

表 2-21　北太平洋西部（包括中国）海域表层沉积物（0～2 cm）中 ^{137}Cs（衰变校正到 2001 年 3 月）和 ^{239,240}Pu 的浓度随纬度的变化[48]

采样位置	^{137}Cs 的浓度/(Bq/kg)（干重）		^{239,240}Pu 的浓度/(Bq/kg)（干重）	
	范围	平均值	范围	中位值
40°～45°N	0.6～23.4	1.7	0.1～2.7	0.2
35°～40°N	0.5～14.9	9.7	0.1～3～7	2.2

采样位置	¹³⁷Cs 的浓度/(Bq/kg)（干重）		²³⁹,²⁴⁰Pu 的浓度/(Bq/kg)（干重）	
	范围	平均值	范围	中位值
30°~35°N	1.4~4.5	1.8	0.1~0.4	0.2
25°~30°N	0.2~0.4	0.3	0.02~0.5	0.1
20°~25°N	0.1~3.9	1.4		
15°~20°N	0.9~1.9	1.2		
10°~15°N	0.6~3.4	1.2	0.03~0.1	0.1
5°~10°N	0.7~1.4	1.3		

图 2 - 46 为北太平洋西部不同海域海水剖面中¹³⁷Cs 和²³⁹,²⁴⁰Pu 浓度随深度的变化[48]。从表层到深层海水，¹³⁷Cs 浓度呈指数衰减，这与其他水溶性核素在海洋中的分布一致。但海水中²³⁹,²⁴⁰Pu 浓度的深度分布变化不大，说明两种核素在海洋中的沉降模式不同。铯是一种水溶性元素，海水中¹³⁷Cs 主要以溶解态离子形式存在，因此在海水，特别是大洋海水中的滞留时间较长，呈现出惰性(conservative)元素的特性，从海面向深层海水的沉降主要以扩散为主。钚是一种亲颗粒性元素，在海水中虽然可以不同价态如 Pu^{4+}、PuO_2^+ 和 PuO_2^{2+} 等形式存在，但在中性(pH = 7~8)海水中这几种离子态均不稳定，容易水解生成水合离子和胶体，并进一步聚集形成较大的胶体或颗粒物，这些胶体或水合离子也易吸附在海水中的颗粒物上，从而容易从海水中通过沉降方法去除。因此，²³⁹,²⁴⁰Pu 在北太平洋海水剖面中呈现出较为均匀的深度分布，以及在海水中相对较低的²³⁹,²⁴⁰Pu 浓度和沉积物中相对较高的²³⁹,²⁴⁰Pu 浓度。

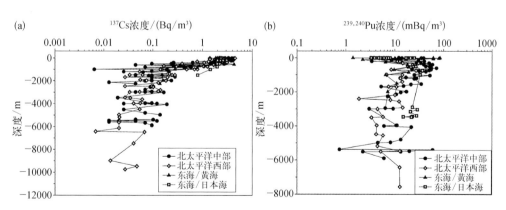

图 22 - 46　北太平洋西部不同海域海水剖面中¹³⁷Cs（衰变校正到 2001 年 3 月）和²³⁹,²⁴⁰Pu 浓度随深度的变化[49]

图 2‒47 为我国渤海、黄海和东海海域表层海水和表层沉积物中[137]Cs 浓度的空间分布。在表层海水中,东海海域[137]Cs 浓度高于渤海和黄海。而[137]Cs 在表层沉积物中的空间变化与海水中不同[41],其在东海和渤海沿岸海域沉积物中出现较高的浓度,这可能说明陆源的[137]Cs 主要沉积于近海或沿岸海域,导致沿岸海域沉积物中较高的[137]Cs;也可能是由于河流输入的泥沙中含有较高的黏土矿物,由于黏土矿物对[137]Cs 有较高的吸附量,从而迅速有效地吸附了海水中溶解的[137]Cs,并通过沉降转移至海底沉积物中,同时降低海水中[137]Cs 浓度,导致在高泥沙的渤海和沿岸海域出现较低的海水[137]Cs 浓度。

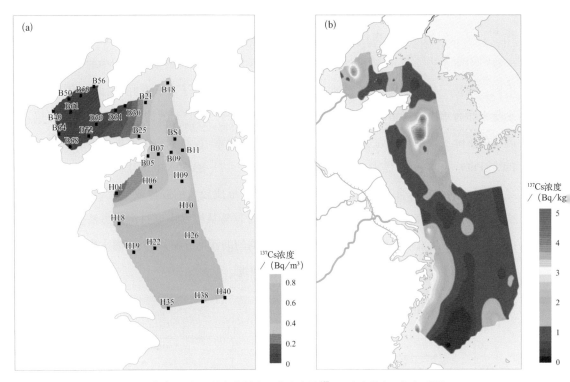

图 2‒47　（a）渤海和黄海海域表层海水中的[137]Cs 浓度分布；（b）渤海、
黄海和东海海域表层沉积物中的[137]Cs 浓度分布[49]

　　图 2‒48 为我国海域（南海、东海、黄海和渤海）表层海水和沉积物中[239,240]Pu 浓度的空间分布[50]。在表层海水中,渤海和黄海海水中的[239,240]Pu 明显高于南海,东海海水中[239,240]Pu 浓度低于黄海,但高于南海。这表明来自太平洋的从南向北的洋流中[239,240]Pu 的浓度较低,而渤海、黄海和东海海水中较高的[239,240]Pu 浓度可能归因于河流的

输入,显而易见在长江和黄河入海口海域海水中^{239,240}Pu的浓度较高。表层沉积物中钚的浓度分布(图2-48、图2-49)与海水不同,在南海和东海沿岸海域沉积物中发现^{239,240}Pu的浓度较高。海水和沉积物中^{240}Pu和^{239}Pu原子比值的空间分布(图2-49、图2-50)表明,在沿岸海域^{240}Pu和^{239}Pu原子比值较低,而离岸和开放海域^{240}Pu和^{239}Pu原子比值较高[50-51]。这表明沿岸海域海水和沉积物中的^{239,240}Pu主要来自大气核武器试验的直接沉降或沉降在陆地的^{239,240}Pu通过雨水冲刷和河流传输进入河口和沿岸海域,并沉积在海底。离岸和开放海域的^{239,240}Pu主要来自美国在太平洋的核试验场释放的^{239,240}Pu通过太平洋黑潮的洋流传输到该海域,并沉积在海底。

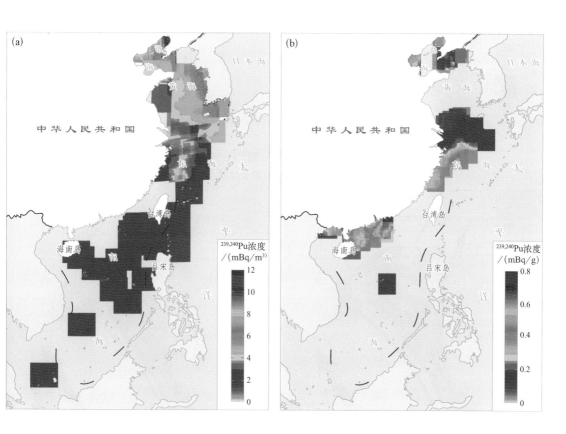

图2-48 (a)中国海域表层海水中^{239,240}Pu的浓度分布;(b)中国海域表层沉积物中^{239,240}Pu的浓度分布[50]

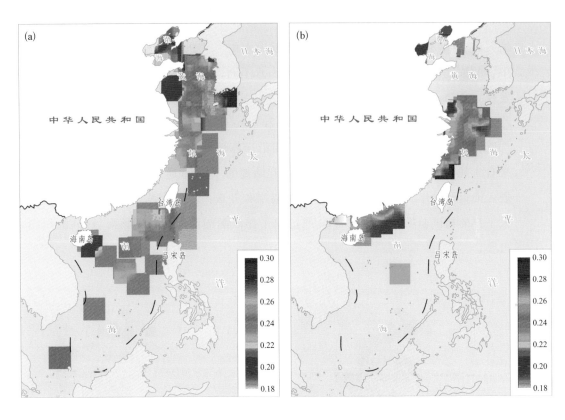

图 2-49　（a）中国海域表层海水中^{240}Pu 和^{239}Pu 原子比值；（b）中国
海域表层沉积物中^{240}Pu 和^{239}Pu 原子比值[50]

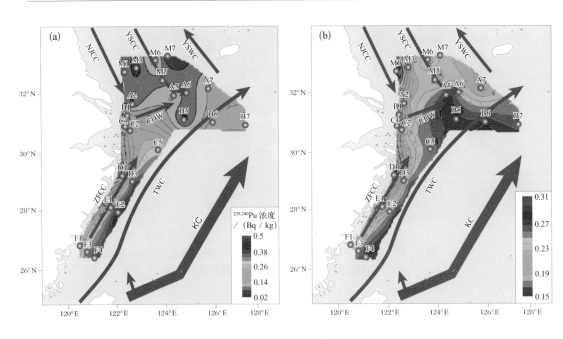

图 2-50　（a）中国东海海域表层沉积物中$^{239,\,240}$Pu 的浓度分布；（b）中国
东海海域表层沉积物中^{240}Pu 和^{239}Pu 原子比值的空间分布[51]

图 2-51 为 1960—2010 年西太平洋亚热带环流区（25°～36°N）表层海水中^{137}Cs 和^{90}Sr 浓度的变化。^{137}Cs 和^{90}Sr 浓度的最高值出现在 20 世纪 60 年代初期，之后一直在不断降低。该海域的^{137}Cs 和^{90}Sr 在 2010 年以前主要来源于大气核武器试验沉降，随着沉降量的降低和 1980 年大气核试验终止，海水中^{137}Cs 和^{90}Sr 的浓度随着向深海的扩散和放射性衰变不断降低。图 2-52 为日本沿岸表层海水中^{137}Cs 和^{90}Sr 浓度随时间的变化[51]，与太平洋亚热带环流区的开放海域海水中的时间变化稍有不同，在 1963—1975 年，该区域海水中^{137}Cs 和^{90}Sr 浓度快速降低，之后虽然也缓慢降低，但变化较小。1986—1987 年，在日本沿岸表层海水中观测到^{137}Cs 浓度升高，应该归因于切尔诺贝利核事故，但影响很小，随后^{137}Cs 浓度又恢复到事故之前的水平。图 2-53 为日本沿岸海鱼体内^{137}Cs 和^{90}Sr 浓度随时间的变化[51]，与海水中这两种核素随时间的变化相似，在 1963—1994 年其呈下降趋势，但除 1963—1967 年^{137}Cs 浓度较高外，之后^{137}Cs 的浓度变化并不显著外，鱼体内^{90}Sr 浓度的变化在 1962—1994 年一直呈下降趋势。

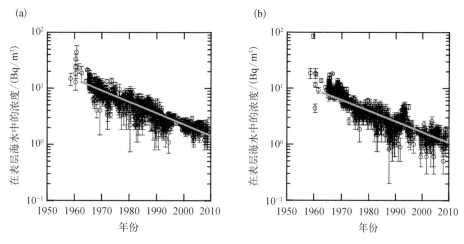

图 2-51　西太平洋亚热带环流区（25°～36°N）表层海水中^{137}Cs（a）和
^{90}Sr（b）的浓度随时间（1960—2010）的变化[52]

2011 年 3 月福岛核事故向海洋中排放了大量的放射性物质，导致福岛核电厂附近海域海水中^{137}Cs 浓度迅速升高了 7 个数量级，最高达到 10^8 Bq/L（图 2-54），4 个月后表层海水中^{137}Cs 浓度降低到 10^5 Bq/L[4]。这些排入海洋中的放射性物质随黑潮向东，再向北和向南扩散，2018 年已经在北极海域的白令海峡海水中发现了福岛核素排放的^{137}Cs 信号。2011 年 6 月福岛外海海水中也发现了显著升高的^{129}I 水平，并随距离福岛第一核电厂距离的增加其浓度不断降低[6]。另外,还发现海水剖面中随深度增加,^{129}I浓度迅速下降,^{129}I主要出现在0～400米的海水中(图2-55)。这主要是由于该海域的洋流由黑潮主导,洋流主要向东运动,表层海水向下的扩散和交换较慢。

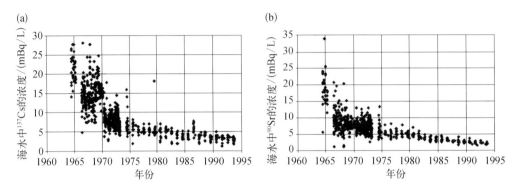

图2-52　日本沿岸表层海水中^{137}Cs(a)和^{90}Sr(b)的浓度随时间(1963—1994)的变化[52]

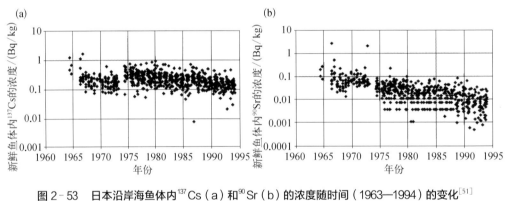

图2-53　日本沿岸海鱼体内^{137}Cs(a)和^{90}Sr(b)的浓度随时间(1963—1994)的变化[51]

图2-56为2013年我国东海海域表层海水中^{129}I的浓度分布[54]。与其他人工核素的分布不同,在长江口与黄海的交界海域^{129}I的浓度最高,而在开放海域较低。通过分析渤海和东海的沉积物柱中的^{129}I,发现早期全球大气核武器试验、中国核武器试验、1986年的切尔诺贝利核事故释放的^{129}I均在沉积物中有明显记录,特别是1990年以来,沉积物中^{129}I的浓度保持在一个较高水平,这应归于欧洲乏燃料后处理厂的显著贡献(图2-57)。大气核武器试验,特别是乏燃料后处理厂释放的大量^{129}I沉降于地表[29,55],由于碘有较高的水溶性,沉降于地表的^{129}I通过雨水冲刷和河流传输进入海洋,导致在河口区域的^{129}I水平升高。

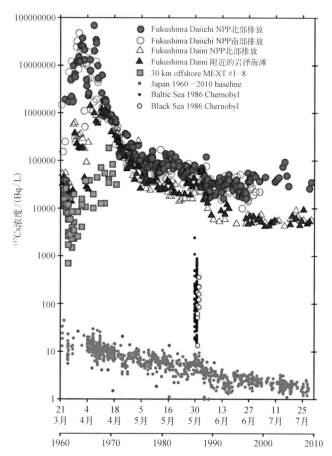

图 2-54　福岛核事故后福岛第一（Fukushima Daiichi NPP）、第二核电厂（Fukushima Daini NPP）外、距离福岛第一核电厂外 30 km 海域（30 km offshore MEXT# 1-8）等不同地点表层海水中^{137}Cs 浓度在 2011 年 3—7 月的变化，以及与 1960—2010 年日本东海岸（Japan 1960—2010 baseline）表层海水中^{137}Cs 浓度比较[4]

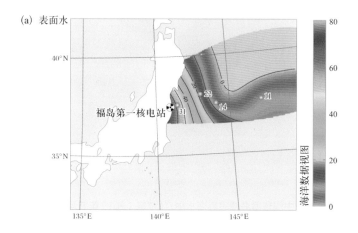

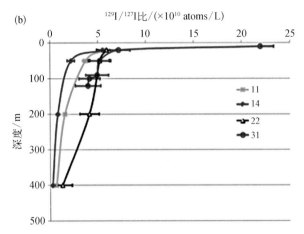

图 2-55　福岛核事故后福岛外海海域海水中[129]I 与[127]I 原子比值（2011 年 6 月）分布[6]

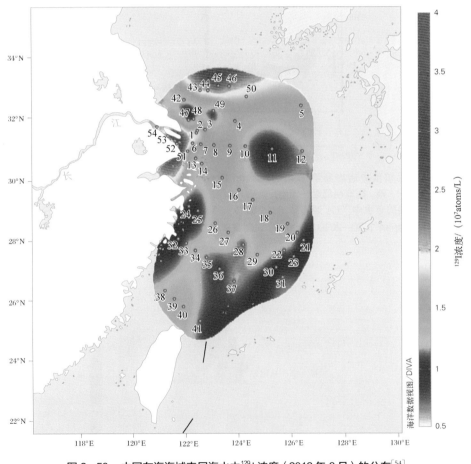

图 2-56　中国东海海域表层海水中[129]I 浓度（2013 年 8 月）的分布[54]

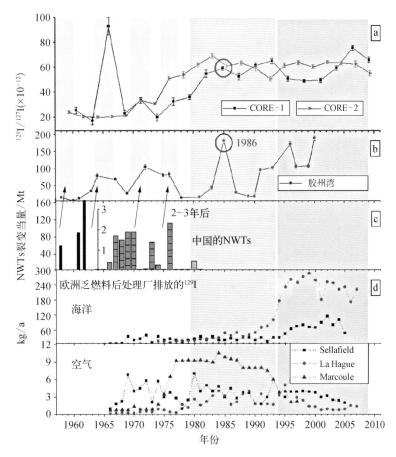

图2-57 我国东海两个海底沉积物（a）（CORE‐1：31.5°N，124.51°E 和 CORE‐2：30.99°N，124.99°E）和黄海胶州湾沉积物（b）（36.09N，120.24E）中 ^{129}I/^{127}I 原子比值的变化，及其与核武器试验以及乏燃料后处理厂 ^{129}I 排放的比较[28, 54]

海水中 ^{129}I 随时间的变化很好地记录在珊瑚中。图 2‐58 为太平洋不同海域珊瑚中 ^{129}I 的变化。这些海域中南太平洋海水 ^{129}I 水平明显较低，随时间的变化趋势相似，与中国东海和黄海沉积物种 ^{129}I 的变化趋势相似[56-58]。大气核试验是早期海水中 ^{129}I 的主要来源，因此 1962—1963 年有明显升高，而且一直呈上升趋势，这说明乏燃料后处理厂排放的 ^{129}I 是太平洋海水中 ^{129}I 的一个重要来源，特别是 1980 年以后的排放。

在北大西洋海域，除了大气核武器试验外，乏燃料后处理厂和切尔诺贝利核事故也向海洋中排放了大量放射性物质。图 2‐59 为 1976—1995 年北大西洋欧洲海域表层海水中 ^{137}Cs 的浓度分布[59]。在 1976—1985 年，该海域 ^{137}Cs 的主要来源是英国 Sellafield

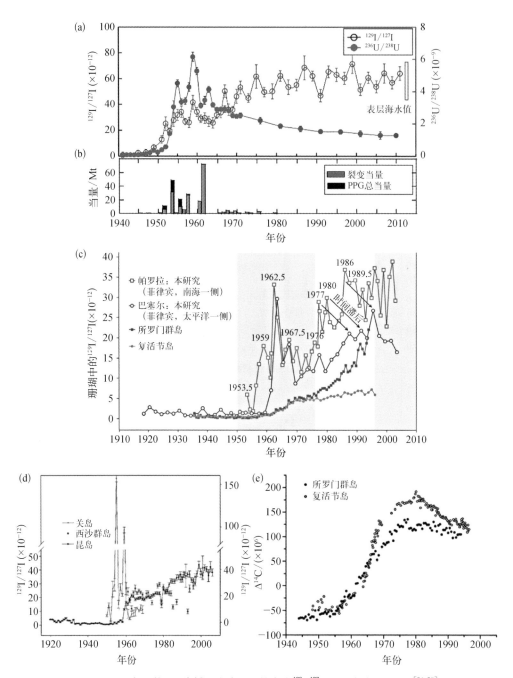

图 2-58　太平洋不同海域珊瑚中记录的海水 ^{129}I/^{127}I 比值随时间的变化[56-58]

（a）日本海域 ^{129}I/^{127}I、^{236}U/^{238}U 比值变化；（b）大气核武器试验及其爆炸当量；（c）南中国海和南太平洋海域珊瑚中的 ^{129}I/^{127}I 变化[巴塞尔（15°46′N，121°38′E）；帕罗拉（11°27′N，114°21′E）；所罗门群岛（9.5°S，162°E）；复活节岛（27°S，109°W）]；（d）关岛、西沙群岛和昆岛海域 ^{129}I/^{127}I 比值变化[关岛（N3°21′N，144°38′E）；西沙群岛（16°33.6′N，111°39.8′E）；昆岛，CD-4（8°33′N，106°33′E）]；（e）南太平洋海域 ^{14}C 水平变化

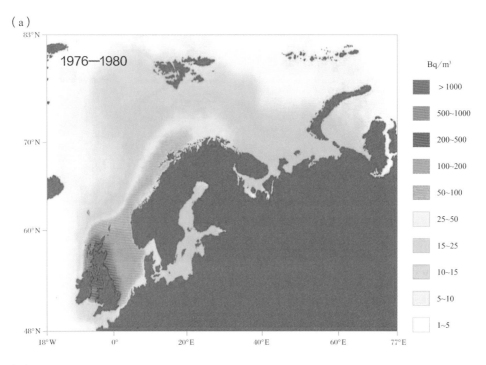

(a)

(b)

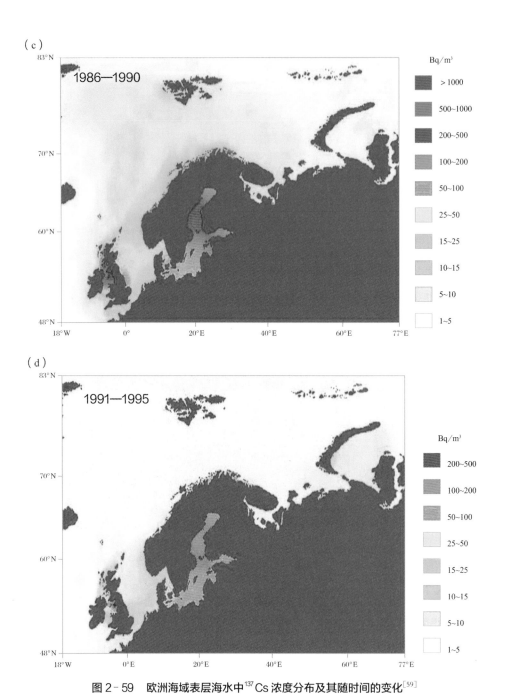

图 2-59　欧洲海域表层海水中^{137}Cs 浓度分布及其随时间的变化[59]

乏燃料后处理厂的海洋排放,导致在爱尔兰海以及北海、挪威海海水中^{137}Cs 显著升高,最高超过1 000 Bq/m^3,且随时间逐渐降低。1986 年以后,波罗的海海水中^{137}Cs 水平迅速升高,达500 Bq/m^3,且逐渐向挪威海域扩散。这主要是由于切尔诺贝利核事故释放的大量[137]Cs沉降在北欧和波罗的海,沉降于地表的[137]Cs随后又通过降水冲刷和河流转移至波罗的海,导致该海域海水中[137]Cs迅速升高。通过与北大西洋的海水交换,沉降在波罗的海的[137]Cs除部分通过吸附在颗粒物上而沉降于沉积物中外,大部分[137]Cs随洋流经过卡特加特海峡(Kattegat)和斯卡格拉克海峡(Skagerrak)进入北大西洋,并经由挪威沿岸流向北极扩散。

2005年欧洲北海海域表层海水中[129]I的浓度分布(图2-60)表明,该海域表层海水中[129]I的浓度比中国海域海水高4个量级以上,且欧洲沿岸海水中[129]I浓度显著高于北海中间海域[60]。这主要是由于法国La Hague和英国Sellafield乏燃料后处理厂向海洋排放了大量[129]I,导致该海域海水中[129]I大幅度升高。从La Hague乏燃料后处理厂排放到英吉利海峡的[129]I随洋流沿欧洲沿岸向北运动,而北海海域内部的水团交换较慢,导致欧洲沿岸海水中[129]I浓度显著高于北海中部海水。

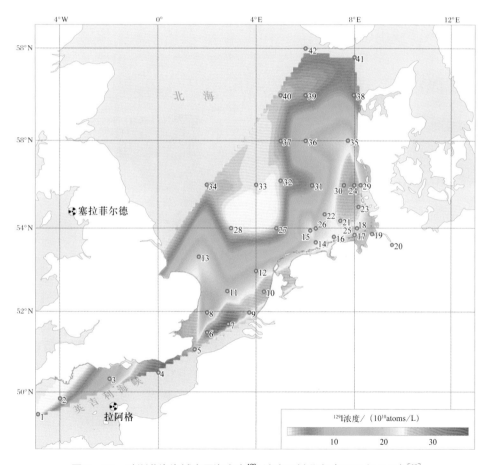

图2-60　欧洲北海海域表层海水中[129]I浓度及其分布（2005年8月）[60]

图 2-61 为波罗的海南部和卡特加特海峡以及斯卡格拉克海峡海域表层和深层海水中^{129}I的浓度分布。表层海水呈现出^{129}I在斯卡格拉克海峡的浓度较高,向东逐渐降低,在卡特加特海峡和波罗的海较低的分布趋势。而底层(25~40 m)海水中^{129}I浓度分布相反,在斯卡格拉克海峡最低,然后向东至卡特加特海峡海域逐渐升高,经丹麦海峡进入波罗的海^{129}I的浓度逐渐降低。这主要是由于北海海域沿欧洲沿岸向北运动的洋流到达丹麦北部后,表层海水部分向东运动进入斯卡格拉克海峡,导致斯卡格拉克海峡海域表层海水有较高的^{129}I浓度,而该海域底层主要是来自北大西洋开放海域的海水,因此深层海水中^{129}I浓度较低。斯卡格拉克海峡海域的表层海水进入卡特加特海峡海域后由表层下潜进入深层海水,并经由丹麦海峡底部进入波罗的海底部,导致波罗的海南部底层和卡特加特海峡海域底层海水^{129}I浓度较高,而来源于波罗的海中部和北部的表层海水中^{129}I浓度较低[54]。总之欧洲海域海水中^{129}I主要来源于欧洲的两个乏燃料后处理厂的海洋排放,洋流运动和水团交换是导致其不均匀分布的主要原因。

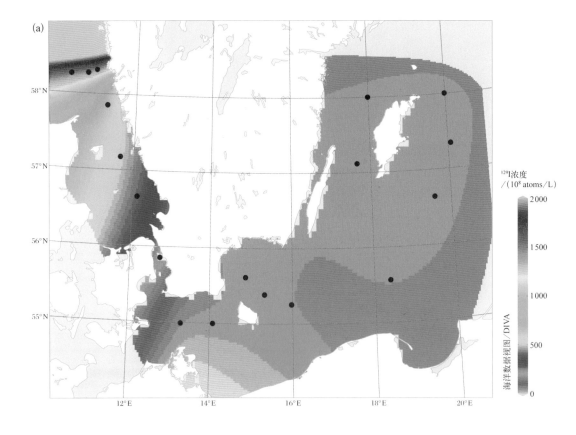

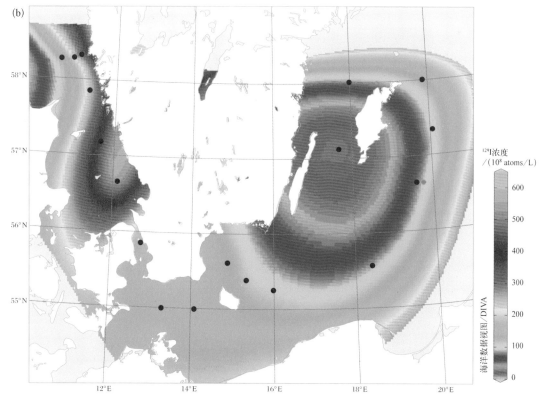

(b)

^{129}I浓度
/(10^8 atoms/L)

海洋数据视图/DIVA

图 2-61　波罗的海和丹麦海峡表层和底层海水中^{129}I浓度（2016年8月）及其分布[61]

　　图 2-62 为北大西洋南部、英吉利海峡和北海等欧洲海域表层海水中^{129}I的浓度沿纬度从北到南的分布，可以看出，在该海域表层海水中总的^{129}I的浓度相差 4 个数量级以上。^{129}I的浓度最高出现在英吉利海峡靠近 La Hague 乏燃料后处理厂的海域，最低出现在北大西洋南部海域。从英吉利海峡向北，^{129}I浓度逐渐缓慢降低，而从英吉利海峡向南，特别是英吉利海峡外海水中^{129}I浓度急剧降低。这主要归因于 La Hague 乏燃料后处理厂排入英吉利海峡的^{129}I随洋流向北运动到北海，仅有极少量排入英吉利海峡的^{129}I随小股洋流向南运动，这导致北大西洋南部海水中^{129}I浓度迅速降低。在北大西洋南部海域表层海水中发现 5 个^{129}I峰，这可能是由于该海域几股水团相互作用的结果，包括从地中海流出的水团。法国的 Marcoule 乏燃料后处理厂位于地中海沿岸，通过河流向地中海排放了一定量^{129}I，导致地中海海水中^{129}I浓度升高。从地中海流入北大西洋的含有较高^{129}I浓度的水团，小股从英吉利海峡向南流出的含有较高^{129}I浓度的水团，与主要向北流动的北大西洋洋流作用，导致出现几个^{129}I峰[9]。

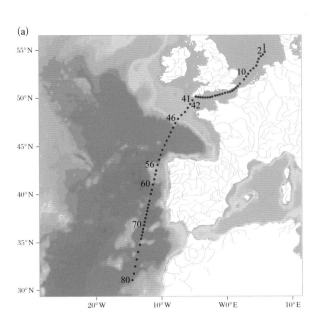

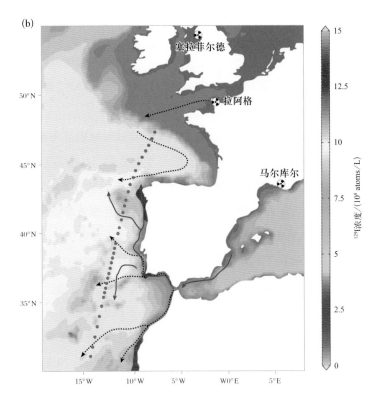

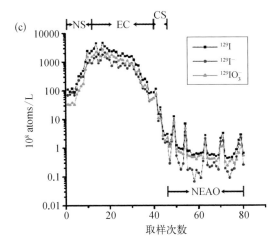

图2-62 北大西洋欧洲海域表层海水中[129]I浓度（2010年10—11月）及其分布[24]

图2-63为根据报道的北极和北大西洋北部表层海水中[129]I的浓度分布,应用差值法绘制的该海域[129]I浓度分布[9],可以看出,除欧洲海域,特别是欧洲沿岸和挪威沿岸海域,北极的亚欧部分表层海水中[129]I远高于其他海域。图2-63也显示出从南向北运动的洋流将欧洲乏燃料后处理厂排入海洋中的放射性物质通过北海和挪威海,并沿欧洲和挪威沿岸向北,经由喀拉海(Kara Sea)和巴伦支海(Barents Sea)传输进入北极,导致北极海水的放射性水平高于大多数海域海水的水平。图2-64为全球表层海水中[129]I浓度的纬度分布[54]。可以看出北半球海水中[129]I浓度远高于南半球海水中的[129]I浓度,北半球中高纬度和北极地区[129]I浓度远高于其他海域中的[129]I浓度。南半球,特别是南极海域[129]I浓度最低。这主要是由于目前环境中[129]I主要来源于乏燃料后处理厂的排放,其中直接排放于爱尔兰海和英吉利海峡的[129]I占环境中[129]I总储量的80%以上。由于较慢的洋流循环,这些排入海洋中的[129]I需要很长时间才能进入南半球海洋中。而乏燃料后处理厂排入大气中的[129]I,以及经由海洋二次释放到大气中的[129]I主要在对流层下部扩散,难以到达南半球。图2-65为南极沿岸海域表层海水中[129]I的浓度分布[22]。该海域海水中[129]I浓度比我国东海海域低1~2个数量级,低于欧洲海域海水4~5个数量级。该海域海水中的[129]I主要来源于大气核武器试验的全球沉降,其浓度虽然变化幅度较小,但仍在南极沿岸出现几个高值区域,这主要归因于该区域含有稍高[129]I的南极绕极流和较低[129]I浓度的南极半岛沿岸流之间的几个小的涡旋[22]。

除了上述人类活动排放或沉降到海洋中的放射性物质外,在20世纪70年代人类曾在海底直接埋藏了部分放射性废物。另外有几艘核潜艇及携带核武器的潜艇由于失事连同放射性物质一同埋藏在海底。虽然这些放射性物质尚未大量释放进入海水,造成大范围海洋环境污染,但有可能在将来会随着包壳材料的破裂而出现泄漏,造成一定范围的污染。虽然人类活动向海洋排放了大量放射性物质,包括核事故排放导致短时间内局部区域海洋放射性浓度急剧升高,但由于海洋中巨大的海水容量,通过洋流运动使得放射性物质的浓度被不断稀释,从而使其浓度逐渐降低。目前除个别直接污染的局部小区域海水外,全球海水中的人工放射性核素浓度很低,公众由此受到的辐射剂量远低于天然放射性核素所造成的。此外,这些放射性核素由于其特征来源,它们可被用作海洋示踪剂来研究各种海洋过程和海洋环境。

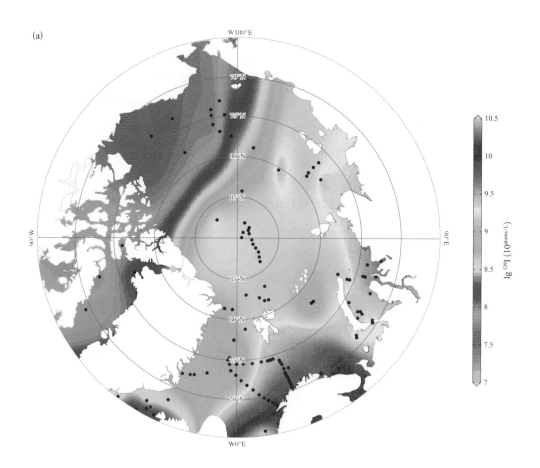

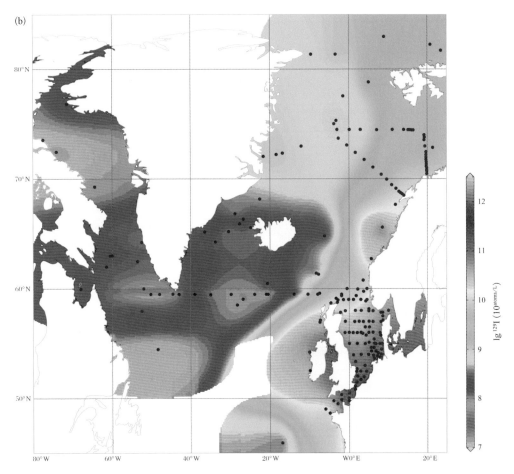

图 2-63 （a）北极表层海水中^{129}I 的浓度分布；（b）北大西洋表层海水中^{129}I 的浓度分布[24]

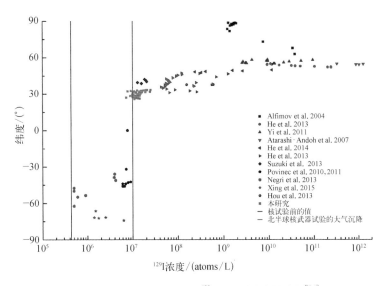

图 2-64 全球表层海水中^{129}I 浓度随纬度的变化[54]

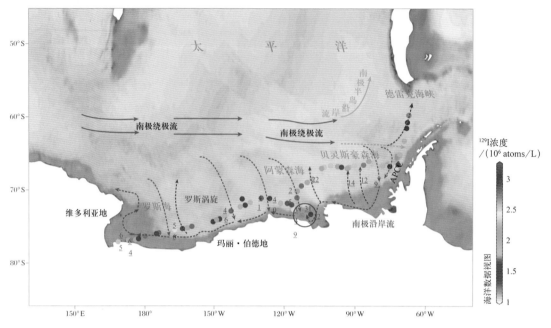

图 2-65　南极沿岸海域表层海水中^{129}I 的浓度分布（2010 年 12 月）及其示踪的洋流循环[24]

2.5　本章小结与展望

　　本章介绍了环境中天然和人工放射性的主要来源,不同来源的贡献或释放量,不同环境中各种放射性核素,特别是重要人工放射性核素的浓度水平、空间分布以及随时间的变化。从公众所受辐射剂量的角度看,目前主要贡献仍然为天然放射性物质。全球天然辐射的个人年有效剂量平均值为 2.4 mSv,我国为 3.1 mSv,而全球人类活动所造成的辐射的人均年有效剂量为 0.61 mSv,我国为 0.22 mSv,而且其中主要贡献为医学诊断检查(全球0.60 mSv,我国 0.21 mSv)。在所有人类活动所造成的放射性辐射剂量中,主要贡献者依然为全球大气核试验沉降(0.005 mSv),核燃料循环包括核电厂运行仅贡献了 4×10^{-6} mSv。图 2-66 为大气核武器试验释放的放射性物质对我国居民年有效辐射剂量的变化情况,可以看出这一来源的辐射当量剂量还在不断降低。但核事故对区域环境放射性水平影响重大,切尔诺贝利核事故和福岛核事故释放的放射性物质对核电厂周围环境的贡献巨大,对当地居民的辐射影响比较严重。因此这两起核事故的重污染区在开放前需要进行去污和退役处理。

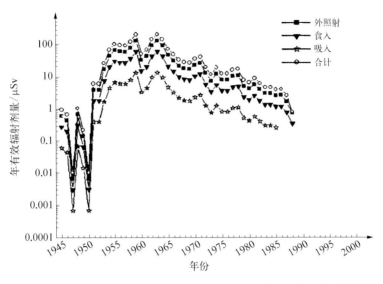

图 2-66　大气核武器试验对我国居民产生的年有效辐射剂量的变化（不包括[14]C）[10]

　　人类核活动,特别是核电厂运行产生的放射性物质中仅有极少部分释放到了环境中,绝大部分放射性物质仍然存在于乏燃料组件和放射性废物中。这些放射性物质需要进行妥善的地质处置,以免其进入环境造成辐射危害。研究放射性废物的妥善处置技术是保障环境辐射安全的关键。而厘清放射性核素在环境中的迁移和生态行为对理解放射性核素的长期危害关系重大。人类核活动释放到环境中的放射性核素为研究人工放射性核素的环境行为提供了天然的示踪剂和工具,研究各种人工放射性核素在大气、水、土壤、沉积物等不同介质中的迁移和转化,以及从大气、水和土壤到植物和动物组织的转移、吸收、沉积等是环境放射性化学的主要研究内容。20 世纪 60 年代以来国际上对这些问题进行了大量研究,但仍然有许多基础问题不太清楚,例如为何相同来源的相同核素在相似环境中的迁移行为,以及从土壤到植物,从环境到动物组织的转移系数差异很大;吸入的放射性颗粒物对人体的辐射剂量估算的基础数据依然严重缺乏。我国环境放射性化学方面的研究一直严重滞后,亟须加强。近年来随着我国核能的迅速发展,环境放射性监测日益受到重视,已在全国建立了环境辐射监测网络和观测站点,但主要是测量空气中的辐射剂量率和环境样品中的 γ 核素,仍然缺乏对分析过程复杂的 β 和 α 核素的检测和研究[2]。

　　环境中的放射性核素由于其独特的来源,作为海洋和环境示踪剂得到了广泛应用,近年来我国在这方面的研究工作也在积极展开,以下是环境放射性核素的几个主要应用领域。

（1）年代测定

主要是利用放射性核素衰变特性,在确定其初始含量的情况下,通过测量样品中的放射性核素,利用其特征的半衰期,来测量其形成、暴露或埋藏年代。

其中应用最广的测年核素为^{14}C。由于在大气中宇宙射线引发的核反应生成的天然^{14}C的产率相对稳定,形成后迅速在大气和生物圈达到平衡,使得生物中$^{14}C/^{12}C$值固定。在带有^{14}C信息的材料与大气交换停止后,^{14}C通过放射性衰变不断减少,因此通过分析样品中的$^{14}C/^{12}C$比值,与初始形成的比值比较,就可以测得样品的生成或埋藏年代,其测年范围为80～50 000年。大气核试验释放的^{14}C大幅度改变了大气中^{14}C浓度和$^{14}C/^{12}C$比值,考虑到^{14}C较长的半衰期,核试验释放的^{14}C仅有极少衰变,但大气中的$^{14}C/^{12}C$比值从1965年以来不断降低,而且通过树轮确定。测量停止与大气交换的样品中的$^{14}C/^{12}C$比值,通过与^{14}C标准曲线对比,就可以确定其1950年以后的年龄,从而将^{14}C的测年范围拓展到0～50 000年。近年来由于加速器质谱测定^{14}C的普及,^{14}C定年已应用到地质、环境和考古等许多方面。

另一种测年应用较为广泛的核素为^{210}Pb。土壤中^{238}U衰变系核素^{226}Ra衰变产生的惰性气体核素^{222}Rn,会通过扩散进入大气中,使得大气中^{222}Rn浓度相对较为稳定。而^{222}Rn半衰期较短,其会进一步衰变形成半衰期较长（21年）的^{210}Pb、^{210}Pb在大气中迅速与颗粒物结合,通过干湿沉降到地表,并以相对稳定的沉降速率进入沉积物中。封存进沉积物中的^{210}Pb会发生持续放射性衰变。测量沉积物中^{210}Pb的浓度就可以确定其沉降时间,测定其深度分布就可对整个沉积物柱中的每层进行测年。^{210}Pb主要用于湖底沉积物的定年,定年范围一般为0～100年。

大气核试验全球沉降的^{137}Cs浓度是第3种沉积物测年核素。1961—1962年集中的大气核试验造成大量大气^{137}Cs和其他放射性核素的沉降,1963年在沉积物中形成较为明显^{137}Cs沉降峰值,依据这一峰值和沉积物的深度,在假定均匀沉积的前提下可对沉积物定年。在北半球大部分区域,特别是欧洲1986年的切尔诺贝利核事故的^{137}Cs沉降也很显著,从而可以作为另一个时间标尺,结合1963年的大气沉降标尺对沉积物定年。

还有其他很多天然放射性核素也被用来测年,如钾氩测年法利用^{40}K放射性衰变到^{40}Ar,通过测量封闭体系中由^{40}K衰变形成的^{40}Ar可对10万年的样品和事件定年。铀钍测年法是利用^{234}U和衰变产物^{230}Th以及^{235}U和衰变产物^{231}Pa对年龄为几千年到几十万年的海洋沉积物定年。铷锶测年法利用原生放射性核素 ^{87}Rb 衰变生成 ^{87}Sr 来测量几十亿年的样品。铀铅测年法应用 ^{235}U-^{207}Pb 和 ^{238}U-^{206}Pb 的比例测量 100 万年到 45 亿年的样品，地球年龄就是通过这一方法测定的。

（2）海洋示踪

放射性核素也被广泛应用于示踪海洋过程。人工放射性核素如 ^{3}H、^{14}C、^{137}Cs、^{90}Sr、^{99}Tc、^{129}I、^{236}U 等，由于其在海水中的高溶解度及其在海洋中长的滞留时间已被广泛用于示踪海水运动、洋流循环和水团交换。其中海洋中的 ^{3}H、^{14}C、^{90}Sr 和 ^{137}Cs 主要为大气核试验全球沉降。^{3}H 的半衰期较短，浓度较低，浓集较为费时，其应用相对较少。^{90}Sr 和 ^{137}Cs 半衰期仅为 29～30 年，目前海水中浓度较低，需要从大体积海水（50～1 000 L）浓集和分离后再测定，较为困难。^{99}Tc 和 ^{129}I 除大气核试验外，乏燃料后处理厂的海洋排放是其主要来源，因此近年来得到大量应用，特别是 ^{129}I，使用加速器质谱测量时，仅需要 0.05～0.5 L 海水，这方便了大批量的样品分析，其已用于示踪研究北大西洋和北极外，其他很多海域（如中国海域、太平洋、大西洋甚至南极海域）的洋流运动。由于碘还是一种氧化还原敏感元素，^{129}I 的化学形态直接反映了海洋环境，如在含有高含量初级生物的北极和海藻爆发的海域，^{129}I 的主要形态由碘酸盐转变为碘化物。海洋中 ^{99}Tc 主要来源于欧洲乏燃料后处理厂的排放，通过测量海水和海藻中 ^{99}Tc 的变化，并与乏燃料后处理厂的排放比较，可以研究海水在北大西洋和北极的运动。^{236}U 和 ^{233}U 作为一个新兴海洋示踪剂近年来得到重视。不同人工来源的 ^{233}U/^{236}U 比值不同，因此可以示踪不同来源水团的交换。

天然放射性示踪剂如 ^{234}U-^{234}Th 被用于研究海洋颗粒物清除动力学和大气中 CO_2 的海洋清除效率。这主要是基于 ^{238}U 衰变系的 ^{234}U 的铀酰碳酸盐配合物在海水中可稳定存在，而其衰变产物 ^{234}Th 在海水中溶解度较低，易于和颗粒物结合，通过测定 ^{234}Th-^{234}U 的不平衡可以研究颗粒物的清除速率。^{226}Ra-^{222}Rn 可用于示踪海湾和海底地下水的排泄量。^{223}Ra、^{224}Ra、^{226}Ra、^{228}Ra 可用于示踪海洋中不同来源的水团混合，估算水体形成的年龄等。

（3）大气扩散和污染物传输

宇生放射性核素如 ^{7}Be、^{10}Be、^{22}Na 等被广泛用于研究平流层和对流层的大气交换。这些宇生放射性核素主要在平流层，然后扩散进入对流层，并进一步沉降到地表。根据 ^{7}Be 和 ^{10}Be 不同的半衰期以及 ^{22}Na 的生成过程，通过测定不同高度大气中 ^{7}Be/^{10}Be 比值，以及 ^{22}Na 在大气层的分布可以研究对流层至平流层大气的扩散速率和过程。通过长期观测和测量大气颗粒物和沉降物中 ^7Be 的浓度，不但可以研究太阳活动，而且可以研究降水和其他环境因素对大气颗粒物的清除。通过测定大气中切尔诺贝利核事故和福岛核事故释放的 ^{137}Cs、^{131}I 以及其他核素的分布、形态，可研究大气传输过程，以及环境因素对大气中元素形态和赋存状态的影响。通过长期测量事故后大气中 ^{137}Cs 和 ^{129}I 的浓度随时间的变化，可以研究颗粒物的再悬浮以及挥发性碘的大气化学和过程。通过测量南极大气中 ^{129}I 的水平和变化可以研究其来源，结合核事故释放的放射性核素可以研究大气在南北半球的交换。放射性核素也被用于示踪沙尘暴的来源和雾霾的形成和演化。基于不同区域地表环境中人工放射性核素的水平差异和同位素比值特性，可以追踪沙尘暴的来源。基于 ^{129}I 易挥发特性以及大气中 ^{129}I 和稳定 ^{127}I 的不同来源，通过测定雾霾期间颗粒物中碘同位素的组成，就可以研究其来源、形成和消除的过程了。

（4）土壤侵蚀和地下水的来源示踪

基于大气核武器试验沉降的 ^{137}Cs 与土壤颗粒物牢固结合的特性，^{137}Cs 已被广泛用于示踪测定土壤的侵蚀和沉积速率。鉴于 ^{137}Cs 较短的半衰期，土壤中全球核试验沉降 ^{137}Cs 的浓度已经很低，难以测定。近年来另一种长寿命大气核试验沉降核素钚同位素（$^{239}Pu/^{240}Pu$）已开始用于土壤侵蚀和沉积研究，结果表明其示踪效果与 ^{137}Cs 相同，但需要的样品量更少。利用氯和碘高水溶性的特点，^{36}Cl 和 ^{129}I 可用于地下水的来源和年龄测定。由于 50 年代以来，环境中人工 ^{129}I 的浓度比之前环境高 3～6 个数量级，因此可以通过测定地下水中 ^{129}I 和 ^{36}Cl 的浓度来研究地下水中现代降水的贡献。

（5）地质和环境时标

人类工业活动，特别是 1950 年以来，人与自然的相互作用加剧，如快速增加的大气 CO_2 浓度和温度、迅速恶化的环境污染等，人类对地球环境的影响不断增加。近年来国际上提出了一个新的地质时代——人类世，用于划分和研究人类对自然的影响。其中提出的用于划分人类世地层标志物主要为大气核试验沉降的长寿命核素 $^{239,240}Pu$ 和 ^{129}I。通过在全球几个代表性地点，采集和分析沉积物、冰芯、珊瑚等物质中的 $^{239,240}Pu$ 和 ^{129}I，来确定和划分人类世的起点。

除了上面指出的应用外，环境放射性核素还应用于其他诸多领域。随着放射性核素分析和测量技术，如加速器质谱和 ICP－MS 等质谱技术的快速发展和普及，放射性核素的分离和干扰去除技术的提高，环境放射性核素的应用正在不断拓宽和深入，也将会在更多领域发挥更为重要的作用。

参考文献

［1］ Masarik J. Chapter 1 Origin and Distribution of Radionuclides in the Continental Environment［J］. Radioactivity in the Environment，2009，16：1－25.

［2］ 中华人民共和国环境保护部.2016 中国环境质量报告［M］.北京：中国环境科学出版社,2018.

［3］ United Nations Scientific Committee on the Effects of Atomic Radiation，United Nations Scientific Committee on the effects of Atomic Radiation. UNSCEAR 2000 report to the General Assembly［C］//Sources and effects of ionizing radiation，2000.

［4］ IAEA. The Fukushima Daiichi accident［R］. STI/PUB/1710，2015.

［5］ Casacuberta N，Masqué P，Garcia-Orellana J，et al. ^{90}Sr and ^{89}Sr in seawater off Japan as a consequence of the Fukushima Dai-ichi nuclear accident［J］. Biogeosciences，2013，10(6)：3649－3659.

［6］ Hou X L，Povinec P P，Zhang L Y，et al. Iodine－129 in seawater offshore Fukushima：Distribution，inorganic speciation，sources，and budget［J］. Environmental Science & Technology，2013，47(7)：3091－3098.

［7］ IAEA. Inventory of Accidents and Losses at Sea Involving Radioactive Materials［R］. IAEA－TECDOC－1242，2001.

［8］ Swedish R P A. United Nations Scientific Committee on the Effects of Atomic Radiation. International conference on the protection of the environment from the effects of ionizing radiation. Contributed papers［R］. International Atomic Energy Agency，2003.

［9］ He P，Hou X L，Aldahan A，et al. Iodine isotopes species fingerprinting environmental conditions in surface water along the northeastern Atlantic Ocean［J］. Scientific Reports，2013，3：2685.

［10］ 潘自强,刘森林.中国辐射水平［M］.北京：原子能出版社,2010.

［11］ Turekian K K，Graustein W C. Natural radionuclides in the atmosphere［M］//Treatise on Geochemistry. Amsterdam：Elsevier，2003：261－279.

［12］ Kulan A，Aldahan A，Possnert G，et al. Distribution of ^{7}Be in surface air of Europe［J］. Atmospheric Environment，2006，40(21)：3855－3868.

［13］ Sýkora I，Holý K，Ješkovský M，et al. Long-term variations of radionuclides in the Bratislava air ［J］. Journal of Environmental Radioactivity，2017，166(Pt 1)：27－35.

［14］ Papastefanou C. Foreword［M］//Radioactivity in the Environment. Amsterdam：Elsevier，2008：1.

［15］ Yamamoto M，Sakaguchi A，Sasaki K，et al. Seasonal and spatial variation of atmospheric ^{210}Pb and ^{7}Be deposition：Features of the Japan Sea side of Japan［J］. Journal of Environmental Radioactivity，2006，86(1)：110－131.

［16］ Chen J F，Luo S D，Huang Y P. Scavenging and fractionation of particle-reactive radioisotopes ^{7}Be，^{210}Pb and ^{210}Po in the atmosphere［J］. Geochimica et Cosmochimica Acta，2016，188：208－223.

［17］ Yan G，Cho H M，Lee I，et al. Significant emissions of ^{210}Po by coal burning into the urban atmosphere of Seoul，Korea［J］. Atmospheric Environment，2012，54：80－85.

［18］ Salminen-Paatero S，Thölix L，Kivi R，et al. Nuclear contamination sources in surface air of Finnish Lapland in 1965－2011 studied by means of ^{137}Cs，^{90}Sr，and total beta activity［J］.

Environmental Science and Pollution Research，2019，26(21)：21511 - 21523.

[19] Hirose K，Igarashi Y，Aoyama M，et al. Long-term trends of plutonium fallout observed in Japan [M]//Radioactivity in the Environment. Amsterdam：Elsevier，2001：251 - 266.

[20] Paatero J，Saxén R，Buyukay M，et al. Overview of strontium - 89，90 deposition measurements in Finland 1963 - 2005[J]. Journal of Environmental Radioactivity，2010，101(4)：309 - 316.

[21] Thakur P，Khaing H，Salminen-Paatero S. *Plutonium* in the atmosphere：A global perspective [J]. Journal of Environmental Radioactivity，2017，175/176：39 - 51.

[22] Hua Q，Barbetti M，Rakowski A Z. Atmospheric radiocarbon for the period 1950 - 2010[J]. Radiocarbon，2013，55(4)：2059 - 2072.

[23] Smith D B. Statistical treatment of data on environmental isotopes in precipitation[J]. Journal of Hydrology，1993，146：454 - 455.

[24] Xing S，Hou X L，Aldahan A，et al. Water circulation and marine environment in the Antarctic traced by speciation of ^{129}I and ^{127}I[J]. Scientific Reports，2017，7：7726.

[25] Hou X L，Aldahan A，Nielsen S P，et al. Time series of ^{129}I and ^{127}I speciation in precipitation from Denmark[J]. Environmental Science & Technology，2009，43(17)：6522 - 6528.

[26] Wagner M J M，Dittrich-Hannen B，Synal H A，et al. Increase of ^{129}I in the environment[J]. Nuclear Instruments and Methods in Physics Research Section B：Beam Interactions With Materials and Atoms，1996，113(1/2/3/4)：490 - 494.

[27] Reithmeier H，Lazarev V，Rühm W，et al. Estimate of European^{129}I releases supported by ^{129}I analysis in an Alpine ice core[J]. Environmental Science & Technology，2006，40(19)：5891 - 5896.

[28] Bautisa A T，Miyake Y，Matsuzaki H，et al. High-resolution ^{129}I bomb peak profile in an ice core from SE - Dome site，Greenland[J]. Journal of Environmental Radioactivity，2018，184/185：14 - 21.

[29] Zhao X，Hou X L，Zhou W J. Atmospheric iodine (^{127}I and ^{129}I) record in spruce tree rings in the northeast Qinghai-Tibet Plateau[J]. Environmental Science & Technology，2019，53(15)：8706 - 8714.

[30] Xu S，Freeman S P H T，Hou X L，et al. Iodine isotopes in precipitation：Temporal responses to ^{129}I emissions from the fukushima nuclear accident[J]. Environmental Science & Technology，2013，47(19)：10851 - 10859.

[31] Xu Y H，Pan S M，Wu M M，et al. Association of *Plutonium* isotopes with natural soil particles of different size and comparison with ^{137}Cs[J]. The Science of the Total Environment，2017，581/582：541 - 549.

[32] 魏复盛，刘廷良，滕恩江，等.我国土壤中稀土元素背景值特征[J].环境科学,1991,12(5)：78 - 82.

[33] 孙凯南，郭秋菊，程建平.土壤物理性质对土壤氡浓度及地表氡析出率的影响[J].中华放射医学与防护杂志,2005,25(1)：78 - 80.

[34] 陆梅.我国参考人主要放射性核素(元素)膳食摄入量及其所致内照射剂量的现状[J].中国辐射卫生,1999,8(2)：120 - 123.

[35] Hancock G J，Tims S G，Fifield L K，et al. The release and persistence of radioactive anthropogenic nuclides[J]. Geological Society，London，Special Publications，2014，395(1)：265 - 281.

[36] Aoyama M，Hirose K，Igarashi Y. Re-construction and updating our understanding on the global weapons tests ^{137}Cs fallout [J]. Journal of Environmental Monitoring：JEM，2006，8(4)：431 - 438.

[37] Zheng J，Wu F C，Yamada M，et al. Global fallout Pu recorded in lacustrine sediments in Lake

Hongfeng, SW China[J]. Environmental Pollution (Barking, Essex: 1987), 2008, 152(2): 314 – 321.

[38] Qiao J X, Hansen V, Hou X L, et al. Speciation analysis of [129]I, ^{137}Cs, [232]Th, [238]U, [239]Pu and [240]Pu in environmental soil and sediment[J]. Applied Radiation and Isotopes, 2012, 70(8): 1698 – 1708.

[39] Zhang F L, Wang J L, Liu D T, et al. Distribution of ^{137}Cs in the Bohai Sea, Yellow Sea and East China Sea: Sources, budgets and environmental implications[J]. The Science of the Total Environment, 2019, 672: 1004 – 1016.

[40] Xu Y H, Qiao J X, Hou X L, et al. *Plutonium* in soils from northeast China and its potential application for evaluation of soil erosion[J]. Scientific Reports, 2013, 3: 3506.

[41] Taylor D M. Environmental plutonium — Creation of the universe to twenty-first century mankind[M]//Radioactivity in the Environment. Amsterdam: Elsevier, 2001: 1 – 14.

[42] Muramatsu Y, Matsuzaki H, Toyama C, et al. Analysis of [129]I in the soils of Fukushima Prefecture: Preliminary reconstruction of ^{131}I deposition related to the accident at Fukushima Daiichi Nuclear Power Plant (FDNPP)[J]. Journal of Environmental Radioactivity, 2015, 139: 344 – 350.

[43] Snyder G, Aldahan A, Possnert G. Global distribution and long-term fate of anthropogenic [129]I in marine and surface water reservoirs[J]. Geochemistry, Geophysics, Geosystems, 2010, 11(4) Q04010, DOI: 10.1029/2009gc002910.

[44] Hou X L, Dahlgaard H, Nielsen S P, et al. Iodine – 129 in human thyroids and seaweed in China [J]. Science of the Total Environment, 2000, 246(2/3): 285 – 291.

[45] Hou X, Malencheko A, Kucera J, et al. Iodine – 129 in thyroid and urine in Ukraine and Denmark[J]. The Science of the Total Environment, 2003, 302(1/2/3): 63 – 73.

[46] Fehn U. Tracing crustal fluids: Applications of Natural [129]I and [36]Cl[J]. Annual Review of Earth and Planetary Sciences, 2012, 40: 45 – 67.

[47] Komperød M, Garcia F, Guonason K, et al. Natural radioactivity in Nordic fish and shellfish — summary report 2018. NKS – 416, Nordic Nuclear Safty Research, 2019. http://www.nks.org/scripts/getdocument.php?file = 111010214696201.

[48] Duran E B, Povinec P P, Fowler S W, et al. 137Cs and (239 + 240)Pu levels in the Asia – Pacific regional seas[J]. Journal of Environmental Radioactivity, 2004, 76(1/2): 139 – 160.

[49] Zhang W C, Xing S, Hou X L. Evaluation of soil erosion and ecological rehabilitation in Loess Plateau region in Northwest China using plutonium isotopes[J]. Soil and Tillage Research, 2019, 191: 162 – 170.

[50] Wu J W, Sun J, Xiao X Y. An overview of current knowledge concerning the inventory and sources of plutonium in the China Seas[J]. Marine Pollution Bulletin, 2020, 150: 110599.

[51] Wang J L, Baskaran M, Hou X L, et al. Historical changes in [239]Pu and [240]Pu sources in sedimentary records in the East China Sea: Implications for provenance and transportation[J]. Earth and Planetary Science Letters, 2017, 466: 32 – 42.

[52] Povinec P P, Hirose K, Aoyama M. Radiostrontium in the western North Pacific: Characteristics, behavior, and the Fukushima impact[J]. Environmental Science & Technology, 2012, 46(18): 10356 – 10363.

[53] IAEA. Global marine radioactivity database (GLOMARD)[R]. IAEA – TECDOC – 1146. Vienna: International Atomic Energy Agency, 2000.

[54] Liu D, Hou X L, Du J Z, et al. [129]I and its species in the East China Sea: Level, distribution, sources and tracing water masses exchange and movement[J]. Scientific Reports, 2016, 6: 36611.

[55] Fan Y K, Hou X L, Zhou W J, et al. [129]I record of nuclear activities in marine sediment core from Jiaozhou Bay in China[J]. Journal of Environmental Radioactivity, 2016, 154: 15 - 24.

[56] Bautista Vii A T, Matsuzaki H, Siringan F P. Historical record of nuclear activities from [129]I in corals from the Northern Hemisphere (Philippines)[J]. Journal of Environmental Radioactivity, 2016, 164: 174 - 181.

[57] Chang C C, Burr G S, Jull A J T, et al. Reconstructing surface ocean circulation with [129]I time series records from corals[J]. Journal of Environmental Radioactivity, 2016, 165: 144 - 150.

[58] Sakaguchi A, Inaba R, Sasa K, et al. Reconstruction of anthropogenic [129]I temporal variation in the Japan Sea using a coral core sample[J]. Marine Environmental Research, 2018, 142: 91 - 99.

[59] Povinec P P, Bailly du Bois P, Kershaw P J, et al. Temporal and spatial trends in the distribution of ^{137}Cs in surface waters of Northern European Seas — a record of 40 years of investigations[J]. Deep Sea Research Part II: Topical Studies in Oceanography, 2003, 50(17/18/19/20/21): 2785 - 2801.

[60] Hou X L, Aldahan A, Nielsen S P, et al. Speciation of [129]I and [127]I in seawater and implications for sources and transport pathways in the North Sea[J]. Environmental Science & Technology, 2007, 41(17): 5993 - 5999.

[61] Yi P, Aldahan A, Hansen V, et al. Iodine isotopes ([129]I and [127]I) in the Baltic proper, Kattegat, and Skagerrak Basins[J]. Environmental Science & Technology, 2011, 45(3): 903 - 909.

Chapter 3

环境放射性样品
分析方法

3.1 放射性计数测量

利用放射性核素的特征辐射来测量其放射性衰变计数(即单位时间内由于放射性衰变而发射的粒子或光子数量)的分析技术统称为放射性计数测量技术。该技术取决于放射性核素的衰变方式(包括 α 衰变、β 衰变、γ 衰变、内转换、瞬发裂变等)及其衰变过程所发射的辐射粒子或射线种类。放射性计数测量仪器主要包括气体正比计数器、液体闪烁计数器、切连科夫计数器及半导体探测器等。放射性计数测量技术是测量环境样品中放射性核素最常用的手段。

3.1.1 气体正比计数器

气体正比计数器以气体为探测介质,入射粒子使气体电离产生电子-正离子对,电子和正离子在电场中漂移产生电信号。根据工作条件的不同,气体正比计数器可分为电离室正比计数器、盖革-米勒计数器和其他探测器。

如图 3-1 所示,气体正比计数器通常采用圆形腔式结构,中间是一根细丝(阳极丝),与电源正极相连,圆筒外壳与负极相连,中间形成一个非均匀电场,并且充有气体,通常是惰性气体和少量电负性气体的混合物(如由 90%的氩气和 10%的甲烷组成的P-10气体)。它的工作原理与盖革-米勒计数器类似,首先粒子入射后与腔内气体的原

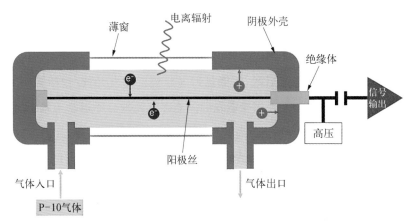

注:P-10气体由90%的氩气和10%的甲烷组成

图 3-1　气体正比计数器示意图

子发生碰撞,使其电离;然后在电场作用下,电子向中心阳极丝运动,正离子则以比电子慢得多的速度向阴极腔壁运动。电子在运动过程中受到电场作用而加速,促使更多的气体原子电离,这些原子电离产生的次级电子又会被加速而导致更多的次级电离。电子越接近阳极,电场越强,电离的可能性越大,这种电离不断增殖的过程被称为电子雪崩过程。最终能够使输出电流有较大的脉冲幅度。

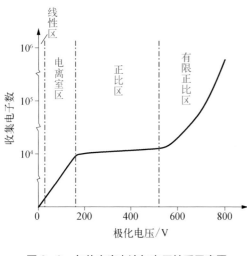

图3-2　气体电离电流与电压关系示意图

气体正比计数器工作于气体电离电流-电压曲线的正比区(图3-2)。由于气体放大现象,收集电极上所产生的脉冲幅度将变大。当气体正比计数器两极间的电压恒定时,气体放大倍数为常数,其输出信号的脉冲幅度与入射辐射的能量成正比,可对单个粒子进行计数,从而用于粒子的能量或能谱的测量。气体正比计数器主要用于 α 粒子、低能 β 粒子及低能 X 射线的能量和活度的测量。

3.1.2　液体闪烁计数法

液体闪烁(液闪)计数(liquid scintillation counting,LSC)法利用闪烁液作为电离辐射能量传递的介质,对分散在闪烁液中的放射性样品进行直接计数。如图 3-3 所示,样品所发射的带电粒子能量首先被闪烁体吸收,致使闪烁体分子被电离和激发。部分激发的闪烁体分子从高能态迅速退激,将能量传递给周围的发光剂(包括第一闪烁剂和波长转换剂)分子,使之受激发。当受激发的高能态发光剂分子退激至基态时,能量发生转移的瞬间发射出荧光光子。当光子波长与液体闪烁计数器的光电倍增管(photomultiplier tube,PMT)阴极的波长响应范围相匹配时,即可通过光收集系统到达

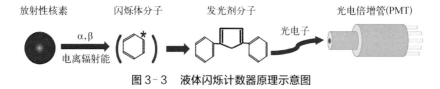

图3-3　液体闪烁计数器原理示意图

光电倍增管的阴极,转换成光电子。在光电倍增管内部电场作用下,光电子形成次级电子,被逐级倍增放大,并收集于PMT阳极产生脉冲信号。然后,利用放大器、脉冲幅度分析器和定标器组成的电子线路,记录脉冲信号能谱并计数(图3-4)。由于第一闪烁体分子的发射波长往往不能与光电倍增管的响应光谱很好匹配,通常需加入第二闪烁体(又称为移波剂),以提高光信号的探测效率。

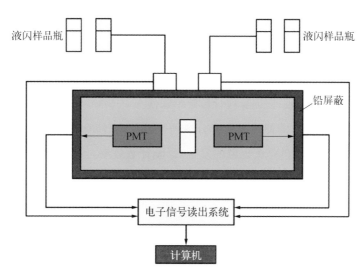

图3-4　液体闪烁计数器示意图

在液体闪烁计数测量中,闪烁液是产生闪烁过程和能量转换的媒介,液体闪烁计数需要将待测样品完全溶解或均匀分散于闪烁液中进行均相测量,也可将待测样品悬浮于闪烁液中或吸附在固体支撑物上并浸没于闪烁液中,以便于与闪烁液充分接触。为了将待测样品与闪烁液均匀混合,闪烁液中还需要适量添加表面活性剂,以提高待测样品添加量。

液体闪烁测量几何条件接近4π,样品对射线的自吸收很少,也不存在探测器壁、窗和空气的吸收等问题,对低能量、射程短、易被空气和其他物质吸收的α射线和低能β射线具有较高的探测效率。因此,液体闪烁计数器已广泛用于探测β射线、α射线及低能γ射线。液体闪烁计数器也可用于切连科夫(Cerenkov)辐射、生物发光和化学发光等方面的测量。目前的商用液体闪烁计数器对^{3}H的计数效率可达$50\%\sim60\%$,对^{14}C及其他能量较高的β放射性核素的计数效率可高达90%以上。

猝灭是影响液闪测量的准确度和灵敏度的主要干扰因素。猝灭作用会导致液闪测量能谱向低能方向飘移(左移)和计数效率降低。猝灭主要可分为以下几种。

（1）相猝灭：主要发生在非均相测量中，由于样品中的待测核素不能充分接触闪烁液，致使闪烁体分子吸收电离辐射能量受阻，造成计数效率降低。

（2）电离猝灭：由于荧光光子产额与带电粒子的电荷数和能量相关，因此电离能力不同的粒子的计数效率不同，电离猝灭导致闪烁液对粒子能量的响应偏离线性，低能电子的计数效率低于高能电子，而 α 粒子的计数效率仅为高能电子的 10% 左右。

（3）化学猝灭：当样品中存在的干扰物质与闪烁溶剂分子竞争激发能或者与闪烁体分子发生化学反应而降低其吸收激发能时，都会造成荧光光子产额减少，因此计数效率降低。

（4）颜色猝灭：当样品中存在有色物质时，能够吸收发光剂或移波剂产生的荧光，阻断其被光电倍增管接收，因而导致计数效率降低。

环境样品基体复杂，即便经过化学分离纯化，仍有可能存在少量干扰物质，从而导致明显的化学猝灭或颜色猝灭现象的发生，影响计数效率。对此，需要进行猝灭校正，以获得准确的分析结果。常见的猝灭校正方法如下。

（1）内标法

该方法先测量样品，然后在样品中加入适量已知放射性活度的同种核素标准溶液后再次测量，借助已知标准的计数效率来确定待测样品的放射性活度。在使用内标法测量样品时，要求加入放射性标准溶液引起的猝灭可以忽略且所加体积不至于明显改变样品的总体积，两次测量的仪器条件也要保持一致。但该方法使用时操作较烦琐，需要重复测样。

（2）样品道比法

该方法基于能谱左移与计数效率之间的关系，设定两个不同的计数窗口（通常窗口 B 设为无猝灭的全谱，窗口 A 设在无猝灭全谱的约 30% 低能区间），道比值则为窗口 A 与窗口 B 内的计数比值。首先测量一组已知放射性活度且猝灭程度不同的标准样品，并建立计数效率与道比值之间的猝灭校正曲线；随后，对于未知样品，可根据实测的道比值从猝灭校正曲线上查得计数效率，进而计算出样品的放射性活度。但对于低活度或高猝灭样品，该方法准确度较低。

（3）外标曲线法

该方法可以针对样品自身活度较低、计数率不足的缺陷，将外部标准源引入猝灭校正。外部标准 γ 源（如 ^{152}Eu、^{133}Ba、^{226}Ra、^{137}Cs 等）在样品内产生的康普顿电子和 β 电子具有相似的猝灭效应，可以用来测得样品的外标变换谱指数（tSIE, transformed spectral index of external standard）或者外标谱猝灭参数［SQP（E），spectral quench parameter of external standard]。利用一套系列猝灭标准源，可以建立 tSIE 值或 SQP(E)值与计数效率的猝灭校正曲线，通过测量待测样品的 tSIE 或 SQP(E)值及其计数效率，即可求得样品的放射性活度。相对于样品道比法，外标曲线法具有较好的猝灭校正精度、较大的活度测量范围。但外标曲线法要求液闪仪配备外部 γ 源，样品需要重复测量。

（4）三管-两管符合比值法

三管-两管符合比值（triple-to-double coincidence ratio，TDCR）法是一种用于测定纯 β 和纯 α 核素放射性活度的标准计量技术。使用 TDCR 法需要配备三个相互夹角呈 120° 的等效 PMT 及两个时间符合信号输出（三管符合与两管符合）的液闪仪。在给定的符合时间内，任意两个 PMT 接收到的闪烁光信号记为一个两管符合信号，三个 PMT 都接收到的闪烁光信号记为一个三管符合信号。基于闪烁光子分布及三管-两管符合计数探测概率的物理统计模型，利用测得的 TDCR 值即可计算出理论计数效率。关于 TDCR 法的详细原理、TDCR 液闪仪的构造和理论计数效率计算方法可参阅相关文献[1]。在 TDCR 液闪测量中，三管符合与两管符合计数会同时被记录，三管符合计数效率由于受到猝灭的影响比两管符合计数效率更低，因此对于特定的纯 β 和纯 α 核素，可以利用测得的 TDCR 值与样品猝灭程度（即计数效率）之间的相关性来校正猝灭效应。

自 2008 年芬兰 Hidex 公司推出首台 Hidex 300SL TDCR 液闪仪以来，TDCR 方法逐渐被推广至环境样品的放射性测量应用中。与外标曲线法不同，TDCR 法是一种可用于各种不同介质水溶液及有机样品中不同核素的各种猝灭效应的普适方法。TDCR 法使用时无需外部标准源，也无需重复测量样品，计数效率可通过理论计算得出，也可用一套系列猝灭标准源建立实验猝灭校正曲线获得。TDCR 猝灭校正曲线具有很强的通用性，建立之后无需重做。当用 TDCR 液闪仪测量猝灭程度较低样品中的常见纯 β 核素（如 ^{3}H、^{14}C 和高能纯 β 核素）时，甚至可以直接将 TDCR 值作为计数效率。与其他猝灭校正方法相比，TDCR 法操作简便、快速，结果更为准确，适用范围宽。除了芬兰 Hidex 公司的 300SL TDCR 液闪仪外，上海新漫公司也已成功推出了国产 LSA3000 超低本底 TDCR 液闪仪。随着 TDCR 液闪仪的普及，其在环境样品放射性测量中将发挥越来越重要的作用。

3.1.3 切连科夫计数器

切连科夫计数（Cerenkov counting）是高能 β 放射性核素的一种简便高效的计数测量方法。当放射性核素衰变所发射的 β 粒子在介质中的运动速度超过光在该介质中的速度时,会发出一种以紫外和蓝光区域为主的短波长电磁辐射,即切连科夫辐射。切连科夫辐射沿着带电粒子方向,以一定的发散角辐射光子(图3-5)。发散角(θ)取决于带电粒子的相对速度($\beta = v/c$,其中 v 为带电粒子在介质中的运动速度,c 为光在该介质中的运动速度)及介质的折射系数(n),具体关系为

$$\cos \theta = \frac{1}{\beta n} \qquad (3-1)$$

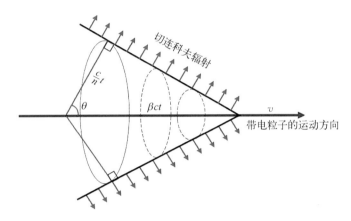

图3-5 切连科夫辐射原理示意图

切连科夫光子的角分布与带电粒子的相对速度和介质的折射率相关。带电粒子的动能必须足够大,才能与介质产生切连科夫效应,即带电粒子具有最小能量阈值,表达式为

$$T_{\min} = m_0 c^2 (\gamma \beta_{\min} - 1) \qquad (3-2)$$

式中,$m_0 c^2$ 为带电粒子的静止质量;γ 为带电粒子的总能量,$\gamma = \sqrt{\dfrac{1}{1-\beta^2}}$。$\beta$ 粒子在介质中产生切连科夫辐射需要高于其在该介质的阈能量,在水中这一能量阈值约为 0.263 MeV。相同带电粒子在相同速度下,介质折射率越大,切连科夫光子的分布角度越大,带电粒子的能量阈值越低。在实际测量中,常可利用增加介质折射率的方法,使阈能量降低,从而提高 β 核素的探测效率。

液体样品中高能 β 核素的切连科夫计数测量可以直接使用液闪计数器,无需添加闪烁液。虽然切连科夫测量的计数效率低于液闪测量,但这一方法也有明显的优势:① 无需使用闪烁液,因此可测样品体积更大(除了日本 Aloka 液闪仪外,其他液闪仪的

最大可测液闪瓶体积为 20 mL），这也有助于减少样品制样时间，降低废物处置成本；② 由于 α 核素和低能 β 核素不产生切连科夫辐射，因此不会干扰高能 β 核素的测量，有利于化学分离纯化步骤的简化；③ 切连科夫测量不受化学猝灭的影响。然而，颜色猝灭对切连科夫测量计数效率的影响会更为严重。上一小节中提及的内标法、外标曲线法和 TDCR 法都可以用来校正颜色猝灭对切连科夫计数效率的影响。但是，用于切连科夫猝灭校正的外部标准源的 γ 能量必须大大高于 430 keV 才能产生足够多的能量高于切连科夫阈值（水中这一阈值为 263 keV）的康普顿电子。配备 ^{152}Eu 和 ^{226}Ra 外部标准源的液闪仪可以满足这一要求，但 ^{137}Cs 和 ^{133}Ba 外部标准源并不适用。如前所述，TDCR 法用于猝灭校正时无需外部标准源，使用方便，对于切连科夫计数测量尤为适用。近年来，TDCR 切连科夫测量技术在环境样品放射性测量中的应用正在增多[2-5]。

3.1.4　半导体探测器

半导体探测器是以半导体材料作为探测介质的固体探测器，在带电粒子、X 射线和 γ 射线能谱的精细测量中占有重要地位。同其他探测器相比，半导体探测器具有分辨率好、线性范围宽、脉冲上升时间短、阻止能力强、体积小、用于位置测量的空间分辨率高等优点。其缺点主要包括：抗辐射性能差、温度效应大、常需要在低温下工作、价格和使用成本高等。常用的几类半导体探测器有以下几类。

（1）高纯锗（HPGe）γ 能谱仪

放射性核素产生的 γ 光子和 X 射线，其能量一般在 keV 至 MeV 之间。由于其不带电荷，通过物质时不能直接使物质产生电离，不能直接被探测到，因此 γ 射线和 X 射线的探测主要依赖于其通过物质时与物质原子相互作用，并将全部或部分光子能量传递给吸收物质中的一个电子。光子在吸收物质中主要产生三种不同类型的相互作用：光电效应、康普顿效应或电子对效应，进而产生次级电子（光电子）再引起物质的电离和激发，形成脉冲电流，脉冲电流的幅度正比于 γ 射线和 X 射线的能量。三种效应中，光电效应中的 γ 光子将全部能量传递给光电子而产生全能峰，是谱仪系统中用于定性定量分析的主要信号；而康普顿效应和电子对效应则会产生干扰，应尽可能予以抑制。

高纯锗 γ 能谱仪（图 3-6）用高纯锗晶体作为探测材料，在锗晶体两端注入金属接触极，加高压后形成电场。γ 射线与晶体中核外电子作用产生电子-空穴对，在电场力的作用下形成电荷。不同能量的 γ 射线，产生的电荷量不一样，而电荷量的多少决定了脉冲幅度的大小，利用多道分析器即可还原出不同能量大小的 γ 射线信息。

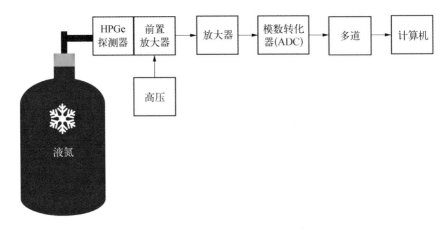

图 3-6 高纯锗 γ 能谱仪组成示意图

在高纯锗 γ 能谱仪中,探测器(包括晶体、高压和前置放大器)实际上是一个光电转换器,将光子的能量转变成幅度与其成正比的脉冲电流,然后通过谱仪放大器将该脉冲成形并线性放大,再送入模数变换器(ADC),将输入信号根据其脉冲幅度转变成一组数字信号,并将该数字信号送入多道计算机数据获取系统,由相关软件形成能谱图并进行分析。由于 γ 射线产生的电荷量很小,因此高纯锗探测器系统需要致冷,必须在液氮下工作,以减少自身噪声。为了获得更好的探测下限,γ 能谱仪配备屏蔽铅室,以降低本底。

高纯锗探测器对 γ 射线的探测效率相对 NaI(Tl)探测器而言较低,但其能量分辨率较高,是环境样品中复杂 γ 能谱中最为常用的放射性测量仪器。

(2) α 能谱仪

由于 α 放射性核素一般毒性高且寿命长,在环境中的排放活度限值很低,是环境监测中的重点关注对象。低本底 α 能谱仪是测量 α 放射性核素最为灵敏的放射性测量技术。α 能谱测量基于衰变过程中发射的 α 粒子来识别和量化放射性核素。与 γ 能谱测量类似,α 能谱仪系统由高精度探测器和电子功能单元组成,并使用相应的谱图分析软件进行能量和放射性活度分析。

由于 α 粒子在物质中的射程很短,因此需使用薄窗式探测器进行检测。金硅面垒型探测器和钝化注入平面硅探测器(passivated implanted planar silicon,PIPS)是低本底 α 能谱仪最为常用的半导体探测元件,二者的探测灵敏度高、本底低,能量分辨率差不多,抽真空使用时能量分辨率[对 5.5 MeV 的 α 粒子的半峰全宽(FWHM)]最好可达到 13~30 keV。金硅面垒型探测器由经过适当处理的单硅晶片表面蒸发沉积上一层薄金制成,该金属-半导体界面有整流特性,工作时以涂金层作为阴极,以硅基片另一面被蒸发沉积上一薄层铝或镍作为电极接触引线与电源正极相连,使用时需配以电荷灵敏的放大器来检测其产生的电流脉冲信号。PIPS 探测器利用离子注入装置,将掺杂离子聚焦加速注入硅基片内部。制作时需要通过精确控制掺杂离子的形状及其在硅片中停留的深度和浓度,形成超薄入口窗和低逆漏电流所必需的精确焊接。与传统的金硅面垒型探测器相比,PIPS 探测器具有低漏电、低噪声、入口窗薄且坚固耐磨、易于擦洗清洁、灵敏面积可以更大等优点,正在取代金硅面垒型探测器在低本底 α 能谱仪中的应用。

由于环境样品中的 α 放射性活性水平通常很低,同时 α 粒子的射程极短,因此要进行 α 能谱分析需满足以下几个基本要求:

(1)测量源必须足够薄,以减少由样品自吸收造成"拖尾"而导致能量分辨率变差、探测效率降低,最好能保证测量源样品厚度在 $50\ \mu g/cm^2$ 以下;

(2)样品中待测核素需要进行足够的浓缩、分离及纯化,以去除能量相近核素的干扰,满足探测灵敏度的要求;

(3)由于低水平测量的计数时间很长,因此要求探测系统具有足够高的探测效率和很好的长期工作稳定性。

常用的 α 能谱测量源制样方法包括电沉积法、微沉淀法及点滴蒸发法。总体来说,在上述放射性计数测量方法中,液体闪烁计数法和气体正比计数器最适合 β 放射性核素的测量。由于液闪计数法样品易于制备且计数效率高,目前在 β 放射性核素的测量中占主导地位。液体闪烁计数也可用于测量电子俘获衰变所发射的俄歇电子,还可用于高效测量 α 放射性核素(其探测效率几乎 100%),但其分辨率较差。气体正比计数器与液闪仪相比本底更低,可以测量较低的放射性活度,但其探测效率较低。高分辨 PIPS 和金硅面垒型探测器是 α 粒子计数最为灵敏的测量手段。高纯锗探测器具有良好的能量分辨率,能在同一样品中同时测定多种放射性核素,是环境样品 γ 能谱测量的最佳选择。固体闪烁探测器也可用于 γ 能谱测定,但与高纯锗探测器相比,其能量分辨率很差,因此多数情况下主要用于单通道模式(即一次仅测量一个放射性核素)。对于大多数比活度较低的长寿命放射性核素而言,质谱法比放射性计数测量法的检测限更低。

3.2　质谱测量技术

质谱测量技术通过直接测定样品中待测元素的原子个数来确定其浓度。无机分析质谱现已广泛用于环境样品中放射性核素的痕量和超痕量浓度分析及同位素比值测量。常用的质谱测量技术包括电感耦合等离子体质谱（inductively coupled plasma-mass spectrometry，ICP－MS）、热电离质谱（thermal ionization mass spectrometry，TIMS）、加速器质谱（accelerator mass spectrometry，AMS）、二次离子质谱（secondary ion mass spectrometry，SIMS）、共振离子质谱（retarding ion mass spectrometry，RIMS）及辉光放电质谱（glow discharge mass spectrometry，GDMS）等，其中，ICP－MS、TIMS 及 AMS 是环境样品中低活度放射性核素最主要的质谱分析手段。与放射性计数测量技术相比，质谱测量技术对于长寿命放射性核素（$t_{1/2} > 1\,000\ a$）的分析灵敏度更高。

3.2.1 电感耦合等离子体质谱（ICP－MS）

ICP－MS 已成为测定环境样品中痕量元素和同位素比值最为常用的仪器。ICP－MS 装置主要由样品引入系统、离子源（ICP 炬管）、接口装置、离子聚焦系统和质谱仪（质量分析器及检测器）组成（图 3－7）。其具体的工作原理如下：样品由载气带入高频等离子体焰炬中，在高温下被蒸发气化、分解、激发，电离成离子化气体，产生的离子经离子光学透镜聚焦后进入质量分析器，经滤质器按照荷质比分离后，到达离子检测器，根据检测器的计数与浓度的比例关系，可测出元素的含量或同位素比值。

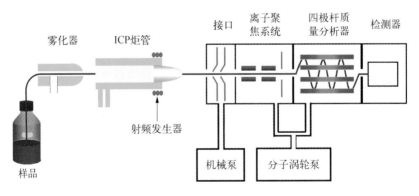

图 3－7　电感耦合等离子体质谱装置示意图

ICP－MS 以独特的接口技术将 ICP 的高温电离特性与质谱仪的灵敏快速扫描的优点相结合，其主要优势在于：① 可检测的元素覆盖范围广，能测定绝大多数元素（包括放射性核素）；② 动态线性范围宽，可以不经稀释准确测定浓度相差 9 个数量级的样品；③ 分析速度快，一个样品的测量时间在分钟级别；④ 分辨率高、检测限低，高分辨 ICP－

MS 对重核素的检测限可低至亚费克级(10^{-16} g)。目前，ICP－MS 已广泛用于环境样品中多种中长寿命放射性核素(如 Th、U 及 Pu 的同位素、^{237}Np、^{241}Am、^{129}I、^{99}Tc、^{226}Ra)的测量。

自 1983 年首台商品仪器进入市场以来，ICP－MS 发展迅速，其检测性能不断提高，在环境放射性核素分析中的应用也日益普及。根据质量分析器的不同，ICP－MS 可大致分为等离子体四极杆质谱仪(ICP－QMS)、等离子体扇形磁场质谱仪(ICP－SFMS)及等离子体飞行时间质谱仪(ICP－TOFMS)等。其中，基于扇形磁场分析器的高分辨等离子体质谱仪(HR－ICP－MS)和多收集器等离子体质谱仪(MC－ICP－MS)具有极好的质量分辨率和分析灵敏度，在环境样品放射性同位素比值的超灵敏和高精度分析中展现了良好应用前景。此外，相对于其他类型离子源的质谱仪(如 TIMS 和 AMS)，ICP－MS 造价较低、适用范围广、样品引入和更换方便，且便于与其他在线进样或分离技术联用，具有极大的发展潜力。激光烧蚀、流动注射、高效液相色谱、气相色谱与 ICP－MS 的联用扩展了样品的引入方式，提高了分析效率并增强了核素形态分析功能。ICP－MS 系统引入动态反应池和碰撞反应池，能有效消减或消除多原子离子和同质异位素的干扰。配备碰撞反应池的等离子体串联质谱仪(ICP－MS/MS)展现了优异的消除基体及多原子离子的抗干扰能力以及优异的丰度(分析性能)和灵敏度，近年来已商品化并成功应用于环境样品中多种难测(测量过程复杂)核素(如$^{239/240}$Pu、^{236}U、^{129}I、^{99}Tc、^{90}Sr 及$^{135/137}$Cs 等)的超灵敏分析中，发展潜力值得期待。

3.2.2　热电离质谱(TIMS)

热电离质谱法是基于将经分离纯化的微量试样喷涂在 Re、Ta、Pt 等高熔点金属的表面上，通过高温加热产生热致电离，再引入质量分析器进行测量的质谱分析技术。热电离质谱仪是公认的最精确的同位素分析技术之一。

TIMS 的优点在于本底计数率低、分析灵敏度高(锕系核素的检测限可达亚费克量级)，而且具有极佳的同位素比值测量精度。但 TIMS 分析对测量样品的化学纯度及制备要求极高，因而制样过程较复杂且制样时间较长，测量成本较高。

3.2.3　加速器质谱(AMS)

加速器质谱测量技术是 20 世纪 70 年代后期开始发展的超灵敏分析测量技术。

AMS将加速器与质谱分析相结合,是测量中长寿命放射性核素最灵敏的手段。加速器质谱装置通常由离子源、注入系统、加速器、高能分析系统、粒子探测器、计算机控制与数据获取系统等部分组成(图3-8)。

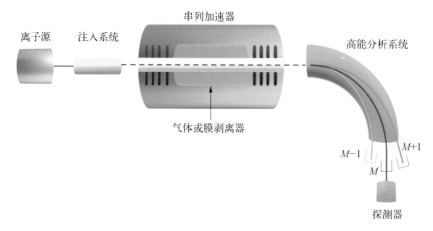

图3-8　加速器质谱装置部分结构示意图

　　AMS采用Cs^+溅射负离子源,即由铯锅产生的铯离子(Cs^+)经过加速并聚焦后溅射到样品的表面,样品被溅射后产生负离子流,在电场的作用下负离子流从离子源被引出。引出的负离子经注入器进行质量选择和预加速,再注入加速器中继续加速。被注入加速器中的负离子,在加速场中首先进行第一级加速,当离子加速运行到端电压处,由气体(或膜)剥离器剥去外层电子而变为正离子,随即进行第二级加速得到较高能量的正离子。经加速器加速后的正离子,包括多种元素、多种荷电态的离子。为了选定待测离子,需对高能离子进行选择性分析。高能分析系统由高能分析磁铁和静电分析器组成,经高能分析系统后,束流中的绝大部分干扰离子被排除,只保留待测离子和极少量带相同电荷的杂质离子。粒子束经过高能分析系统后,同质异位素与所要测量的粒子一同进入探测器,粒子探测器在原子计数时可同时鉴别同质异位素和待测粒子。

　　加速器质谱法具有极高的丰度灵敏度(可测定的同位素丰度比能达到$10^{-15}\sim10^{-12}$)和极低的绝对检测限(可低达$10^3\sim10^4$个原子水平),是目前探测超低含量放射性核素最为灵敏的方法,因此特别适用于环境样品中长寿命放射性核素的超痕量分析,如^{14}C、^{10}Be、^{26}Al、^{36}Cl、^{41}Ca、^{53}Mn、^{129}I和锕系核素等,也可用于稳定核素的测量。

　　加速器质谱法广泛用于放射性定年和同位素示踪分析。AMS在许多科研领域都有重要应用,包括考古学、生物医学、地学、环境科学、核科学、水文学、宇宙学、原子核物理学等。近年来,小型加速器质谱仪取得了长足的进步,随着端电压≤1 MV 的专用型低能 AMS 系统商品化的推进,其在超低活度水平环境放射性分析中的应用越来越多。特别是对于锕系核素、^{14}C 及 ^{129}I,小型 AMS 系统的分析灵敏度已经达到甚至超越了传统的 AMS 系统,已成为环境放射性超灵敏分析应用的利器。

3.3 环境样品的制备方法

3.3.1 环境样品的预处理和消解

环境样品预处理的目的主要在于缩小样品体积、减少样品质量,并去除样品基质中的一些有机/无机干扰组分,使待测放射性核素转入溶液体系中,以便于后续的放射化学分离与纯化操作。在环境样品预处理过程中,应避免待测放射性核素(特别是易挥发的放射性核素及难溶放射性核素)的损失,并尽可能地去除样品中的干扰组分和杂质。

液体样品的预处理方法包括过滤和酸化;固体样品(如土壤、沉积物、气溶胶和生物样品)的预处理过程比较繁杂,样品经风干或烘干(生物样品须预先灰化)、研磨过筛后再进行溶样。消解与溶样的方法可分为酸解法(或酸浸取法)、碱熔法和微波消解法等。当采用酸解法处理样品时,可根据样品基质及待测元素的化学性质来选择合适的酸,其中 HNO_3 和 HCl 在环境样品的放射性核素分析中最常用;若样品中含有硅酸盐、难溶氧化物和矿物时可添加 HF。土壤和沉积物等难溶固体样品还可以采用熔融法处理,即使用硼酸盐、过氧化物、氢氧化物、硫酸盐、碳酸盐等熔盐试剂消解固体样品。

1. 水样的预处理

环境水样在贮存期间有可能会发生某些物理、化学及生物变化,从而导致待测放射性核素吸附至容器壁、沉淀或挥发而引起损失。对此,可采用酸化、冷冻和添加适量的载体或稳定剂等方法以减少或避免可能的损失。

为了控制放射性核素在容器材料表面上的吸附,通常采用合适的塑料容器(如聚乙烯或聚四氟乙烯)盛放水样。当水中含有大量的悬浮物与泥沙时,可通过自然澄清、过滤或离心进行去除,然后取清液进行分析,必要时还应对过滤得到的固体成分进行分析。

2. 土壤和沉积物样品的预处理

土壤和沉积物样品采集后,须经风干、研磨、过筛及低温烘干处理,并记录样品处理前后的质量变化,以计算样品的含水率。过筛、烘干后的样品多采用酸浸取法、微波消解或熔融法进一步处理,以提取其中的待测放射性核素。常用的浸取液包括无机酸和王水、$HNO_3 - H_2O_2$、$HNO_3 - HF$ 等混酸。酸解样品的主要优点是溶样后含盐量较低,便于后续的分离及提纯。当固体样品中含有某些难溶于酸的放射性核素成分(如锕系核素)时,采用熔融法可以将样品充分消解,以避免待测放射性核素在溶样过程中的损失。

3. 生物样品的预处理

生物样品常常采用干、湿灰化法消解处理。干灰化法处理样品时,首先在低于着火临界温度下将样品碳化至无烟,然后在 $200\sim300\ ℃$ 下灰化数小时,再在 $450\ ℃$ 下灰化至白色或灰白色的松散灰样为止。植物样品的灰化温度通常为 $400\sim450\ ℃$,骨骼样品则需要更高的灰化温度($600\sim700\ ℃$)。如样品经一定时间后仍存在黑色碳粒,可添加适量 HNO_3、NH_4NO_3 或 H_2O_2 浸润后再进行灰化,可明显节省灰化时间。

干灰化法通常无须添加试剂,不会增加试剂空白和引入新的干扰物,较适用于易于热解、对仪器设备腐蚀性小、数量较多的生物样品的预处理。经干灰化处理后,样品的体积或质量往往可减小为原来的十分之一,但灰化过程中易挥发组分的损失较大。另外,对一些难以热解的样品(如粮食等)耗时过长。

湿灰化法又称湿法消解,其氧化速度快,不需要专门的设备,操作简便,核素损失较少,但使用酸量较多,腐蚀严重,难以处理大量样品。常用的氧化剂有硝酸、高氯酸、硫酸、王水、混合酸、双氧水与酸的混合液等。

4. 熔融法消解固体样品

熔融法利用高温下固体与熔剂发生多相反应,将难溶样品转变为可溶于酸或水的物质以达到消解固体样品的目的。该方法主要用于难溶固体样品的消解,如土壤、沉积物、硅酸盐、淤泥及金属氧化物等。常用的熔盐试剂包括(偏)硼酸盐、氢氧化物、过氧化物、(焦)硫酸盐、碳酸盐及氟化物等。实际应用中应针对不同样品基质,仔细选择相应的熔盐试剂,以达到最佳的样品消解效果。熔融法的主要优点如下:① 能够完全消解固体样品,确保样品中难溶的待测核素与示踪剂之间达到同位素交换平衡;② 溶样快速、高效。其主要缺点如下:① 常常需要加入大量熔盐试剂,样品溶解后盐浓度很高;

② 在测定低活度环境样品中的天然放射性元素(如 U、Th)时,要注意所用熔盐试剂自身含有的天然放射性本底污染;③ 需要在高温条件下操作。

3.3.2　放射化学分离与纯化方法

经预处理后的水样、土壤和沉积物样品的浸取液、生物样品的灰样以及各种固体样品的熔融及消解溶液,通常需要进一步做放射化学分离及纯化,以提高待测核素的浓度,并分离去除其他杂质和干扰核素,从而提高测量分析的选择性和灵敏度。

较常用的放射化学分离与纯化方法包括沉淀/共沉淀分离法、溶剂萃取法、离子交换法和萃取色层分离法等。若基体极其复杂或干扰元素过多时,须采用多种方法连续分离以纯化待测放射性核素。

1. 沉淀/共沉淀分离法

沉淀分离法是指在待分离的样品溶液中加入沉淀剂,使其中的某一组分以一定组成的难溶沉淀析出,然后经过滤或离心分离,与液相中其他不需要的组分分开。沉淀分离法的主要优点是方法简单、费用少;缺点是选择性相对较差、难以分离化学性质较为接近的干扰元素及放射性核素且耗时较长。另外,由于环境样品中待测的放射性核素浓度很低,不能单独形成沉淀,往往需要加入足量的稳定同位素载体以生成沉淀。

对于那些无法获取合适的同位素载体的放射性核素,常常需要加入化学性质相近的非同位素载体以生成沉淀,即共沉淀分离法。共沉淀分离法的主要机制包括形成混晶(如 $BaSO_4$ – $RaSO_4$ 混晶)、表面吸附(如无定形氢氧化物沉淀)、生成有机螯合物或离子缔合物等。影响共沉淀效果的因素很多,包括 pH、共存离子、隐蔽剂、温度、搅拌方法、放置时间、试剂加入的顺序以及速度等。

2. 溶剂萃取法

溶剂萃取法是指一种包含萃取剂及稀释剂的有机相,与含有一种或者几种溶质的水溶液相混合,当两相不混溶或者混溶程度不大时,一种或者若干种溶质进入有机相,从而与样品基质或干扰元素分离。稀释剂有利于改善有机相的某些物理性质,如降低比重、减少黏度、降低萃取剂在水相中的溶解度,有利于两相的流动和分开。有时在有机相中还会另外加入一种有机试剂,称为添加剂,它有助于消除某些萃取过程中形成的第三相,抑制乳化现象。当溶质从水相转入有机相以后,通过改变实验条件,也可以使溶质从有机相再转入水相,这一过程称为反萃取。有时还在萃取后,将其与水相分开的有机相用一定的水溶液洗涤,以除去与所需溶质一起进入有机相的其他少量杂质,这一步称为洗涤。由此可见,完整的萃取分离通常包括萃取、洗涤及反萃取三步,以保证所需溶质不断得到纯化,最终转入水相中。萃取剂的种类很多,环境放射性分析中常用的萃取剂大体分为以下几大类:① 中性磷类萃取剂,其典型代表是磷酸三丁酯,这类萃取剂是磷酸分子上的三个羟基全部被烷基酯化或取代的化合物;② 螯合萃取剂,这类萃取剂通常是一类多官能团的弱酸,在萃取剂分子中同时含有两个或两个以上配位原子(或官能团),其可与中心离子形成有螯环的有机化合物;③ 酸性含磷萃取剂,它是含有酸性基团的有机膦化物,这类萃取剂是指正磷酸分子中一个或者两个羟基被烷基酯化或取代的化合物;④ 胺类萃取剂,这类萃取剂是指氨分子的三个氢原子部分或全部被烷基取代的化合物,其会形成伯铵、仲铵、叔铵或季铵盐,这类萃取剂中由于存在氢键,分子间会发生缔合作用,通常发生的不是双分子缔合而是多分子缔合。

溶剂萃取法具有操作方便、设备简单、选择性高和分离效果好等优点,在放射性核素分离、纯化、核燃料生产及放射性废物处理等领域都有广泛应用。但液液萃取中有机相和水溶相两相之间完全分离有时较为困难,可能造成分析样品中待测放射性核素的丢失,且在分离出的样品中可能残留少量的有机溶剂而影响后续的测量。此外,由于易燃有毒有机溶剂还带来了废物处理及安全性问题,因此近年来环境样品放射性核素分析中溶剂萃取法正在逐渐被固相萃取色层分离法所取代。

3. 离子交换法

离子交换剂是一种能与水溶液中的离子发生离子交换反应的不溶性固体物质,可分为有机离子交换树脂以及无机离子交换剂两大类。任何离子交换剂,按其化学结构而言,都是由两部分组成,一部分称为骨架或基体,另一部分是连接在骨架上的能发生离子交换反应的官能团。

与无机离子交换剂相比,有机离子交换树脂的优点是交换容量大、交换速度快、可制成球形、可大规模生产及抗化学腐蚀等。而与有机离子交换树脂相比,无机离子交换剂的优点是耐高温、耐辐照及价格低廉等。在离子交换色层法中,通常将离子交换剂装成柱,但并不是所有在离子交换柱上进行的分离都是色层分离。

4. 萃取色层分离法

萃取色层分离法是指将有机萃取剂浸渍或键合在惰性支持体上,装在柱内作为固定相,以无机酸、碱或盐的水溶液作为流动相,当流动相流过填充柱时,样品中的各组分因溶解度、吸附性能等方面的差异而经历多次不同的吸附和脱附过程,易吸附在固定相的组分,在柱中的移动速度慢,难吸附在固定相的组分,移动速度快,从而使各组分逐步分开,最终可实现较完全的分离。因此,萃取色层分离是一种固相萃取分配过程。萃取色层分离法的优点包括:① 固定相为有机萃取剂,水溶液为流动相,萃取剂在不同的水相条件下萃取金属离子的分配比参数,可作为选择萃取分离条件的借鉴;② 萃取剂种类繁多,针对不同核素可使用不同萃取剂及萃取条件,以获得最佳的选择性分离;③ 萃取剂固定在惰性支持体上,用量比液液萃取时少,一般不发生乳化;④ 萃取过程相当于级数很多的多次萃取,分离效率高。萃取色层分离法的缺点包括:① 色层柱虽然可以反复使用,但其稳定性较差,吸附在支持体上的萃取剂会从柱上逐步流失至流动相中,影响色层柱的寿命;② 色层柱的容量较低。

3.3.3 样品测量源制备

γ放射性核素通常可以从样品中直接测量,无须放射化学分离。当使用液闪测量β放射性核素和α放射性核素时,需要将样品转化为液体,然后将其与闪烁液混合并测量其放射性活度。使用气体正比计数器测量β放射性核素以及用半导体探测器测量α放射性核素时,可通过电沉积或自沉积在金属表面上制备金属薄层或氧化物薄层靶源样品,再进行计数测量;另一种选择是微沉淀制备薄层靶源,即用少量沉淀物共沉淀待测放射性核素,并将沉淀物过滤收集在薄膜上进行测量。

3.3.4 化学回收率测定

在复杂基质环境样品的放射化学分离过程中,很难做到将所有待测放射性核素在最终的测量样品中完全回收,这就意味着部分待测物会在分离过程中丢失。为保证分析结果的准确度,需要加入同位素示踪剂进行化学回收率计算,以校正分离过程中的损失,并对测量结果进行修正。故可以利用稳定的同位素载体或放射性示踪剂来测定化学回收率。化学回收率是通过在放射化学分离开始前添加已知量的示踪剂,并在放射化学分离完成时测定示踪剂的量来计算得到的。载体和放射性示踪剂可以是待测核素的同位素,当没有合适的同位素载体和放射性示踪剂时,也可使用非同位素示踪剂,但此时需要注意避免放射化学分离过程中待测放射性核素和示踪剂之间的化学分异或对可能的化学分异进行额外校正。另外,使用放射性示踪剂时,还应注意示踪剂的不纯度(包括其子体核素及杂质核素)对待测放射性核素可能存在污染和分析干扰。

3.4 环境样品中的放射性核素分析

γ射线穿透力较强,故环境样品中的γ放射性核素通常无须放射化学分离,可以直接用高纯锗γ能谱仪测量,具体的测量方法在本节中不再赘述。环境样品中的纯β放射性核素和纯α放射性核素的测量相对困难,首先需要通过化学分离纯化以除去样品基体和其他放射性核素的干扰,然后制成相应的测量源,最终进行放射性测量或质谱测量。本节将简要概述环境样品中一些重要β放射性核素和α放射性核素的分离纯化及测量方法及其近期研究进展。

3.4.1 锶-90与锶-89(^{90}Sr、^{89}Sr)

^{90}Sr 是个纯β放射性核素($t_{1/2}$ = 28.8 a, E_{max} = 546 keV),衰变子体为高能β核素 ^{90}Y($t_{1/2}$ = 64.05 h, E_{max} = 2 280 keV)。^{90}Sr 具有相对较高的裂变产额(^{235}U 裂变产额为 5.7%),其物理和生物半衰期较长,且具有较强的亲骨性和较高的放射毒性,在环境中的迁移能力也较强,因此 ^{90}Sr 对于环境监测非常重要。^{89}Sr($t_{1/2}$ = 50.53 d, E_{max} = 1 495 keV)也是纯β放射性核素,但其物理半衰期相对 ^{90}Sr 而言要短得多,危害也较小,不太可能产生长期的环境影响。环境中的 ^{90}Sr 和 ^{89}Sr 的主要来源是大气核武器试验沉降、核事故和核设施的排放。

水、土壤、牛奶、植物、肉类和骨骼是在环境监测中 ^{90}Sr 和 ^{89}Sr 分析的典型样品基质。锶属于碱土元素,其化学行为与钙类似,而多数环境样品中 Ca 的含量又相对较高,这就增加了环境样品中 Sr 放射性核素的分离纯化难度。同时,由于环境样品中 ^{90}Sr 的活度浓度较低,其分析往往需要使用大量样品,因此这些环境样品的预处理(如预浓缩、灰化、消解和溶解)都要求首先与 Ca 及样品基质中的其他干扰元素分离,该流程较为烦琐且耗时。此外，环境样品中 Sr 放射性核素分析通常用稳定的 Sr 同位素作为回收率示踪剂，而海水、土壤、牛奶和骨骼等样品也含有量相对较大的稳定锶，因此还需要分析样品中原有的稳定 Sr 同位素，以准确计算放射化学分离过程中 Sr 的回收率。

环境样品中 Sr 放射性核素的主要放射化学分离方法包括沉淀/共沉淀分离法、溶剂萃取法、离子交换法和萃取色层分离法等[6]。在萃取色层分离法中，将萃取剂吸附在惰性固体载体材料上。

基于沉淀和发烟硝酸的放射化学分离方法是[90]Sr 分析的经典方法[7]。在该方法中，① 通过连续两次的发烟硝酸沉淀将锶与钙和碱金属分离，② 利用氢氧化物沉淀将钇和裂变产物分离，③ 通过铬酸盐沉淀把钡、镭和铅分离出来，④ 用碳酸盐和硝酸盐沉淀进一步纯化锶组分，⑤ 将锶转化为碳酸盐沉淀，再用低本底流气式计数器进行测量。第一次测量结果包括总 Sr 放射性核素（[89]Sr + [90]Sr）的活度及分离后的 Sr 样品中少量衰变出来的[90]Y；随后将样品放置至[90]Y 与[90]Sr 达到平衡，再溶解锶样品，通过氢氧化物沉淀分离[90]Y，将其转化为草酸盐沉淀，用于测量[90]Y 的活度，并根据[90]Y 的活度计算样品中的[90]Sr 含量；最后从[89]Sr + [90]Sr 的总活度中减去[90]Sr 的活度来计算样品中[89]Sr 的含量。

当前最为流行的 Sr 放射性核素的分离方法是使用基于冠醚萃取剂（二环己基并18-冠-6）的 Sr 树脂萃取色层法。该树脂的萃取相是溶于 1-辛醇中的冠醚。在硝酸溶液中，Sr 能高效地保留在 Sr 树脂上，而且树脂对锶离子具有很好的选择性。基于 Sr 树脂的萃取色层分离法简单、快速、经济、安全，而且回收率大多良好（超过 80%），在环境样品的快速分析中得到了广泛应用[2, 8-12]。

除 Sr 树脂以外，用于分离锶的类似树脂还有 AnaLig® Sr01（或 SuperLig® 620）树脂[13]。这些树脂在放射性锶的分离中显示出相似的特性，但这些树脂的商业化尚未成熟，因此不易获得。

为了满足应急分析需求，近年来建立了一些环境样品中 Sr 放射性核素的快速分析方法。Tayeb 等[12]报道了海水样品中[90]Sr 和[89]Sr 的快速分析方法（图3-9）。该方法中，将约 8 mg 的稳定 Sr 同位素示踪剂添加至 100 mL 海水样品中用

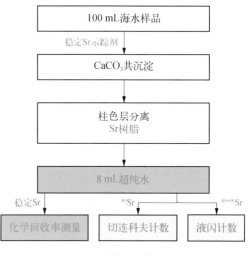

图3-9　海水样品中[90]Sr 和[89]Sr 的快速分析流程

以得到回收率，样品中的 Sr 首先用 $CaCO_3$ 共沉淀；离心分离后，用 HNO_3 溶解碳酸盐沉淀后装载在两个串联的 2 mL 的 Sr 树脂柱上，以吸附 Sr；然后用约 30 mL 8 mol/L 的 HNO_3 清洗树脂柱，接着再用 5 mL 1 mol/L HNO_3 清洗以去除 Ca 和其他干扰元素；最后用 8 mL 超纯水将树脂上的 Sr 洗脱下来用于测量。洗脱的 Sr 样品立即进行 TDCR 切连科夫计数测量以获得样品中[89]Sr 的活度；随后将样品与闪烁液混合进行液闪计数测量以获得[89]Sr + [90]Sr 的总活度；样品中[90]Sr 的活度可由两次计数测量的差值计算求得。Guerin 等[14]报道了牛奶样品中[90]Sr 的快速分析方法。在添加稳定的 Sr 同位素示踪剂后，向样品中加入 HCl 和三氯乙酸，加热后使样品中大量的脂肪、蛋白质絮凝沉淀；离心分离后弃去沉淀，用碳酸钙共沉淀上清液中的 Sr。然后，用 8 mol/L HNO_3 溶解碳酸盐沉淀，并使用 Sr 树脂柱进一步纯化，洗脱后使用液闪计数测量样品中的[90]Sr 活度。

TDCR 切连科夫测量可直接用于环境水样中高能 β 放射性核素的快速筛查，而无需任何化学分离纯化处理。Olfert 等[2]利用这一技术分析了采自污染河床地下水样品中的[90]Sr/[90]Y 活度，并与放射化学分离结合液闪测量方法的分析结果进行了对比，验证了 TDCR 切连科夫快速筛查方法的有效性。Yang 等[5]建立了一种中低放水泥固化体浸出液样品中[90]Sr/[90]Y 的分析方法。在样品中[90]Sr 和[90]Y 达到放射性活度平衡的前提条件下，该方法首先通过水合氧化钛和氟化钇两步共沉淀将[90]Y 与样品基质及其他干扰核素分离，再利用 TDCR 切连科夫测量[90]Y，从而间接测得样品中[90]Sr 的活度。该方法中干扰核素（包括[60]Co、[137]Cs、[40]K、[210]Bi）的化学去污因子都高于 500，加之[90]Y 的切连科夫计数效率高于这些干扰核素，最终得到的总去污系数都大于 4 000。该方法简便快速、能够有效降低分析成本，缩短分析时间。

Russell 等[11]建立了退役废物样品（包括土壤、沉积物及水泥）中[90]Sr 的 ICP‐QQQ 分析方法，利用 O_2 作为反应气以去除[90]Zr 同质异位素的干扰，分析 1 g 样品中的[90]Sr 获得了 6.4 Bq/g 的检测限，展现了 ICP‐QQQ 测量环境样品中较高活度水平[90]Sr 的应用潜力。

3.4.2 锕系核素

锕系元素中锕、钍、镤和铀是天然存在的放射性元素，其中[238]U、[235]U 和[232]Th 分别是铀系、锕系和钍系 3 个天然放射性衰变系的起始核素；超铀元素镎、钚、镅、锔和锎等则是由人工制备合成的。20 世纪 70 年代以后，随着核能在全世界范围内获得大规模应用，放射性废物积存量越来越多。核设施排放物以及大气核武器试验沉降、核事故是环境中超铀元素的主要来源。大多锕系核素是α放射性核素，衰变时释放高能α粒子。因此，长寿命α放射性锕系核素有极高的放射毒性，而且锕系元素具有较强的化学毒性，即便少量的锕系元素进入体内也有可能造成严重的组织损伤和健康危害。

环境样品中锕系核素的分析在环境放射性监测、环境放射化学、核事故应急、放射性废物处理与处置、核设施退役及核法证学等领域的应用中具有重要意义。由于部分锕系核素半衰期较长，其也是环境中核素迁移研究所关注的关键核素以及地球化学循环研究的重要示踪核素。环境样品基质复杂，锕系核素的化学性质多变，在制样过程中容易丢失，且不同核素在检测时容易相互干扰，所以环境样品中锕系核素的分离和测量颇具难度。另外，核应急检测需要对环境样品进行快速分析，以便及时制定应对措施，分析难度也较大。因此，锕系核素的测量不仅要求分析仪器具有良好的精确度、准确度和检出限，而且需要配合细致高效的化学前处理方法，以实现样品中待测核素的快速浓缩、分离和纯化。

1. 样品制备方法

1）样品预处理

在环境样品锕系元素的分析中，硝酸和盐酸是酸解样品时最常用的试剂。若样品中含有难溶硅酸盐和氧化物，可添加少量氢氟酸以确保锕系核素完全释放并与同位素示踪剂（用于测量回收率）之间达到同位素交换平衡。酸溶解处理样品的主要优点是溶样后的液体中含盐量和样品基质含量较低，有利于后续的分离纯化；使用高纯酸时，可以降低流程空白（尤其是天然 U、Th 放射性本底）。但有些固体样品酸解时并不能完全溶解，因而导致分析结果偏低；且酸溶方法通常耗时较长。此时采用熔融法可以将样品充分消解，以确保待测核素与同位素示踪剂达到同位素交换平衡，但在分析低浓度 U、Th 样品时，需注意所用熔盐试剂可能带来的空白升高问题。

Luo[15]等用偏硼酸锂熔融法消解了大体积（20 g）土壤和沉积物样品，建立了锕系核素联合分离流程，同时分析 Pu、Am 和 Cm 同位素，取得了较好的结果。在这一流程中，土壤样品经干燥灰化后，与 $LiBO_3$、LiI、$Na_2S_2O_8$ 以 1∶1∶0.2∶0.2 的质量比混合，在 1 000 ℃ 条件下熔融 30 min，冷却后加入 6 mol/L 的 HCl 与 4 mol/L 的 HNO_3 的混合酸，再加热即可完全溶解。

2）示踪剂

为保证分析结果的准确度，需要加入同位素示踪剂进行化学回收率计算，并对测量结果进行校正。表3-1给出了使用不同测量技术分析锕系核素时常用的示踪剂。

表3-1 分析锕系核素时常用的示踪剂

元素	待测同位素	测量技术	示踪剂
U	^{238}U，^{235}U，^{234}U，^{233}U	ICP-MS，TIMS，AMS	^{236}U，^{233}U
	^{236}U	α能谱分析	^{232}U
Th	^{232}Th	ICP-MS，α能谱分析	^{230}Th
	^{228}Th	α能谱分析	^{230}Th
Pu	^{239}Pu，^{240}Pu，^{241}Pu	ICP-MS，TIMS，AMS	^{242}Pu，^{244}Pu
	^{238}Pu，^{239}Pu，^{240}Pu	α能谱分析	^{242}Pu，^{236}Pu
Am/Cm	^{241}Am，^{244}Cm	ICP-MS，AMS	^{243}Am，^{248}Cm
	^{241}Am，^{242}Cm，^{244}Cm	α能谱分析	^{243}Am
Np	^{237}Np	ICP-MS，AMS	^{239}Np，^{242}Pu
		α能谱分析	^{239}Np，^{236}Pu

一般来说,半衰期较短的示踪剂(如^{232}U、^{236}Pu)适于放射性衰变测量(如α能谱分析),而半衰期较长的示踪剂则适于质谱测量(如^{236}U、^{244}Pu)。需要注意的是,采用α能谱仪测量时,应注意去除示踪剂中^{232}U的衰变子体^{228}Th,以避免^{228}Th的α能谱峰对相近的示踪剂能谱峰的干扰;若使用^{236}Pu作为示踪剂,由于^{236}Pu半衰期较短(2.85 a),分离流程中应注意去除^{236}Pu示踪剂中的衰变子体^{232}U及^{228}Th对^{238}Pu的干扰。使用^{242}Pu/^{236}Pu作为^{237}Np的示踪剂时,还需避免化学分离纯化过程中Np和Pu之间的化学分异。另外,使用多种示踪剂的锕系核素的联合分析中,应格外注意示踪剂的纯度(包括其子体核素及杂质核素)对所有待测核素的污染和干扰。

3) 分离纯化

分离纯化方法的选择取决于分析的目的、待测核素的性质以及样品基质。一般来说,环境水样的分离纯化比较简单,通常直接采用共沉淀法来浓集水样中的锕系核素,再进行树脂柱色谱分离;而土壤、沉积物等固体基质复杂,可能需要联合使用多种分离方法。下文将分别介绍锕系核素分离中常用的共沉淀法、溶剂萃取法和萃取色层分离法。

(1) 共沉淀法

常用的锕系核素共沉淀载体包括氢氧化物[16]、磷酸盐[17]、草酸盐[18]、氟化物[19]等。分析不同类型样品中的不同核素时,需要针对性地选择合适的共沉淀载体。

Gagné 等在测量粪便样品中的 Am、Cm 时采用了水合钛氧化物(HTiO)共沉淀结合萃取色层分离的方法[20]。样品干燥灰化后用偏硼酸锂熔融,并用王水溶解。通过共沉淀做初步分离时,在样品溶液中加入 1 mL 7% $TiOCl_2$,然后加入 NaOH 调节 pH 为 7,生成 HTiO 沉淀。离心后,保留沉淀并用纯水将沉淀洗涤三次。其后,用浓硝酸溶解沉淀,加入 0.2 mL 3 mol/L $NaNO_2$ 调节锕系核素价态,然后用 DGA 树脂萃取色谱柱分离 Am/Cm。该方法对 Am、Cm 的化学回收率可达到 83%,100 g 粪便样品中 Am 和 Cm 的检测限小于 1 mBq。

其他的共沉淀法(如氢氧化铁或磷酸钙共沉淀)通常需要在 pH 至少大于 9 的碱性条件下才能完全沉淀;对于含有大量有机质的样品,高 pH 条件会产生过量的杂质沉淀,堵塞后续纯化步骤中使用的色谱柱,而利用 HTiO 共沉淀能很好地避免这种情况的发生。因此,在使用共沉淀法对样品进行初步分离时,也要根据不同类型的样品和不同测量核素选择适当的方法。

(2) 溶剂萃取法

溶剂萃取法是早期分离环境样品和生物样品中锕系核素的常用方法。锕系核素的萃取剂主要有 TBP(磷酸三丁酯)[21]、TOPO(三辛基氧膦)[22] 和 HDEHP(磷酸二异辛酯)[23] 等有机磷化合物,TOA(三辛胺)[24]、TTA(2-噻吩甲酰三氟丙酮)[25]、TLA(三月桂胺)和 TODGA(N,N,N′,N′-四辛基氧戊二酰胺)[26] 等胺类及酰胺类萃取剂。

Kiliari[21] 用 30% TBP 对液体样品中的 Pu、U 和 Th 进行萃取,对 Pu、U 和 Th 的回收率分别达到了(60 ± 7)%、(50 ± 5)% 和(70 ± 5)%。Jung-Suk Oh 等[27] 在分析样品 [241]Pu 时,使用 TOPO 对 Pu 进行萃取,分离出的有机相直接加入闪烁液,避光放置 24 h 以减少化学发光,然后用液体闪烁计数器测得 [241]Pu 的活度;通过 α 能谱仪测量 [242]Pu 示踪剂进行化学回收率校正,加标样品中 [241]Pu 的实测值与预期值符合良好。

(3) 萃取色层分离法

萃取色层分离法是目前用来分离纯化环境样品中锕系核素最常用的方法之一,相对于共沉淀法和溶剂萃取法,其具有选择性高、分离效果好(特别是分离化学性质相似的元素时)等优点。常用于锕系核素分离的阴离子交换树脂和萃取树脂(如阴离子交换树脂 Dowex 1×8、大孔阴离子树脂 Bio-Rad AGMP-1、固相萃取色层树脂 TEVA、UTEVA、TRU 和 DGA 等)。近年来基于离子交换技术和固相萃取色层的柱分离技术,建立了大量锕系核素的快速分离方法,其中联合流程的开发及真空盒样品批处理技术的使用大大提高了样品分析的处理量和效率。

Dai 和 Kramer-Tremblay 研发了一种快速、灵敏、高效、能同时分析多种锕系和其他

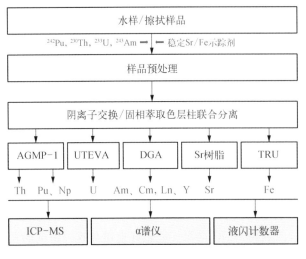

图 3-10　水样和擦拭样品中多核素的联合分析流程

难测放射性核素的联合分离测量方法(图 3-10)[28]。该研究将 AGMP-1 大孔阴离子树脂(分离 Th、Pu 和 Np)、UTEVA 树脂(分离 U)、DGA 树脂(分离 Am、Cm、Ln 和 Y)、Sr 树脂(分离 Sr)和 TRU 树脂(分离 Fe)五个色谱柱自上而下堆叠起来对样品中的待测放射性核素进行同步分离纯化。该方法使用放射性核素 ^{230}Th、^{242}Pu、^{233}U 和 ^{243}Am 以及稳定的 Sr 同位素和 Fe 同位素

示踪剂进行流程的回收率计算和校正。用浓 HNO$_3$ 将液体样品酸化至 8 mol/L HNO$_3$ 的酸度,并加入 0.2 mL 3 mol/L 的 NaNO$_2$ 调节锕系核素的化学价态。在分离纯化之前,先用 8 mol/L 的 HNO$_3$ 对五个柱堆叠在一起的色谱柱进行预平衡处理。利用真空盒系统使样品以约 1 mL/min 的流速通过堆叠的色谱柱,同时将锕系、镧系、钇和铁放射性核素在各个色谱柱上分离提取。之后,将连在一起的色谱柱打开,分别用不同的淋洗液从 AGMP-1 树脂、UTEVA 树脂、DGA 树脂、Sr 树脂和 TRU 树脂上将 Th、Pu、Np、U、Am、Cm、Ln、Y、Sr 和 Fe 洗脱下来,并进行进一步的测量分析。

　　联合分离流程可以在样品一次流过色谱柱的同时分离纯化出多种难测放射性核素,从而大大缩短了样品处理时间,提高了样品的利用效率,并减少了废物的产生量。该方法适于样品的批量处理,若使用一个 12 孔真空盒,可以在 6~8 h 内完成 12 个水样中多个核素的放射化学分离。若有足够的实验设备和实验室空间,将色谱柱进行拆分并同时进行多种待测核素的洗脱,可以极大地节省时间。该分离方法简单、快速、高效且易于操作,非常适用于核应急分析。

2. 测量技术

　　锕系核素检测方法有很多,早期主要使用光度分析法(如分光光度法[29]、固体荧光法[30]和激光荧光法[31]等)测量环境样品中的总 U 和 Th,但该方法检测限较高且测量准确度和精密度也有限。对于环境和生物样品中低水平的锕系核素(特别是超铀核素),通常采用放射性计数法(包括 α 谱测量法、液体闪烁法)和质谱法等进行测量。

（1）α能谱测量法

锕系核素衰变时大多能放出α射线，所以α能谱测量法在所有分析锕系核素的技术中应用较为普遍。对于半衰期较短（$<10^2$ 年）的α放射性核素（如^{242}Cm、^{244}Cm、^{238}Pu和^{228}Th等），α能谱测量法是最灵敏的分析技术。高分辨率的α能谱仪结合高效的制源方法，可以达到很高的分析灵敏度和能量分辨率，因此α能谱测量方法已被广泛用于锕系核素的定量分析。该方法谱图定量分析简单、直观，仪器成本较低，维护也较容易。

常用的α能谱测量源制备方法有电沉积法[32]、微沉淀法[33, 34]和蒸发法。电沉积法制源的测量结果能量分辨率较高，但制源过程较为烦琐耗时，需要精确控制实验条件（如pH、SO_4^{2-}浓度、电流）以取得稳定的回收率；微沉淀法的优点在于快速、高效、易于批量处理，但能量分辨率有时略低；蒸发法操作简便，但样品的均匀性和坚固性较差。与电沉积制源方法相比，微沉淀制源的能量分辨率和电沉积法差别很小，回收率高且稳定，能够满足环境和生物样品中α核素测量的制源要求，也易于批量化地快速制样。因此，在越来越多的放射分析实验室中，微沉淀法取代了电沉积法。

Dai等[35]在分析应急水样和尿样中的^{238}Pu、^{239}Pu、^{240}Pu、^{234}U、^{235}U、^{238}U、^{241}Am、^{242}Cm和^{244}Cm时，用HTiO共沉淀浓集样品中的锕系核素，硝酸溶解沉淀后，过AGMP-1树脂+UTEVA树脂+DGA树脂的堆叠柱分离纯化Pu、U、Am和Cm的同位素。随后在各洗脱液中加入50 μg的Ce溶液、还原剂TiCl$_3$和1 mL浓HF进行CeF$_3$微沉淀，使用真空系统将沉淀抽滤到0.1 μm孔径的微孔滤膜上，贴在25 mm的不锈钢片上制得α源，进行α能谱测量。该方法能在6 h内处理能1个批次的12个样品，微沉淀制备α测量源仅需不到1 h，测量4 h检测限已经达到了10 mBq/L，分析效率高且操作简便。

（2）液体闪烁计数法

在锕系核素的分析中，液闪测量主要针对β放射性核素，如^{241}Pu和^{227}Ac的分析。Xu等[36]建立了1～60 g土壤和沉积物中^{238}Pu、^{239}Pu、^{240}Pu和^{241}Pu分析方法。样品灰化后用王水溶解，加入氨水生成沉淀，离心保留沉淀；用硝酸溶解沉淀，加入亚硝酸钠对Pu进行价态调整后，使用AG1×4阴离子交换柱对Pu进行初步纯化，洗脱后采用氢氧化铁共沉淀，硝酸溶解沉淀并调节为1 mol/L HNO$_3$介质后过TEVA柱进行二次纯化。随后将Pu的洗脱液分成三份，第一份转入20 mL液闪瓶，加入闪烁液，使用低本底Quantulus^{TM} 1220液闪仪对^{241}Pu进行测量；第二份用ICP-MS对^{239}Pu、^{240}Pu和^{241}Pu进行测量；第三份采用电镀制源后，用α能谱仪测量^{238}Pu和^{239,240}Pu的含量。该方法中

ICP-MS 对^{239}Pu、^{240}Pu、^{241}Pu 的检测限分别为 2.50 μBq、7.85 μBq、3.09 mBq；α 能谱测量 3 天对^{238}Pu 和^{239,240}Pu 的检测限为 0.05 mBq；液体闪烁计数对^{241}Pu 测量一小时的检测限为 41 mBq。

（3）质谱法

与传统 α 能谱测量法相比，质谱法更适合长寿命锕系核素（半衰期$>10^2$ 年）的测定，其分析时间短、灵敏度高、检测限低，并且可用于同位素丰度的测定。特别是对于 α 射线能量相近的同位素分析，如^{239}Pu（5.168 MeV）/^{240}Pu（5.155 MeV）和^{243}Cm（5.785 MeV）/^{244}Cm（5.804 MeV），只能用质谱法进行同位素比值测定。质谱分析对样品纯化要求非常高，须避免来自多原子离子和同质异位素等的干扰。由于环境样品中^{238}U 含量通常是^{238}Pu 的 10^6 倍以上，会对^{238}Pu 测量造成极其严重的干扰，因此质谱法不能用于环境样品中低活度^{238}Pu 的定量分析。

ICP-MS 分析的主要优点在于样品电离效率高、样品分析速度较快且分析灵敏度较高，但多原子和分子离子干扰较大、相较于 AMS 和 TIMS 其丰度灵敏度较差。用 ICP-MS 分析锕系核素时需要格外注意多原子离子的干扰，如^{235}UH$^+$ 对^{236}U$^+$ 的干扰，^{238}UH$^+$ 对^{239}Pu$^+$ 的干扰。另外，由于 ICP-MS 的丰度灵敏度不高，分析^{239}Pu 和^{237}Np 时也须考虑相邻质量核素^{238}U 拖尾的影响。近年来新上市的电感耦合等离子体三重串联四极杆质谱仪（ICP-QQQ），配置了两级四极杆，加上中间的碰撞/反应池，其丰度灵敏度可达到 10^{-8}，远高于传统的 ICP-MS。ICP-QQQ 能有效解决传统 ICP-MS 测定复杂基体时易形成多原子离子干扰及高浓度相邻质量核素的干扰问题，对于基质复杂的环境样品（如土壤）中一些有严重同质异位素干扰的放射性核素（如^{238}U 对^{239}Pu 的干扰）的分析具有明显优势，其应用可以大大简化这些核素的样品前处理分离纯化要求，从而显著缩短制样时间，并提高分析灵敏度。结合 ICP-QQQ 分析，Xing 等[37]系统研究了不同溶样方法（包括偏硼酸锂熔融法、硝酸及王水酸浸法）对于准确测定中国典型土壤样品中^{239}Pu 及^{240}Pu 的干扰影响；结果表明，在 NH$_3$/He 碰撞反应气模式下，使用 ICP-QQQ 能有效避免样品基体元素（包括 U、Pb、Hg、Tl 及 Bi）的干扰，准确分析 10 g 土壤样品中低至费克量级的^{239}Pu。

TIMS 对锕系核素的检测限可达亚费克量级，而且具有极佳的同位素比值测量精度。但 TIMS 分析对测量样品的化学纯度及制备要求极高，因而制样过程较复杂且制样时间较长，测量成本较高。Aggarwal 等[38]使用 TIMS 对印度重水堆核燃料中的^{238}Pu 进行测量。用 Dowex 1×8 树脂对样品进行纯化后，使用液闪仪测量样品中的 Pu，含量约为 10 μg，然后按 Pu∶U = 5∶1 的比例加入 2 μg 高浓铀（^{235}U 的丰度在 90% 以上）。首先测得 ^{238}UO$^+$/^{235}UO$^+$ 比值（即 ^{238}U$^+$/^{235}U$^+$ 的比值），再测量 ^{238}Pu$^+$ 时，^{238}U$^+$ 的干扰可通过测得的 ^{235}U$^+$ 和 ^{238}UO$^+$/^{235}UO$^+$ 比值算得，扣除 ^{238}U 的干扰后得到 ^{238}Pu 的准确测量值。

AMS 的本底计数率极低、分析灵敏度和丰度灵敏度极高，对锕系核素的检测限可低达阿克（10^{-18}）量级。但 AMS 系统复杂、设备昂贵，维护成本很高。近年来，小型低能 AMS 系统迅速发展，在常规分析中的应用也日益普及。Dai 等利用瑞士 ETH 工作电压 300 kV 的 Tandy 小型加速器质谱分析了大体积尿样中飞克（10^{-15}）量级的 Pu 同位素（^{239}Pu、^{240}Pu 和 ^{241}Pu）、^{241}Am 和阿克量级的 ^{244}Cm。该方法首先用水合钛氧化物（HTiO）共沉淀法将锕系核素从尿样基质中分离富集，再用 AGMP‑1 大孔阴离子树脂和 DGA 固相萃取树脂分离纯化样品中的 Pu、Am 和 Cm，然后使用 Fe 和 Ti 混合氢氧化物共沉淀 Pu，加入铌粉进行压靶，最终用 AMS 进行测量。加标样品的分析结果表明，该方法对于 1 400 mL 尿样中的 ^{239}Pu、^{240}Pu 和 ^{241}Pu 的检测限分别达到了 0.38 fg、0.40 fg 和 0.08 fg[39]，^{241}Am 的检测限约为 0.1 fg，^{244}Cm 的检测限甚至低至 0.01 fg[40]。

3. 环境放射性监测与调查

长寿命锕系核素不仅是生物地球化学和洋流循环过程（如环流、沉积和生物量产出等）的潜在示踪剂，也可用于放射性污染程度评估及污染源追踪。环境中锕系核素分析的具体应用包括核电站、核设施及其周边的环境水样、放射性液体流出物、土壤、气溶胶、动植物的放射性本底调查和常规监测；擦拭样品中锕系核素的分析，用于监测工作场所放射性危害特征，以实现实验室安全控制；锕系核素分析还可应用于放射性废物处理与处置、核设施退役及废物处置库选址等相关研究，以及锕系核素向地下水、岩石和土壤迁移研究与监测。

Lujanie 等[41]分析了 1998—2011 年立陶宛维尔纽斯地区的气溶胶样品中 ^{137}Cs、^{241}Am 和 Pu 同位素的含量，以便更好地理解大气中的 Pu 和 Am 运移行为。^{240}Pu/^{239}Pu 原子比值的长期测量结果中出现了 0.195 和 0.253 两个峰值，分别来源于全球大气核武器试验沉降至土壤中重新悬浮的 Pu 核素和切尔诺贝利核事故释放的 Pu 核素。在福岛核事故期间进行的测量结果显示，与切尔诺贝利核事故相比，福岛核事故对维尔纽斯地区 Pu 核素的贡献可以忽略不计。Zheng 等[42]分析了福岛核事故周边表层土壤样品中的 Pu 同位素比值，估算出事故中有极微量的 Pu 核素（约 2×10^{-5}% 的堆芯 Pu 存量）从受损的反应堆释放到环境中，而不是从燃料贮存池中释放的。

3.4.3 氚(^{3}H)

氚(^{3}H)是纯低能 β 放射性核素,半衰期为 12.32 年,最大 β 能量为 18.6 keV。环境中的 ^{3}H 主要有 3 个来源:① 大气上层宇宙射线生成的中子轰击氮原子,发生 ^{14}N(n,^{3}H)^{12}C 核反应生成;② 20 世纪大气核武器试验(特别是热核试验)释放;③ 核燃料循环过程中 ^{3}H 的排放。自 1963 年《部分禁止核试验条约》①实施以来,全球环境中的 ^{3}H 的活度水平已经大幅下降[43]。总体来说,核燃料循环中 ^{3}H 的排放量与环境已有水平相比贡献十分有限,仅对核设施周边可能产生局部的影响。环境放射性监测和水文示踪研究是环境样品中 ^{3}H 测量的主要需求。

在环境放射性监测中,特别是在核电站周边的环境监测中,需要监测 ^{3}H 活度浓度的环境介质包括水、空气和生物样品,在某些场合有时也需要监测土壤样品。在环境放射性监测中,^{3}H 的(活度浓度)监测一般仅考虑氚化水(HTO)形态的 ^{3}H。

由于水样中的 HTO 很容易与大气中的 H_2O 发生交换,氚分析样品应在采样后立即密封于密闭容器(优选玻璃或高密度塑料)中。对于无法立即处理的生物样品和一些含水且具有生物活性的样品(如污泥和淤泥),可采用冷冻保存。为了尽可能避免样品与空气中的冷凝水及水蒸气发生交换,冷冻样品在使用前应完全解冻,并确保容器外部干燥。样品暴露于大气时有可能造成污染,需要采取措施予以避免。

环境水样中的 ^{3}H 测量通常有三种样品制备方法(包括直接加入法、电解富集法和苯合成法),制样后与闪烁液混合,进行液体闪烁计数测量。制样方法的选择取决于所分析样品的类型和样品中的氚活度。

无论采用何种制样方法,生物和土壤样品都需要氚提取及分离步骤。在电解富集和苯合成法分析之前,水样需要纯化(蒸馏是常规方法)。如果水样相对较纯(无色且含盐量低),则可以采用直接加入法制样。生物样品中的 ^{3}H 可能以游离氚水(FWT)和结合氚(BT)形态存在。样品中的游离氚水可通过冷冻干燥并收集蒸发的水分与样品分离。对于结合氚的分析,可将样品干燥(冷冻干燥或在 60~80 ℃ 下低温烘箱干燥),然后燃烧并收集水分,并根据需要进行纯化,进而添加闪烁液进行液闪计数测量。

电解富集法利用电解的选择性来富集 ^{3}H[44]。由于 HTO 分子键能稍高,不像 H_2O 或 HDO 那样易于分解形成 H_2(HD)和 O_2。水样蒸馏后加入 Na_2O 使其呈微碱性,并置于电解槽中。在恒定电流下(如 10 A)电解水样,将样品减少至初始体积的 1%~5%,同

① 全称为《禁止在大气层、外层空间和水下进行核武器试验条约》。

位素分馏后的剩余水样中可浓缩超过 90% 的氚;然后通过蒸馏或减压蒸馏纯化浓缩样品,以去除其中的 NaOH,再加入闪烁液进行液闪计数测量。测量时间取决于电解池大小及处理水样的体积,该过程通常需要 5~10 天才能完成。因此,包含 20~40 个电解槽的多电解池设计方案非常普遍。在电解过程中,电解池中水样的温度需要冷却至低温(2~4 ℃),以减少由于蒸发而造成的水样丢失。现代电解浓缩系统通常包括样品的温度控制(2~4 ℃)系统和电解过程的电子调节装置。

苯合成制样方法是从水样中合成高纯度苯,然后加入闪烁液进行液闪计数测量[45]。在抽真空的反应器中,将水样加入碳化钙中以生成乙炔(C_2H_2),然后在铬或钒催化剂的催化作用下,使乙炔环聚合成高纯苯,之后进行液闪计数测量。每个真空反应器设备每天可以处理一个样品,生成 8~15 mL 高纯苯。尽管苯合成制样方法可用于测量更大体积的样品而且能够避免水样的猝灭影响,但由于苯中的氢/氚含量(<8%)与水相比(11%)没有改善的途径,这一方法只比直接加入法的检测灵敏度略有提升。由于氚的检测限并没有显著改善,苯合成法并不常用。

低活度水平环境样品中的氚测量往往需要对样品进行提取及纯化。所采用的提取、纯化技术包括:① 过滤,以去除水样中的悬浮颗粒;② 蒸馏(普通或减压蒸馏),以纯化不易挥发的物质(如高盐量);③ 离子交换,利用专门用于氚分析的混床离子交换柱,可去除某些特定水样(如雨水、湖水)中高含量的着色有机物等;④ 活性炭吸附,常用于去除可溶性有机物质;⑤ 冷冻干燥,以提取用于氚分析的纯水;⑥ 共沸蒸馏,通过收集水与特定有机液体(如甲苯、苯和环己烷)的共沸馏出物,从各种环境生物样品介质(如蜂蜜、牛奶、植物、土壤、鱼等)中提取氚进行液闪计数测量[46];⑦ 燃烧,通过在氧气流中的高温燃烧,将生物样品中的有机结合氚(OBT)和土壤及沉积物颗粒晶体中的强结合氚转化为水蒸气,再冷凝收集后进行液闪计数测量[47]。

3.4.4 碳-14(^{14}C)

碳-14(^{14}C)的半衰期为 5 730 年,最大 β 能量为 156.5 keV,液闪计数测量和 AMS 分析是测定环境样品中的 ^{14}C 活度的最主要手段。环境中的 ^{14}C 有三个主要来源:① 在大气层上部通过宇生中子与大气氮的相互作用而生成;② 大气层核武器试验(主要在 1950年代和 1960 年代)释放;③ 与核燃料循环相关的核设施排放(主要是核电厂和乏燃料处理厂)。环境样品中 ^{14}C 测量主要应用于环境放射性监测、放射性定年、环境过程示踪研究、化石燃料 CO_2 排放评估、食品造假检验、生物燃料组成测定等领域。

用于环境样品中 ^{14}C 测量的主要制样方法有直接加入法、苯合成法和 CO_2 吸收法，样品制备后与闪烁液混合进行液体闪烁计数测量。在含酒精类饮料和生物燃料的造假鉴定中常采用直接加入法制样进行 ^{14}C 液闪计数测量，此法对于无色烈酒及生物燃料样品较为可行[48]；而对于有色烈酒和葡萄酒，则需要通过蒸馏从样品中浓缩和纯化出乙醇，然后与闪烁液以 1∶1 的体积比混合后再进行液闪计数测量。

使用季胺直接吸收 CO_2 再进行液闪计数测量是一种常用的环境样品中 ^{14}C 的制样分析方法。Carbo‐Sorb E(PerkinElmer)和 Solusol(National Diagnostics)是目前市场上主要的能与闪烁液相溶的高容量二氧化碳吸收剂。另外，也可将 CO_2 直接吸收到无机碱溶液（如 1 mol/L 或 2 mol/L NaOH 的甲醇/水溶液）中。然而，与胺相比，无机碱溶液的 CO_2 俘获能力较差，并且可能导致严重的化学发光和猝灭效应，在闪烁液中的添加容量也明显降低。为了增加 CO_2 在液闪测量样品中的吸收量，可使用适合高离子强度溶液的闪烁液。对于低精度测量，CO_2 吸收法制样比苯合成法制样更省时，并且样品制备装置相对简单。CO_2 吸收法的主要缺点是可吸收的碳量相对较少。例如，在 20 mL 液闪瓶中与 Permafluor E+ 闪烁液混溶的 Carbo‐Sorb E 吸收液的最大体积约为 10 mL，大约能吸收 58 mmol 的二氧化碳，相当于 0.7 g 的碳。相比之下，苯合成法可将约 19 g 的碳添加到 20 mL 液闪瓶中。环境水样中的 ^{14}C 可能以无机（碳酸盐）和有机形态存在。对此，可以加入稳定碳酸盐作为载体通过蒸发浓缩 ^{14}C 并将其转化为固体，然后在管式焚烧炉中焚烧分离 ^{14}C，再吸收至 Carbo‐Sorb E 吸收液中，混合闪烁液进行液闪计数测量[49]。

苯合成法是 ^{14}C 定年应用中液闪计数测量的首选制样方法，与其他制样方法相比，这一方法具有更高的精度和灵敏度。与 ^3H 苯合成制样法相似，^{14}C 苯合成制样法包括以下步骤：首先在纯氧氛围中焚烧有机碳样品或酸解无机碳样品（如贝壳和生物质深海沉积物），将碳转化为 CO_2；随后将收集到的 CO_2 与锂熔融转化为碳化锂，在冷却时加入水生成乙炔；最后在铬或钒催化剂的催化作用下，使乙炔环聚合成高纯苯，进行液闪计数测量。由于苯本身就是一种闪烁液溶剂而且具有很高的含碳量（质量分数为 92.3%），因此是一种理想的液闪计数测量介质。大多数情况下，在合成苯后，可以直接添加固体发光剂，而无须加入任何闪烁混合液，便可进行液闪测量。这样可以最大限度地增加样品的计数体积、减少猝灭效应，该方法主要应用于 ^{14}C 定年或低活度水平环境样品中 ^{14}C 的精确测量。

AMS 是最为灵敏的 ^{14}C 测量技术，现已广泛用于高精度放射性碳定年分析、极低水平环境样品中的^{14}C 测量与示踪技术应用中。

3.4.5　碘-129（^{129}I）

^{129}I 的半衰期为 1.6×10^7 年，通过 β 衰变至^{129m}Xe，其最大 β 衰变能量（E_{max}）为 154.4 keV。激发态^{129m}Xe 通过内转换衰变，可以发射 39.6 keV 的 γ 射线（7.5%）和 X 射线（29.46 keV，20.4%；29.78 keV，37.7%）。^{129}I 在环境中天然存在，在大气中由氙气通过宇宙射线引起的核反应生成，在土壤中通过铀的自发裂变和热中子引发的裂变产生。环境中天然^{129}I 的浓度很低，但由于核武器试验、核事故和核设施排放，环境中的^{129}I 浓度水平已经显著上升。其中，环境中最主要的^{129}I 来自在英国 Sellafield 和法国 La Hague 乏燃料后处理设施的排放。

长寿命放射性核素^{129}I 的测量，可采用 γ 能谱法、液体闪烁计数测量、中子活化分析法及质谱法。由于^{129}I 具有长半衰期以及低 γ 射线能量和强度，γ 能谱对其检测限较高（0.02 Bq）[50]；^{129}I 的 β 衰变分支比为 100%，液体闪烁计数测量的检测限约为 10 mBq 量级[51]；中子活化分析法利用反应堆把^{129}I 通过中子活化反应^{129}I（n，γ）^{130}I 转化为^{130}I 后使用 γ 能谱仪法测量^{130}I 活度，由于有稳定同位素^{127}I 通过^{127}I（2n，γ）^{129}I、^{129}I（n，γ）^{130}I 核反应的干扰，其检测限可达 1 μBq[52]，但是该方法的应用受限于需要反应堆辐照样品使其活化。受限于同质异位素和分子离子（如^{129}Xe、^{127}I^{2}H 等）的干扰及^{127}I 峰的拖尾等原因，ICP-MS 对^{129}I 的分析探测限仅为 2.5 μBq/g[53]；ICP-QQQ 串联质谱模式的应用可以更好地去除这些同质异位素和分子离子的干扰[54]。AMS 在分析检测限（可低至 10^4 原子）和丰度灵敏度（同位素原子数比可达到 10^{-16}）方面具有无可比拟的优势，是环境示踪研究中超低活度水平^{129}I 测量的最灵敏手段。由于^{129}I 具有极长的半衰期，放射性计数测量方法（包括液闪计数测量）仅适用于放射性活度较高的样品，例如一些核电站和乏燃料后处理设施周边的环境样品。对于环境中极低活度浓度^{129}I 的测量，则需采用更为灵敏的质谱分析方法，尤其是 AMS 分析。

Hou 等[55]报道一种大体积（30～50 L）环境水样中^{129}I 的阴离子交换色谱分离方法。在该方法中，首先使用 pH<2 的 KHSO$_3$ 将水样或其他液体样品中的碘还原为碘化物，吸附至阴离子交换柱（AG1-X4，NO$_3^-$ 形式）上；然后用 2 mol/L NaNO$_3$ 溶液将碘洗脱，再用 CCl$_4$ 提取分离洗脱液中的碘；最后将碘反萃至少量溶液中，用液闪计数测量，或者制成合适的靶样用于中子活化分析或 AMS 测量。

对于固体环境样品(如土壤、沉积物、植物和气溶胶样品等),首先须将^{129}I与样品基质分离,然后再进行测量。由于碘的挥发性较强,通常可通过焚烧法将碘与固体样品分离以释放气态碘[56]。释放的碘被捕获在NaOH溶液中,然后用CCl_4萃取来分离用于测量的碘。此外,也可用碱熔法将碘从环境样品(如土壤、沉积物、大气颗粒物、植物和动物组织等)中分离出来。具体步骤如下:首先在样品中加入^{125}I示踪剂,将NaOH与样品混合,干燥后,在500～550 ℃下灰化/熔融3～4 h,用热水浸提熔融样品,并将浸出液与残余物过滤分离,最后用CCl_4提取分离浸出液中的碘。

3.4.6 锝-99(^{99}Tc)

^{99}Tc是长寿命低能β放射性核素($t_{1/2} = 2.11 \times 10^5$ a, $E_{max} = 293.5$ keV),可衰变至稳定的^{99}Ru。Tc没有稳定的同位素,^{99}Tc是其主要同位素。^{99}Tc是^{235}U和^{239}Pu的裂变产物,主要在核反应堆中产生,处于裂变产物质量分布的轻质量峰位置,具有相对较高的裂变产率(^{235}U的裂变产额为6.1%),其半衰期长,在环境中易于迁移。环境中的^{99}Tc主要来自核武器试验和核燃料循环,特别是乏燃料后处理厂的排放。环境样品中^{99}Tc的分析主要用于环境监测及环境示踪研究(特别是海洋环境)。^{99}Tc也是放射性废物长期储存和处置中最重要的关注对象。

由于环境样品中^{99}Tc浓度通常非常低,因此在放射化学分离前需要从大量样品中将锝进行预浓集。直接蒸发水样非常耗时,也不适用于含盐量高的样品(如海水);而且当温度足够高时,存在挥发性高价态锝氧化物损失的风险。因此,在蒸发或灰化过程中需采取预防措施,以避免有机物干灰化过程中可能的损失[57, 58]。

^{99}Tc没有稳定的同位素用作载体或用于化学回收率计算。从^{99}Mo-^{99m}Tc发生器获取的^{99m}Tc已被广泛用作环境样品中^{99}Tc放射化学分离中的回收率计算,但^{99m}Tc示踪剂的半衰期过短且可能含有^{99}Tc、^{99}Mo和^{103}Ru杂质,这有可能会给^{99}Tc在低浓度分析中带来严重的干扰。另一种可能的回收率示踪剂是^{95m}Tc($t_{1/2} = 61$ d)。^{95m}Tc通过电子捕获衰变发射γ射线,也可以通过液闪计数测量其低能俄歇电子,利用液闪谱图可以有效区分和测量^{99}Tc和^{95m}Tc[59]。对此,Hou等[50]建立了一种制备^{95m}Tc示踪剂溶液的简单方法,获得的溶液纯度足以用于低水平环境样品的分析。在^{99}Tc的质谱分析中常常使用稳定铼作为回收率示踪剂[60]。尽管Re与Tc的化学行为非常相似,但在某些条件下它们的表现(特别是氧化还原行为)可能有所不同。这一点在选择铼作为示踪剂时应格外注意。

环境样品中^{99}Tc的常用放射化学分离方法主要是联合使用选择性沉淀、离子交换和溶剂萃取，可以使用不同萃取剂，包括冠醚(二苯并-18-冠-6)、三正辛胺(TnOA)和三磷酸丁酯(TBP)等[57,61,62]。阴离子交换色谱法分离锝主要基于TcO_4^-在稀酸、碱或中性介质中对强阴离子交换树脂非常高的亲和力。Chen等[63]报道了一种海水和其他环境样品中^{99}Tc的测定方法。在过滤后的海水中加入^{99m}Tc示踪剂，使用较大的阴离子交换柱(直径为2.5 cm，长为40 cm，AG1-X4树脂，Cl$^-$式)从大量(高达200 L)海水样品中预浓缩^{99}Tc，用稀NaOH和稀HNO$_3$溶液洗涤后，将^{99}Tc用8～10 mol/L HNO$_3$从柱上洗脱；然后将洗脱液蒸发至小体积(<10 mL)，加热，用H$_2$O$_2$和NaClO处理以除去Ru；随后将溶液转化为1 mol/L H$_2$SO$_4$介质，使用5%三异辛胺-二甲苯，通过溶剂萃取进一步纯化溶液中的^{99}Tc。该方法^{99}Tc的总回收率超过75%，可以完全去除大多数的干扰，能够从高达500 L的海水样品中测量本底水平的^{99}Tc(0.003 mBq/L)。

利用TEVA树脂进行选择性萃取色谱分离纯化结合液体闪烁计数测量或ICP-MS测量已成为测定环境样品中^{99}Tc的最常用方法。在环境分析中，TEVA树脂与选择性沉淀法和阴离子交换法联合使用，类似于溶剂萃取。TEVA主要用于Tc/Ru的高效纯化分离。当样品在中性溶液或0.1 mol/L HNO$_3$溶液中加载到TEVA柱中时，可以保留Tc而Ru过柱；然后可以用4～16 mol/L HNO$_3$洗脱^{99}Tc[64]。

液体闪烁计数测量是最为常用的^{99}Tc放射性计数测量方法，且不受稳定的同质异位素(^{99}Ru和^{98}Mo^{1}H)带来的分析干扰，而这是ICP-MS测量^{99}Tc的主要挑战。根据样品组成的差异和猝灭程度的影响，^{99}Tc的液闪探测效率通常为70%～80%；低本底液闪仪的本底计数率为1.6～3.3 cpm，检测限可达17 mBq(2 h计数)，比ICP-MS高出约2个数量级[65]。

Barrera等[66]建立了一种将色谱分离与闪烁计数测量相结合的方法，用于使用LSC测定^{99}Tc。他们将Aliquat 336作为萃取剂结合到塑料闪烁微球上来合成特定选择性的塑料闪烁树脂，然后将样品溶液加载到塑料闪烁树脂柱上以吸附^{99}Tc，清洗除去基质和干扰放射性核素，最后将塑料闪烁树脂柱装入闪烁瓶用液闪仪直接测量^{99}Tc。

3.4.7　铁-55及镍-63(^{55}Fe、^{63}Ni)

铁、镍同属于ⅧB族，化学性质相近，同时存在于核设施的大量组件中。^{55}Fe和^{63}Ni是核设施腐蚀活化产物的重要组成部分。^{55}Fe可由两个中子活化反应^{54}Fe(n，γ)^{55}Fe和^{56}Fe(n，2n)^{55}Fe生成，半衰期为2.7 a，其通过电子俘获衰变为稳定核素^{55}Mn，并发射俄歇电子和低能 X 射线（5.89 keV，16.9%）。X 射线探测器和气体正比计数器对 ^{55}Fe 的测量效率极低（<1%），且需大量的样品量才能达到其检测限，液体闪烁计数是目前测量 ^{55}Fe 最方便而且灵敏的技术[67-70]。^{63}Ni 通过中子俘获反应 ^{62}Ni(n, γ)^{63}Ni 和 ^{63}Cu(n, p)^{63}Ni 生成。^{63}Ni 是较长半衰期（$t_{1/2}$ = 100 a）的低能（E_{max} = 66.95 keV）纯 β 放射性核素，液体闪烁计数对 ^{63}Ni 的测量效率可达 70%。环境中的 ^{55}Fe 和 ^{63}Ni 主要来自核设施放射性废液的排放以及核武器试验和核事故泄露。

样品基质（溶液）中铁的分离通常采用 $Fe(OH)_3$ 和 $Fe(OH)_2$ 沉淀法。由于 ^{55}Fe 的衰变能量极低，干扰核素对其测量的影响很大，因此测量前需对样品进行分离纯化。大多数过渡金属元素可与碱溶液中的 $Fe(OH)_3$ 共沉淀，其中 ^{60}Co、^{63}Ni、^{54}Mn、^{152}Eu 和 ^{154}Eu 是 ^{55}Fe 测量中最主要的干扰核素，需要进行化学分离。

目前环境样品中 ^{55}Fe 的分离纯化技术主要采用溶剂萃取法、萃取色层法及阴离子交换树脂分离法。由于乙酸乙酯、异丁基甲酮和异丙基乙醚中铁的分配系数较高，因此它们是常用的 ^{55}Fe 萃取溶剂[68, 69]。但溶剂萃取对铁的分离特异性不强，对其干扰核素的去污效果并不理想。萃取色层法也已广泛应用于铁的分离，TRU 树脂、螯合树脂和色层硅胶均已用于分离铁以测定 ^{55}Fe[28, 70]。

由于萃取色层分离效率高但吸附容量低，对于含铁量高的样品（如土壤、沉积物和钢样品）的分离效果不佳。阴离子交换树脂对铁的分离效率高、交换容量大，如 AGMP-1 树脂对铁的交换容量可以达到 15 mg/g。高浓度 HCl 溶液中 $FeCl_4^-$ 在阴离子树脂上具有很强的吸附能力，因此可以使用强碱性阴离子交换树脂将 ^{55}Fe 与一些主要的干扰核素（如 ^{60}Co、^{63}Ni、$^{152/154}$Eu 和 ^{65}Zn）完全分离。其他的干扰元素（包括碱金属和碱土金属）也不会与氯化物形成阴离子络合物，可以同时去除。氢氧化物沉淀与阴离子交换分离相结合，已经应用于不同环境样品中 ^{55}Fe 的分离测定。

液闪计数测量时，Fe^{3+} 自身明显的黄色可以引起强烈的颜色猝灭，并显著降低 ^{55}Fe 的计数效率，在高浓度铁溶液中 ^{55}Fe 的计数效率可能低至<10%。对此，可以加入 H_3PO_4 以获得无色溶液，降低颜色猝灭的影响。对于<10 mg 的 Fe 载体量，处理后的样品计数效率可提升至 40% 以上；对于 200 mg 的 Fe 载体，计数效率也可达 15%[70]。Guerin 等[71]使用 Hidex 300 SL 液闪仪，得到了 TDCR 值与 ^{55}Fe 计数效率之间的幂函数经验公式，可用于准确校正颜色猝灭效应。

环境样品中 ^{63}Ni 的分离和纯化方法大多基于以下步骤：（1）利用 $Fe(OH)_3$ 共沉淀干扰核素，镍保留在上清液中；（2）用乙醇-DMG（丁二酮肟）溶液沉淀镍，在碱性溶液中

DMG与镍生成不溶的Ni-DMG络合物,对镍有很高的选择性;(3)利用阴离子交换树脂柱吸附含氯配合物以除去HCl溶液中大部分的活化产物,此时镍会通过树脂柱,在流出液和淋洗液中被完全收集。通过上述步骤的处理,结合溶剂萃取、离子交换或萃取色层等其他纯化步骤,仔细优化和控制实验条件即可获得满意的回收率和去污效果。Song等[72]建立了环境样品中[63]Ni和[55]Fe的联合分析流程(图3-11),并使用TDCR液闪仪测量了核电厂废物水泥固化体浸出液中[63]Ni和[55]Fe的活度,该流程对铁镍的回收率分别可达75%和90%,检测限可以达到1 Bq/L。

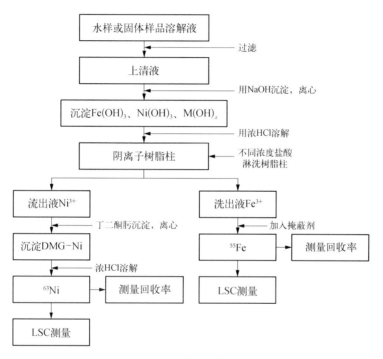

图3-11 环境样品中[63]Ni和[55]Fe联合分析流程

除放射性计数测量技术外,还可以使用AMS测定[63]Ni[73],其检测限(0.12~45 mBq)显著优于液闪计数测量。无论使用哪种测量技术,样品前期的化学分离和纯化都是必要的。

3.4.8 镭([226]Ra、[228]Ra、[224]Ra、[223]Ra)

镭有四种天然放射性核素:[226]Ra($t_{1/2}$ = 1 600 a),属于[238]U天然衰变系(铀系);

^{228}Ra（$t_{1/2}$ = 5.75 a）和^{224}Ra（$t_{1/2}$ = 3.66 d），属于^{232}Th 天然衰变系（钍系）；^{223}Ra（$t_{1/2}$ = 11.43 d），属于^{235}U 天然衰变系（锕系）。通常提到镭一般指^{226}Ra。^{226}Ra 广泛分布于环境中，如土壤、铀矿、食品、地表水和地下水以及许多常见材料中。全球土壤^{226}Ra 平均浓度为 32 Bq/kg[74]。从内照射而言，^{226}Ra 是环境中最危险的长寿命 α 辐射源之一。镭与钙的化学性质相似，摄入人体内易于富集在骨骼中。镭主要通过食物摄取进入人体，源自地表的饮用水对人体中镭的贡献极小。然而，如果饮用水源来自与花岗岩或磷酸盐等富铀矿物接触的地下水，则镭通过饮用水途径进入人体所引起的内照射剂量就不容忽视了。由于^{226}Ra 和^{228}Ra 都属于极毒组放射性核素，美国环境保护署（EPA）规定饮用水中^{226}Ra 和^{228}Ra 的总浓度不超过 0.19 Bq/L[75]。^{224}Ra 的半衰期极短，故其对人体的健康危害基本上可以不考虑，但其对饮用水中总 α 活度会有贡献。除此之外，地球、海洋和环境科学研究及应用中往往需要测定地下水和地表水中的^{226}Ra、^{228}Ra、^{224}Ra 和^{223}Ra 的含量以便研究地球化学过程，特别是在海洋环境中的水体循环与交换过程。铀矿、煤矿和磷酸盐厂区周围的环境污染调查中经常要进行镭浓度测定。

1. 镭同位素的分离与测量方法

环境样品中镭同位素的分离与测量方法有很多种。最常见的测量方法有 α 能谱仪或 γ 能谱仪分析、氡射气法、液体闪烁计数法、ICP - MS 法。化学分离纯化方法主要有沉淀法、阳离子交换色层分离法、液相萃取法、吸附法或这些方法的联用。

（1）α 能谱仪或 γ 能谱仪分析

在镭的多种测量方法中，α 能谱仪测量因其低本底被认为是最为灵敏的辐射测量方法。为了提高能量分辨率和化学回收率，必须首先将镭与样品基质或干扰元素（如 Ba）高效分离，然后通过电沉积将其镀在不锈钢片上或通过 Ba（Ra）SO$_4$ 微沉淀等方法制备薄层 α 测量源进行 α 能谱测量。利用高分辨率 α 能谱仪可直接测定薄层 α 测量源上的^{226}Ra、^{224}Ra 和^{223}Ra，能量分辨率和分析灵敏度极高。除此以外，也可以通过测量子体核素^{222}Rn 间接测量^{226}Ra 的活度。

^{133}Ba（β - γ 放射性核素）常作为 Ra 的回收率示踪剂，^{225}Ra（通过子体^{225}Ac 测量）也常用作^{226}Ra 的示踪剂。^{228}Ra 可通过其子体^{228}Ac（$t_{1/2}$ = 6.15 h，2 天内即可与^{228}Ra 形成放射性平衡）的 γ 射线进行 γ 能谱测量，也可以通过子体^{228}Th（6～12 个月以上的放射性增长期）的 α 衰变进行 α 能谱测量。水样中的^{226}Ra 可以用一种有效而简单的方法来分离：将 Ra 吸附在涂有 MnO$_2$ 的聚酰胺圆片或薄膜上，然后用 α 能谱仪直接测量[76]。用

α能谱仪测定环境样品中^{226}Ra和^{228}Ra（子体^{228}Th）时，探测限分别为$0.1\sim0.5$ mBq和$0.2\sim0.3$ mBq；γ能谱仪的探测限则分别为$0.1\sim1$ Bq和$0.1\sim0.3$ Bq[65, 76-78]。在地下实验室屏蔽条件下采用超低本底γ能谱仪，从样品基质中分离Ra或采用β-γ符合测量技术可得到更低的检测限（$7.4\sim81$ mBq）[79]。γ谱测量的主要优点是对样品进行简单的处理即可同时测定^{226}Ra、^{228}Ra和^{224}Ra，但其检测限较大。

（2）氡射气法

当检测限要求较低时（$0.02\sim0.002$ Bq/L），也可以选择氡射气法。将Ra从样品基质中分离并密封放置约3周，待氡子体（^{219}Rn、^{220}Rn、^{222}Rn）重新生长出来至放射性平衡，即可实现对Ra同位素（^{223}Ra、^{224}Ra、^{228}Ra）的测量。

（3）液体闪烁计数法

具有α/β甄别功能的低本底液闪计数法是测量^{226}Ra的常用方法，其优势在于探测效率高、样品易于制备及可自动换样连续测量。该方法的探测限可达到$0.3\sim1.4$ mBq（6 h测量时间）[65]。^{226}Ra的液闪测量方法有很多种，常常通过^{222}Rn及其更短寿命子体或者子体的总活度进行间接测量。将含^{226}Ra的水样与闪烁液混合，放置$3\sim4$周，待^{226}Ra与^{222}Rn及短寿命衰变子体平衡后进行测量。此时^{226}Ra的探测效率可达600%，这是因为^{226}Ra有4个α衰变子体和2个β衰变子体，每一个子体的液闪探测效率都几乎接近100%。另一种方法则是基于氡在有机溶剂中的高溶解度，采用有机混合物将^{222}Rn萃取至有机相中实现与^{226}Ra的分离后再进行测量，探测效率近500%。还可通过使用甲苯将^{222}Rn从水相预富集至有机相后直接与闪烁液进行混合测量。这些方法适用于监测饮用水和矿泉水中的^{226}Ra，因为低本底液闪仪的检测限（$5\sim60$ mBq）低于（1 L）水样的最大许可活度。

BaSO$_4$沉淀法是分离样品基质中^{226}Ra的传统方法。该方法仍然用于水样中^{226}Ra的分离，而随着低本底α/β甄别液闪仪在环境实验室的广泛应用，基于该分离方法的一些新应用常有报道。^{226}Ra样品预处理通常遵循以下步骤：在pH为1的H$_2$SO$_4$体系中加入Ba或者Pb载体形成Ba(Ra)SO$_4$沉淀和Pb(Ra)SO$_4$沉淀，用HNO$_3$洗涤沉淀几次后溶解于碱性EDTA溶液。为了进一步实现Ra和Pb的分离，在pH为4.5的醋酸溶液中对Ra进行再一次硫酸沉淀，^{210}Pb则留在溶液中。该方法可实现样品中^{226}Ra、^{228}Ra和^{210}Pb的同时测量。液闪计数测量Ba(Ra)SO$_4$沉淀时，可将细小晶体沉淀均匀悬浮在闪烁凝胶中，或者将沉淀溶解在碱性EDTA中混合闪烁液后进行测量。另外，BaSO$_4$沉淀也可以转换成更易溶解的BaCO$_3$，再用HNO$_3$溶解混合闪烁液进行计数测量。制备好的样品可以立即进行液闪计数测量，通过 α 计数来计算^{226}Ra 的活度。^{228}Ra 则可以直接通过其在低能 β 窗口的计数来计算。^{226}Ra、^{228}Ra 和^{210}Pb 的探测限分别为 0.5～2 mBq、4 mBq 和 2～5.2 mBq[80]。

高选择性的萃取剂也常被用于镭的分离。Empore^{TM}镭圆片对 Ra 有很高的吸附容量，可从 1～3 L 水样中选择性吸附 Ra，回收率可达到 90%～100%[81]。该方法分离步骤为：水样中加入 HNO$_3$ 酸化至 2 mol/L，然后过圆片；用 2 mol/L HNO$_3$ 洗涤圆片后，选择 0.25 mol/L EDTA 溶液洗脱 Ra 混合闪烁液进行测量。分离过程中，Pb、Sr 和 Ba 同样会被萃取至圆片，高浓度 Ba 会大大降低 Ra 的回收率，而^{210}Pb 则应该在洗脱 Ra 之前就被洗脱下来，以免对后续 Ra 的测量造成干扰。需要注意的是，这种方法不适合含盐量高的水样。其他的萃取剂有三辛烷基甲基氯化铵（Aliquat‑336）、三丙基膦硫化物（TPPS）、三正辛基膦（TOPO）等，它们都对萃取镭有良好的选择性。

（4）ICP‑MS 法

近年来，ICP‑MS 也越来越多地用于环境样品中^{226}Ra 的快速测量。用 ICP‑MS 测量^{226}Ra 时可能受到多原子离子的干扰（如^{88}Sr^{138}Ba、^{40}Ar^{40}Ar^{146}Nd、^{87}Sr^{139}La、^{86}Sr^{140}Ce 等），需要对样品中的^{226}Ra 进行分离纯化以避免干扰。Copia 等[82]采用了阳离子树脂 Dowex 50wx8 和 Sr 树脂联合分离纯化^{226}Ra；分离纯化过程中，用 2.5 mol/L HCl 洗脱阳离子树脂上的 Ca 及 Mg 等干扰元素；然后将阳离子树脂和 Sr 树脂串联，在 4 mol/L HNO$_3$ 条件下，Sr 与 Ba 大部分被保留在 Sr 树脂上，Ra 则洗至流出液中。该方法已用于环境水样（地下水及高盐度页岩废水）中^{226}Ra 的 ICP‑MS 测量，检测限为 100 pCi/L（1 L 水样）。

2. 水样中^{228}Ra 的分析

环境水样中^{228}Ra 的分析可通过其子体^{228}Ac 的 β 射线进行测量，测量之前需对水样中^{228}Ra 或子体^{228}Ac 进行分离纯化。Nour 等利用 MnO$_2$ 共沉淀结合两个 Diphonix 萃取树脂色谱柱分离纯化水样中^{228}Ra[83]。Diphonix 树脂能高效吸附锕系和镧系元素，而 Ra 和 Ba 等二价阳离子却不能被吸附。因此，第一个 Diphonix 树脂柱的使用可以有效分离 U、Th 同位素、^{90}Y 和^{228}Ac，^{228}Ra 则通过树脂柱保留在流出液中。收集的流出液样品放置 30 h 后，^{228}Ac 与^{228}Ra 重新达到放射性平衡，然后通过第二个 Diphonix 树脂柱再次分离^{228}Ra 和^{228}Ac。Diphonix 树脂上的^{228}Ac 可以用 5 mL 的 1 mol/L HEDPA（1‑hydroxyethane‑1，1 diphosphonic acid）洗脱至液闪瓶中，最终混合闪烁液进行测量。分离纯化过程中以[133]Ba 作为示踪剂，回收率通常在 95% 以上，检测限为 23 mBq/L（1 L 样品用量，60 min 测量时间）。[228]Ac 还可以用切连科夫辐射计数测量，检测限为 54 mBq/L（1 L 样品体积，100 min 测量时间）。加入浓度为 0.1 g/mL 的水杨酸钠，[228]Ac 的计数效率可以显著增加至 3 倍以上（38%），主要归因于高浓度水杨酸钠引起的闪烁效应[84]。

3. 高盐度水样中[226]Ra 的预富集

在分析低活度环境水样时，通常需要从大量水样（体积高达 1 000 L）中富集 Ra 同位素。预浓缩方法通常基于 Ra 与 MnO₂ 共沉淀或富集在 MnO₂ 浸渍的丙烯酸纤维上，然后用其他方法溶解 Ra 以进一步提纯，商业 MnO₂ 树脂〔浸渍 MnO₂ 的改性聚丙烯腈（PAN）〕可从 Triskem 或 Eichrom 公司购买。MnO₂ 对低盐度水样（如饮用水）中 Ra 的吸附尤其有利，但对 pH 的依赖程度很高，最有效的 pH 为 4～8。盐度较高时，其他碱土元素（Mg、Ca、Sr）在 MnO₂ 树脂上会与 Ra 竞争吸附位点；Ra 在 MnO₂ 树脂上的吸附效果要优于 Ba，这意味着[133]Ba 对于高盐水样并不是一个合适的回收率示踪剂。

Song 等[85]使用阳离子交换树脂建立了海水样品中[224]Ra 及[226]Ra 的快速分析方法（图 3-12）。基本步骤为：首先通过水合氧化钛（HTiO）共沉淀海水中的 Ra 以分离样品基质，再用 Dowex 50wx8 阳离子交换树脂分离纯化 Ra，然后用 BaSO₄ 微沉淀法制备 Ra 的 α 测量源。该方法对[226]Ra 及[224]Ra 探测限分别为 0.5 mBq/L 和 0.4 mBq/L（1 L 海水，48 h 测量时间）。

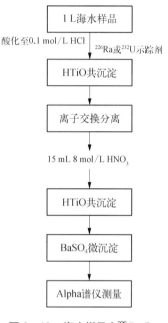

图 3-12　海水样品中[226]Ra 和 [224]Ra 快速分析流程

3.4.9　Pb-210、Bi-210 及 Po-210

[210]Pb（$t_{1/2}$ = 22.2 a）、[210]Bi（$t_{1/2}$ = 5.01 d）及[210]Po（$t_{1/2}$ = 138.4 d）属于[238]U 天然衰变系的次级衰变核素中。[210]Pb 通过 β⁻ 衰变释放低能 β 射线（E_{max} = 63.5 keV）与 γ 射线（E_γ = 46.5 keV），生成[210]Bi，[210]Bi 通过 β⁻ 衰变（E_{max} = 1 161.5 keV）至 α 放射性核素[210]Po（E_α = 5.3 MeV）。环境中的[210]Pb、[210]Bi 及[210]Po 广泛存在于岩石、土壤、大气、天然水体中，以及

来自 ^{222}Rn 气体的衰变及沉积。^{210}Pb 与 ^{210}Po 的放射毒性极强,人体摄入 U 系与 Th 系天然放射性核素引起的内照射大于 70% 来自 ^{210}Pb 与 ^{210}Po 贡献,主要源自饮食,因此食品及饮用水中 ^{210}Pb 与 ^{210}Po 的分析监测非常重要。环境样品中 ^{210}Pb 与 ^{210}Po 的分析在沉积物定年、大气示踪等领域中也有重要的应用。放射性计数方法(包括 γ 能谱仪、α 能谱仪及液体闪烁计数测量)是环境及生物样品中 ^{210}Pb、^{210}Bi 及 ^{210}Po 活度的主要测量手段。

1. γ 能谱测量方法

由于 ^{210}Pb 衰变时会释放 46.5 keV 的 γ 光子,利用薄窗 N 型高纯锗探测器或者平面高纯锗探测器可以直接测量 ^{210}Pb 的活度。然而,^{210}Pb 衰变释放的 γ 射线强度较低(仅为 4.6%),加之 γ 光子在样品中的自吸收,致使 γ 能谱仪测定 ^{210}Pb 的分析灵敏度较差。Grahek 等[86]利用 Sr 树脂与阴离子交换树脂从 10 L 海水中分离纯化 ^{210}Pb,并采用 γ 能谱仪测量其放射性活度,检测限可以达到 6 mBq/L。

2. α 谱测量法

^{210}Po 是 α 放射性核素,故可以利用 α 能谱仪测量环境样品中的 ^{210}Po 及其母体核素 ^{210}Pb 的活度。由于 ^{210}Po 能够高选择性地自发沉积在金属(Ag、Cu、Ni)表面上,利用这种特性可以方便地制备 α 测量源。^{208}Po 与 ^{209}Po 可以作为示踪剂对 Po 的回收率进行校正。用 α 能谱仪测量环境样品中的 ^{210}Pb 需要先将 ^{210}Pb 分离纯化,随后将样品放置几个月,再对其衰变重新生成的 ^{210}Po 进行自沉积制备 α 测量源,使用 α 能谱仪测量新生成的 ^{210}Po 活度即可推算出样品中 ^{210}Pb 的初始活度。这种测量方法的分析灵敏度很高,检测限可低至 0.1~0.3 mBq[87],但需要等待很长的时间且样品存放期间 ^{210}Pb 及 ^{210}Po 也可能在容器壁上沉积吸附而造成丢失。

^{210}Po 的 α 测量源除可用自沉积法制备之外,还可以采用微沉淀法制备。Guerin 等[88]开发了利用 CuS 微沉淀 ^{210}Po 快速制备 α 测量源的方法,在 1 mol/L HCl 介质中,加入 50 μg Cu 载体可以实现 80%~90% 的沉积效率,而且 CuS 微沉淀还能高选择性地去除可能干扰 ^{210}Po 测量的 α 核素。基于 CuS 微沉淀法,Guerin 等[89]建立了 10 mL 饮用水及尿样中 ^{210}Po 的快速分析方法,测量 4 h 的检测限分别为 120 mBq/L 与 200 mBq/L,能够满足应急及日常监测状况下饮用水及尿样中 ^{210}Po 的快速分析需求。Song 等[90]报道了采用 SnCl$_2$ 还原 Te(Ⅳ)生成 Te 微沉淀制备 ^{210}Po 测量源的方法。该方法在较宽的酸

度范围内(0～12 mol/L HCl)都能获得较高的^{210}Po回收率,且得到的α测量源的能量分辨率约为30 keV(^{209}Po)。该方法对土壤、气溶胶及煤矸石等固体样品酸浸液中^{210}Po的测量具有良好的应用效果。

3. 液体闪烁计数法

^{210}Pb为β放射性核素,能够用液体闪烁计数直接测量。然而,^{210}Pb的β射线能量很低(E_{max} = 63.5 keV),故计数效率偏低且易受猝灭影响,往往通过测量其短寿命子体核素^{210}Bi的高能β射线来确定^{210}Pb的活度。

^{210}Pb的活度还可以通过对^{210}Bi进行切连科夫辐射计数测量确定。采用切连科夫辐射计数测量^{210}Pb,能够避免α放射性核素及低能β放射性核素对测量的影响,但计数效率较低,约为20%。使用切连科夫辐射计数间接测量^{210}Pb活度时不需要加入闪烁液,直接将获取的PbSO$_4$沉淀溶解在EDTA溶液中便可进行测量。Wang等[84]研究了加入水杨酸钠对^{210}Bi切连科夫辐射计数效率的影响,发现加入低浓度水杨酸钠作为移波剂能增加^{210}Bi的切连科夫计数效率;高浓度水杨酸钠则会产生闪烁光子,不仅^{210}Bi的探测效率进一步增加,而且^{210}Po的闪烁效率也会增加,从而引起干扰。

液闪计数测量^{210}Pb时可以采用硫酸盐共沉淀、萃取色层分离及溶剂萃取对样品进行分离。Ba(Ra,Pb)SO$_4$沉淀可以将^{210}Pb与Ra从水样、土壤及沉积物中分离出来[91,92]。生成的硫酸盐溶解于碱性EDTA溶液中,用乙酸调节溶液的pH至4.2～4.5,Ra会被BaSO$_4$从溶液中载带下来;继续调节溶液的pH至更高酸度,PbSO$_4$会从溶液中沉淀下来。沉淀经过洗涤之后可以分散在闪烁凝胶中或者用EDTA溶解再与闪烁液混合后进行液闪计数测量。Wang等[93]建立了一种硫酸铅沉淀结合液闪计数测量饮用水^{210}Pb活度的方法。在该方法中,^{210}Pb经过Fe(OH)$_3$沉淀与Ba(Ra,Pb)SO$_4$沉淀载带后,将PbSO$_4$溶解在1 mol/L NaOH溶液中,通过加入CO$_3^{2-}$与SO$_4^{2-}$将Sr、Ra与Pb分离,分离后的^{210}Pb用液闪进行计数测量。5 L饮用水样品的测量结果显示该方法的检测限可达16 mBq/L。环境及生物样品中的^{210}Pb与^{210}Po也可以采用Sr树脂进行分离[94],^{210}Pb与^{210}Po在稀盐酸介质中能保留在Sr树脂上,使用6 mol/L HNO$_3$与6 mol/L HCl能分别将它们洗脱,^{210}Bi及许多干扰核素能够通过Sr树脂去除。溶剂萃取法也是分离测量环境样品及生物样品中^{210}Pb与^{210}Po的有效方法。POLEX®是一种能够从磷酸介质中将^{210}Bi与^{210}Po萃取至有机相中的萃取型闪烁液,萃取至有机相中的^{210}Bi与^{210}Po可以采用具备α/β甄别功能的液闪仪进行测量[95,96]。水相中的^{210}Pb可以通过液闪直接计数测量,也可以在两周之后用 POLEX® 再次萃取新生成²¹⁰Bi 进行间接计数测量。其他萃取剂包括 DDTC(二乙基二硫代氨基甲酸盐)及 TIOA(三异辛基胺)等也可用于²¹⁰Pb、²¹⁰Po 的分离测量[97, 98]。

3.5 本章小结与展望

随着中国核能和核技术应用的迅速发展,辐射防护及环境放射性监测的需求日益增长,对环境放射性分析的要求也越来越高。环境放射性分析方法与测量技术正朝着更为准确、灵敏、快速和更高分析量的方向发展,其近期主要进展与今后发展趋势总结如下。

1. 准确、灵敏的测量技术

近十年来,高灵敏质谱仪发展迅速,其在分析环境样品中长寿命放射性核素的应用日渐普及,分析灵敏度和准确度也有了大幅提升。小型加速器质谱仪对锕系核素的分析灵敏度甚至已低至 10^{-18} g 水平。多收集器电感耦合等离子体质谱对同位素比值的测量精度已经与热电离质谱相当。三重串联四极杆质谱仪(ICP-QQQ)能够有效解决环境样品中一些难测(测量程序复杂)核素(²³⁹Pu、²³⁷Np、²³⁶U、¹²⁹I、²²⁶Ra、⁹⁰Sr、⁹⁹Tc)分析中所面临的同质异位素、多原子离子及分子离子的干扰问题。同时,使用更灵敏的测量技术,也有助于减少样品用量、简化制样与化学分离纯化流程。另外,TDCR 液闪仪的应用使得液闪计数测量及切连科夫辐射计数测量的猝灭校正更为简便,测量结果也更加准确可靠。这些高灵敏、高准确度测量技术在环境放射性常规分析应用中的推广普及,将促使环境样品放射性测量变得更为准确可靠、便利快捷。

2. 快速、高通量的化学分离纯化及制样方法

高选择性、高效的固相萃取树脂的商业化生产,为环境样品中放射性核素的快速分离纯化方法提供了稳定的分析分离材料。基于这些固相萃取树脂,近些年已经研发了大量的快速分离纯化方法,用于常规环境放射性分析中。(12 孔或 24 孔)真空盒系统在固相萃取色层分离中的使用,可有效提高单批次制样量。环境放射性测量中利用同位素示踪剂监测和校正制样过程的化学回收率,可以避免对繁复冗长的化学分离纯化流程必须保证完全化学回收率才能得到准确分析结果的要求,有利于简化分离纯化流程,缩短制样时间。除此以外,利用基于微沉淀法的制样新技术替代传统的电沉积法制备 α 测量源,可大大缩短制源时间、提高测量源的制样量。快速、大样品量的化学分离纯化与制样方法正在取代耗时冗长的传统方法,融入实验室环境样品放射性核素的标准分析流程中。

3. 多核素联合分离技术与自动化分离装置

基于离子交换树脂与固相萃取树脂的多核素联合分离技术的使用,能大大减少环境样品中同时分析多种核素的样品使用量,从而有效提高分析效率、降低样品分析成本、缩短分析时间、减少废物生成量。环境放射性分析中自动化分离装置的应用,也能缓解实验室中训练有素的放射分析人员有限的压力。尽管近年来多核素联合分离技术与自动化分离装置的研发已取得了明显的进展,但由于环境样品种类繁多、基质复杂、放射性活度低以及样品用量大,故环境放射性分析及应用仍然面临诸多技术挑战,有待攻克。

4. 进样-测量一体化分析装置与在线监测技术

核设施、核电站排放的气态/液态流出物以及一些潜在放射性高污染场所常常需要在线监测系统,实现放射性连续测量,以便及时发现并避免放射性污染与泄露。空气与水体(如海洋)中的放射性污染监测也需要进样-测量一体化分析装置及在线监测技术的应用,以实现气溶胶与水样的连续监测。由于环境中难测的纯 α 和纯 β 放射性核素的活度浓度极低,监测分析灵敏度要求高,现有的在线监测技术常常面临取样量大、分析灵敏度不足、准确度及稳定性差等技术难题,急需解决。

总体来说,尽管近些年来环境样品中放射性核素的分离纯化方法与测量技术发展迅速,在准确度、灵敏度及分析速度方面取得了长足的进步,但仍然面临诸多技术挑战。自大气核武器试验停止以来,环境(特别是大气气溶胶和环境水样)中的较短寿命人工放射性核素(如 ^{90}Sr、^{137}Cs)的活度浓度已显著降低,因而环境示踪研究及应用需要更高的分析灵敏度。同时,核能发展、核技术应用与环境科学研究对环境放射性分析的要求也越来越高。对此,在保证分析准确度的前提下,更为灵敏、快速、便利的环境样品放射性核素分离纯化方法与测量技术的研发及应用,是未来环境放射分析领域的必然方向。

参考文献

［1］ L'Annunziata M F, Tarancón A, Bagán H, et al. Liquid scintillation analysis: Principles and practice[M]//Handbook of Radioactivity Analysis. Amsterdam: Elsevier, 2020: 575 - 801.

［2］ Olfert J M, Dai X X, Kramer-Tremblay S. Rapid determination of ^{90}Sr/^{90}Y in water samples by liquid scintillation and Cherenkov counting[J]. Journal of Radioanalytical and Nuclear Chemistry, 2014, 300(1): 263 - 267.

［3］ Tayeb M, Dai X, Corcoran E C, et al. Rapid determination of ^{90}Sr from ^{90}Y in seawater[J]. Journal of Radioanalytical and Nuclear Chemistry, 2015, 304(3): 1043 - 1052.

［4］ Coha I, Neufuss S, Grahek Ž, et al. The effect of counting conditions on pure beta emitter determination by Cherenkov counting[J]. Journal of Radioanalytical and Nuclear Chemistry, 2016, 310(2): 891 - 903.

［5］ Yang Y G, Song L J, Luo M Y, et al. A rapid method for determining ^{90}Sr in leaching solution from cement solidification of low and intermediate level radioactive wastes[J]. Journal of Radioanalytical and Nuclear Chemistry, 2017, 314(1): 477 - 482.

［6］ Vajda N, Kim C K. Determination of radiostrontium isotopes: A review of analytical methodology[J]. Applied Radiation and Isotopes: Including Data, Instrumentation and Methods for Use in Agriculture, Industry and Medicine, 2010, 68(12): 2306 - 2326.

［7］ Sunderman D N, Townley C W. The radiochemistry of barium, calcium, and strontium[R]. National Research Council. Committee on Nuclear Science: Battelle Memorial Inst., 1960.

［8］ Kim C K, Al-Hamwi A, Törvényi A, et al. Validation of rapid methods for the determination of radiostrontium in milk[J]. Applied Radiation and Isotopes: Including Data, Instrumentation and Methods for Use in Agriculture, Industry and Medicine, 2009, 67(5): 786 - 793.

［9］ Maxwell S L, Culligan B K, Shaw P J. Rapid determination of radiostrontium in large soil samples [J]. Journal of Radioanalytical and Nuclear Chemistry, 2013, 295(2): 965 - 971.

［10］ Surman J J, Pates J M, Zhang H, et al. Development and characterisation of a new Sr selective resin for the rapid determination of ^{90}Sr in environmental water samples[J]. Talanta, 2014, 129: 623 - 628.

［11］ Russell B, García-Miranda M, Ivanov P. Development of an optimised method for analysis of ^{90}Sr in decommissioning wastes by triple quadrupole inductively coupled plasma mass spectrometry[J]. Applied Radiation and Isotopes: Including Data, Instrumentation and Methods for Use in Agriculture, Industry and Medicine, 2017, 126: 35 - 39.

［12］ Tayeb M, Dai X X, Sdraulig S. Rapid and simultaneous determination of Strontium-89 and Strontium-90 in seawater[J]. Journal of Environmental Radioactivity, 2016, 153: 214 - 221.

［13］ Grahek Ž, Dulanská S, Karanović G, et al. Comparison of different methodologies for the ^{90}Sr determination in environmental samples[J]. Journal of Environmental Radioactivity, 2018, 181: 18 - 31.

［14］ Guérin N, Riopel R, Rao R, et al. An improved method for the rapid determination of ^{90}Sr in cow's milk[J]. Journal of Environmental Radioactivity, 2017, 175/176: 115 - 119.

［15］ Luo M Y, Xing S, Yang Y G, et al. Sequential analyses of actinides in large-size soil and sediment samples with total sample dissolution[J]. Journal of Environmental Radioactivity, 2018, 187: 73-80.

［16］ Maxwell S L, Culligan B K, Hutchison J B, et al. Rapid determination of actinides in seawater samples[J]. Journal of Radioanalytical and Nuclear Chemistry, 2014, 300(3): 1175 - 1189.

[17] Tyrpekl V, Vigier J F, Manara D, et al. Low temperature decomposition of U(Ⅳ) and Th(Ⅳ) oxalates to nanograined oxide powders[J]. Journal of Nuclear Materials, 2015, 460: 200 - 208.

[18] Vajda N, Törvényi A, Kis-Benedek G, et al. Rapid method for the determination of actinides in soil and sediment samples by alpha spectrometry[J]. Radiochimica Acta, 2009, 97(8): 395 - 401.

[19] Varga Z, Surányi G, Vajda N, et al. Rapid sequential determination of americium and plutonium in sediment and soil samples by ICP - SFMS and alpha-spectrometry[J]. Radiochimica Acta, 2007, 95(2): 81 - 87.

[20] Gagné A, Surette J, Kramer-Tremblay S, et al. A bioassay method for americium and curium in feces[J]. Journal of Radioanalytical and Nuclear Chemistry, 2013, 295(1): 477 - 482.

[21] Kiliari T, Pashalidis I. Alpha spectroscopic analysis of actinides (Th, U and Pu) after separation from aqueous solutions by cation-exchange and liquid extraction[J]. Journal of Radioanalytical and Nuclear Chemistry, 2010, 284(3): 547 - 551.

[22] Mohapatra P K, Raut D R, Sengupta A. Extraction of uranyl ion from nitric acid medium using solvent containing TOPO and its mixture with D2EHPA in room temperature ionic liquids[J]. Separation and Purification Technology, 2014, 133: 69 - 75.

[23] Rama Swami K, Kumaresan R, Venkatesan K A, et al. Synergic extraction of Am(Ⅲ) and Eu (Ⅲ) in N, N-dioctyl-2-hydroxyacetamide-bis(2-ethylhexyl) phosphoric acid solvent system[J]. Journal of Molecular Liquids, 2017, 232: 507 - 515.

[24] Das D, Juvekar V A, Roy S B, et al. Comparative studies on co-extraction of uranium(Ⅵ) and different mineral acid from aqueous feed solutions using TBP, TOPO and TOA[J]. Journal of Radioanalytical and Nuclear Chemistry, 2014, 300(1): 333 - 343.

[25] Billard I, Ouadi A, Gaillard C. Liquid-liquid extraction of actinides, lanthanides, and fission products by use of ionic liquids: From discovery to understanding[J]. Analytical and Bioanalytical Chemistry, 2011, 400(6): 1555 - 1566.

[26] Groska J, Vajda N, Molnár Z, et al. Determination of actinides in radioactive waste after separation on a single DGA resin column[J]. Journal of Radioanalytical and Nuclear Chemistry, 2016, 309(3): 1145 - 1158.

[27] Oh J S, Warwick P E, Croudace I W, et al. Rapid measurement of [241]Pu activity at environmental levels using low-level liquid scintillation analysis[J]. Journal of Radioanalytical and Nuclear Chemistry, 2013, 298(1): 353 - 359.

[28] Dai X X, Kramer-Tremblay S. Five-column chromatography separation for simultaneous determination of hard-to-detect radionuclides in water and swipe samples[J]. Analytical Chemistry, 2014, 86(11): 5441 - 5447.

[29] Madrakian T, Afkhami A, Rahimi M. Removal, preconcentration and spectrophotometric determination of U(Ⅵ) from water samples using modified maghemite nanoparticles[J]. Journal of Radioanalytical and Nuclear Chemistry, 2012, 292(2): 597 - 602.

[30] Taha E A, Hassan N Y, Abdel Aal F, et al. Fluorimetric determination of some sulfur containing compounds through complex formation with terbium (Tb^{+3}) and uranium (U^{+3})[J]. Journal of Fluorescence, 2007, 17(3): 293 - 300.

[31] Prasad P P. Laser induced luminescence method for the determination of soluble uranium in surface soil[J]. Journal of Renewable Agriculture, 2013, 1(5): 67.

[32] Oh J S, Warwick P E, Croudace I W, et al. Evaluation of three electrodeposition procedures for uranium, plutonium and americium[J]. Applied Radiation and Isotopes: Including Data, Instrumentation and Methods for Use in Agriculture, Industry and Medicine, 2014, 87: 233 - 237.

[33] Sill C W, Williams R L. Preparation of actinides for. alpha. spectrometry without electrodeposition[J]. Analytical Chemistry, 1981, 53(3): 412 – 415.

[34] Dai X X, Kramer-Tremblay S. Sequential determination of actinide isotopes and radiostrontium in swipe samples[J]. Journal of Radioanalytical and Nuclear Chemistry, 2011, 289(2): 461 – 466.

[35] Dai X X, Kramer-Tremblay S. An emergency bioassay method for actinides in urine[J]. Health Physics, 2011, 101(2): 144 – 147.

[36] Xu Y H, Qiao J X, Hou X L, et al. Determination of plutonium isotopes (^{238}Pu, ^{239}Pu, ^{240}Pu, ^{241}Pu) in environmental samples using radiochemical separation combined with radiometric and mass spectrometric measurements[J]. Talanta, 2014, 119: 590 – 595.

[37] Xing S, Dai X X. Accurate determination of *Plutonium* in soil by tandem quadrupole ICP – MS with different sample preparation methods[J]. Atomic Spectroscopy, 2021, 42(2): 62 – 70.

[38] Aggarwal S K, Alamelu D, Khodade P S, et al. Determination of ^{238}Pu in plutonium bearing fuels by thermal ionization mass spectrometry[J]. Journal of Radioanalytical and Nuclear Chemistry, 2007, 273(3): 775 – 778.

[39] Dai X X, Christl M, Kramer-Tremblay S, et al. Ultra-trace determination of plutonium in urine samples using a compact accelerator mass spectrometry system operating at 300 kV[J]. Journal of Analytical Atomic Spectrometry, 2012, 27(1): 126 – 130.

[40] Dai X X, Christl M, Kramer-Tremblay S, et al. Determination of atto- to femtogram levels of americium and curium isotopes in large-volume urine samples by compact accelerator mass spectrometry[J]. Analytical Chemistry, 2016, 88(5): 2832 – 2837.

[41] Lujanienė G, Valiulis D, Byčenkienė S, et al. *Plutonium* isotopes and ^{241}Am in the atmosphere of Lithuania: A comparison of different source terms[J]. Atmospheric Environment, 2012, 61: 419 – 427.

[42] Zheng J, Tagami K, Uchida S. Release of plutonium isotopes into the environment from the Fukushima Daiichi Nuclear Power Plant accident: What is known and what needs to be known[J]. Environmental Science & Technology, 2013, 47(17): 9584 – 9595.

[43] Okada S, Momoshima N. Overview of tritium: Characteristics, sources, and problems[J]. Health Physics, 1993, 65(6): 595 – 609.

[44] Stencel J, Griesbach O, Ascione G. Practical aspects of environmental analysis for tritium using enrichment by electrolysis[J]. Radioactivity & Radiochemistry, 1995, 6(2): 40 – 49.

[45] Filippis S D, Noakes J. Sample preparation of environmental samples using benzene synthesis followed by high-performance LSC[J]. Transactions of the American Nuclear Society (United States), 1991, 64: 79 – 80.

[46] Moghissi A A, Bretthauer E W, Compton E H. Separation of water from biological and environmental samples for tritium analysis[J]. Analytical Chemistry, 1973, 45(8): 1565 – 1566.

[47] Croudace I W, Warwick P E, Morris J E. Evidence for the preservation of technogenic tritiated organic compounds in an estuarine sedimentary environment [J]. Environmental Science & Technology, 2012, 46(11): 5704 – 5712.

[48] Schönhofer F. Determination of ^{14}C in alcoholic beverages[J]. Radiocarbon, 1989, 31(3): 777 – 784.

[49] Hou X L. Radiochemical analysis of radionuclides difficult to measure for waste characterization in decommissioning of nuclear facilities[J]. Journal of Radioanalytical and Nuclear Chemistry, 2007, 273(1): 43 – 48.

[50] Liu D, Hou X L, Du J Z, et al. ^{129}I and its species in the East China Sea: Level, distribution, sources and tracing water masses exchange and movement[J]. Scientific Reports, 2016, 6: 36611.

[51] Hou X L, Hansen V, Aldahan A, et al. A review on speciation of iodine – 129 in the environmental and biological samples[J]. Analytica Chimica Acta, 2009, 632(2): 181 – 196.

[52] Luo M Y, Hou X L, Zhou W J, et al. Speciation and migration of ^{129}I in soil profiles[J]. Journal of Environmental Radioactivity, 2013, 118: 30 – 39.

[53] Xing S, Hou X L, Aldahan A, et al. Iodine – 129 in snow and seawater in the Antarctic: Level and source[J]. Environmental Science & Technology, 2015, 49(11): 6691 – 6700.

[54] Yang G S, Tazoe H, Yamada M. Improved approach for routine monitoring of ^{129}I activity and ^{129}I/^{127}I atom ratio in environmental samples using TMAH extraction and ICP – MS/MS[J]. Analytica Chimica Acta, 2018, 1008: 66 – 73.

[55] Hou X L, Dahlgaard H, Nielsen S P. Chemical speciation analysis of ^{129}I in seawater and a preliminary investigation to use it as a tracer for geochemical cycle study of stable iodine[J]. Marine Chemistry, 2001, 74(2/3): 145 – 155.

[56] Hou X L, Wang Y Y. Determination of ultra-low level ^{129}I in vegetation using pyrolysis for iodine separation and accelerator mass spectrometry measurements[J]. Journal of Analytical Atomic Spectrometry, 2016, 31(6): 1298 – 1310.

[57] Wigley F, Warwick P E, Croudace I W, et al. Optimised method for the routine determination of Technetium – 99 in environmental samples by liquid scintillation counting[J]. Analytica Chimica Acta, 1999, 380(1): 73 – 82.

[58] Shi K L, Hou X L, Roos P, et al. Stability of technetium and decontamination from ruthenium and molybdenum in determination of ^{99}Tc in environmental solid samples by ICPMS[J]. Analytical Chemistry, 2012, 84(4): 2009 – 2016.

[59] Silva R J, Evans R, Rego J H, et al. Methods and results of ^{99}Tc analysis of *Nevada* test site groundwaters[J]. Journal of Radioanalytical and Nuclear Chemistry, 1988, 124(2): 397 – 405.

[60] Guérin N, Riopel R, Kramer-Tremblay S, et al. Determination of ^{99}Tc in fresh water using TRU resin by ICP – MS[J]. Analytica Chimica Acta, 2017, 988: 114 – 120.

[61] Holm E, Rioseco J, Garcia-León M. Determination of ^{99}Tc in environmental samples[J]. Nuclear Instruments and Methods in Physics Research, 1984, 223(2/3): 204 – 207.

[62] Jordan D, Schupfner R, Schüttelkoff H. A new very sensitive LSC procedure for determination of Tc – 99 in environmental samples[J]. Journal of Radioanalytical and Nuclear Chemistry, 1995, 193(1): 113 – 117.

[63] Chen Q J, Dahlgaard H, Nielsen S P. Determination of ^{99}Tc in sea water at ultra low levels[J]. Analytica Chimica Acta, 1994, 285(1/2): 177 – 180.

[64] Shi K L, Hou X L, Roos P, et al. Determination of technetium – 99 in environmental samples: A review[J]. Analytica Chimica Acta, 2012, 709: 1 – 20.

[65] Hou X L, Roos P. Critical comparison of radiometric and mass spectrometric methods for the determination of radionuclides in environmental, biological and nuclear waste samples[J]. Analytica Chimica Acta, 2008, 608(2): 105 – 139.

[66] Barrera J, Tarancón A, Bagán H, et al. A new plastic scintillation resin for single-step separation, concentration and measurement of technetium – 99[J]. Analytica Chimica Acta, 2016, 936: 259 – 266.

[67] Hou X L, Østergaard L F, Nielsen S P. Determination of ^{63}Ni and ^{55}Fe in nuclear waste samples using radiochemical separation and liquid scintillation counting[J]. Analytica Chimica Acta, 2005, 535(1/2): 297 – 307.

[68] Warwick P E, Croudace I W. Isolation and quantification of ^{55}Fe and ^{63}Ni in reactor effluents using extraction chromatography and liquid scintillation analysis[J]. Analytica Chimica Acta,

2006, 567(2): 277 - 285.

[69] König W, Schupfner R, Schüttelkopf H. A fast and very sensitive LSC procedure to determine Fe - 55 in steel and concrete[J]. Journal of Radioanalytical and Nuclear Chemistry, 1995, 193(1): 119 - 125.

[70] Hou X, Togneri L, Olsson M, et al. Standardization of radioanalytical methods for determination of [63]Ni and [55]Fe in waste and environmental samples, NKS - 356, Nordic Nuclear Safty Research. http://www.nks.org/en/nks_reports/view_document.htm?id = 111010213336225.

[71] Guérin N, Dai X X. Determination of [55]Fe in urine by liquid scintillation counting[J]. Journal of Radioanalytical and Nuclear Chemistry, 2015, 304(3): 1059 - 1069.

[72] Song L J, Ma L N, Ma Y, et al. Method for sequential determination of [55]Fe and [63]Ni in leaching solution from cement solidification[J]. Journal of Radioanalytical and Nuclear Chemistry, 2019, 319(3): 1227 - 1234.

[73] Wang X M, He M, Ruan X D, et al. Measurement of [59]Ni and [63]Ni by accelerator mass spectrometry at CIAE[J]. Nuclear Instruments and Methods in Physics Research Section B: Beam Interactions With Materials and Atoms, 2015, 361: 34 - 38.

[74] United Nations Scientific Committee on the Effects of Atomic Radiation. Sources and Effects of Ionizing Radiation, United Nations Scientific Committee on the Effects of Atomic Radiation (UNSCEAR) 2000 Report, Volume I: Report to the General Assembly, with Scientific Annexes-Sources[R]. United Nations, 2000.

[75] United States, Environmental Protection Agency, Office of Water. 2009 Edition of the Drinking Water Standards and Health Advisories [M]. Washington, DC: Environmental Protection Agency, 2019.

[76] Eikenberg J, Tricca A, Vezzu G, et al. Determination of [228]Ra, [226]Ra and [224]Ra in natural water via adsorption on MnO_2 - coated discs[J]. Journal of Environmental Radioactivity, 2001, 54(1): 109 - 131.

[77] Hughes L D, Powell B A, Soreefan A M, et al. Anomalously high levels of uranium and other naturally occurring radionuclides in private wells in the piedmont region of South *Carolina*[J]. Health Physics, 2005, 88(3): 248 - 252.

[78] van Beek P, Souhaut M, Reyss J L. Measuring the radium quartet([228]Ra, [226]Ra, [224]Ra, [223]Ra) in seawater samples using gamma spectrometry[J]. Journal of Environmental Radioactivity, 2010, 101(7): 521 - 529.

[79] Köhler M, Preusse W, Gleisberg B, et al. Comparison of methods for the analysis of [226]Ra in water samples[J]. Applied Radiation and Isotopes, 2002, 56(1/2): 387 - 392.

[80] Wallner G. Determination of [226]Ra, [228]Ra and ^{210}Pb in drinking water using liquid scintillation counting[M]. Tucson: Radiocarbon Publishers, 2001.

[81] Eikenberg J, Beer H, Jäggi M. Determination of ^{210}Pb and [226]Ra/[228]Ra in continental water using HIDEX 300SL LS - spectrometer with TDCR efficiency tracing and optimized α/β - discrimination [J]. Applied Radiation and Isotopes, 2014, 93: 64 - 69.

[82] Copia L, Nisi S, Plastino W, et al. Low-level [226]Ra determination in groundwater by SF - ICP - MS: Optimization of separation and pre-concentration methods[J]. Journal of Analytical Science and Technology, 2015, 6(1): 1 - 7.

[83] Nour S, El - Sharkawy A, Burnett W C, et al. *Radium* - 228 determination of natural waters via concentration on Manganese dioxide and separation using Diphonix ion exchange resin[J]. Applied Radiation and Isotopes, 2004, 61(6): 1173 - 1178.

[84] Wang Y D, Yang Y G, Song L J, et al. Effects of sodium salicylate on the determination of

Lead – 210/Bismuth – 210 by Cerenkov counting[J]. Applied Radiation and Isotopes, 2018, 139: 175 – 180.

[85] Song L J, Yang Y G, Luo M Y, et al. Rapid determination of radium – 224/226 in seawater sample by alpha spectrometry[J]. Journal of Environmental Radioactivity, 2017, 171: 169 – 175.

[86] Grahek Ž, Rožmarić Mačefat M, Lulić S. Isolation of lead from water samples and determination of ^{210}Pb[J]. Analytica Chimica Acta, 2006, 560(1/2): 84 – 93.

[87] Matthews K M, Kim C K, Martin P. Determination of ^{210}Po in environmental materials: A review of analytical methodology[J]. Applied Radiation and Isotopes, 2007, 65(3): 267 – 279.

[88] Guérin N, Dai X X. Rapid preparation of polonium counting sources for alpha spectrometry using copper sulfide microprecipitation[J]. Analytical Chemistry, 2013, 85(13): 6524 – 6529.

[89] Guérin N, Dai X X. Determination of ^{210}Po in drinking water and urine samples using copper sulfide microprecipitation[J]. Analytical Chemistry, 2014, 86(12): 6026 – 6031.

[90] Song L J, Ma Y, Wang Y D, et al. Method of polonium source preparation using tellurium microprecipitation for alpha spectrometry[J]. Analytical Chemistry, 2017, 89(24): 13651 –13657.

[91] Vasile M, Loots H, Jacobs K, et al. Determination of ^{210}Pb, ^{210}Po, ^{226}Ra, ^{228}Ra and uranium isotopes in drinking water in order to comply with the requirements of the EU 'Drinking Water Directive'[J]. Applied Radiation and Isotopes, 2016, 109: 465 – 469.

[92] Blanco P, Lozano J C, Gómez Escobar V, et al. A simple method for ^{210}Pb determination in geological samples by liquid scintillation counting[J]. Applied Radiation and Isotopes, 2004, 60 (1): 83 – 88.

[93] Wang Y D, Ma Y, Dai X X. Direct analysis of ^{210}Pb in drinking water by liquid scintillation counting after sulfate precipitation[J]. Journal of Environmental Radioactivity, 2019, 201: 19 – 24.

[94] Vrecek P, Benedik L, Pihlar B. Determination of ^{210}Pb and ^{210}Po in sediment and soil leachates and in biological materials using a Sr-resin column and evaluation of column reuse[J]. Applied Radiation and Isotopes, Industry and Medicine, 2004, 60(5): 717 – 723.

[95] Monna F, Mathieu D, Marques A N Jr, et al. A comparison of PERALS® to alpha spectrometry and beta counting: A measure of the sedimentation rate in a coastal basin[J]. Analytica Chimica Acta, 1996, 330(1): 107 – 115.

[96] Wallner G. Simultaneous determination of ^{210}Pb and ^{212}Pb progenies by liquid scintillation counting [J]. Applied Radiation and Isotopes, 1997, 48(4): 511 – 514.

[97] Peck G A, David Smith J. Determination of ^{210}Po and ^{210}Pb in rainwater using measurement of ^{210}Po and ^{210}Bi[J]. Analytica Chimica Acta, 2000, 422(1): 113 – 120.

[98] Aarkrog A. A rapid method for the separation of ^{210}Po from ^{210}Pb by TIOA extraction[J]. Journal of Radioanalytical and Nuclear Chemistry, 2001, 249(3): 587 – 593.

MOLECULAR SCIENCES

Chapter 4

放射性碘和硒在甘肃北山花岗岩及内蒙古高庙子膨润土中的吸附和扩散

4.1 甘肃北山花岗岩及其性质[1]

花岗岩是一种火成岩,不同地质年代及不同地质环境下形成的花岗岩的成分和组成不尽相同,因此花岗岩种类繁多,组成不同的花岗岩表现出的物理化学性质是不同的。下文介绍的北山花岗岩样品均采自甘肃北山旧井地段,由核工业北京地质研究院提供,具体信息如表4-1所列。从表4-1的信息可以看出,该区段的花岗岩主要为二长花岗岩。

表 4-1　北山花岗岩岩芯样品信息

岩样编号	取样深度/m	采 样 时 间	描　　　述
RAMI-01	305.5～305.6	2004-09-08	绢云母化二长花岗岩
RAMI-02	305.6～305.7	2004-09-08	绢云母化二长花岗岩
RAMI-03	305.7～305.9	2004-09-08	绢云母化二长花岗岩
RAMI-04	309.6～309.9	2004-09-08	完整的二长花岗岩
RAMI-05	290.8～290.9	2004-09-08	完整的二长花岗岩
RAMI-06	510.9～511.0	2004-09-08	绢云母化二长花岗岩

将花岗岩样品进行切割并打磨成表面光滑的花岗岩岩片,岩片直径为 64 mm、厚度为 5 mm,用于扩散实验研究。岩芯切片及打磨过程中产生的花岗岩碎屑收集后研磨,过200 目筛,选出粒径小于 0.074 mm 的花岗岩岩粉,用于花岗岩理化性质的分析以及批式吸附实验。表征花岗岩性质所使用的主要仪器设备包括:扫描电子显微镜(scanning electron microscopy,SEM)、X 射线衍射仪(X-ray diffraction,XRD)、X 射线荧光光谱仪(X-ray fluorescence spectrometer,XRF)、X 射线光电子能谱仪(X-ray photoelectron spectroscopy,XPS)、傅里叶变换红外光谱仪(Fourier transform infrared spectroscopy,FT-IR)、BET 比表面分析仪、自动电位滴定仪,以及电子天平等。

4.1.1　花岗岩表面微观形貌分析

用扫描电子显微镜(SEM)观察花岗岩粉末的表面形貌,并结合仪器配套的 X 射线能量色散光谱仪(EDX)进一步检测特定目标观察区域的元素组成。图 4-1 为北山花岗岩的 SEM 形貌分析结果,其中,图 4-1(a)为花岗岩岩粉颗粒放大 1 000 倍的 SEM图。综合 3 种不同放大倍数的电镜图可以看出,纯净的花岗岩颗粒表面比较光滑、棱角分明,表面附着部分微小颗粒;较大的颗粒主要为花岗岩中较坚硬的不易研磨的组分,附着的大量小颗粒具有相对较大的比表面积,有利于提高花岗岩的吸附能力。结合目标区域 EDS 的分析结果可知,花岗岩的表层主要含有 O、Si、Al 和 K 等元素。

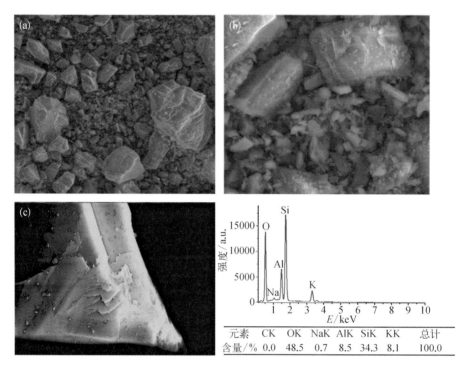

图 4-1 不同放大倍数 [(a)×1 000,(b)×5 000,(c)×8 400] 下
北山花岗岩的 SEM 图及 EDS 分析结果

4.1.2 花岗岩的矿物及化学组成

用 X 射线衍射法(XRD)对花岗岩的矿物组成进行分析。使用 Cu Kα 射线,测试电压为 40 kV、电流为 100 mA,角度(2θ)为 3°～70°,步长为 8°/min。得到的谱图结果用 X′Pert HighScore Plus 软件进行处理,所用晶体衍射标准卡片库为 ICDD pdf2,通过与标准卡片的谱峰比对可以获取各组成矿物的成分及含量信息。

图 4-2 为北山花岗岩的 XRD 谱图。与 ICDD pdf2 晶体衍射标准卡片库进行检索和比对表明,所测花岗岩的主要矿物组成为斜长石、石英、云母和微斜长石,其相对含量的半定量分析结果如表 4-2 所示。

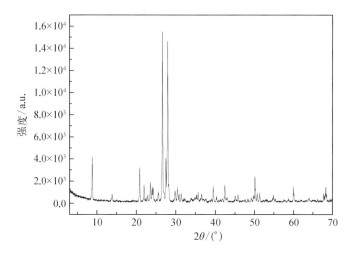

图 4-2　北山花岗岩的 XRD 谱图

表 4-2　北山花岗岩的矿物组成

矿物	斜长石(Albite)	石英(Quartz)	云母(Biotite)	微斜长石(Microcline)
含量/%	35	38	18	9

用 X 射线荧光光谱(XRF)对花岗岩的元素组成进行分析。测试方法为在约 980 ℃ 的高温下测定花岗岩的荧光强度,并采用高透光率的封闭正比计数器来优化光路配置,通过探测到的特定荧光强度进行元素种类及含量的归属,并进一步转化为各元素的氧化物含量比例。其结果以氧化物和元素两种形式给出。

用 XRF 测定北山花岗岩的主要氧化物及元素组成列入表 4-3。结果表明,北山花岗岩的主要氧化物组分为 SiO_2 和 Al_2O_3,含量最丰富的元素是 O、Si、C 和 Al。值得一提的是,北山花岗岩中 Fe 元素的含量大约为 2.19%。

表 4-3　北山花岗岩的主要氧化物及元素组成

氧化物	SiO_2	Al_2O_3	Na_2O	K_2O	CaO	Fe_2O_3	MgO	TiO_2	P_2O_5	MnO	LOI[a]
含量/%	69.26	16.50	4.85	2.99	2.46	2.05	0.88	0.40	0.10	0.04	0.54
元　素	O	Si	C	Al	Fe	Na	K	Mg	Ca	F	LOI[a]
含量/%	52.08	17.10	16.36	6.25	2.19	1.49	1.48	1.21	1.17	0.67	0.54

a: 燃烧减量。

采用 X 射线光电子能谱（XPS）对花岗岩粉末颗粒表层的元素组成进行分析。测试条件如下：电压为 15 kV、电流为 15 mA，最小 XPS 分析面积为 15 μm^2，最小能量分辨率为 0.48 eV（Ag $3d_{5/2}$）。使用 Vision（PR2.1.3）和 Casa XPS 软件对数据进行分析，其数据结果以元素含量形式给出。

北山花岗岩岩粉的 XPS 谱图如图 4-3 所示，表面各元素的种类及含量的半定量数据结果如表 4-4 所示。图 4-3 和表 4-4 中的数据表明，花岗岩岩粉颗粒表面含量较高的元素主要为 O、Si、C 和 Al 等。

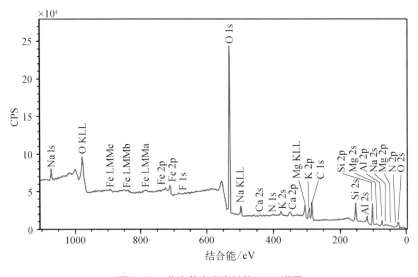

图 4-3　北山花岗岩岩粉的 XPS 谱图

表 4-4　北山花岗岩岩粉的 XPS 元素分析结果

元素	O	Si	C	Al	Mg	K	Na	Fe	Ir	Ti
含量/%	48.15	22.99	14.38	8.35	2.68	1.54	0.92	0.57	0.33	0.08

4.1.3　花岗岩表面官能团分布

采用红外光谱法分析花岗岩岩粉的表面官能团分布。测试过程中采用 KBr 压片法，测量的波长为 4 000～400 cm^{-1}。傅里叶红外光谱（FT-IR）分析方法具有样品用量少、样品处理简单、测量快速和操作方便等优点，且红外光谱可用来识别化合物和结构中的官能团。

图 4-4 为花岗岩的红外光谱(FI-IR)测试结果。从图 4-4 可以直观地看出，$4\,000\sim1\,000\ cm^{-1}$ 内无明显的特征官能团峰。图中，$3\,700\sim3\,500\ cm^{-1}$ 附近微弱的峰为—OH 的非对称伸缩振动峰，$1\,100\sim900\ cm^{-1}$ 较强的吸收带为 Si—O—Si 及 O—Si—O 的非对称伸缩振动峰，$900\sim600\ cm^{-1}$ 的吸收带为(Al)Si—O—Si 的对称伸缩振动峰，$600\sim400\ cm^{-1}$ 区域主要为 Si—O 的弯曲振动区，可能是由 O—Me(金属)的伸缩振动引起的。从红外谱图的分析结果可以看出，北山花岗岩的成分主要为硅、铝的氧化物，在红外光谱的高波段无明显吸收。北山花岗岩表面的活性基团十分有限，在溶液体系中可能主要为 Al/Si—O 键质子化及去质子化形成的—OH 等。

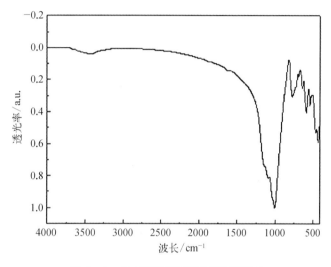

图 4-4　北山花岗岩岩粉的红外光谱图

4.1.4　花岗岩表面电荷分布

用自动电位滴定法(automatic potentiometric titration)分析花岗岩表面的电荷分布(反映花岗岩表面在特定 pH 条件下吸收或释放质子的量)。滴定实验采用反滴曲线进行数据拟合分析，所用仪器为自动电位滴定仪。

滴定实验在室温下进行，整个测试过程持续通入 N_2 以避免空气中 CO_2 对测试结果的干扰。每次滴定前，确保 pH 电极的性能良好，然后采用三种标准 pH 缓冲溶液(pH 分别为 4.01、6.86 和 9.18)对 pH 电极进行校准。一般在 25 ℃时，电极的零电荷点应在

pH 6~8,且电极斜率不小于 - 52 mV/单位 pH。

样品测试过程为：将已准确称量的花岗岩岩粉(约 0.4 g)与 40 mL NaClO₄ 溶液 (0.10 mol/L)在聚乙烯滴定杯中混合后，放置到自动电位滴定仪的样品槽位置，在持续通入 N₂ 的情况下，搅拌并监测其 pH 变化在稳定范围内波动。用 NaOH 溶液 (0.10 mol/L)滴定混合液至 pH = 11,后改用 HClO₄(0.1 mol/L)对混合液进行反滴定至 pH = 3 时终止。整个滴定过程中电位滴定仪自动记录滴加的 NaOH/HClO₄ 的体积以及溶液的 pH 变化。

为消除背景溶液及滴定杯等接触性装置对测量结果的干扰，在滴定样品的同时滴定空白样品。空白样品为不加入花岗岩岩粉的 0.10 mol/L NaClO₄ 溶液，其他操作过程与样品的滴定过程完全相同。自动电位滴定仪如图 4‐5 所示。

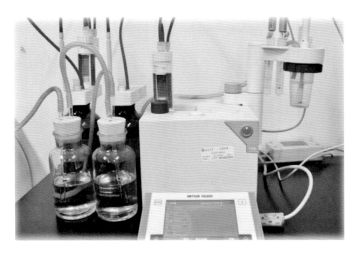

图 4‐5　自动电位滴定仪装置图

电位滴定实验得到的直接数据是加入一定体积的 NaOH/HClO₄ 溶液时体系的 pH,反映的是滴定过程中加入酸碱的量与整个混合体系 pH 之间的关系。要得到固体花岗岩岩粉的表面质子过剩[即花岗岩表面吸收或释放 H^+ 的量，也称表面质子过剩 (ΔQ),mol/g]与体系 pH 之间的关系，需要对实验数据进行进一步的处理，计算方法如式(4‐1)所示：

$$\Delta Q = \left[(C_{A,\,susp} - C_{B,\,susp}) - (C_{A,\,blank} - C_{B,\,blank} - [H^+] + [OH^-]) \right] \frac{V}{m} \quad (4-1)$$

式中，$C_{A,\,susp}$ 和 $C_{B,\,susp}$ 分别为滴定时加入样品溶液体系中的酸/碱浓度，mol/L; $C_{A,\,blank}$ 和

$C_{\text{B, blank}}$分别为滴定时加入空白溶液体系中的酸/碱浓度,mol/L;[H$^+$]和[OH$^-$]分别为体系中测量的 H$^+$ 和 OH$^-$ 的浓度,mol/L;V 为溶液体积,L;m 为固相质量,g。其中,[H$^+$]和[OH$^-$]的数值可由溶液中实时测量的 pH 进行反向推导获得,即 pH = $-$lg[H$^+$]。

图 4-6 为通过计算得到的花岗岩表面质子过剩(ΔQ)随 pH 变化的曲线。从图中可以看出,随 pH 的增大,花岗岩的表面质子过剩从正值转为负值,这说明随着 pH 的增大,花岗岩的表面将从带正电性转为带负电性。花岗岩表面这种带电性质的变化会对与花岗岩表面发生相互作用的过程,如吸附、扩散等产生重要影响。其中值得一提的是,当 pH 约为 5.6 时,花岗岩的表面质子过剩(ΔQ)为零,也即此时花岗岩表面不带电,以 pH = 5.6 为分界点,花岗岩表面的带电性实现了从正到负的转变,而 pH = 5.6 即为花岗岩的零电荷点(point of zero charge,PZC),表示为 pH$_{\text{PZC}}$ = 5.6。

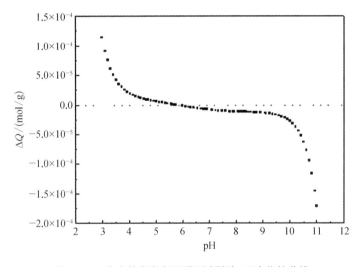

图 4-6　北山花岗岩表面质子过剩随 pH 变化的曲线

4.1.5　花岗岩岩粉的比表面积测量

采用比表面积分析法(Brunauer,Emmett & Teller,BET)测量花岗岩粉末的比表面积及孔分布。测量过程中,以 N$_2$ 为吸附介质,在液氮温度(77 K)下进行吸脱附,得到吸附和脱附过程的等温线,通过 BET 法计算出花岗岩岩粉的比表面积、孔径大小、孔分布、孔体积等物理参数。

图 4 - 7 为用比表面分析法获得的花岗岩的介孔孔隙分布。从图 4 - 7 可以看出,花岗岩岩粉的孔径大部分为 2~4 nm。结合 BET 法的测量结果,实验得到花岗岩粉末样品的比表面积约为 2.9 m^2/g,而其平均孔径为 10.4 nm。

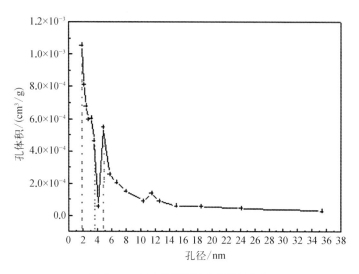

图 4 - 7　北山花岗岩的介孔孔隙分布

4.1.6　花岗岩岩片的孔隙率测定

采用饱水法对完整的花岗岩岩片进行孔隙率测定。用游标卡尺准确测量花岗岩岩片的厚度和直径,计算出花岗岩岩片的体积。将待测花岗岩岩片放入烘箱中,在 105 ℃ 条件下干燥,每隔一天取出一次,并待其冷却至室温时称重,然后再放入烘箱中继续干燥,直至连续三次称量的相对误差不超过 0.3%,取其平均值作为花岗岩岩片的干重(花岗岩被完全干燥后的重量,m_d)。将该花岗岩岩片浸泡在去离子水中,煮沸半小时后静置,一天后将花岗岩岩片从去离子中取出,用滤纸吸净表面水分后立即称重,重复上述步骤直至连续三次的称量误差不超过 0.3%,取其平均值作为花岗岩岩片的湿重(花岗岩被水饱和后的重量,m_s)。根据式(4 - 2)计算花岗岩岩片的孔隙率。

$$\varepsilon = \frac{(m_s - m_d)}{\rho_w V_g} \times 100\% \tag{4-2}$$

式中，ε 为花岗岩的孔隙率，%；m_s、m_d 分别为花岗岩岩片的湿重和干重，g；V_g 为花岗岩岩片的体积，cm^3；ρ_w 为水的密度，g/mL。

用饱水法测得的北山花岗岩岩片的孔隙率及相关物理参数表明，花岗岩岩片的孔隙率多为 0.6%～0.9%，主要集中在 0.6%～0.7%；干密度主要集中在 2.51～2.66 g/cm^3。

4.2　内蒙古高庙子膨润土及其性质[2]

我国有关高放废物地质处置库缓冲回填材料的遴选与研究始于 20 世纪 90 年代。从 1994 年开始，以核工业北京地质研究院为牵头单位，对国内产出的主要膨润土矿床的储量、经济地理条件、开发利用现状、膨润土的基本特征等进行了详细的调查，从经济和技术的角度提出了膨润土矿床作为高放废物地质处置库缓冲回填材料筛选的基本原则，并初步选定了内蒙古乌兰察布市兴和县高庙子矿床作为我国高放废物地质处置库缓冲回填材料的供给基地。此后，核工业北京地质研究院、同济大学、东华理工大学等单位对产自内蒙古高庙子膨润土矿的钠基膨润土的基本性能，包括膨润土的物质组成（化学组成、矿物组成、微量与稀土元素含量等）、结构类型与结构特征、物理化学性质、水力性质等进行了系统研究，得到了一批评价高庙子膨润土适宜用作缓冲回填材料的性能参数[3]。

内蒙古高庙子膨润土矿床位于晋、冀两省与内蒙古自治区交界处，矿区主要分布于内蒙古自治区乌兰察布市兴和县高庙子乡境内。高庙子膨润土矿床已探明储量 1.6 亿吨，其中钠基膨润土储量 1.2 亿吨，矿床规模列全国第二位。所产膨润土中蒙脱石含量高，矿石质量好，矿床出露区大部分是荒漠，加上交通条件便利等条件，很适合于大规模开采及对外转运。该矿床一共划分为 5 个矿层，其中 3 号矿层最具有开采价值，该层矿石主要为沙砾状沉凝灰结构层状构造，膨润土中蒙脱石含量 80% 左右。

膨润土是一种非均匀性天然矿物，即使是同时在同一矿床同一矿层开采出的膨润土，任意两批样品之间仍有可能在某些方面存在不可忽视的差异。若要研究放射性核素在压实高庙子膨润土中的行为，则首先应准确了解高庙子膨润土的几个重要理化指标，如物相/矿物组成和化学组成/元素含量等。

放射性核素在饱和压实膨润土中的吸附和扩散是一个很复杂的过程,其复杂性主要来源于膨润土中的蒙脱石所携带的负电荷与核素离子之间存在的相互作用。在表征膨润土/蒙脱石的各个宏观参数当中,阳离子交换容量(cation exchange capacity,CEC)是最适合定量表示上述两种影响因素的参量。

这里介绍的膨润土样品由核工业北京地质研究院提供,为产自内蒙古高庙子矿区 3 号矿层的膨润土,其形貌如图 4-8 所示,图 4-9 为高庙子膨润土的环境扫描电镜(ESEM)显微照片。分析该原状高庙子膨润土所使用的主要试剂包括氯化钡、七水合硫酸镁、无水硫酸钠、碘化钠、高氯酸钠、高氯酸、氢氧化钠及 $Na^{125}I$,使用的主要仪器设备包括 ICP-AES、HR-ICP-MS、XRF、XRD、自动 γ 计数器、恒温水浴振荡器、电子天平、pH 计、高速离心机、烘箱、超声清洗器、旋转培养器等[2]。

图 4-8 原状高庙子膨润土的形貌

图 4-9 原状高庙子膨润土的 ESEM 显微照片(×1 000)

4.2.1 膨润土的性质分析

将原状高庙子膨润土在玛瑙研钵中充分研磨后过 200 目筛,将一部分过筛后的膨润土于 378 K 下烘干 8 h 以上,原状膨润土及烘干膨润土均用封口膜密封保存。部分原状膨润土进行 XRD 物相定量分析,之后回收样品于 378 K 烘干 8 h 以上,再次送样进行 XRD 物相定量分析;另将部分原状膨润土用 XRF 测定主次元素含量,用 ICP-MS 测定微量元素含量。三种表征方法的具体测试条件列于表 4-5 中。

表 4 - 5　高庙子膨润土性质测试条件

表征手段	测 试 条 件	实 验 取 值
XRD	环境温湿度	(25.0 ± 2.0) ℃/(50.0 ± 5.0)%
	X 射线类型及波长	Cu Kα/1.541 78 Å
	单色器种类	石墨弯晶单色器
	扫描管电压和电流	40 kV/100 mA
	扫描方式及步宽	$\theta/2\theta/0.02°(2\theta)$
	扫描速度	$8°/\text{min}(2\theta)$
XFS	环境温湿度	(20.0 ± 2.0) ℃/(50.0 ± 5.0)%
	其他条件遵照国家推荐标准 GB/T14506.28—1993	
ICP - MS	环境温湿度	(20.0 ± 2.0) ℃/(30.0 ± 5.0)%
	其他条件遵照地质矿产行业推荐标准 DZ/T0223—2001	

4.2.2　高庙子膨润土的阳离子交换容量

测定高庙子膨润土离子交换容量的方法为硫酸钡（$BaSO_4$）交换法，系国家推荐的标准方法 GB/T 20973—2007[4]。该方法的原理是，用 $BaCl_2$ 溶液处理膨润土样品，在充分接触的条件下，Ba^{2+} 与膨润土中的可交换阳离子发生等量交换，所交换出的阳离子采用电感耦合等离子体原子发射光谱（ICP - AES）仪测定，分别得到 Na、K、Ca、Mg 的含量；之后再将膨润土中的可交换性 Ba^{2+} 与 $MgSO_4$ 反应，生成 $BaSO_4$ 沉淀，通过消耗 $MgSO_4$ 的量即可测定膨润土的阳离子交换容量。

称取 1.0 g 烘干膨润土放入 50 mL 聚丙烯离心管中，加盖称量得到 m_1，向其中加入 30.0 mL 0.1 mol/L $BaCl_2$ 溶液，振荡 5 h，在 10 000 rpm 下离心 10 min，将上清液转移到 100 mL 容量瓶中。将膨润土超声分散 3 h。重复上述过程两次。将三次离心所得上清液加入同一个 100 mL 容量瓶内并用 0.1 mol/L $BaCl_2$ 溶液定容到 100 mL，该溶液称为滤液 A。将进行过以上处理的膨润土与 30 mL 0.002 5 mol/L $BaCl_2$ 溶液混合分散，超声 3 h 后再振荡 5 h 并静置 8 h，在 10 000 rpm 下离心 10 min，取出上清液待测。然后称量离心管、离心管盖和膨润土的总质量得到 m_2，之后加入 30 mL 0.02 mol/L $MgSO_4$ 溶液分散膨润土，超声分散 3 h 后振荡 24 h 并静置 8 h，在 10 000 rpm 下离心 10 min，倒出上清液并过滤到锥形瓶中，该溶液称为滤液 B。以上述相同步骤不加膨润土进行空白对照实验。分别移取滤液 A 和空白试液 2.0 mL 到试管中，加入 8 mL 水，用 ICP - AES 测定滤液 A 和对照空白试液的 Na、K、Ca、Mg 含量，以如下方法进行计算：

$$\rho_{Na} = \frac{50(\rho'_{Na} - \rho''_{Na})}{22.99m} \tag{4-3}$$

$$\rho_{K} = \frac{50(\rho'_{K} - \rho''_{K})}{39.10m} \tag{4-4}$$

$$\rho_{Ca} = \frac{50(\rho'_{Ca} - \rho''_{Ca})}{40.08m} \tag{4-5}$$

$$\rho_{Mg} = \frac{50(\rho'_{Mg} - \rho''_{Mg})}{24.31m} \tag{4-6}$$

式中，ρ_M 为膨润土阳离子交换容量中金属离子 M 的含量，mmol/100 g；ρ'_M 为稀释之后的滤液 A 中所测得金属离子 M 的浓度，mg/L；ρ''_M 为稀释之后的空白试液中所测得金属离子 M 的浓度，mg/L；m 为所测试样品的总质量，g。

分别移取滤液 B 和对照空白试液 2.0 mL 到 100 mL 容量瓶中，用去离子水定容，然后使用 ICP‑AES 测定滤液 B 中镁离子的浓度和空白试液中镁离子的浓度，以如下方法计算阳离子交换容量：

$$C = \frac{50C'(30 + m_2 - m_1)}{30} \tag{4-7}$$

$$CEC = \frac{3(50C'' - C)}{24.31m} \tag{4-8}$$

式中，CEC 为膨润土的阳离子交换容量，mmol/100 g；C' 为稀释之后的滤液 B 中所测得的镁离子浓度，mg/L；C 为修正的滤液 B 中镁离子浓度，mg/L；C'' 为稀释之后的空白试液中所测得的镁离子浓度，mg/L；m 为所测试样品的总质量，g。为了解实验条件对所测阳离子交换容量的影响，我们尝试了改变振荡、静置与超声的时间以及将交换 Ba^{2+} 的溶液由 $MgSO_4$ 换成 Na_2SO_4，共进行了 4 组实验。

图 4‑10 和图 4‑11 分别是原状以及烘干的高庙子膨润土的 XRD 谱图。谱图上半部分是高庙子膨润土样品的谱图，下半部分则为膨润土各种组成矿物的标准谱图。

根据图 4‑10 和图 4‑11 中的有关数据分析得到的高庙子膨润土矿物的组成列于表 4‑6 中。表中所列数据均为三个平行样品的平均值。

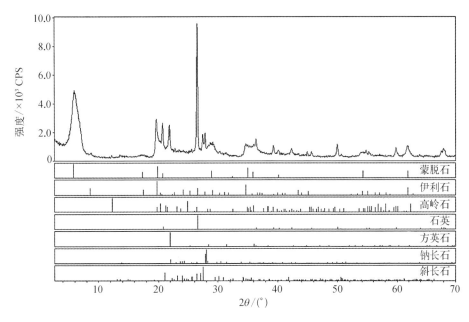

图 4‑10　原状高庙子膨润土的 XRD 谱图

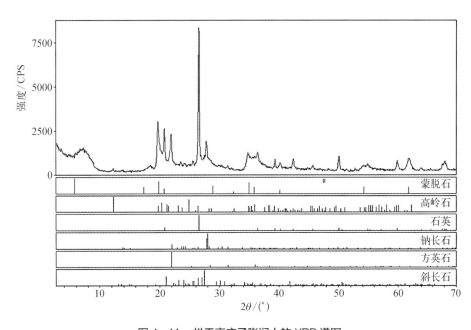

图 4‑11　烘干高庙子膨润土的 XRD 谱图

表 4-6　高庙子膨润土的矿物组成

来　源	矿物名称及其含量						
	蒙脱石	伊利石	高岭石	石英	方英石	钠长石	斜长石
原状高庙子膨润土	76%	6%	1%	9%	2%	4%	2%
烘干高庙子膨润土	75%	2%	3%	11%	3%	2%	1%

使用 XRF 所测定的高庙子膨润土主次元素的含量如表 4-7 所示。表中数据为原状高庙子膨润土单次测定的结果。

表 4-7　高庙子膨润土主次元素的含量

元　素	Na_2O	K_2O	Al_2O_3	P_2O_5	Fe_2O_3	MnO
含量/%	1.42	0.75	1.92	0.025	3.62	0.05
元　素	CaO	MgO	SiO_2	TiO_2	FeO	烧失量
含量/%	0.98	1.86	60.58	0.16	0.38	14.12

注：表中数据为质量分数（%），其中 Fe_2O_3 为全铁含量。

使用 ICP-MS 所测定的高庙子膨润土微量元素含量列于表 4-8 中。

表 4-8　高庙子膨润土中微量元素的含量

元　素	Li	Be	Sc	V	Cr	Co	Ni	Zr	Nb	Mo	Cd	In
含量/$\times 10^{-4}$%	82.8	9.62	3.44	38.4	14.3	4.27	7.28	129	62	0.27	0.89	0.164
元　素	Sn	Sb	Gd	Tb	Dy	Ho	Er	Yb	Lu	Cu	Zn	Ga
含量/$\times 10^{-4}$%	26.5	0.11	7.08	1.65	10.1	1.98	5.61	5.37	0.75	11.2	82.2	27
元　素	As	Se	Rb	Sr	Y	Cs	Ba	La	Ce	Pr	Nd	Sm
含量/$\times 10^{-4}$%	41.4	0.16	61.6	366	58	3.36	222	19	41.8	5.26	21.1	7.45
元　素	Eu	Hf	Ta	W	Re	Tl	Pb	Bi	Th			
含量/$\times 10^{-4}$%	0.41	8	7.16	1.76	—	0.35	28.7	0.7	17.9			

注：表中数据为质量分数（$\times 10^{-4}$%），As、Se、Sn 仅供参考。

在原状高庙子膨润土的 XRD 衍射谱图中，在 $2\theta = 7°$ 附近有一个突出的衍射峰，通过图谱比对可知该峰是膨润土的层间水衍射峰，说明在原状高庙子膨润土中含有的水分主要是以层间水的形式存在的。当膨润土在 378 K 下烘干后该衍射峰消失，说明这一部分层间水在加热时很容易去除。矿物组成分析表明，高庙子膨润土蒙脱石含量在

75%以上,与美国MX-80膨润土和加拿大阿文利(Avonlea)膨润土的蒙脱石含量处于同一水平,属于高品质膨润土。在非蒙脱石副矿物中,石英的含量较高,此外还有少量的伊利石、高岭石、方解石、钠长石和微斜长石等。该膨润土的主要组成矿物绝大部分具有较好的热稳定性。元素分析结果表明,高庙子膨润土属于钠基膨润土;微量元素分析结果表明,高庙子膨润土中锶和钡的含量较高,铷的含量偏低,轻稀土相对富集。

实验测得高庙子膨润土的阳离子交换容量与几种主要可交换阳离子的含量列于表4-9中。

表4-9 高庙子膨润土的阳离子交换容量与几种可交换阳离子的含量[2]

组别	Na	K	Ca	Mg	CEC
1	56.4	1.48	9.86	4.64	28.0
2	53.1	2.07	10.9	5.53	49.8
3	76.6	1.55	10.2	5.12	51.4
4	76.6	1.55	10.2	5.12	81.2

注:表中数据单位均为mmol/100 g。第1组振荡1 h,静置5 h,未进行超声分散,使用硫酸镁交换钡离子;第2组振荡1 h,静置5 h,超声分散2 h,使用硫酸镁交换钡离子;第3组振荡5 h,静置24 h,超声分散3 h,使用硫酸钠交换钡离子;第4组振荡5 h,静置24 h,超声分散3 h,使用硫酸镁交换钡离子。

表4-9中的数据表明,采用标准处理流程(相对最长的振荡、静置、超声分散时间)得到的阳离子交换容量值最大,说明每个处理步骤以及所需时间对于准确测定膨润土的阳离子交换容量都是不可或缺的。钠离子可交换阳离子占比最大,占全部阳离子交换容量的90%以上。在测定阳离子交换容量的过程中,离心后对膨润土进行超声分散以及长时间振荡、静置使离子交换达到平衡是非常必要的。当采用硫酸钠代替硫酸镁时,超声分散6 h后固体仍然板结在离心管底部,基本上不分散;而采用硫酸镁超声分散3 h即可分散良好,测定结果也优于硫酸钠,说明对于钡离子而言,镁离子是更为合适的离子交换剂。总体而言,硫酸钡交换法是一种可靠的测定膨润土离子交换容量的方法,虽然实验操作步骤较多、速度较慢,但所得数据准确可靠、重现性好。

4.3 放射性碘在高庙子膨润土上的吸附

碘是53号元素,有33个同位素,质量数从110到142,其中^{127}I是稳定核素,其他均为放射性核素。在这些放射性核素中，[129]I是唯一来自自然界的长半衰期核素，其半衰期为 $1.57×10^7$ a。天然存在的[129]I主要来源于[238]U的自发裂变和中子诱发的[235]U裂变。乏燃料中存在数量可观的[129]I。在水溶液中碘有 -1、0、$+1$、$+3$、$+5$ 和 $+7$ 等多种价态；在环境中，其最主要的价态为 -1、0 和 $+5$，对应的种态主要包括 I^-、I_2、I_3^- 和 IO_3^-，大部分为阴离子，具有很强的迁移能力，可在人体的甲状腺中富集，对人类具有较大的潜在危害性，是核设施退役治理及放射性废物处置安全评价中的关键核素之一。

鉴于目前我国已计划在甘肃北山建造首座高放废物处置地下实验室，我们利用取自甘肃北山的地下水作为液相，探究碘在高庙子膨润土上的吸附。地下水样品由核工业北京地质研究院提供。利用离子色谱法（IC）对取自甘肃北山 BS03 号钻孔的地下水进行成分分析，分析结果列入表 4-10。

表 4-10　BS03 号井地下水的离子组成（pH = 7.58）

离　　子	K^+	Na^+	Ca^{2+}	Mg^{2+}
浓度/(mol/L)	$5.12×10^{-4}$	$4.60×10^{-2}$	$4.37×10^{-3}$	$8.64×10^{-4}$
离　　子	Cl^-	SO_4^{2-}	NO_3^-	HCO_3^-
浓度/(mol/L)	$3.00×10^{-2}$	$9.72×10^{-3}$	$5.48×10^{-4}$	$5.90×10^{-3}$

为了解碘在高庙子膨润土上的吸附行为，我们采用批式吸附实验方法，研究了温度、离子强度、pH 等因素对[125]I（代替[129]I）在高庙子膨润土上吸附的影响，得到了各种条件下的吸附平衡常数，并探讨了相关因素对碘在高庙子膨润土上吸附的影响。

实验所用的放射性同位素为[125]I，其原始状态为 $Na^{125}I$ 溶液，购自中核高通同位素股份有限公司和北方生物有限公司，放射性纯度＞99%。由于[125]I 的衰变类型主要为 γ 衰变，采用自动 γ 计数器对其放射性活度进行测量，并将测定的[125]I 的放射性比活度（Bq/L）转化为其化学浓度（mol/L），计算公式如下所示：

$$C = \frac{A}{N_A \lambda} \tag{4-9}$$

式中，C 为核素放射性比活度对应的化学浓度，mol/L；A 为核素放射性核素的比活度，Bq/L；λ 为核素的衰变常数，s^{-1}，此处[125]I 的衰变常数为 $1.34×10^{-7}$ s^{-1}；N_A 为阿伏伽德罗常数，mol^{-1}，$N_A = 6.02×10^{23}$ mol^{-1}。

实验过程中加入放射性碘源液的化学浓度在 10^{-10} mol/L 数量级，结合购买[125]I 同位素时的辐照规格及自动 γ 计数器的探测效率，可以计算出未加载体时溶液中^{125}I 的化学浓度在 10^{-9} mol/L 数量级。

吸附实验中所使用的主要试剂有 Na^{125}I、高氯酸钠、高氯酸、氢氧化钠等，主要使用的仪器设备包括电子天平(0.000 1 g)、精密 pH 计、pH 电极、电热恒温干燥箱、高速离心机、自动 γ 计数器、旋转培养器、移液枪等。

4.3.1 批式吸附实验

批式吸附实验用北山地下水或 NaClO$_4$ 溶液作背景电解质溶液，在大气环境中进行，考察了包括离子强度、pH、温度和固液比在内的多种因素的影响。

所有批式吸附实验均在 10 mL 国产聚乙烯连盖离心管中进行。实验过程中，向 10 mL 的离心管中加入 0.32 g 高庙子膨润土和 8.0 mL 北山地下水或一定浓度的 NaClO$_4$ 溶液，用微量的 HClO$_4$ 或 NaOH 溶液调节各离心管中悬浊液的 pH 并使之稳定在实验设定值，持续振荡，至悬浊液达到预平衡。

在悬浊液达到稳定状态后，向每根离心管中加入约 20 μL 的 Na^{125}I 示踪剂，继续调节悬浊液的酸碱度至体系稳定，并将离心管放置于旋转培养器上持续振荡至吸附平衡。吸附达到平衡后，通过 10 000 rpm 高速离心分离水相，并用 0.22 μm 过滤器过滤上清液，定量取出上清液和悬浊液并利用自动 γ 计数器测量其放射性活度。

在批式吸附实验过程中，研究温度影响时，采用自制恒温箱控制实验温度；研究离子强度影响时，使用 NaClO$_4$ 的浓度分别为 0.010 mol/L、0.10 mol/L 和 0.50 mol/L；解吸附实验中，向每个解吸附样品试管中加入 8.00 mL 0.10 mol/L NaClO$_4$ 溶液，然后按照与批式吸附实验相同的方法进行分离和测量，并根据解吸附溶液中碘离子的浓度计算高庙子膨润土的解吸附量。研究中批式吸附实验的具体内容及实验条件如表 4-11 所示。

表 4-11　批式吸附实验的内容及相关实验条件

编号	pH	温度/℃	离子强度/(mol/L)	固液比/(g/L)	氧环境
1	1.0~13.0	22±2	0.10	40	大气条件
2	4.0	25/40/55	0.10	40	大气条件
3	4.0	22±2	0.010/0.10/0.50	40	大气条件
4	4.0	22±2	0.10	10~100	大气条件

批式吸附实验的数据处理方法如下。

通过批式吸附实验能够获得对应条件下^{125}I在高庙子膨润土中的吸附平衡分配系数（K_d，mL/g）及相对固相浓度（q，mmol/g）等相关参数。吸附百分比（A_P，%）、吸附平衡分配系数、相对固相浓度和脱附率R_d分别计算如下：

$$A_P = \frac{A_0 - A_{eq}}{A_0} \times 100\% \qquad (4-10)$$

$$K_d = \frac{(A_0 - A_{eq})}{A_{eq}} \cdot \frac{V}{m} \qquad (4-11)$$

$$q = \frac{(A_0 - A_{eq})}{A_0} \cdot \frac{C_0 V}{m} \qquad (4-12)$$

$$R_d = \frac{A'_{eq}}{A'_0} \times 100\% \qquad (4-13)$$

式中，A_0、A_{eq}分别为吸附平衡时^{125}I$^-$在悬浮液和上清液中的放射性比活度，dpm/mL；A'_{eq}为解吸附后上清液中放射性碘的比活度，dpm/mL；C_0为液相中^{125}I$^-$的初始浓度，mol/L；V为液相体积，mL；m为固相的质量，g。通过平行实验和分步误差计算，吸附平衡分配系数和吸附平衡常数的误差约为±5%。

4.3.2　碘的种态

碘在水溶液中的种态与其所处溶液的Eh、pH、离子强度、温度等因素密切相关，图4-12为水溶液中碘的Eh-pH图，显示了室温时不同Eh、pH条件下碘的种态分布情况。根据吸附实验中溶液的Eh、pH数据，结合碘的Eh-pH图，可以认定各类条件下的碘离子始终保持I$^-$的离子形式。

以北山地下水为液相，在^{125}I初始浓度$C_{I^-}=2.1\times10^{-11}$ mol/L，固液比$m/V=4.0$ g/L，pH=4.0 ± 0.2，温度$T-(298\pm2)$ K的条件下，研究了接触时间对^{125}I$^-$在高庙子膨润土上吸附

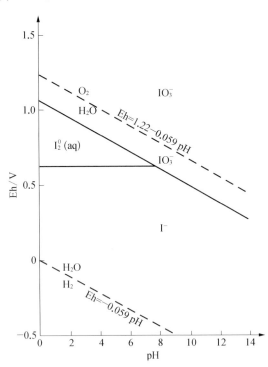

图4-12　水溶液中碘的Eh-pH图（298 K）

的影响,结果如图 4-13 所示。结果表明,
$^{125}\text{I}^-$ 在高庙子膨润土上的吸附速率较慢,
吸附约在 100 h 后趋于平衡,最大吸附百
分比约为 6%。

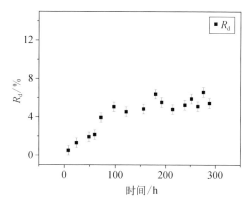

图 4-13　接触时间对 $^{125}\text{I}^-$ 在高庙子膨润土上吸附的影响

$[C_{\text{I}} = 2.1 \times 10^{-11}$ mol/L, $m/V = 4.0$ g/L, pH = 4.0 ± 0.2, $T = (298 \pm 2)$ K]

4.3.3 单矿对吸附的影响[5]

为了解高庙子膨润土中各组分对
$^{125}\text{I}^-$ 在膨润土上吸附的影响,对高庙子膨
润土中的组成矿物进行了表征并开展相
应的批式吸附实验,实验结果如图 4-14
所示。结果表明,蒙脱石是 $^{125}\text{I}^-$ 在高庙
子膨润土上发生吸附的主要成分,其余
单矿的吸附作用均可忽略。蒙脱石和高
庙子膨润土的吸附曲线表现出了相似的
趋势。

根据单一矿物在高庙子膨润土中所占
比例(蒙脱石为 50%,石英为 28%,钠长石
为 13%,钾长石为 9%),对单一矿物吸附
曲线按照各矿物所占比例加权得到拟合膨
润土的吸附曲线(图 4-15)。从图 4-15
中可以看出,拟合吸附曲线与实测吸附曲
线具有相同的变化趋势,但拟合吸附曲线

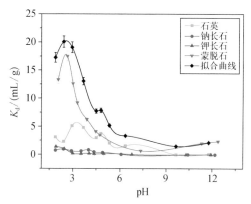

图 4-14　$^{125}\text{I}^-$ 在单一矿物上的吸附行为

$[C_{\text{I}} = 2.1 \times 10^{-11}$ mol/L, $m/V = 4.0$ g/L, $T = (298 \pm 2)$ K]

的吸附平衡分配系数(K_{d})小于实际吸附曲线的 K_{d}。经 XRD 半定量测定,尽管高庙子
膨润土中蒙脱石含量为 50%,蒙脱石单矿中蒙脱石含量为 75%,但不同产地矿床之间的
蒙脱石在层状结构和位点数量之间会存在一定差异,在吸附质 I^- 浓度极低
(10^{-10} mol/L)条件下,蒙脱石结构差异导致吸附容量差异的可能性是存在的;利用
XRF 表征膨润土的元素组成时,检出限约为 10 μg/g,体系中若含有 Hg、Ag 等元素,会
因含量低而无法检出,此类微量元素可能会与碘负离子生成沉淀,如 HgI_2($K_{\text{sp}} = 3.2 \times 10^{-29}$)、$\text{AgI}$($K_{\text{sp}} = 1.5 \times 10^{-16}$)等,生成的沉淀会造成碘在膨润土上的 K_{d} 偏高。汞矿通

常伴生在铅锌矿床、锑汞矿床等矿床中，高庙子膨润土矿伴生矿中含有低浓度的汞的可能性也是不能排除的，这需要开展进一步的研究。

通过单矿的批式吸附实验可以确定，$^{125}I^-$ 在膨润土上吸附在 pH = 2 附近出现峰值的原因与高庙子膨润土的主要成分蒙脱石的性质有关。在北山地下水的酸度条件下，^{125}I 在高庙子膨润土上的吸附是微弱的。

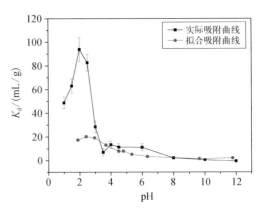

图 4 - 15　$^{125}I^-$ 在高庙子膨润土单矿拟合膨润土上的吸附曲线

$\left[C_{I^-} = 2.1 \times 10^{-11} \text{ mol/L}, \ m/V = 4.0 \text{ g/L}, \right.$ $\left. T = (298 \pm 2) \text{ K} \right]$

4.3.4　固液比的影响

在北山地下水条件下，且 $^{125}I^-$ 初始浓度 $C_{I^-} = 2.1 \times 10^{-11}$ mol/L, pH = 4.0 ± 0.2，温度 $T = (298 \pm 2)$K，考察了固液比对 $^{125}I^-$ 在高庙子膨润土上吸附的影响，变化关系如图 4 - 16 所示。由图 4 - 16 可知，在固液比 m/V 为 $10 \sim 20$ g/L 时，$^{125}I^-$ 在高庙子膨润土上的吸附百分数随固液比的增大而迅速增加。原因是随高庙子膨润土浓度增大，可以提供的表面吸附位点也增多，导致 $^{125}I^-$ 在高庙子膨润土上的吸附百分数增加。当固液比大于 20 g/L 时，$^{125}I^-$ 在膨润土上的吸附百分数

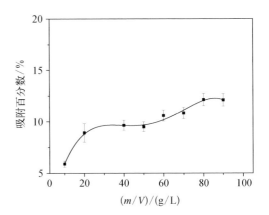

图 4 - 16　固液比对 $^{125}I^-$ 在高庙子膨润土上吸附的影响

$\left[C_{I^-} = 2.1 \times 10^{-11} \text{ mol/L}, \text{ pH} = 4.0 \pm 0.2, \right.$ $\left. T = (298 \pm 2) \text{ K} \right]$

基本保持稳定，约为 10%，说明吸附基本趋于饱和。

4.3.5　酸度的影响

在 ^{125}I 初始浓度 $C_{I^-} = 2.1 \times 10^{-11}$ mol/L，温度 $T = (298 \pm 2)$ K，固液比 $m/V = 4.0$ g/L 的条件下，考察了 pH 对 $^{125}I^-$ 在高庙子膨润土上吸附的影响。图 4 - 17 为不同

pH 条件下 $^{125}I^-$ 在高庙子膨润土上的吸附。从图中可以看出,当 pH > 1 时,$^{125}I^-$ 开始在高庙子膨润土上发生显著吸附。随着 pH 增大,吸附平衡常数逐渐增大,并在 pH = 2 附近达到最大值,约为 92 mL/g。随着 pH 继续增大,吸附迅速减小。在 pH = 6.5 附近,吸附几乎为零。

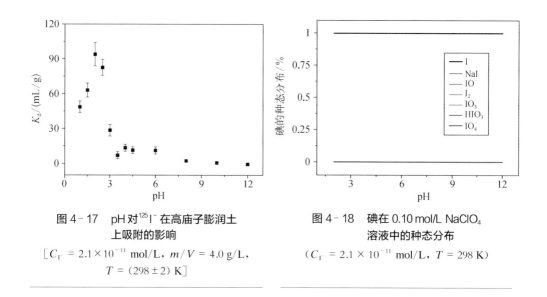

图 4-17 pH 对 $^{125}I^-$ 在高庙子膨润土上吸附的影响

$[C_{I^-} = 2.1 \times 10^{-11} \text{ mol/L}, m/V = 4.0 \text{ g/L},$
$T = (298 \pm 2) \text{ K}]$

图 4-18 碘在 0.10 mol/L NaClO$_4$ 溶液中的种态分布

$(C_{I^-} = 2.1 \times 10^{-11} \text{ mol/L}, T = 298 \text{ K})$

大量研究表明,由于黏土矿物永久性负电荷的排斥作用,非特异性吸附的阴离子如 I^- 在黏土材料中的吸附能力较弱,而在 pH = 2 附近出现最大吸附平衡分配系数的现象在文献中鲜有报道。

为深入探讨这一现象,我们利用 CHEMSPEC 软件计算了在温度 $T = 298$ K、^{125}I 初始浓度 $C_{I^-} = 2.1 \times 10^{-11}$ mol/L、背景电解质 NaClO$_4$ 浓度为 0.1 mol/L 的条件下,碘在水溶液中的种态随 pH 的变化,结果如图 4-18 所示。

由图 4-18 可以看出,在 pH < 10 的范围内,I^- 是碘的主要存在种态,占种态总含量的 99% 以上。作为阴离子,$^{125}I^-$ 在膨润土上的吸附以静电吸引为主,并依赖于蒙脱石片层结构中边缘位点的正电荷密度。因此,可以推断,pH 和离子强度共同作用影响蒙脱石片层结构和边缘位点电荷密度,进而影响 $^{125}I^-$ 在膨润土上的吸附。

4.3.6 离子强度对吸附的影响

在 ^{125}I 初始浓度 $C_{I^-} = 2.1 \times 10^{-11}$ mol/L、温度 $T = (298 \pm 2)$K、固液比 $m/V =$

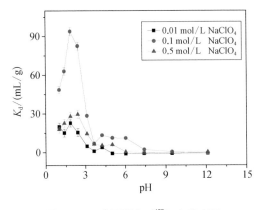

图 4-19　离子强度对^{125}I$^-$在高庙子
膨润土上吸附的影响

$[C_I = 2.1 \times 10^{-11}$ mol/L, $m/V = 4.0$ g/L,
$T = (298 \pm 2)$ K$]$

4.0 g/L的条件下,考察了 pH 为 1～12 时,离子强度(以背景电解质 NaClO$_4$ 的浓度表示)对^{125}I$^-$在高庙子膨润土上吸附的影响,结果如图 4-19 所示。

从图 4-19 中可以看出,不同背景电解质浓度条件下,^{125}I$^-$在膨润土上的吸附平衡分配系数的关系为 0.10 mol/L NaClO$_4$ > 0.50 mol/L NaClO$_4$ > 0.01 mol/L NaClO$_4$,这说明离子强度对^{125}I$^-$在膨润土上的吸附影响显著。为帮助对上述实验结果的理解,图4-20 给出不同离子强度下膨润土和蒙脱石的表面质子过剩测量结果。

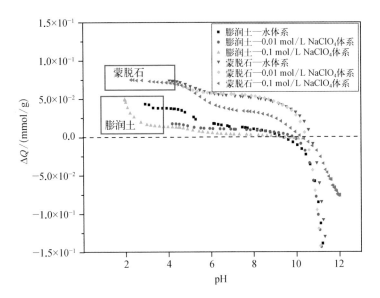

图 4-20　不同离子强度下高庙子膨润土和蒙脱石的表面质子过剩随溶液 pH 的变化

　　单矿批式吸附实验表明,蒙脱石是^{125}I$^-$在高庙子膨润土上发生吸附反应的主要贡献者,且在各类实验条件下,碘始终保持 I$^-$的形式。

4.3.7 温度对吸附的影响

在固液比 $m/V = 40\,\mathrm{g/L}$，pH = 4.0 ± 0.5 的条件下，考察了温度对 $^{125}\mathrm{I}^-$ 在高庙子膨润土上吸附的影响。实验温度分别为 298 K、313 K 和 333 K 时，$^{125}\mathrm{I}^-$ 在高庙子膨润土上的吸附等温线如图 4‑21 所示。

由图 4‑21 可知，温度增加对 $^{125}\mathrm{I}^-$ 在高庙子膨润土上的吸附并不是单纯的促进或者削弱作用。由于 $^{125}\mathrm{I}^-$ 在高庙子膨润土上的吸附量非常小，在核素平衡浓度 $C_\mathrm{e} \leqslant 1 \times$

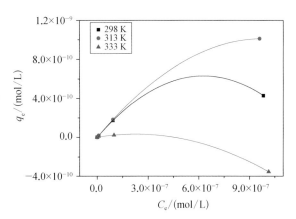

图 4‑21　不同温度下核素的吸附容量随核素平衡浓度的变化

$10^{-8}\,\mathrm{mol/L}$ 时，温度对 $^{125}\mathrm{I}^-$ 在高庙子膨润土上的吸附几乎没有影响。

Langmuir 吸附模型常用于描述单层吸附，同时假设吸附质之间无相互作用，吸附量可以用下式表示：

$$q_\mathrm{e} = \frac{k_\mathrm{L} q_{\max} C_\mathrm{e}}{1 + k_L C_\mathrm{e}} \tag{4‑14}$$

式(4‑14)可以变换为

$$\frac{C_\mathrm{e}}{q_\mathrm{e}} = \frac{1}{k_\mathrm{L} q_{\max}} + \frac{C_\mathrm{e}}{q_{\max}} \tag{4‑15}$$

式中，q_e 为核素的吸附量，mol/g；C_e 为核素的平衡浓度，mol/L；$q_{\max}$ 为最大吸附量，mol/g；k_L 为 Langmuir 吸附平衡常数。

Freundlich 吸附模型考虑了吸附自由能和吸附分数之间的关系，用于描述相互作用后吸附剂表面的不均匀性，为经验模型，可以描述表面不均匀或者表面吸附质之间存在相互作用的行为。可以用下式表示：

$$q_\mathrm{e} = k_\mathrm{F} C_\mathrm{e}^n \tag{4‑16}$$

式(4‑16)可以变化为

$$\lg q_\mathrm{e} = \lg k_\mathrm{F} + n \lg C_\mathrm{e} \tag{4‑17}$$

式中，k_F 和 n 为 Freundlich 吸附平衡常数。

图 4 - 22 和图 4 - 23 为在 298 K、313 K、328 K 条件下,分别用 Langmuir 和 Freundlich 吸附模型对初始浓度为 8.3×10^{-14} mol/L、8.3×10^{-12} mol/L、4.2×10^{-13} mol/L、4.2×10^{-12} mol/L、8.4×10^{-11} mol/L、1.0×10^{-10} mol/L、1.0×10^{-9} mol/L、1.0×10^{-8} mol/L、1.0×10^{-7} mol/L、1.0×10^{-6} mol/L 的 $^{125}I^-$ 在高庙子膨润土上的吸附数据拟合的结果。由图 4 - 23 可知,与 Langmuir 吸附模型相比,Freundlich 吸附模型更适合描述 $^{125}I^-$ 在膨润土表面的吸附。

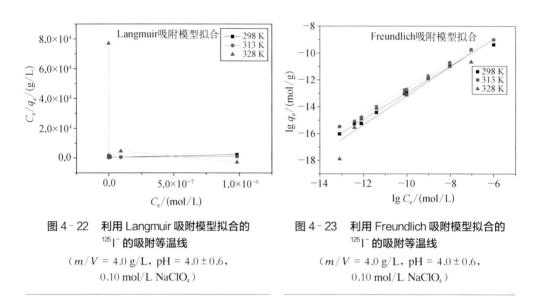

图 4 - 22　利用 Langmuir 吸附模型拟合的 $^{125}I^-$ 的吸附等温线

(m/V = 4.0 g/L, pH = 4.0 ± 0.6, 0.10 mol/L NaClO$_4$)

图 4 - 23　利用 Freundlich 吸附模型拟合的 $^{125}I^-$ 的吸附等温线

(m/V = 4.0 g/L, pH = 4.0 ± 0.6, 0.10 mol/L NaClO$_4$)

4.3.8　碘在高庙子膨润土上吸附的主要结论

利用批式吸附实验,研究了不同固液比、不同温度、不同离子强度、不同浓度的 ^{129}I (用 ^{125}I 代替)在北山地下水或模拟北山地下水/高庙子膨润土体系中的吸附及其变化。研究结果表明,在北山地下水条件下,碘的主要存在形式是 I^-,在高庙子膨润土上的吸附很弱。若要增强这类核素离子在高庙子膨润土上吸附,必须对高庙子膨润土进行改性。

4.4　碘在高庙子膨润土中的扩散[2]

研究核素在膨润土中的扩散实验一般使用具有一定厚度的压实膨润土块体或柱

体。恒定源浓度通透扩散法和内扩散法已广泛应用于研究核素的扩散性质研究中。通常所用的扩散实验装置的大小在厘米量级，所使用的压实膨润土样品的几何尺寸也主要分布在 1～10 cm 内。几何尺寸在厘米以及更大的扩散实验装置通常称为传统扩散实验装置。使用传统扩散实验装置开展针对压实膨润土的扩散实验，需要一些土力学和土工学的专用设备，如万能试验机等配套设备；对于实验装置本身来说，由于加工技术和相应零配件的限制，实验装置尺寸要进一步小型化比较困难，并且实验装置总体而言仍较为复杂，由此造成较高的设计加工成本。实验装置设计上的困难提高了这方面研究的门槛；较高成本导致不利于大规模加工生产实验设备并开展大量样品的平行实验；实验装置自身的体积、形状与结构对引入各种实验条件施加了一定的限制；相对较大尺寸的实验装置意味着较大的样品尺寸与样品用量，完成一次实验所需时间也较长；传统实验装置对于滤网的依赖性给实验数据处理带来了一定的困难与不确定性。

近年来，一种利用毛细管作为实验工具的实验方法——毛细管内扩散法逐渐进入人们的视野。毛细管法本质上是以毛细管代替传统内扩散实验中的扩散柱来实现内扩散实验方法小型化的一种实验技术。在 20 世纪中期，已经有人利用毛细管作为实验工具测定各种物质在液态水中的扩散迁移行为。2003 年法国的 Montavon 等与王祥科合作，率先将此方法应用到压核素在实膨润土中的扩散研究中。他们采用的毛细管法的一般实验流程如下。

（1）使用内径为 1 mm 左右、长度为 30～40 mm 的玻璃或者其他材质的毛细管作为实验工具，将处于松散状态的干膨润土以一定的压实密度，逐渐填充入毛细管中，在管内形成一段具有一定密度的、大致均匀的压实膨润土柱体，柱体一端与毛细管的开口端位于同一平面，作为扩散物质在土柱中扩散的起点（此后称为近端）；柱体另一端则位于毛细管另一开口端以下（此后称为远端），柱体填充长度小于毛细管管长，一般为 25～35 mm。

（2）将毛细管置入地下水、模拟地下水或者具有一定离子强度的背景电解质溶液中，使膨润土柱体与这些溶液长时间接触，利用膨润土自身的吸水特性使压实膨润土柱体达到吸水饱和的状态，这一过程称为压实膨润土的饱和平衡。饱和平衡的目的是使膨润土内部孔隙中充满孔隙溶液，确保扩散物质只能通过扩散的方式在柱体中迁移，同时也使孔隙溶液的化学环境与外部溶液（饱和平衡溶液）处于平衡状态。

（3）待膨润土柱体饱和平衡完全之后，将毛细管近端与有一定体积的扩散源液接触，远端则不与扩散源液接触，使扩散物质自柱体近端开始在土柱中扩散。

（4）经过一定的扩散时间后，取出毛细管，将管内的压实膨润土柱体从毛细管一端开口逐步推出，将推出的柱体按一定的长度切片。

（5）分别测定每个切片的放射性活度（对于稳定同位素则通过其他分析手段直接或间接测其浓度），以获取扩散物质在压实膨润土柱体中沿管长方向的一维浓度分布。

在整个实验过程中，扩散源液中扩散物质的浓度应始终保持（近似）为定值；压实膨润土柱在实验过程中应满足半无限长设定，即扩散物质不能扩散到膨润土柱的远端。整个实验的操作流程如图4-24所示。得到扩散物质的一维浓度分布情况之后，数据处理的方法与传统的恒定源浓度内扩散法完全相同，通过拟合的方法得到表观扩散系数 D_a。

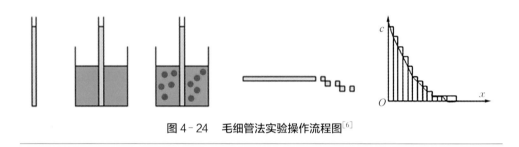

图4-24　毛细管法实验操作流程图[6]

相对于稳态通透扩散法，内扩散法已经在实验速度上存在优势，而毛细管法将传统内扩散方法小型化后进一步突出了这种速度优势，同时还克服了传统方法对专业土工设备的需求（在实验装置的设计加工难度和开发成本方面的问题，装置的体积、形状对实验条件的限制，较多的样品用量和较多的实验废物等诸多局限和不足）。在毛细管法中，由于管内膨润土柱体与外部溶液（包括饱和平衡溶液和扩散源液）之间的接触面积很小（近端开口不到 $1\ mm^2$），只有极少量的膨润土会因吸水后膨胀而脱离毛细管，因此在毛细管法实验过程中无须在毛细管开口处放置滤网，从而简化了实验数据的处理。

4.4.1　实验材料

扩散实验所用膨润土为核工业北京地质研究院提供的原状高庙子膨润土，除了研磨并过200目筛之外未进行其他处理。膨润土保存于口膜加封的烧杯之内，防止杂质混入，在装填入毛细管之前于378 K下加热烘干48 h以上，确保膨润土中所含水分完全脱除。膨润土烘干后，迅速用封口膜密封，并于4 h内装填入毛细管，尽量减少在装填过程中膨润土自空气中吸收水分。扩散实验中所使用的主要试剂有碘化钠、高氯酸钠、高氯酸、氢氧化钠、Na^{125}I,除专用实验装置之外的仪器设备,还使用了恒温水浴锅、电子天平、pH 计、高速离心机、烘箱、超声波清洗器、自动 γ 计数器。

4.4.2 毛细管法实验装置

我们在进行毛细管内扩散实验过程中发现,文献中所记载的毛细管法操作流程在某些方面存在一定的局限性(例如毛细管内压实膨润土所能达到的压实密度水平),同时某些实验设计与操作方式不适于我们对实验控制条件的要求(例如毛细管的一端暴露在空气中的实验设计在实验温度较高的情况下将导致严重的偏差)。此外,由于毛细管的内径过小,在文献报道中,向毛细管中装填压实膨润土和将毛细管内压实膨润土样品自管内推出的操作,均是由实验者持简单工具以手工的方式进行的。我们在测试的过程中发现,这种手工操作的效果与实验者的操作技巧有很大关系,并且即使达到非常熟练的程度,仍然很难保证同一批次实验样品有较好的平行性。基于上述原因,北京大学核环境化学课题组开发了一套完整的毛细管法实验装置和固定的操作流程,目的是实现实验方法中各个步骤由手工操作均转为机械操作,同时确定合适的实验用品和实验设计,建立起一套完整的、规范的、有自身特色的实验方法。

毛细管作为毛细管法的核心材料,应满足的条件较多。首先由于需要以一定的压实密度向毛细管中装填膨润土,管材本身的强度不能过低,也不能过脆;管径均一性要求很高,这是将扩散过程简化为一维扩散的前提条件;管材应具有足够的耐高温性以及化学惰性;毛细管本身成本不能过高。

我们先后选择测试了三种不同材质的毛细管,分别为普通硼硅玻璃、聚四氟乙烯(PTFE)以及聚醚醚酮(PEEK)毛细管,内径均为 1 mm 左右。通过进行膨润土手工装填测试,发现玻璃毛细管强度过低,即使在较低压实密度下也很容易破碎、断裂,不适合进行对压实密度有一定要求的扩散实验。PTFE 毛细管在确保管径不变的前提下,其所能承受的最大干压实密度也仅为 1 200 kg/m^3,而 PEEK 毛细管在手工装填所能达到的最大干压实密度 1 450 kg/m^3 下无任何形变。PEEK 是一种具有优良的耐热与耐辐射性能的聚合物材料,同时具有很好的表面化学惰性,国外多名研究者采用 PEEK 作为放射性核素扩散、吸附相关实验设备的加工材料。我们所选用的 PEEK 毛细管系由高效液相色谱(HPLC)仪器中所使用的 PEEK 连接毛细管切割而成,由美国 IDEX Health & Science 公司生产,内径为 1.016 mm,外径为 1.588 mm,具有非常好的内外径均一性。

在确定了毛细管的材质之后,还需要进一步确定用于扩散实验的毛细管长度。经过多次实验测试,我们最终确定 24 mm 为最适合进行扩散实验的长度,既能保证取样点的数量,又能避免自身弯曲的影响。为了获得长度精确为 24 mm 的毛细管,我们设计加工了 PEEK 毛细管 24 mm 定长切割装置,如图 4‑25 所示。

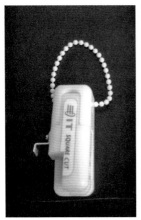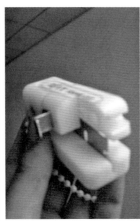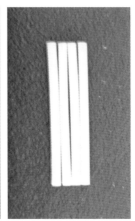

图 4‑25　PEEK 毛细管 24 mm 定长切割装置及其切割出的毛细管

4.4.3　毛细管机械装填装置的设计与加工

在对 PEEK 毛细管进行膨润土手工装填测试时发现,手工装填所能达到的最大干压实密度为 1 450 kg/m³ 左右,而对于作为地质处置库缓冲回填材料的压实膨润土,有实际应用价值的干压实密度为 1 500～2 000 kg/m³。为此,我们设计加工了与 24 mm 定长 PEEK 毛细管匹配的毛细管机械装填装置。该装置通过螺纹定位系统精确控制压实顶针的运动距离,对毛细管内的膨润土进行逐步、可控的压实,压实作用力远大于手工装填所能达到的力度。该机械装填装置的设计图纸和实物照片如图 4‑26 和图 4‑27 所示。

使用此机械装填装置向 PEEK 毛细管中装填高庙子膨润土,一般将 24 mm 管长装填约 23.5 mm,可达到的最大干压实密度至约为 2 000 kg/m³,但在该压实密度水平下 PEEK 毛细管将出现管径变形。为此,我们的扩散实验选择的压实膨润土密度不超过 1 800 kg/m³。

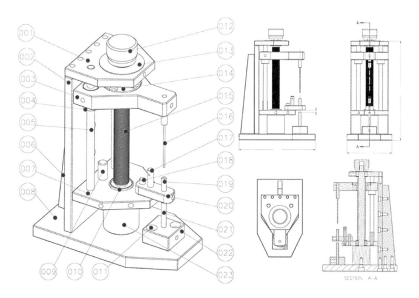

图4‑26　毛细管机械装填装置设计图

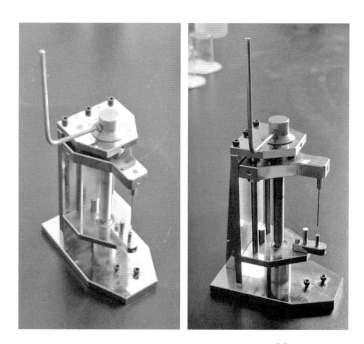

图4‑27　毛细管机械装填装置实物照片[2]

4.4.4 扩散源液容器的选择

扩散源液容器在毛细管法扩散实验中担负着双重功能,除了盛放扩散源液之外,还将决定毛细管与扩散源液之间的接触方式。为了确保扩散源液的各种化学指标在各种实验条件下(例如温度较高时)均不受影响,扩散源液容器需要具有较好的稳定性(主要是热稳定性)和化学惰性;毛细管与扩散源液之间需要保持一定的位置关系和接触方式,并借助扩散源液容器来加以固定。

我们首先选择 100 mL 聚四氟乙烯 PTFE 烧杯作为扩散源液容器,其稳定性和化学惰性均较好。在使用烧杯这类敞口容器作为扩散源液容器时,扩散源液的用量相对较多(15~20 mL)但仍然只能占据容器的底部,毛细管与扩散源液的接触方式为文献报道中的一端接触(近端),一端暴露于空气中(远端)的模式。为了防止扩散源液以及毛细管内压实膨润土的孔隙溶液挥发损失,我们将一个 400 mL 烧杯反扣于 100 mL 烧杯之上,以减缓与外部大气的流通。但经过实验测定,当实验温度在 308 K 以上时,这种实验设计无法控制扩散源液和孔隙溶液的挥发,实验结果将出现很大偏差。经过多次尝试,最终确定了以 7 mL 具塞聚丙烯离心管作为扩散源液容器。此时扩散源液的用量减少为 5 mL,但已基本将容器装满,毛细管基本上垂直浸没于扩散源液之中。将离心管盖紧之后,另用封口膜密封,以确保密封严实。为使扩散单向进行,毛细管的远端使用封口膜严密缠裹,实现隔水密封,并以近端在下远端在上的方式浸没于扩散源液中,最大限度地减小重力作用对扩散过程的影响。

4.4.5 毛细管内压实膨润土可控取样装置

扩散过程完成后,切取毛细管内的压实膨润土样品并测量示踪剂的分布,是获取扩散系数的核心步骤,这个步骤的准确性与精密性直接决定实验数据的质量。文献中的毛细管法是采用手工操作方法推出毛细管内的压实膨润土,目测推出压实膨润土样品的长度,然后进行切割取样。在这种操作模式下,一般都是推出一个固定长度后进行等长切片,测定每个切片的放射性计数,使用此计数值来代替每个切片沿毛细管径向长度方向中间位置处位点的计数值,再代入有关公式进行拟合。这种等长切片方式有两个问题需要注意:① 每个切片的长度(沿毛细管径向长度方向)应尽可能短,这样在使用切片的总计数代替中间位置单一位点的计数时所产生的不确定度将较小;② 切片时,切片的实际长度需要尽可能精确控制。我们通过测试发现,手工推出取样存在较大的误差,这是由于管内压实膨润土在吸水饱和之后与毛细管内壁的摩擦力大增,推出时所需力量较大,导致不易控制,再加上目测判断的不确定性,切片实际长度很难得到保证。切片长度的变化将为实验结果引入难以计算的不确定度,其他各种控制条件的影响可能丧失其显著性。

为解决这一问题,我们设计加工了毛细管内压实膨润土可控机械推出取样装置。这一装置靠螺纹定位系统,准确控制推出顶针运动的距离,精确控制从毛细管内推出压实膨润土的长度。在推出顶针从毛细管开口端进入毛细管内以后,只须控制顶针以固定的步长前进,压实膨润土样品就会以固定长度从毛细管另一端被推出管外,然后进行切割取样。这一装置的特色在于,设计了一个能够实现精确定位的毛细管夹持装置,通过该夹持装置定位,使毛细管与推出顶针处于同一直线上,然后进行后续的推出操作。该装置的设计图纸示于图4-28(装置整体)和图4-29(毛细管夹持装置),实物照片示于图4-30。

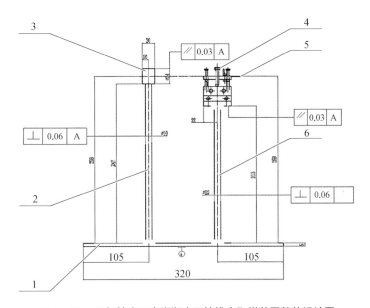

图4-28 毛细管内压实膨润土可控推出取样装置整体设计图

我们在实验测试中发现,当毛细管内压实膨润土的干压实密度为 1 500 kg/m³ 时,可控推出取样装置的工作状况良好,但当干压实密度为 1 800 kg/m³ 时,该装置的性能则并不令人满意,表现为推出顶针在与毛细管内的压实膨润土样品接触后将发生形变,无法保持直线运动。我们认为这是由于当干压实密度达 1 800 kg/m³ 时,饱和压实膨润

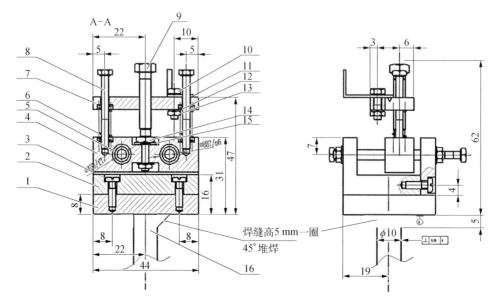

图4‑29 可控推出取样装置的毛细管夹持装置设计图

图4‑30 毛细管内压实膨润土可控推出取样装置实物照片

土与毛细管内壁之间的摩擦力非常大,此时使用钢制成的推出顶针的机械强度已无法承受。为此,我们以 PEEK 毛细管 24 mm 定长切割装置为蓝本,设计加工了 PEEK 毛细管 2 mm 定长切割装置。此装置可以直接将内部装填有压实膨润土的 PEEK 毛细管切割为长度 2 mm 的片段,然后直接使用带管片段进行示踪剂活度测定。该切割装置的实物照片示于图 4‑31。

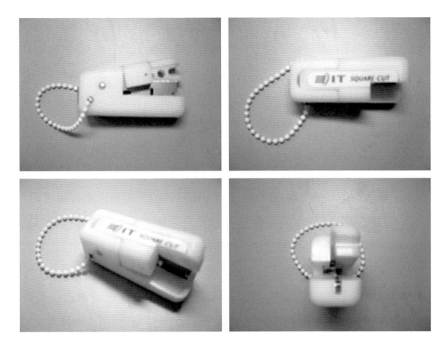

图 4‑31　PEEK 毛细管 2 mm 定长切割装置实物照片

经实验测试，该定长切割装置在干压实密度为 1 800 kg/m³ 的实验条件下具有良好的性能。

4.4.6　毛细管法扩散实验

所有扩散实验均采用双平行样品，在实验室大气环境下进行。使用毛细管机械装填装置向 24 mm 定长 PEEK 毛细管中装入烘干后的原状高庙子膨润土，毛细管的装填长度为 23.5 mm，控制干压实密度为 1 500 kg/m³ 或 1 800 kg/m³，实际装填的干压实密度在控制在误差±20 kg/m³ 以内。将同组的两根毛细管放入一个 7 mL 具塞聚丙烯离心管中，向其中加入 5.0 mL 饱和平衡溶液，进行压实膨润土的吸水饱和及孔隙溶液平衡。饱和平衡溶液为具有一定离子强度、浓度和 pH 的高氯酸钠溶液（作为一价阳离子与一价阴离子构成的电解质，其离子强度与浓度的数值和量纲均相同），其离子强度与 pH 均与该组毛细管扩散实验的扩散源液相同，其 pH 用微量高氯酸和氢氧化钠溶液调节，对于较强酸性和碱性的 pH 条件（pH 2 和 pH 11），pH 对离子强度的影响已从高氯酸钠溶液浓度中预先扣除。在饱和平衡过程中毛细管两端开口不密封，此过程中会有微量膨润土从毛细管中漏出。每隔 48 h 将饱和平衡溶液更换为相同成分的新鲜溶液,同时测定毛细管的质量。当毛细管质量不再上升时视为压实膨润土已达饱和,此饱和时间一般为 20 d 左右。为确保压实膨润土孔隙溶液的化学环境与饱和平衡溶液相同,实验中的总饱和时间设定为 35～40 d。平衡饱和过程结束后测定毛细管的最终质量,由最终质量确定毛细管内压实膨润土的饱和压实密度(湿压实密度)。干压实密度为 1 500 kg/m³ 的压实膨润土饱和压实密度约为 1 900 kg/m³(理论值为 1 940 kg/m³),而干压实密度为 1 800 kg/m³ 的压实膨润土饱和压实密度则约为 2 050 kg/m³(理论值为 2 130 kg/m³)。

将饱和平衡的毛细管的远端(膨润土未填满的一端)使用封口膜缠裹密封后,以远端在上的方式放入另一个 7 mL 离心管中,向离心管中加入 5.0 mL 扩散源液。扩散源液为具有设定离子强度、pH 以及碘离子浓度的高氯酸钠/碘化钠混合溶液,其中加入活度约为 10 MBq,体积为 10 μL 的 Na^{125}I 溶液作为放射性示踪剂,示踪剂对碘离子浓度的影响已预先在载体碘离子浓度中扣除。加入示踪剂后,立刻将离心管放入具有设定温度的恒温水浴锅内,扩散时间为 24 h。扩散结束后,将毛细管取出,用去离子水反复冲洗毛细管外壁。对于干压实密度为 1 500 kg/m³ 的扩散实验,使用毛细管可控推出取样装置,将管内膨润土样品自远端开口推出,弃去前 3.5 mm 的样品,将后 20 mm 样品切割为长度 2 mm 的切片,每根毛细管得到 10 个切片,用于测定。对于干压实密度为 1 800 kg/m³ 的扩散实验,则使用 2 mm 定长切割装置直接将毛细管切割为 12 个 2 mm 长的片段,弃去自远端算起的前 2 片,将后 10 个片段的外表面再次使用去离子水冲洗后用于测定。由于所使用的 ^{125}I 示踪剂具 γ 放射性,因此无论是膨润土切片还是带管的片段都直接使用自动 γ 计数器进行测定,测定的射线能量范围为 25～75 keV,探测效率约为 70%。

通过上述实验操作,所测得的原始数据为每根毛细管内压实膨润土样品自近端起20 mm 区域内放射性示踪剂的活度分布,表现为 10 个离散的数据点,分别代表扩散坐标1 mm、3 mm、5 mm、7 mm、9 mm、11 mm、13 mm、15 mm、17 mm 和 19 mm 处的示踪剂浓度水平。为了对扩散数据进行拟合,北京大学核环境化学课题组专门编制了一个配套毛细管法的 CAPILL 程序。CAPILL 程序在进行数据拟合的过程中,充分考虑了内扩散法和毛细管法的特点,其主要功能特点有:

(1) 可选择任意切片长度与任意切片点进行拟合;

(2) 通过辛普森积分拟合各数据点之间的示踪剂浓度分布,与中点矩形拟合方法相比,更符合实际情况;

(3) 对各数据点进行加权处理,使高读数数据点具有更高的统计权重,减小实验误差带来的影响，并提供三种不同的加权方法，可根据具体情况灵活选用；

（4）可自行设定收敛规则，并给出拟合结果误差；

（5）可方便地将以 Excel 表格形式记录的实验数据直接导入程序；

（6）程序的输出文件除给出对各数据点的拟合情况和所得表观扩散系数外，还给出残差和、标准差、哈密尔顿因子和相关系数等统计数据；

（7）程序给出可直接用于计算机作图的数据输出文件。

表 4-12 中列出了使用以上实验装置和实验操作流程所完成的毛细管法扩散实验的具体实验条件。

表 4-12　毛细管法扩散实验的实验条件

扩散物质	干压实密度/(kg/m³)	离子强度/(mol/L)	温度/K	pH	扩散物质浓度/(mol/L)
$^{125}I^-$	1 500	0.010	298	6.5	1.0×10^{-4}
$^{125}I^-$	1 500	0.030	298	6.5	1.0×10^{-4}
$^{125}I^-$	1 500	0.060	298	6.5	1.0×10^{-4}
$^{125}I^-$	1 500	0.10	298	6.5	1.0×10^{-4}
$^{125}I^-$	1 500	0.30	298	6.5	1.0×10^{-4}
$^{125}I^-$	1 500	0.60	298	6.5	1.0×10^{-4}
$^{125}I^-$	1 500	1.0	298	6.5	1.0×10^{-4}
$^{125}I^-$	1 500	0.10	308	6.5	1.0×10^{-4}
$^{125}I^-$	1 500	0.10	328	6.5	1.0×10^{-4}
$^{125}I^-$	1 500	0.10	338	6.5	1.0×10^{-4}
$^{125}I^-$	1 500	0.10	348	6.5	1.0×10^{-4}
$^{125}I^-$	1 500	0.10	298	2.0	1.0×10^{-4}
$^{125}I^-$	1 500	0.10	298	4.0	1.0×10^{-4}
$^{125}I^-$	1 500	0.10	298	11.0	1.0×10^{-4}
$^{125}I^-$	1 500	0.10	298	6.5	1.0×10^{-6}
$^{125}I^-$	1 500	0.10	298	6.5	1.0×10^{-5}
$^{125}I^-$	1 500	0.10	298	6.5	1.0×10^{-3}
$^{125}I^-$	1 500	0.10	298	6.5	1.0×10^{-2}
$^{125}I^-$	1 800	0.030	298	6.5	1.0×10^{-4}
$^{125}I^-$	1 800	0.050	298	6.5	1.0×10^{-4}
$^{125}I^-$	1 800	0.070	298	6.5	1.0×10^{-4}
$^{125}I^-$	1 800	0.10	298	6.5	1.0×10^{-4}
$^{125}I^-$	1 800	0.30	298	6.5	1.0×10^{-4}
$^{125}I^-$	1 800	0.50	298	6.5	1.0×10^{-4}
$^{125}I^-$	1 800	0.10	298	2.0	1.0×10^{-4}

扩散物质	干压实密度/(kg/m³)	离子强度/(mol/L)	温度/K	pH	扩散物质浓度/(mol/L)
$^{125}I^-$	1 800	0.10	298	4.0	1.0×10^{-4}
$^{125}I^-$	1 800	0.10	298	11.0	1.0×10^{-4}
$^{125}I^-$	1 800	0.10	298	6.5	1.0×10^{-6}
$^{125}I^-$	1 800	0.10	298	6.5	1.0×10^{-5}
$^{125}I^-$	1 800	0.10	298	6.5	1.0×10^{-3}
$^{125}I^-$	1 800	0.10	298	6.5	1.0×10^{-2}

4.4.7　碘在压实膨润土中的浓度分布

毛细管法扩散实验得到的有代表性的碘浓度分布如图 4－32 所示。由图 4－32 可见,由 CAPILL 程序得到的拟合曲线能很好地拟合实验点的浓度,程序拟合过程所引入的不确定度一般在 10% 左右。

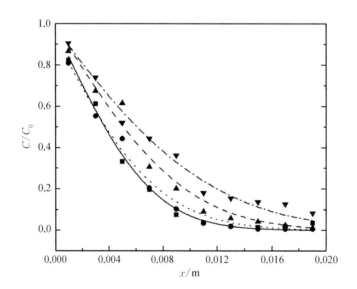

图 4－32　不同实验条件下毛细管法扩散实验得到的碘浓度分布

■ 代表干压实密度为 1 500 kg/m³,离子强度(I)为 0.030 mol/L (NaClO₄),温度(T)为 298 K,pH 为 6.5,碘离子浓度(C)为 1.0×10^{-4} mol/L,拟合曲线为实线;

　▲ $I = 0.10$ mol/L,$T = 298$ K,pH 2.0,$C = 1.0\times10^{-4}$ mol/L,拟合曲线为虚线;

　● $I = 0.10$ mol/L,$T = 298$ K,pH = 6.5,$C = 1.0\times10^{-5}$ mol/L,拟合曲线为点线;

　▼ $I = 0.10$ mol/L,$T = 328$ K,pH = 6.5,$C = 1.0\times10^{-4}$ mol/L,拟合曲线为点划线

1. 扩散源液离子强度的影响

研究了扩散源液离子强度对扩散的影响时，在固定温度(298 K)、扩散源液 pH(6.5)和碘离子浓度(1.0×10^{-4} mol/L)的条件下，测定不同扩散源液离子强度下碘离子的表观扩散系数 D_a。实验共得到 13 个离子强度下的扩散实验数据，列于表 4-13 中，并如图 4-33 所示。

表 4-13　不同扩散源液离子强度下碘离子的表观扩散系数

扩散物质	干压实密度/(kg/m³)	离子强度/(mol/L)	表观扩散系数/(m²/s)
$^{125}I^-$	1 500	0.010	$(1.5 \pm 0.1) \times 10^{-10}$
$^{125}I^-$	1 500	0.030	$(1.4 \pm 0.2) \times 10^{-10}$
$^{125}I^-$	1 500	0.060	$(2.2 \pm 0.5) \times 10^{-10}$
$^{125}I^-$	1 500	0.10	$(3.8 \pm 0.8) \times 10^{-10}$
$^{125}I^-$	1 500	0.30	$(5.0 \pm 0.6) \times 10^{-10}$
$^{125}I^-$	1 500	0.60	$(4.6 \pm 0.4) \times 10^{-10}$
$^{125}I^-$	1 500	1.0	$(5.8 \pm 0.6) \times 10^{-10}$
$^{125}I^-$	1 800	0.030	$(1.4 \pm 0.2) \times 10^{-10}$
$^{125}I^-$	1 800	0.050	$(1.7 \pm 0.2) \times 10^{-10}$
$^{125}I^-$	1 800	0.070	$(1.5 \pm 0.2) \times 10^{-10}$
$^{125}I^-$	1 800	0.10	$(1.7 \pm 0.2) \times 10^{-10}$
$^{125}I^-$	1 800	0.30	$(2.0 \pm 0.2) \times 10^{-10}$
$^{125}I^-$	1 800	0.50	$(2.8 \pm 0.2) \times 10^{-10}$

注：其他实验条件包括：温度为 298 K，扩散源液 pH 为 6.5，扩散源液中碘离子浓度为 1.0×10^{-4} mol/L。

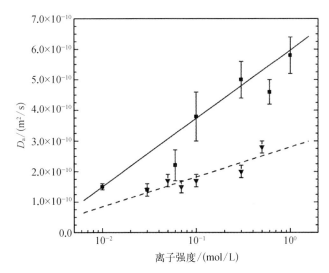

图 4-33　碘离子的表观扩散系数随扩散源液离子强度的变化
■ 代表干压实密度为 1 500 kg/m³ 的实验，拟合直线为实线；
▼ 代表干压实密度为 1 800 kg/m³ 的实验，拟合直线为虚线

由表 4-13 和图 4-33 可以看到，当压实膨润土的干压实密度为 1 500 kg/m³ 时，碘离子的表观扩散系数 D_a 为 $(1.0\sim6.0)\times10^{-10}$ m²/s；当干压实密度为 1 800 kg/m³ 时，D_a 为 $(1.0\sim3.0)\times10^{-10}$ m²/s。

由图 4-33 可以看到，对于碘的两组扩散实验，随着扩散源液离子强度的增大，碘离子的 D_a 增大。这一现象也被几乎所有研究扩散源液离子强度/浓度对阴离子在压实膨润土中扩散系数影响的研究者所发现，亦即阴离子排斥效应。在图 4-33 中，以纵坐标表示的表观扩散系数采用线性坐标，以横坐标表示的扩散源液离子强度采用对数坐标，可以看出，在这种坐标系下，两组实验数据点均表现出一定的线性特征。若在该坐标系内进行线性拟合，可以发现两根拟合直线在离子强度为 0 附近有相交的趋势，说明在不同的压实密度下，碘离子的 D_a 随扩散源液离子强度的变化具有类似于指数/对数函数的特征，且不同的压实密度下可能存在一个相同的发挥调控作用的机理，该调控机理从离子强度为 0 处开始，随离子强度的变化对扩散系数产生影响。

2. 温度的影响

在研究温度对扩散的影响时，选择固定的扩散源液离子强度（0.10 mol/L）、扩散源液 pH（6.5）和碘离子浓度（1.0×10^{-4} mol/L）。在上述条件下测定不同温度下碘离子的表观扩散系数 D_a。在一组干压实密度 1 500 kg/m³ 条件下得到的 5 个研究温度影响的扩散实验数据，列于表 4-14 中，并如图 4-34 所示。

表 4-14　不同温度下碘离子的表观扩散系数

扩散物质	干压实密度/(kg/m³)	温度/K	表观扩散系数/(m²/s)
$^{125}I^-$	1 500	298	$(3.8\pm0.8)\times10^{-10}$
$^{125}I^-$	1 500	308	$(4.8\pm0.8)\times10^{-10}$
$^{125}I^-$	1 500	328	$(5.2\pm0.6)\times10^{-10}$
$^{125}I^-$	1 500	338	$(8.3\pm1.2)\times10^{-10}$
$^{125}I^-$	1 500	348	$(1.2\pm0.1)\times10^{-9}$

注：其他实验条件为：扩散源液离子强度为 0.10 mol/L，pH 为 6.5，碘离子浓度为 1.0×10^{-4} mol/L。

由表 4-14 和图 4-34 可以看出，当压实膨润土的干压实密度为 1 500 kg/m³ 时，碘离子的 D_a 为 $3.0\times10^{-10}\sim1.3\times10^{-9}$ m²/s，随着温度的升高，碘离子的 D_a 逐渐增大。

阿伦尼乌斯公式最初是为描述化学反应中反应速率与体系温度之间的关系而建立起来的,公式中的活化能项表征的是化学反应发生所需要跨越的势垒。但除了化学反应之外,阿伦尼乌斯公式还能够表征多种由动力学控制的物理和化学过程,此时公式中的活化能项应被视为一个表征过程速率对温度变化敏感程度的经验参数,其物理意义不一定很明确,而物质在溶液相(包括位于孔隙介质中的)中的扩散正好属于这一情况,此时活化能

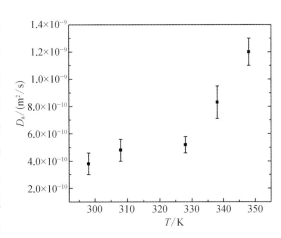

图4-34　碘离子的表观扩散系数随温度的变化（干压实密度为 1 500 kg/m³）

的物理意义较易被接受的解释是,表征溶液中溶剂分子和其他分子、离子对扩散物质颗粒运动进行束缚的综合程度。在计算扩散问题的活化能时,用于代表过程速率的参数是反映扩散全局参数的表观扩散系数 D_a。对于我们所研究的碘离子在压实膨润土中的扩散,反映 D_a 与反应体系温度 T 之间关系的阿伦尼乌斯公式可表示为

$$\frac{\mathrm{d}\ln D_a}{\mathrm{d}T} = \frac{\Delta E_a}{RT^2} \tag{4-18}$$

式中,ΔE_a 为碘离子扩散过程的活化能,下文简称为扩散活化能,kJ/mol;R 为普适气体常数,$R = 8.314$ J/(mol·K)。

将式4-18积分可得到如下表达式:

$$\ln D_a = \ln Y - \frac{\Delta E_a}{RT} \tag{4-19}$$

式中,Y 为积分常数。

由式(4-19)可见,若将 D_a 的自然对数值(量纲为1)对 $1/T$ 作图(称为阿伦尼乌斯图),则根据拟合直线的斜率,即可求得扩散活化能 ΔE_a。根据表4-19中的实验数据可得到相应的阿伦尼乌斯图(图4-35)。

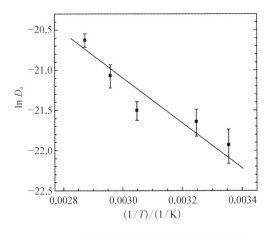

图4-35　碘离子的表观活化能与温度的关系（干压实密度为 1 500 kg/m³）

由图 4-35 可以看出,碘离子在高庙子膨润土中的表观扩散系数与温度的倒数之间的关系基本上是一条直线,由该直线的斜率求得碘在高庙子膨润土中的扩散活化能 ΔE_a 为 (23.3 ± 2.8) kJ/mol。

3. 酸度的影响

在研究酸度对扩散的影响时,选择固定的扩散源液离子强度$(0.10$ mol/L)、温度$(298$ K)和碘离子浓度$(1.0 \times 10^{-4}$ mol/L)。在上述条件下测定不同 pH 条件下碘离子的表观扩散系数 D_a。两组实验共得到 8 个 pH 条件下的扩散实验数据,列于表 4-15 中,并如图 4-36 所示。

表 4-15　不同 pH 下碘离子的表观扩散系数

扩散物质	干压实密度/(kg/m³)	pH	表观扩散系数/(m²/s)
^{125}I$^-$	1 500	2.0	$(2.9 \pm 0.4) \times 10^{-10}$
^{125}I$^-$	1 500	4.0	$(3.0 \pm 0.4) \times 10^{-10}$
^{125}I$^-$	1 500	6.5	$(3.8 \pm 0.8) \times 10^{-10}$
^{125}I$^-$	1 500	11.0	$(2.3 \pm 0.5) \times 10^{-10}$
^{125}I$^-$	1 800	2.0	$(1.4 \pm 0.1) \times 10^{-10}$
^{125}I$^-$	1 800	4.0	$(1.5 \pm 0.2) \times 10^{-10}$
^{125}I$^-$	1 800	6.5	$(1.7 \pm 0.2) \times 10^{-10}$
^{125}I$^-$	1 800	11.0	$(1.5 \pm 0.1) \times 10^{-10}$

注:其他实验条件为:扩散源液离子强度为 0.10 mol/L,温度为 298 K,碘离子浓度为 1.0×10^{-4} mol/L。

由表 4-15 和图 4-36 可以看出,在两个压实密度条件下,碘离子的表观扩散系数在 pH = 2.0~11.0 的范围内都没有表现出明显的变化。

4. 碘离子浓度的影响

研究碘离子浓度对扩散的影响时,选择固定的扩散源液离子强度$(0.10$ mol/L)、温度$(298$ K)和 pH(6.5)。在上述条件下,测定不同碘离子浓度下碘离子的表观扩散系数 D_a。

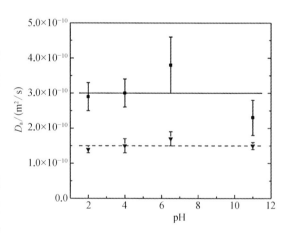

图 4-36　碘离子的表观扩散系数随 pH 变化的规律
■ 代表干压实密度为 1 500 kg/m³ 的实验,拟合直线为实线;
▼ 代表干压实密度为 1 800 kg/m³ 的实验,拟合直线为虚线

实验共得到 10 个碘离子浓度条件下的扩散实验数据,列于表 4-16 中,并示于图 4-37 中。

表 4-16 不同碘离子浓度下碘离子的表观扩散系数

扩散物质	干压实密度/(kg/m³)	碘离子浓度/(mol/L)	表观扩散系数/(m²/s)
$^{125}I^-$	1 500	1.0×10^{-6}	$2.4 \pm 0.3 \times 10^{-10}$
$^{125}I^-$	1 500	1.0×10^{-5}	$2.6 \pm 0.3 \times 10^{-10}$
$^{125}I^-$	1 500	1.0×10^{-4}	$3.8 \pm 0.8 \times 10^{-10}$
$^{125}I^-$	1 500	1.0×10^{-3}	$3.5 \pm 0.5 \times 10^{-10}$
$^{125}I^-$	1 500	1.0×10^{-2}	$3.9 \pm 0.8 \times 10^{-10}$
$^{125}I^-$	1 800	1.0×10^{-6}	$1.0 \pm 0.2 \times 10^{-10}$
$^{125}I^-$	1 800	1.0×10^{-5}	$1.3 \pm 0.2 \times 10^{-10}$
$^{125}I^-$	1 800	1.0×10^{-4}	$1.7 \pm 0.2 \times 10^{-10}$
$^{125}I^-$	1 800	1.0×10^{-3}	$1.7 \pm 0.4 \times 10^{-10}$
$^{125}I^-$	1 800	1.0×10^{-2}	$1.4 \pm 0.2 \times 10^{-10}$

注:其他实验条件为:扩散源液离子强度为 0.10 mol/L,温度为 298 K,pH 为 6.5。

由表 4-16 和图 4-37 可以看出,在两个压实密度下,随着扩散源液中碘离子浓度的升高,碘离子的表观扩散系数呈现出一种缓慢并略有反复的上升趋势。在两个压实密度下,碘离子浓度最高(1.0×10^{-2} mol/L)时的 D_a 约为碘离子浓度最低(1.0×10^{-6} mol/L)时水平的 1.5 倍。由于在进行扩散实验时碘离子浓度对于扩散源液离子强度的影响已从扩散源液中的高氯酸钠浓度中扣除,因此可以认为并不是扩散源液离子强度升高导致碘离子 D_a 的上升。我们注意到,

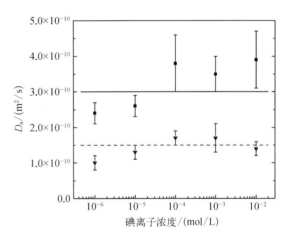

图 4-37 碘离子的表观扩散系数随碘离子浓度的变化

■ 代表干压实密度为 1 500 kg/m³ 的实验,拟合直线为实线;
▼ 代表干压实密度为 1 800 kg/m³ 的实验,拟合直线为虚线

如果将研究 pH 影响时所作的两条直线 $D_a = 3.0 \times 10^{-10}$ m²/s 和 $D_a = 1.5 \times 10^{-10}$ m²/s 直接移植到图 4-36 中,这两条直线仍然能够较好地代表干压实密度 1 500 kg/m³ 和 1 800 kg/m³ 下碘离子 D_a 的分布情况,说明不同碘离子浓度条件下,实验所得碘离子 D_a

是在围绕一个相同的平均值上下波动的。

4.4.8　碘在高庙子膨润土中扩散研究主要结论

我们使用专用实验装置和规范的实验操作流程，研究了^{125}I在压实高庙子膨润土中的扩散。影响因素包括扩散源液离子强度、压实密度、温度、扩散源液 pH 和碘离子浓度等。研究发现，碘离子的表观扩散系数 D_a 随扩散源液离子强度的升高而增大，随压实密度的升高而减小，在 1 500 kg/m^3 的干压实密度下扩散的表观活化能为（23.3±2.8）kJ/mol。pH 和碘离子浓度对于碘在高庙子膨润土中的扩散几乎无影响。

4.5　硒在膨润土中的吸附[7]

硒-79(^{79}Se)是铀-235(^{235}U)吸收中子后的裂变产物之一，其产率大约为 0.048 7%。核电站产生的乏燃料和高水平放射性废物中含有显著水平的^{79}Se。^{79}Se 被认为是乏燃料和高放废物中最主要的辐射源之一。^{79}Se 的主要衰变方式是 β 衰变，其衰变产物为^{79}Br，这两个核素在环境中均易于扩散和迁移。由于^{79}Se 的半衰期长达 2.9×10^5 年，被认为是高放废物地质处置中重点关注的几个放射性核素之一。

硒是第Ⅵ主族元素，在化学和生物化学性质方面与硫元素十分相似。硒在自然界中存在广泛，地壳中硒的含量约为 0.05 ppm①，土壤中硒的浓度为 0.01～2 ppm，在一些富硒地区，硒浓度可高达 8.4×10^4 ppm。硒作为人体必需的微量元素之一，对人群的身体健康起着至关重要的作用。硒在人体中有维持正常免疫功能、抗氧化、保护肝脏、抗癌等诸多功用。然而，人体对硒的可摄取量范围却很窄，过少（<40 μg/d）的摄入就会导致克山病、大骨节病等地方性疾病，而过多摄入（>400 μg/d）会有毒害作用，硒的不均衡摄入已经成为世界范围内许多疾病的诱因。

硒元素在自然界中存在五种价态，包括 -2、-1、0、+4 和 +6，其化学价态的变化主要受 pH 和氧化还原条件的控制。硒的溶解度与其价态密切相关，较高价

---

①　1 ppm = 10^{-9}。

态的硒（$HSeO_3^-$ 和 SeO_4^{2-}）溶解度大，在环境中的扩散性强；而低价态的硒（0、-1 和 -2）的溶解度很小，在环境中不易扩散，如零价硒和硒铁矿。图 4-38 为根据最新热力学数据绘制的硒的 Eh-pH 相图。由于高放废物地质处置库一般建在距地表 500 m 以下位置，通常处于还原性环境中，而 Se(Ⅳ) 对氧化还原条件比较敏感，其在还原性环境中的吸附、扩散和迁移行为与其在大气环境中的行为是不同的。

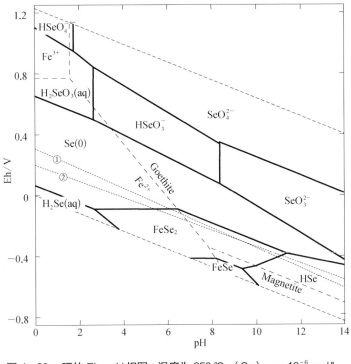

图 4-38　硒的 Eh-pH 相图，温度为 250 ℃，$(Se)_{tot} = 10^{-6}$ mol/L，$(Fe^{2+}) = 10^{-5}$ mol/L，$(S)_{tot} = 10^{-3}$ mol/L

鉴于 [79]Se 的半衰期长，且为 β 放射性核素，为便于测量，研究中所有涉及 [79]Se 的实验，均采用半衰期较短的 [75]Se（$t_{1/2} = 120$ d）作为替代核素。所有样品性质表征中所用的硒均为稳定硒同位素（Na_2SeO_3）。

4.5.1　固液比对硒在高庙子膨润土中吸附的影响研究

为探讨固液比对硒在膨润土中吸附的影响，我们研究了 10 个不同的固液比

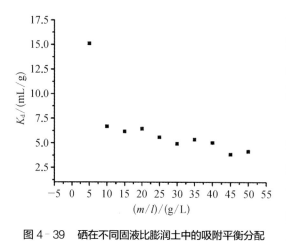

图 4-39　硒在不同固液比膨润土中的吸附平衡分配
　　　　系数（硒浓度为 1.0×10^{-6} mol/L）

（5.0 g/L、10 g/L、15 g/L、20 g/L、25 g/L、30 g/L、35 g/L、40 g/L、45 g/L 和 50 g/L）条件下硒在高庙子膨润土中的吸附情况。结果如图 4-39 所示。

从图 4-39 可以看出，随着固液比的增加，吸附平衡分配系数 K_d 逐渐下降，特别是当固液比从 5 g/L 增加到 10 g/L 时，K_d 迅速由约 15 mL/g 下降到约7.5 mL/g，此后随着固液比的逐渐增加，K_d 缓慢下降。在后续研究中，选取20 g/L 作为吸附实验的固液比。

4.5.2　酸度和氧浓度对硒在高庙子膨润土中吸附的影响

我们采用批式吸附实验方法研究了不同酸度及氧气浓度对硒在膨润土中吸附的影响，结果如图 4-40 所示。

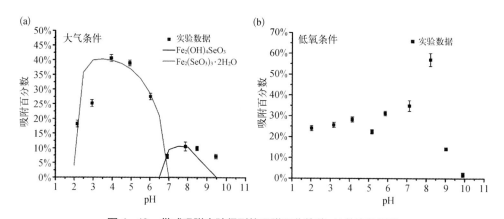

图 4-40　批式吸附实验得到的吸附百分数随 pH 的变化规律

（a）图为大气条件下的吸附数据，（b）图为低氧条件下的吸附数据；在（a）图中，实线为模型拟合结果，其中红色实线代表组分 $Fe_2(SeO_3)_3 \cdot 2H_2O$ 的贡献，黑色实线代表组分 $Fe_2(OH)_4SeO_3$ 的贡献

由图 4-40 可知，无论是在低氧条件下还是在大气条件下，酸度对硒的吸附均有明显影响。此外，从图 4-40 还可以看出，在我们研究的 pH 范围内，K_d 有极值。在大气条件下，极值出现在 pH = 4.0 附近；在低氧条件下，此极值却出现在 pH = 8.0 附近。因

此,除了 pH 影响外,$^{75}SeO_3^{2-}$ 在高庙子膨润土中的吸附行为还受到氧气浓度的影响。

具体而言,在大气条件下,当 pH 从 2.2 上升到 4.0 时,K_d 从 (11.1 ± 0.6) mL/g 增加到 (34.2 ± 1.0) mL/g,当 pH 继续上升至 9.5 附近时,K_d 逐渐下降至 (3.9 ± 0.5) mL/g(表 4-17)。在低氧条件下,当 pH 从 2.0 上升至 7.1 时,K_d 则从 (15.8 ± 0.7) mL/g 缓慢增加至 (26.8 ± 0.8) mL/g,此后当 pH 增加到 8.2 时,其值迅速增加至 (66.4 ± 1.8) mL/g。此后当 pH 继续增加时,K_d 则出现下降(表 4-17)。对比低氧和大气条件下的吸附数据可知,在低氧条件下的吸附平衡分配系数普遍高于其在大气条件下的值,此现象尤其在极值附近更加明显。这也说明高庙子膨润土在处置库近场低氧条件下具有更好的吸附 ^{79}Se 的能力。

表 4-17　$^{75}SeO_3^{2-}$ 在高庙子膨润土中的 K_d 随 pH 的变化

大气条件下		低氧条件下	
pH	K_d/(mL/g)	pH	K_d/(mL/g)
2.2	11.1±0.6	2.0	15.8±0.7
2.9	16.9±0.7	3.2	17.2±0.7
4.0	34.2±1.0	4.1	19.7±0.7
4.9	31.9±0.8	5.2	14.5±0.6
6.0	19.0±0.6	5.9	22.7±0.7
6.9	3.8±0.5	7.1	26.8±0.8
7.9	5.9±1.3	8.2	66.4±1.8
8.5	5.5±0.5	9.0	8.3±0.6
9.5	3.9±0.5	9.9	0.9±0.4

膨润土表面所带电荷对 $^{75}SeO_3^{2-}$ 吸附的影响是显著的。随着 pH 的改变,膨润土表面可发生质子化和羟基化反应,表示为 $\equiv S-OH_2^+$ 和 $\equiv S-O^-$,其中 $\equiv S$ 代表膨润土表面。膨润土的零电荷点约为 9.5,因此当 pH > 9.5 时,膨润土表面带负电荷,不利于 $^{75}SeO_3^{2-}$ 的吸附;而当 pH < 9.5 时,其表面带正电荷,有利于 $^{75}SeO_3^{2-}$ 的吸附。但表面电荷的影响不应是导致两种氧气浓度条件下吸附量不同的主要原因,因为当 pH < 9.5 时,膨润土只在有限的 pH 范围内(大气条件下 pH 约为 4.0;低氧条件下 pH 约为 8.0)表现出优异的吸附性能。

4.5.3　离子强度、温度和载体浓度的影响

离子强度对 SeO_3^{2-} 在高庙子膨润土中吸附的影响,如图 4-41 所示。

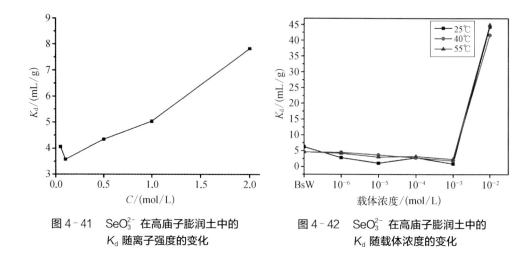

图 4-41 SeO$_3^{2-}$ 在高庙子膨润土中的 K_d 随离子强度的变化

图 4-42 SeO$_3^{2-}$ 在高庙子膨润土中的 K_d 随载体浓度的变化

从图 4-41 我们看出，随着离子强度的增加，K_d 逐渐增大。北山地下水的离子强度约为 0.1 mol/L，因此，在北山地下水体系中，硒的 K_d 最小，约为 3.5 mL/g。

温度及载体浓度对硒在高庙子膨润土中吸附的影响如图 4-42 所示。从图中可以看出，温度和载体浓度对于硒在高庙子膨润土中的吸附几乎没有影响，当载体浓度大于 10^{-3} mol/L 时，根据有关计算可知，Se(Ⅳ) 易与其他金属离子生成沉淀，因此当载体浓度大于 10^{-3} mol/L 时，硒的吸附量出现了剧增现象。

4.6 硒在高庙子膨润土中的扩散

以甘肃北山地下水或模拟北山地下水为液相，以高庙子膨润土和掺入不同含量铁的膨润土为固相，开展相关实验研究。表 4-18 列出扩散实验的相关条件。

表 4-18 毛细管内扩散法研究硒在高庙子膨润土中扩散的实验条件

扩散物质	初始 pH	干压实密度/(kg/m³)	温度/K	硒-75 的浓度/(mol/L)
^{75}Se	约 2.0	1 800 ± 20	298 ± 2	1.0×10^{-6}
^{75}Se	约 3.0	1 800 ± 20	298 ± 2	1.0×10^{-6}
^{75}Se	约 4.0	1 800 ± 20	298 ± 2	1.0×10^{-6}
^{75}Se	约 5.0	1 800 ± 20	298 ± 2	1.0×10^{-6}
^{75}Se	约 6.0	1 800 ± 20	298 ± 2	1.0×10^{-6}

扩散物质	初始 pH	干压实密度/(kg/m³)	温度/K	硒-75 的浓度/(mol/L)
^{75}Se	约 7.0	1 800 ± 20	298 ± 2	1.0×10^{-6}
^{75}Se	约 8.0	1 800 ± 20	298 ± 2	1.0×10^{-6}
^{75}Se	约 9.0	1 800 ± 20	298 ± 2	1.0×10^{-6}
^{75}Se	约 10.0	1 800 ± 20	298 ± 2	1.0×10^{-6}
^{75}Se	约 8.0	1 300 ± 20	298 ± 2	1.0×10^{-6}
^{75}Se	约 8.0	1 350 ± 20	298 ± 2	1.0×10^{-6}
^{75}Se$^-$	约 8.0	1 450 ± 20	298 ± 2	1.0×10^{-6}
^{75}Se	约 8.0	1 510 ± 20	298 ± 2	1.0×10^{-6}
^{75}Se$^-$	约 8.0	1 585 ± 20	298 ± 2	1.0×10^{-6}
^{75}Se	约 8.0	1 610 ± 20	298 ± 2	1.0×10^{-6}
^{75}Se	约 8.0	1 660 ± 20	298 ± 2	1.0×10^{-6}
^{75}Se	约 8.0	1 715 ± 20	298 ± 2	1.0×10^{-6}
^{75}Se	约 8.0	1 745 ± 20	298 ± 2	1.0×10^{-6}
^{75}Se	约 8.0	1 806 ± 20	298 ± 2	1.0×10^{-6}
^{75}Se	约 8.0	1 850 ± 20	298 ± 2	1.0×10^{-6}

　　我们用毛细管内扩散法研究了 pH、氧气浓度等因素对硒在高庙子膨润土中扩散的影响。图 4-43 为压实密度为 1 800 kg/m³、温度为 298 K,硒浓度为 1.0×10^{-6} mol/L 时,硒在膨润土中扩散的相对浓度随扩散距离的变化情况。图中各数据点为实验测得的毛细管每一片段中硒的浓度 $C(x, t)$ 与使用 CAPILL 程序拟合得到的 C_0 的比值,曲线则代表 CAPILL 程序拟合得到的毛细管每一片段中 Se(Ⅳ) 的浓度 C 与 C_0 的比值随扩散距离的变化。

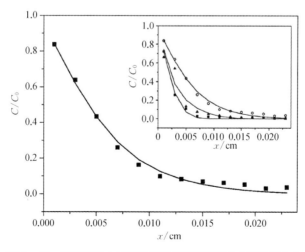

图 4-43　毛细管法内扩散法得到的硒在膨润土中的浓度分布

(压实密度为 1 800 kg/m³;温度为 298 K;硒浓度为 1.0×10^{-6} mol/L)

4.6.1 硒在不同压实密度膨润土中的扩散

我们研究了 11 个不同压实密度下硒在高庙子膨润土中的扩散,得到了其表观扩散系数 D_a 随压实密度的变化曲线,如图 4-44 所示。膨润土的压实密度分别为:$(1\,300\pm10)$ kg/m³、$(1\,350\pm10)$ kg/m³、$(1\,450\pm10)$ kg/m³、$(1\,510\pm10)$ kg/m³、$(1\,585\pm10)$ kg/m³、$(1\,610\pm10)$ kg/m³、$(1\,660\pm10)$ kg/m³、$(1\,715\pm10)$ kg/m³、$(1\,745\pm10)$ kg/m³、$(1\,806\pm10)$ kg/m³ 和 $(1\,850\pm10)$ kg/m³。

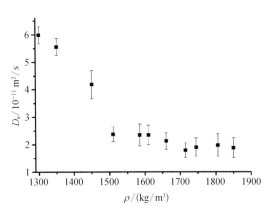

图 4-44 毛细管内扩散法得到的表观扩散系数 D_a 随压实密度的变化

图 4-44 表明,压实密度对硒在膨润土中的扩散有显著影响。压实密度从 $(1\,300\pm10)$ kg/m³ 增加到 $(1\,510\pm10)$ kg/m³ 时,D_a 急剧下降;当压实密度继续增加时,D_a 逐渐趋于稳定,其值约为 2.0×10^{-11} m²/s。

随着压实密度的增加,膨润土层间或者颗粒间形成的双电层有所重叠,产生的静电排斥作用增强,使得硒不能有效地进入膨润土颗粒间进行扩散,表现为随着压实密度的增加,D_a 逐渐下降。

4.6.2 pH 及氧气浓度对扩散的影响

我们研究了 pH 及氧气浓度对硒在膨润土中扩散的影响,获得了表观扩散系数 D_a 随 pH 的变化(图 4-45)。

如图 4-45 所示,在大气条件和低氧条件下,硒在膨润土中的 D_a 并没有明显的差别,因此可以认为,我们研究的氧气浓度对硒在膨润土中的扩散没有明显的影响。

从图 4-45 还可以看出,与酸性条件相比,在碱性 pH 范围内 D_a 较大。这可能是由于随着 pH 的升高,膨润土颗粒间静电排斥作用增强,导致膨润土对硒的吸附作用减弱,从而使进入膨润土扩散空隙的硒的扩散速率变大。

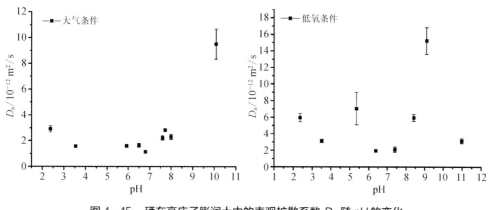

图 4-45　硒在高庙子膨润土中的表观扩散系数 D_a 随 pH 的变化

$[T = 298\ \text{K},\ \rho = (1\,800 \pm 20)\ \text{kg/m}^3,\ \text{硒浓度为}\ 1.0 \times 10^{-6}\ \text{mol/L}]$

4.6.3　硒在膨润土中吸附和扩散研究的主要结论

利用批式吸附实验法和毛细管法研究了硒在高庙子膨润土中的吸附和扩散。考察了在不同固液比、pH、氧气浓度、温度、载体浓度、离子强度等条件下，硒在膨润土中的吸附；考察了 pH、氧浓度、压实密度对硒在膨润土中扩散的影响。

批式吸附实验结果表明，硒在天然膨润土中的吸附受膨润土中铁含量、外界氧气浓度和 pH 等条件的影响。氧气浓度的变化会影响 Fe^{2+}/Fe^{3+} 的比值，由于 $Fe(\mathrm{III})$—O 对 $^{75}SeO_3^{2-}$ 具有较强的吸附作用，从而使得硒的 K_d 在低氧和大气条件下出现较大的差别。在大气条件下，当 pH 约为 4.0 时，SeO_3^{2-} 可与 $Fe(\mathrm{III})$ 形成亚硒酸盐沉淀。

不同压实密度对硒在膨润土中的扩散行为有很大的影响：随着压实密度的增加，膨润土颗粒间的静电排斥作用逐渐增大，硒不能有效进入扩散路径中，使得其在膨润土中的扩散速率变小。

4.7　硒在甘肃北山花岗岩中的吸附和扩散[1]

我们采用通透扩散实验研究了硒在北山花岗岩中的扩散，采用批式吸附实验法研究硒在北山花岗岩中的吸附。批式吸附实验均在 10 mL 国产聚乙烯连盖离心管中进行。实验过程中,将北山花岗岩岩粉与 NaClO$_4$ 溶液配置成固液比(m/V)为 20.0 g/L 的储备溶液,充分混合均匀后分别取 6.0 mL 的储备溶液加入 10 mL 聚乙烯离心管中,然后用微量的 HClO$_4$ 或 NaOH 溶液调节各离心管中溶液的 pH,使之基本稳定在实验设定值(自然放置状态下前后两天测定的 pH 数值偏差在 ± 0.05 时,可认为 pH 已基本达到稳定状态)。pH 调节的频率是每天一次,每次调节完成后用封口膜将离心管的盖子密封,然后将密封后的离心管放置在旋转培养皿中不断振荡使之充分混合均匀。此为储备溶液的预平衡过程。

pH 调节约 10 天后,储备液的 pH 可基本达到稳定状态,然后向每根离心管中加入约 30 μL 的 ^{75}SeO$_3^{2-}$ 源液,继续重复 pH 调节过程至稳定状态(一般需要 2～3 次),并将离心管放置在旋转培养皿上持续振荡直至达到吸附平衡。此为放射性核素 ^{75}SeO$_3^{2-}$ 在花岗岩上的吸附过程。

吸附达平衡后,分别取 1.0 mL 混合液及上清液,用自动 γ 计数器测其放射性计数。混合液即为吸附平衡溶液,用于测定吸附体系中 ^{75}SeO$_3^{2-}$ 的总浓度;将混合液通过 22 μm 水系滤膜,进行固液分离后得到上清液,用于测定吸附体系液相中 ^{75}SeO$_3^{2-}$ 的浓度。

研究温度影响时,采用自制恒温箱来控制实验温度;研究离子强度时,则分别用不同离子强度的 NaClO$_4$ 溶液来调整储备液浓度;研究 pH 的影响时,将储备液的 pH 调整为实验设定的一系列数值即可。批式吸附实验的具体考察因素列入表4-19。

表4-19　批式吸附实验研究硒在北山花岗岩中吸附的实验条件

编号	pH	温度/℃	离子强度/(mol/L)	氧 环 境
1	1.0～11.0	26	0.10	大气条件
2	6.0	26/40/50	0.10	大气条件
3	6.0	26	0.01/0.05/0.1/0.50	大气条件
4	6.0	26	0.1	大气条件

批式吸附实验中,硒的吸附量随时间的变化如图4-46所示。从图4-46可知,在吸附进行 100 h 后,吸附量基本保持不变。为使吸附过程达到充分的平衡,后续实验中平衡时间均为 5 d。用准二级动力学模型对吸附数据进行拟合后发现,^{75}SeO$_3^{2-}$ 在北山花岗岩中的吸附可以较好地用准二级动力学吸附模型描述($R^2 = 0.988$)。

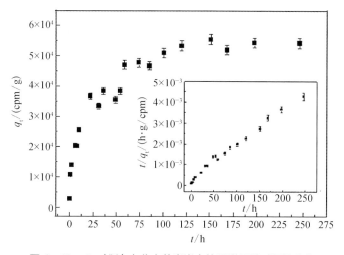

图 4-46　Se(IV)在北山花岗岩中的吸附量随时间的变化

($C = 1.0 \times 10^{-9}$ mol/L，$I = 0.10$ mol/L NaClO₄，pH = 3.5±0.1)

4.7.1　实验仪器与试剂

研究工作所用试剂主要有 NaOH、HClO₄、NaClO₄，主要使用的仪器设备包括电子天平、烘箱、精密 pH 计、移液器、旋转培养皿、自动 γ 计数器、离子色谱仪、动态光散射仪、核磁碳谱仪、微量有机元素分析仪、紫外分光光度计、傅里叶红外光谱仪及扫描电子显微镜等。

4.7.2　实验数据及数据处理

1. 通透扩散实验

在进行通透扩散实验操作时，每次从样品池(取样池或源液池)中取样进行测量后，都会向样品池中补充与取样相同体积的背景电解质溶液。如此，每次取样后，样品池中 ^{75}Se(IV)的浓度会因样品量的减少及溶液的稀释而降低。同时，由于 ^{75}Se 的半衰期较短(120 d)，^{75}Se 的衰变也会使 ^{75}Se(IV)的浓度(比活度)不断降低。因此，要想获知扣除取样及核素衰变后 ^{75}Se(IV)在北山花岗岩中的实际扩散情况，需要对样品池中 ^{75}Se(IV)的浓度进行取样及衰变校正。设每次从样品池中取出体积为 V_s(m³)的样品溶液进行放射性活度测量，并及时补充相同体积的背景电解质溶液。如果第 i 次取样后直接测定的样品池中$^{75}\mathrm{SeO_3^{2-}}$的浓度(比活度)为$C_s(i)$,则样品池经过放射性衰变及取样校正后的浓度$C(i)$可表示为

$$C(i) = C_s(i) \cdot \exp(\lambda t_i) + \frac{V_s}{V_d} \sum_{k=1}^{i-1} C_s(k) \cdot \exp(\lambda t_k) \qquad (4-20)$$

式中,λ为$^{75}\mathrm{Se}$的衰变常数;t_i为第i次取样的时间,s。在我们的研究工作中,每次取样的体积V_s为$1.0 \times 10^{-3}\ \mathrm{dm^3}$。

以某组扩散池为例,其源液池及取样池经取样及衰变校正后的数据如图4-47所示。由图4-47可见,由于$^{75}\mathrm{Se}$的半衰期只有120 d,而整个实验周期持续超过200 d,因此取样及$^{75}\mathrm{Se}$的衰变对整个扩散实验流出曲线的影响非常明显。源液池或取样池的流出曲线经校正后,$^{75}\mathrm{Se(IV)}$的浓度曲线均表现为线性形式。同时,源液池流出曲线的校正结果表明,在整个实验过程中,由于源液池体积大且放射性核素浓度高,扩散过程并未对源液池中的核素浓度造成明显影响。

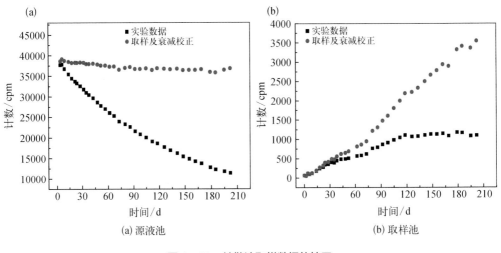

图4-47　扩散池取样数据的校正

2. 吸附模型的选择及实验数据的拟合

数据的拟合采用DKFIT程序。DKFIT程序在对实验数据进行拟合时,自动进行取样校正和衰变校正,无须用手动方法对实验测定数据进行取样及衰变校正。由于校正后源液池中的核素浓度基本保持不变,在用DKFIT程序进行拟合时较难收敛,因此,数据处理中只对取样池的实验数据进行拟合分析。

由于 Se 是弱吸附性核素，在用 DKFIT 程序对实验数据进行拟合时，选用无吸附模型及线性等温吸附模型进行分析。图 4-48 为用 DKFTI 程序对两个扩散池流出液的测量数据进行拟合的结果。由图 4-48 可见，选取无吸附模型及线性等温吸附模型对数据进行拟合时，拟合曲线与数据点均吻合良好。根据通透扩散实验获得的温度和 pH 影响的数据（表 4-20），用线性等温吸附模型拟合得到的吸附平衡分配系数的数值很小，说明完整的花岗岩岩片对 Se 的吸附很弱。

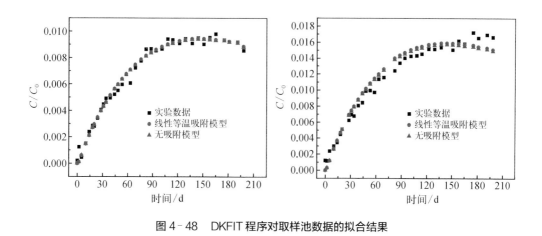

图 4-48　DKFIT 程序对取样池数据的拟合结果

表 4-20　不同的吸附模型拟合的结果比较

池编号	无吸附模型 $D_e/(10^{-13}\ m^2/s)$	线性等温吸附 $D_e/(10^{-13}\ m^2/s)$	线性等温吸附 $K_d/(10^{-4}\ L/kg)$
T-1	1.57 ± 0.33	1.57 ± 0.34	1.02 ± 0.22
T-2	4.04 ± 2.58	4.05 ± 2.59	1.11 ± 0.30
T-3	4.20 ± 1.27	4.23 ± 1.26	2.01 ± 0.65
T-4	5.50 ± 1.49	5.59 ± 1.55	6.80 ± 1.56
P-1	4.83 ± 1.83	4.81 ± 1.81	7.29 ± 0.94
P-2	2.12 ± 0.97	2.15 ± 0.99	6.10 ± 0.22
P-3	0.85 ± 0.04	0.86 ± 0.05	1.60 ± 0.40
P-4	2.12 ± 0.18	2.14 ± 0.17	0.60 ± 0.33

通过对扩散实验得到的 $^{75}Se(\text{IV})$ 在北山花岗岩中流出液样品测量结果的拟合，得到相应的 D_e 和 K_d 列入表 4-21 中。各实验考察条件下的数据结果均为相同条件下的双平行或三平行实验数据，经合理性评估后得到的平均结果。

表 4-21 不同实验条件下扩散及吸附实验的数值结果

pH	T /℃	I /(mol/L)	氧环境	线性等温吸附 D_e/(10^{-13} m²/s)	扩散实验 K_d/(10^{-3} L/kg)	吸附实验 K_d/(L/kg)
2	26	0.10	大气条件	4.81 ± 1.81	2.05 ± 1.32	31.20 ± 1.25
4	26	0.10	大气条件	2.15 ± 0.99	1.00 ± 0.17	23.53 ± 0.94
6	26	0.10	大气条件	0.86 ± 0.05	2.46 ± 1.52	34.42 ± 1.38
7	26	0.10	大气条件	2.14 ± 0.17	0.99 ± 0.21	20.84 ± 0.83
8.5	26	0.10	大气条件	3.58 ± 1.15	0.59 ± 0.10	3.06 ± 0.12
中性	26	0.10	大气条件	1.57 ± 0.34	1.02 ± 0.22	28.61 ± 3.05
中性	31	0.10	大气条件	4.05 ± 2.59	1.11 ± 0.30	—
中性	40	0.10	大气条件	4.23 ± 1.26	2.01 ± 0.65	146.43 ± 4.21
中性	50*	0.10	大气条件	5.59 ± 1.55	6.80 ± 1.56	128.11 ± 6.33
中性	50#	0.10	大气条件	6.07 ± 0.45	7.35 ± 0.37	128.11 ± 6.33
中性	60	0.10	大气条件	1.98 ± 0.22	12.18 ± 1.16	—
中性	70	0.10	大气条件	54.42 ± 1.02	22.03 ± 0.41	
中性	26	0.010	大气条件	0.83 ± 0.13	4.69 ± 3.91	12.78 ± 10.32
中性	26	0.050	大气条件	0.91 ± 0.04	9.85 ± 4.55	22.37 ± 4.80
中性	26	0.10	大气条件	2.46 ± 0.44	7.17 ± 3.24	16.62 ± 10.60
中性	26	0.50	大气条件	1.65 ± 0.27	6.22 ± 0.03	15.24 ± 7.70
中性	26	0.10	低氧条件	3.55 ± 0.27	0.41 ± 0.12	12.30 ± 0.42
中性	26	0.10	大气条件	2.14 ± 0.17	0.99 ± 0.21	20.84 ± 0.83
中性	26	0.10	大气条件	2.14 ± 0.17	0.99 ± 0.21	15.71 ± 0.83
中性	26	0.10	大气条件	2.48 ± 0.40	1.36 ± 1.18	22.33 ± 0.39
中性	26	0.10	大气条件	2.77 ± 0.68	2.84 ± 0.35	23.52 ± 0.76
中性	26	0.10	大气条件	2.82 ± 0.76	4.02 ± 0.82	25.60 ± 0.52

备注: 50* 为采用传统通透扩散法获取的 50 ℃ 时的实验结果,而 50# 则为采用新研制的高温扩散装置获取的 50 ℃ 时的实验结果。

表 4-21 中的数据表明,^{75}Se(IV) 在北山花岗岩中的有效扩散系数 D_e 的大小为 $(0.83 \pm 0.13) \times 10^{-13} \sim (54.42 \pm 1.02) \times 10^{-13}$ m²/s。

4.7.3 批式吸附实验

通过批式吸附实验得到相应实验条件下 ^{75}Se(IV) 在北山花岗岩中的吸附平衡分配系数 K_d(mL/g) 以及固相浓度 q(cpm/g) 等相关参数。其计算方法如下:

$$K_d = \frac{(A_0 - A_{eq})}{A_{eq}} \cdot \frac{V}{m} \tag{4-21}$$

$$q = \frac{(A_0 - A_{eq})}{A_0} \cdot \frac{C_0 V}{m} \tag{4-22}$$

式中，A_0 和 A_{eq} 分别为吸附实验前后液相中 ^{75}Se(Ⅳ) 的放射性活度或计数，cpm/mL；C_0 为吸附实验中 ^{75}Se(Ⅳ) 的初始浓度，mol/L；V 为溶液的体积，mL；m 为北山花岗岩岩粉的质量，g。

吸附实验的 K_d 与扩散实验的 K_d 一并列入表 4–21 中。从表 4–21 可以看出，扩散实验得到的 ^{75}Se(Ⅳ) 在北山花岗岩中的 K_d 的数值整体都很小，大多集中在 10^{-3} L/kg 数量级，而从批式吸附实验获取的 K_d 的数值整体要明显大于扩散实验得到的结果，高出近 3~4 个数量级。

由于扩散实验所用的是完整的花岗岩岩片，而批式吸附实验所用的是研磨后过 200 目筛的花岗岩粉末，其粒径小于 0.074 mm。花岗岩的破碎及研磨过程产生了新的表面，从而使花岗岩的比表面积及活性位点显著增多，因此花岗岩岩粉的比表面积要远远大于完整的花岗岩岩片的比表面积，从而表现出更强的吸附性能。同时，在批式吸附实验中，吸附质亚硒酸根是未加入任何非放射性载体的 ^{75}SeO$_3^{2-}$，按其放射性活度计算出 Se(Ⅳ) 的化学浓度约为 10^{-9} mol/L 数量级，且批式吸附实验的固液比为 20 g/L，溶液中的花岗岩粉末相对于微量的 ^{75}SeO$_3^{2-}$ 是大为过量的，因而花岗岩粉末可以提供过量的活性位点与 ^{75}SeO$_3^{2-}$ 发生作用，从而表现出相对较大的吸附能力。而在扩散实验中，吸附并未达到真正的吸附平衡，这应是造成扩散实验的 K_d 小于吸附实验结果的一个重要原因。

1. 离子强度对吸附和扩散的影响

通透扩散实验及批式吸附实验共考察了背景电解质溶液在 0.010~0.50 mol/L 内的 4 个离子强度（I）下 ^{75}SeO$_3^{2-}$ 在北山花岗岩中的吸附和扩散情况，具体的实验条件及获取的 D_e、K_d 的数值列入表 4–21 中。

为全面理解离子强度对 ^{75}SeO$_3^{2-}$ 在北山花岗岩中吸附的影响，批式吸附实验中，我们考察了在 pH = 1.0~11.0 时，4 种不同离子强度下 ^{75}SeO$_3^{2-}$ 在北山花岗岩中的吸附，结果如图 4–49 所示。

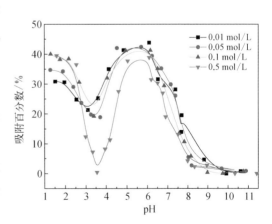

图 4–49　不同 pH 及离子强度下 Se(Ⅳ) 在花岗岩中的吸附

由图 4-49 可见,在 pH = 3.0~11.0 时,当离子强度从 0.010 mol/L 增加到 0.10 mol/L 时,$^{75}SeO_3^{2-}$ 在北山花岗岩中的吸附百分数并未发生明显变化,而当离子强度进一步增大到 0.50 mol/L 时,吸附百分数则有一定程度的下降,这可能是背景电解质溶液中的阴离子与 $^{75}SeO_3^{2-}$ 的竞争造成的。

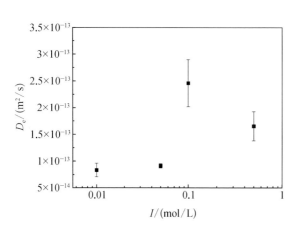

图 4-50 Se(Ⅳ)在北山花岗岩中的 D_e 随离子强度的变化

离子强度对 D_e 和 K_d 的影响分别如图 4-50 和图 4-51 所示。从图 4-50 和图 4-51 可以看出,当离子强度小于 0.10 mol/L 时,$^{75}SeO_3^{2-}$ 在北山花岗岩中的 D_e 随 I 的增加而增大;但当 I 大于 0.10 mol/L 时,D_e 则随 I 增加而减小。通透扩散实验和批式吸附实验获取的 K_d 尽管数值上相差较大,但其随离子强度的变化很小。因此,D_e 随离子强度的变化可能并非是直接由不同离子强度下的吸附性之差异引起的。

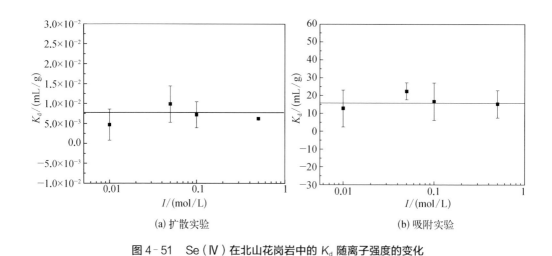

(a) 扩散实验　　　　　　　　(b) 吸附实验

图 4-51 Se(Ⅳ)在北山花岗岩中的 K_d 随离子强度的变化

北山花岗岩的表面电荷分布情况与 pH 之间的关系曲线表明花岗岩的零电荷点 (pH_{PZC})为 5.6。在离子强度对扩散的影响实验中,体系的 pH 为近中性,此时花岗岩的表面将带负电荷、呈负电性。因此,主导 $^{75}SeO_3^{2-}$ 扩散的主要为花岗岩的负电性表面与

$^{75}SeO_3^{2-}$ 之间的阴离子排斥效应。为此,我们对不同离子强度下 Se 的种态分布情况及花岗岩的表面带电情况进行了分析。

我们利用 CHEMSPEC 种态分析软件计算了离子强度为 0.10 mol/L 时 Se 的种态随 pH 的变化情况,如图 4-52 所示。从计算结果来看,当 pH $>$ 4.5 时,Se 均以 4 价形式存在,在扩散实验的近中性条件下,体系中 Se 的优势种态主要为 $HSeO_3^-$ 及 SeO_3^{2-}。

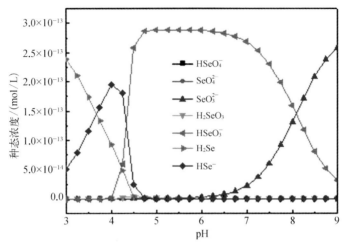

图 4-52　不同 pH 条件下 Se 在 NaClO₄ 溶液中的种态分布情况

$C(Se) = 2.89 \times 10^{-13}$ mol/L, $C(NaClO_4) = 0.10$ mol/L

根据 CHEMSPEC 软件计算的不同离子强度下 Se 的种态分布结果,进一步获取了 pH $\approx$ 7 条件下 Se 的优势种态随离子强度的变化情况,发现随离子强度的变化,$HSeO_3^-$ 始终为优势种态,并未随离子强度的变化而发生明显改变。

此外,我们采用电位滴定法测定了不同离子强度下,北山花岗岩的表面质子过剩随 pH 的变化情况,发现在 pH $=$ 5.0~9.0 时,北山花岗岩的表面质子过剩并未随离子强度的变化而发生改变,尤其是在研究体系为近中性的条件下,不同离子强度的背景电解质溶液中,北山花岗岩的表面电荷分布情况是一致的。可见,随研究体系背景电解质溶液离子强度的变化,无论是 Se 自身的优势种态,还是北山花岗岩的表面电荷分布情况均未发生明显改变,即目标核素 Se 与扩散介质花岗岩两者各自的属性并未随离子强度的变化而发生显著改变。因此,Se(Ⅳ)在北山花岗岩上的 D_e 随离子强度的改变而发生的变化,可能主要是由于背景电解质溶液离子强度的变化引入的,研究体系中外界离子浓度的变化对 Se(Ⅳ)与北山花岗岩的作用方式或环境产生了影响。

Se(Ⅳ)在北山花岗岩中的扩散主要由阴离子排斥效应主导,而其扩散路径则主要是通过花岗岩内部的孔隙溶液进行的。因此,北山花岗岩的内部孔隙与孔隙溶液间的界面性质与 Se(IV) 的扩散密切相关。当两种不同的物相进行接触时,两相之间的电荷分离将会在两相之间产生电势,而当两相之间的电荷电量相等、电性相反时,其相互吸引的结果是在两相界面间形成双电层结构,而双电层结构的厚度与溶液中的离子强度及电荷数密切相关。

结合其他数据,我们认为离子强度对 Se(IV) 在北山花岗岩中扩散的影响机制主要分为以下几个过程。

(1) 当离子强度(I)小于 0.10 mol/L 时,在花岗岩岩片 2～4 nm 内,孔径内扩散孔隙的双电层高度重叠,导致 Se(IV) 无法进入,因而主要在传输孔隙中扩散,且随着 I 增加,传输孔隙中的双电层被压缩,扩散通道变大,扩散增强。

(2) 当 I 增大到 0.10 mol/L 时,Se(IV) 继续在传输孔隙中扩散,同时扩散孔隙中高度重合的双电层被进一步压缩,使得 Se(IV) 可以通过,因这部分孔隙占据了花岗岩孔隙的很大一部分,所以 D_e 在 0.10 mol/L 时有显著的增加。

(3) 当 I 在 0.10～0.5 mol/L 时,除了离子强度的影响外,Se(IV) 与背景溶液中的阴离子 ClO_4^- 的竞争效应增强,甚至成为主要影响因素,故随着 I 的增加 D_e 有减小的趋势。

2. 氧浓度对吸附和扩散的影响

我们考察了低氧及大气环境两种条件下 $^{75}SeO_3^{2-}$ 在北山花岗岩中的扩散,具体的实验条件及 D_e、K_d 的数值见表 4‑21。表 4‑21 中的数据表明,通透扩散法获得的不同氧浓度条件下 Se(IV) 在北山花岗岩中的 D_e 为 $(2.14 \pm 0.17) \times 10^{-13} \sim (3.55 \pm 0.27) \times 10^{-13}$ m²/s,低氧条件下的 D_e 大于大气环境下的,不同氧环境下 K_d 的变化趋势与 D_e 相反。

实验过程中扩散池的 pH、Eh 变化并不明显,这里列出实验结束时测量的某个扩散池中溶液的 pH、Eh 结果,见表 4‑22。表 4‑22 中的数据表明,低氧及大气环境下扩散池的 pH 差别并不明显,而低氧环境下的 Eh 值要略低于大气环境下的。基于实验测量的 pH、Eh 数值,与 Se 的 Eh‑pH 图进行比对后发现,不同氧环境下 Se 的优势种态基本相同(图 4‑53),均为 $HSeO_3^-$。因此,不同氧环境下,扩散介质花岗岩表面的电荷分布情况及 Se 自身的种态均无明显差别。而不同氧环境下扩散池中的 pH 均大于北山花岗岩的等电荷点(5.6),因此,此时控制 Se(IV) 在北山花岗岩中扩散的主要因素可能是阴离子排斥效应。

表 4 - 22　不同氧环境下扩散池的 pH、Eh 测量结果

扩散实验条件	pH	Eh/V
低氧	7.2	0.38
大气环境	7.1	0.42

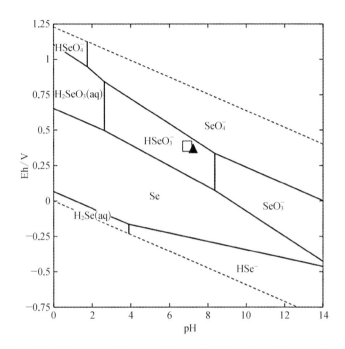

图 4 - 53　水溶液中 Se 的 Eh - pH 图（△—低氧，□—大气环境）

　　从吸附平衡分配系数的结果来看，大气环境下 Se(Ⅳ) 在北山花岗岩中的吸附要强于低氧条件下的。考虑到两种不同条件下的主要因素为氧浓度的差别，因此花岗岩中某些氧化还原敏感元素如铁等对 Se(Ⅳ) 在花岗岩中的吸附可能发挥了重要作用。在大气环境下，扩散实验的周期一般为 $200 \sim 300$ d，扩散介质花岗岩岩片将长期浸泡在扩散溶液中，由于开放体系中的氧气及溶液体系中溶解氧的存在，花岗岩内部的 2 价铁离子可能部分被逐渐氧化为 3 价铁离子，从而使花岗岩对 Se(Ⅳ) 的吸附能力增强，而扩散减弱。在低氧环境下，由于氧含量极低，而 4 价硒对 2 价铁的氧化能力远低于氧气的，所以花岗岩岩片内部的 2 价铁离子很难被氧化，其含量将基本维持在扩散实验开始时的水平，Se(Ⅳ) 在花岗岩中的吸附和扩散能力在低氧条件下基本不受影响。因此，Se(Ⅳ) 在花岗岩中的扩散结果是无氧条件下的有效扩散系数大于有氧条件下的。

3. pH 对吸附和扩散的影响

我们考察了在 pH = 2.0～8.5 之间的 5 个 pH 条件对 $^{75}SeO_3^{2-}$ 在北山花岗岩中扩散的影响。扩散实验的具体实验条件及实验获取的 D_e、K_d 的数值结果见表 4-21。这里,仅将 pH 对 D_e 和 K_d 的影响分别作图,结果如图 4-54 和图 4-55 所示。

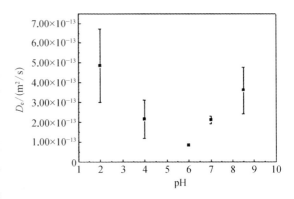

图 4-54　Se(Ⅳ) 在北山花岗岩中的 D_e 随 pH 的变化

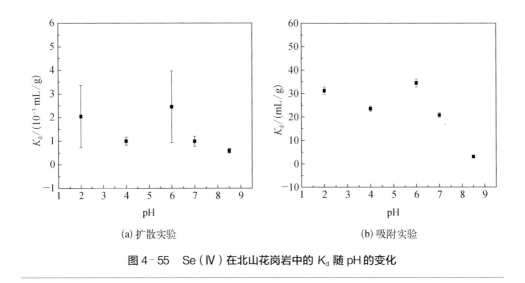

(a) 扩散实验　　　　　　　　　　(b) 吸附实验

图 4-55　Se(Ⅳ) 在北山花岗岩中的 K_d 随 pH 的变化

扩散实验获得的不同 pH 条件下,Se(Ⅳ) 在北山花岗岩中的 D_e 为 $(4.81 \pm 1.81) \times 10^{-13} \sim (8.06 \pm 0.05) \times 10^{-13}$ m^2/s,随 pH 的增加先减小后增大。在扩散实验的 pH 范围内,拟合得到的及吸附实验得到的 K_d 差别较大,但其随 pH 的变化趋势基本一致,均随 pH 的增加先增大后减小。实验条件下,D_e 在 pH = 6 时达到最小值,而 K_d 则在 pH = 6 时达到峰值,两者近似呈一种此消彼长的关系(pH = 2 的点除外),即吸附增强则扩散减弱,吸附减弱则扩散增强。

在 pH = 1.0～11.0 的范围内,批式吸附实验的结果如图 4-56 所示。以 pH = 3.5 和 pH = 5.5 为分界点,当 pH < 3.5 时,Se(Ⅳ) 在北山花岗岩中的吸附随 pH 增大而减小;3.5 < pH < 5.5 时,吸附随 pH 的增大而增大;而当 pH > 5.5 时,吸附则随 pH 继续增大而减小。可见,扩散实验考察的 5 个点的 pH 在整体上基本反映了 Se(Ⅳ)在北山花岗岩的吸附能力变化情况。

为深入了解 Se(Ⅳ)在北山花岗岩中扩散和吸附行为随 pH 变化的原因,我们从扩散核素 Se、扩散介质花岗岩以及扩散过程所处的溶液体系三个方面对这一结果进行分析。

一方面,为明确扩散实验结束后不同 pH 条件下花岗岩岩片的溶解情况及扩散溶液的组成情况,我们在扩散实验结束后分别对花岗岩岩片及扩散溶液进行了分析。

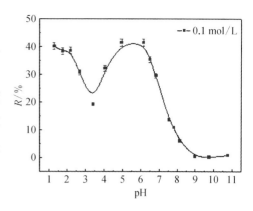

图 4-56 不同 pH 条件下 Se(Ⅳ)在北山花岗岩中的吸附情况(m/V = 20 g/L, I = 0.10 mol/L)

对花岗岩岩片靠近源液池及取样池两侧分别进行 XPS 全谱分析(结果如表 4-23 及图 4-57 所示)后发现,在不同 pH 条件下,花岗岩岩片确实存在一定的矿物溶解作用,且各元素溶解情况不同,尤其是 Fe 和 Ca 的溶解相对明显,而且随 pH 增大而减小,在 pH = 2.0 时达到最大。

表 4-23 扩散实验结束后北山花岗岩岩片表面 XPS 分析

扩散池	pH	元素含量/%							
		O	C	Na	Fe	Y	Si	Al	Ca
大池	2	53.8	6.81	0.81	0.69	2.88	20.3	6.32	1.6
	4	50.6	7.95	2.58	1.05	4.98	20.1	8.55	2.14
	6	47.4	17.3	2.01	1.01	5.02	15.3	7.55	2.23
	7	49.9	9.55	2.51	1.29	5.37	17.7	9.28	2.11
	8.5	50.4	9.71	2.31	1.41	5.73	17.3	8.35	2.42
小池	2	52.9	7.07	1.44	0.89	3.56	19.3	7.77	1.73
	4	50.5	9.48	1.78	1.06	5.33	18.6	8.42	2.57
	7	52.3	7.38	2.21	1.01	4.07	20.5	8.63	2.32

同时,扩散实验结束后,我们对源液池及扩散池中的溶液进行 ICP 分析(结果如表 4-24 及图 4-58 所示)发现,Fe、Ca 和 Mg 的浓度随 pH 减小而增大,尤其是在 pH = 2.0 时达到最大值,主要原因可能是在长实验周期条件下,花岗岩岩片存在一定程度的矿物溶解,这一结果与 XPS 的分析结果是一致的。溶解在溶液中的金属离子对溶液的总离子强度有一定贡献。

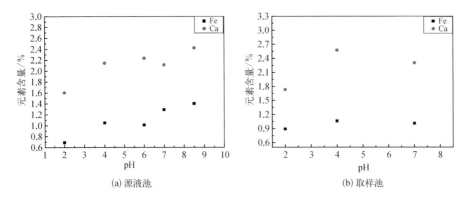

(a) 源液池   (b) 取样池

图 4‑57   扩散实验结束后花岗岩岩片的表面 XPS 分析

表 4‑24   扩散实验结束后扩散溶液的 ICP 分析结果

扩散池	pH	Fe/ppm	Se/ppm	Mg/ppm	Ca/ppm	K/ppm
大池	2	30.8	0.28	36.5	38.1	16.9
	4	1.43	0.29	1.23	9.83	23.8
	6	0.41	0.32	0.25	6.29	14.8
	7	0.36	0.29	0.20	4.02	12.2
	8.5	0.14	0.14	0.14	2.66	7.58
小池	2	81.0	0.27	89.7	191	14.7
	4	0.40	0.31	2.61	38.2	24.6
	6	0.37	0.31	2.08	36.0	8.14
	7	0.37	0.29	1.40	29.1	7.94
	8.5	0.36	0.29	1.61	27.8	6.65

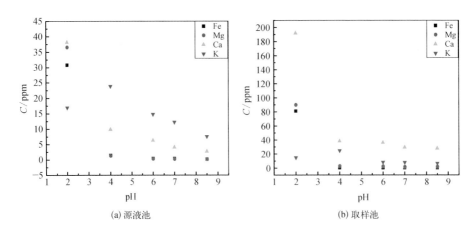

(a) 源液池   (b) 取样池

图 4‑58   扩散溶液中一些金属离子的浓度变化

另一方面，为确认不同 pH 条件下，因花岗岩的矿物溶解作用而引入到扩散溶液中的部分元素，尤其是易与 Se 发生沉淀或氧化还原作用的 Mg、Fe 和 Ca 等元素，是否会引起溶液中 Se 的沉淀或氧化还原反应，进而影响硒的扩散，我们对溶液中 Se 与相关元素的沉淀平衡常数 K_{sp} 进行了计算，其中，$\lg K^0(CaSeO_3) = -(6.40 \pm 0.25)$，$\lg K^0(MgSeO_3) = -(5.82 \pm 0.25)$，各相关元素的浓度取测量到的最大值。$K_{sp}$ 的计算结果表明，花岗岩溶解产生的金属离子不应该引起溶液中 Se 的沉淀。计算结果如下：

$$K_{sp}(CaSeO_3) = [Ca^{2+}][SeO_3^{2+}] \approx 10^{-15} < 10^{-6.4} \quad [Ca^{2+}]_{max} = 192 \text{ ppm}（取样池）$$

$$K_{sp}(MgSeO_3) = [Mg^{2+}][SeO_3^{2+}] \approx 10^{-15} < 10^{-5.8} \quad [Mg^{2+}]_{max} = 90 \text{ ppm}（取样池）$$

4. 温度对吸附和扩散的影响

扩散实验共考察了 26～70 ℃ 中的 6 个温度条件下 SeO_3^{2-} 在北山花岗岩中的扩散。采用常规通透扩散实验装置，考察了 26～50 ℃ 内 SeO_3^{2-} 在北山花岗岩中的扩散；采用高温扩散装置研究了 50～70 ℃ 内 SeO_3^{2-} 在北山花岗岩中的扩散。为验证高温扩散实验装置的可靠性，采用高温扩散装置进行实验时，以 50 ℃ 为起点。同时，批式吸附实验研究了 26～50 ℃ 内 $^{75}SeO_3^{2-}$ 在北山花岗岩粉末中的吸附，具体的实验条件及对应条件下实验获取的 D_e、K_d 的数值如表 4‑21 所示，并将温度对 D_e 和 K_d 的影响分别作图，结果如图 4‑59 所示。

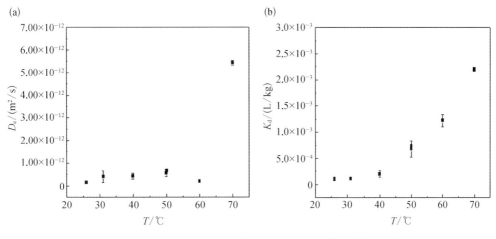

图 4‑59　Se（Ⅳ）在北山花岗岩中的 D_e 及 K_d 随温度的变化情况

整体来看，通过扩散实验获取的不同温度下，$^{75}SeO_3^{2-}$ 在北山花岗岩中的 D_e 为 $1.57\times10^{-13}\sim54.4\times10^{-13}$ m²/s。采用高温扩散装置获取的 50 ℃ 条件下 $^{75}SeO_3^{2-}$ 在北山花岗岩中的 D_e 及 K_d 与常规通透扩散法获得的相同条件下的数据结果吻合良好，证实了高温扩散装置获取数据的可靠性。结果显示，扩散实验获取的 $^{75}SeO_3^{2-}$ 在北山花岗岩中的 D_e 及 K_d 均随温度的升高而增大。而批式吸附实验部分的结果显示，在未额外添加非放射性载体的情况下，40~50 ℃ 时，$^{75}SeO_3^{2-}$ 在北山花岗岩中的 K_d 值高于 26 ℃ 下的 K_d 值。

为进一步考察 $^{75}SeO_3^{2-}$ 初始浓度对其在北山花岗岩中吸附的影响，在批式吸附实验中，我们通过调整放射性 $^{75}SeO_3^{2-}$ 的加入体积及外加非放射性载体的方式，考察了不同温度（26 ℃、40 ℃、50 ℃）及不同 SeO_3^{2-} 初始浓度（初始浓度为 $10^{-11}\sim10^{-4}$ mol/L）下 SeO_3^{2-} 在北山花岗岩中的吸附（pH 与扩散实验一致，为近中性），结果如图 4-60 所示。由图 4-60 可见，在所考察的 SeO_3^{2-} 浓度范围内，随 SeO_3^{2-} 初始浓度的增加，北山花岗岩对 Se(Ⅳ) 的吸附量增大，而温度对吸附的影响并不明显。我们进一步将不同温度下吸附等温线的纵坐标转换为对数形式后发现，当 SeO_3^{2-} 的初始浓度较低时，Se(Ⅳ) 在北山花岗岩中的吸附量随温度升高而增大；而随着非放射性载体的加入，即 SeO_3^{2-} 初始浓度的进一步增大，温度对吸附的影响变得不明显了。同时，我们分别用 Langmuir 和 Frendlich 两种吸附模型对不同温度下的吸附等温数据进行拟合后发现，Langmuir 吸附模型能以更好地描述吸附结果（$R^2=0.98$），说明在实验考察的、接近处置库条件下的 SeO_3^{2-} 浓度范围内，北山花岗岩对 Se(Ⅳ) 的吸附主要为单层吸附，因此，Se(Ⅳ) 在完整的花岗岩岩片中的吸附并不明显。

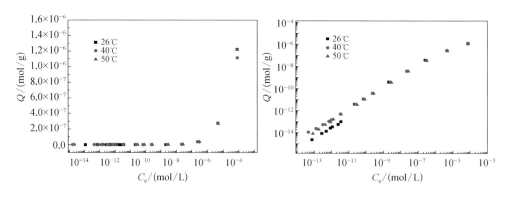

图 4-60 Se(Ⅳ) 在北山花岗岩中的吸附量随 Se(Ⅳ) 初始浓度的变化情况

与此同时,批式吸附实验的结果表明,在不同温度下,随着外加载体浓度的增加,Se(Ⅳ)在北山花岗岩粉末中的 K_d 均呈现出减小的趋势。40 ℃及50 ℃条件下的部分数据列于表4-25。

表4-25 不同温度及外加载体浓度下的吸附实验数据

温度/℃	载体浓度/(mol/L)	K_d/(mL/g)
40	0	146±4.21
	$1.0×10^{-6}$	121±1.72
	$1.0×10^{-5}$	62.2±0.54
	$1.0×10^{-4}$	15.0±0.65
50	0	128±6.33
	$1.0×10^{-6}$	115±1.16
	$1.0×10^{-5}$	58.3±0.53
	$1.0×10^{-4}$	15.8±0.32

将温度调至26～70 ℃,对 $^{75}SeO_3^{2-}$ 在北山花岗岩中的 D_e 随温度的变化情况进一步细化分析(图4-61),可见,在整个考察的温度范围内,Se(Ⅳ)在北山花岗岩中的 D_e 整体上随温度的升高而增大,这是由于温度升高导致整个体系中分子的热运动加剧,从而更快地达到扩散平衡,表现出的结果即为扩散速率加快。但值得注意的是,在26～60 ℃内, D_e 基本维持在同一数量级,而当温度升高到70 ℃时, D_e 有一个明显的增大,甚至高出一个数量级。

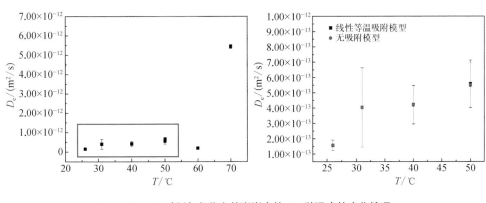

图4-61 Se(Ⅳ)在北山花岗岩中的 D_e 随温度的变化情况

分别用 Arrhenius 公式对不同温度范围内的 D_e 值进行拟合,其拟合结果如图 4-62 所示。图 4-62 中的数据表明,尽管不同温度范围内的 D_e 数值均可用 Arrhenius 公式得到较好的拟合,但 70 ℃的数据点相对于 26～50 ℃内的点的拟合曲线有明显的偏移,而且用 Arrhenius 公式拟合出的不同温度范围内活化能的数值也存在较大的差别,如表 4-26 所示,这进一步证实了 70 ℃得到的数据点的特殊性。为了探究 70 ℃时^{75}SeO$_3^{2-}$ 在北山花岗岩中的 D_e 突增的原因,我们重点关注了 Se(Ⅳ)自身的种态及花岗岩本身的结构是否发生变化。

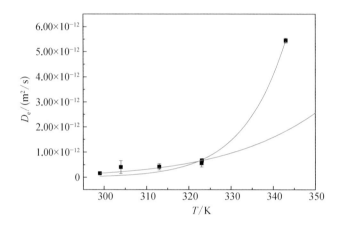

图 4-62 不同温度下 D_e 的 Arrhenius 公式拟合结果

表 4-26 Arrhenius 公式拟合 D_e - T 曲线获取的数据结果

温度/℃	E_a/(kJ/mol)	相关系数 R
26～50	5.60	0.991
26～70	11.4	0.985

结合实验过程中监测到的扩散实验溶液体系中的 pH 及 Eh 结果,我们利用 CHEMSPEC 软件计算了不同温度下 Se 的种态分布情况,发现温度的改变并未对 Se 的存在种态造成显著影响。

4.7.4 硒在北山花岗岩中吸附和扩散的主要结果

在实验考察的各种条件下,^{75}SeO$_3^{2-}$ 在北山花岗岩中的 D_e 为$(0.83 \pm 0.13) \times 10^{-13}$～

$(54.42 \pm 1.02) \times 10^{-13}$ m²/s,除了高温(70 ℃)条件下获取的 D_e 明显偏大之外,其他实验条件下的 D_e 均集中在 10^{-13} m²/s 数量级,在整体上反映了 $^{75}SeO_3^{2-}$ 在完整北山花岗岩中的扩散能力。扩散实验获取的 $^{75}SeO_3^{2-}$ 在北山花岗岩中的 K_d 整体都非常小,大多集中在 10^{-3} L/kg 数量级,而从批式吸附实验获取的 K_d 整体上要明显大于扩散实验得到的结果,高出近 3~4 个数量级。这主要是由于扩散实验所用的花岗岩为完整的花岗岩岩片,而批式吸附实验所用的花岗岩为花岗岩粉末,花岗岩粉末的比表面积要远远大于完整的花岗岩岩片的比表面积,从而表现出更强的吸附性能。

在离子强度为 0.010~0.50 mol/L NaClO₄ 的条件下,扩散实验得到的 $^{75}SeO_3^{2-}$ 在完整北山花岗岩中的 $D_e = (0.83\sim2.46) \times 10^{-13}$ m²/s,$K_d = (4.55\sim9.85) \times 10^{-3}$ L/kg,批式吸附实验获取的 $K_d = (12.8\sim22.4)$ L/kg。当离子强度小于 0.10 mol/L 时,$^{75}SeO_3^{2-}$ 在北山花岗岩中的 D_e 随 I 的增加而增大;但当离子强度大于 0.10 mol/L 时,D_e 则随 I 的增加而减小。通透扩散实验和批式吸附实验获取的 K_d 尽管数值上相差较大,但其随离子强度的变化趋势是一致的,均随离子强度变化基本保持不变。不同离子强度下花岗岩的表面质子过剩情况及利用 CHEMSPEC 计算得到的 Se(Ⅳ) 的种态分布情况表明,随研究体系背景电解质溶液离子强度的变化,无论是 Se(Ⅳ) 自身的优势种态,还是扩散介质北山花岗岩的表面电荷分布情况均未发生明显改变。综合花岗岩的孔隙结构分布情况及相关文献报道,我们认为 $^{75}SeO_3^{2-}$ 在北山花岗岩中的 D_e 随离子强度的变化趋势可能是双电层及离子竞争效应共同作用的结果。建议用 0.10 mol/L 离子强度下的 D_e 来对 $^{75}SeO_3^{2-}$ 在北山花岗岩中的迁移行为进行评价,以便得到更准确的评价结果。

在低氧及大气两种不同的氧环境条件下,由通透扩散法获得的 $^{75}SeO_3^{2-}$ 在北山花岗岩中的 $D_e = (2.14\sim3.55) \times 10^{-13}$ m²/s,$K_d = (0.41\sim0.99) \times 10^{-3}$ L/kg,批式吸附实验获取的 $K_d = (12.3\sim20.8)$ L/kg。低氧环境下的 D_e 大于大气环境下的结果,而 K_d 的变化趋势与 D_e 刚好呈反相关。初步推测大气及低氧环境下,花岗岩中的氧化还原敏感元素 Fe 的存在形式不同是导致低氧环境下的 D_e 大于大气环境下的数值的一个重要原因。

在 pH 为 2.0~8.5 时,由通透扩散法获得的不同 pH 下,$^{75}SeO_3^{2-}$ 在北山花岗岩中的 $D_e = (0.86\sim4.81) \times 10^{-13}$ m²/s,$K_d = (0.59\sim2.46) \times 10^{-3}$ L/kg,批式吸附实验获取的 $K_d = (3.06\sim34.4)$ L/kg。D_e 随 pH 的增加先减小后增大,扩散实验拟合得到的 K_d 数值与吸附实验获取的 K_d 数值差别较大,但其随 pH 的变化规律基本一致,均随

pH 的增加先增大后减小，D_e 与 K_d 近似呈一种此消彼长的关系（pH = 2.0 的点除外）。pH = 1.0～11.0 内的批式吸附实验结果表明，扩散实验考察的 5 个 pH 点，基本覆盖了 $^{75}SeO_3^{2-}$ 在北山花岗岩的扩散和吸附范围。不同 pH 条件下花岗岩岩片存在一定的矿物溶解作用，但矿物溶解只增加了溶液中部分离子的浓度，并未引发沉淀或氧化还原反应。我们认为 D_e 及 K_d 随 pH 的变化情况是 Se 自身种态变化、花岗岩的表面带电情况变化、pH 变化及矿物溶解引入的离子强度变化共同作用的结果。鉴于 $^{75}SeO_3^{2-}$ 在北山花岗岩上的扩散受 pH 影响显著，在处置库的安全评价中应对 pH 因素予以重点考虑。

结合常规通透扩散实验及高温扩散实验获取的 26～70 ℃温度范围内，SeO_3^{2-} 在北山花岗岩中的 $D_e = (1.57～54.4) \times 10^{-13}$ m²/s，$K_d = (1.02～22.0) \times 10^{-3}$ L/kg。采用高温扩散装置获取的 50 ℃下 $^{75}SeO_3^{2-}$ 在北山花岗岩中的 D_e 及 K_d 与常规通透扩散法获得的相同条件下的数据结果吻合良好，证实了高温扩散装置获取数据的可靠性。批式吸附实验结果表明，$^{75}SeO_3^{2-}$ 在北山花岗岩粉末中的 K_d 随着外加载体浓度的增加呈减小趋势。$^{75}SeO_3^{2-}$ 在北山花岗岩中的 D_e 随温度的升高而增大，且 D_e 随温度的变化可用 Arrhenius 公式进行拟合，D_e 在 26～60 ℃时基本维持在同一数量级，而当温度升高到 70 ℃时，D_e 有一个明显的增大，可能主要受以下几方面因素影响。（1）分子热运动：温度升高，分子热运动增强，扩散加快；（2）岩石热胀冷缩：随温度升高，北山花岗岩内部孔隙结构发生一定改变，可能使部分孔隙/裂隙由不连通状态到连通状态进行转化；（3）矿物溶解：随温度升高，溶液体系中矿物的溶解现象增强，溶液离子强度增大，从而促进 Se(Ⅳ)的扩散。

4.8 放射性核素在高庙子膨润土及北山花岗岩中的吸附和扩散研究建议

本章简要介绍了放射性碘和硒在高庙子膨润土和北山花岗岩中的吸附和扩散研究结果。尽管这些研究结果尚不能全面给出碘-129 和硒-79 这两个关键放射性核素在我国候选高放废物处置库围岩——花岗岩和缓冲回填材料——膨润土中吸附和扩散行为的全貌，但仍可为我们提供一些重要参考。通过这些研究，我们可以看到，我国高放废物处置库安全评价中使用的与核素吸附、扩散和迁移有关的关键参数的获得是一个很庞大的研究体系。目前国家在这方面的资金、设备和人力资源投入远不能满足需要。

参考文献

［1］王春丽.^{75}Se(Ⅳ)在北山花岗岩中的扩散和吸附行为［D］.北京：北京大学，2018.

［2］田文字.放射性碘在压实高庙子膨润土中的扩散：实验和理论研究［D］.北京：北京大学，2011.

［3］刘晓东，罗太安，朱国平，等.缓冲/回填材料——内蒙古高庙子膨润土性能研究［J］.中国核科技报告，2007(2)：140－156.

［4］中华人民共和国国家标准.膨润土，GB/T 20973—2007，2007.

［5］齐立也.放射性碘在高庙子膨润土中的吸附行为研究［D］.北京：北京大学，2017.

［6］Wang XK，Montavon G，Grambow B. A new experimental design to investigate the concentration dependent diffusion of Eu(Ⅲ) in compacted bentonite［J］. Journal of Radioanalytical and Nuclear Chemistry，2003，257(2)：293－297.

［7］刘春立.碘－129、硒－79 在高庙子膨润土/北山地下水体系中的吸附和扩散规律、种态分布及吸附动力学模拟研究［F］［技术总结报告］，2018.

MOLECULAR SCIENCES

Chapter 5

Np 和 Am 的环境行为

5.1 引言

在铀-钚核燃料循环中,反应堆乏燃料所含 Np、Am、Cm 的量与 U 和 Pu 的相比较少,因此 Np、Am、Cm 被称为次锕系元素(minor actinides,MA)。尽管 MA 的量较少,但无论是对乏燃料后处理而言,还是对于高活度水平放射性废物(简称"高放废物")处置来讲,它们都至关重要。MA 的重要性与其长半衰期、高毒性以及其他独特的物理化学性质有关。

在已知的镎同位素中,^{237}Np($t_{1/2} = 2.144 \times 10^6$ a)是寿命最长的。在核反应堆中有两个反应(5-1 和 5-2)会产生^{237}U,^{237}U 的半衰期为 6.75 天,^{237}U 衰变生成^{237}Np,这是反应堆乏燃料中^{237}Np 的主要来源。

$$^{238}\text{U}(\text{n, 2n})^{237}\text{U} \xrightarrow{\beta^-} {}^{237}\text{Np} \tag{5-1}$$

$$^{235}\text{U}(\text{n, }\gamma)^{236}\text{U}(\text{n, }\gamma)^{237}\text{U} \xrightarrow{\beta^-} {}^{237}\text{Np} \tag{5-2}$$

^{237}Np 属于极毒放射性核素,是生产^{238}Pu 的原料。作为同位素热源,^{238}Pu 是制造同位素电池的重要原料,这种电池是深空航天工程不可或缺的。

^{237}Np 也是^{241}Am 的 α 衰变产物。在高放废物地质处置库关闭大约 10 000 年之后,^{237}Np 将成为放射性毒性的主要贡献者。在约 75 000 年之后,^{237}Np 在高放废物的放射性总剂量中,占比将高达 67%。

^{237}Np 的半衰期非常长,但与地球的年龄(4.5×10^9 a)相比又显得太短,因此地球上不存在原生的^{237}Np。在一些铀矿中存在的痕量的^{237}Np,主要是由中子与铀同位素反应产生的。

在生物圈中,^{237}Np 主要来源于大气核试验。根据估算,约有 2 500 kg 的^{237}Np 沉降在地球表面上,与钚的量相当(约 4 200 kg 的^{239}Pu 和 400 kg 的^{240}Pu)。全球大气沉降的^{237}Np/^{239,240}Pu 的活度比在(1~10)×10^{-3}的量级。如果取平均值 5×10^{-3},则海水中^{239,240}Pu 的比活度约为 1.3×10^{-2} mBq/L,^{237}Np 的比活度约为 6.5×10^{-5} mBq/L。

在锕系元素中,Np 化学性质的丰富程度仅次于 Pu。Np 有从 +3 到 +7 的多个氧化态。在水溶液中,虽然 Np 最稳定的氧化态是以镎酰 NpO$_2^+$ 形式存在的 Np(Ⅴ),但是也存在从 Np(Ⅲ)到 Np(Ⅵ)的各种氧化态。Np 不同氧化态之间的标准电极电势相差较小，意味着不同价态 Np 的物种可能同时存在于同一个体系中。不同价态的 Np 离子均可发生水解。Np 的环境放射化学行为与其氧化态密切相关，Np 在环境中常见的氧化态是 Np(Ⅳ) 和 Np(Ⅴ)。其中，Np(Ⅴ) 因其吸附性和水解沉淀倾向都相对较弱，具有较明显的环境迁移性。

^{241}Am($t_{1/2}$ = 433 a) 和 ^{243}Am($t_{1/2}$ = 7 380 a) 是乏燃料中 Am 最重要的同位素。^{241}Am 主要来自以下反应链：

$$^{239}\mathrm{Pu(n, \gamma)}^{240}\mathrm{Pu(n, \gamma)}^{241}\mathrm{Pu} \xrightarrow{\beta^-} {}^{241}\mathrm{Am} \tag{5-3}$$

^{243}Am 主要来自锔的多中子俘获过程。一座典型的商用动力堆每年产生千克量级的 ^{241}Am 和 ^{243}Am。因此，在乏燃料后处理产生的高放废液中，存在较大量的 Am。

与 U、Np 和 Pu 相比，Am 和 Cm 在环境中的氧化态较单一。Am 和 Cm 的特征价态是 +3 价。+3 价锕系离子(An^{3+})与 +3 价镧系离子(Ln^{3+})的化学性质相似，在高放废液的进一步分离处理中，Ln^{3+}/An^{3+} 分离是个难题。在环境放射化学领域，正是由于 Ln^{3+} 与 An^{3+} 的化学相似性，经常用 Eu^{3+} 作为 Am^{3+} 和 Cm^{3+} 的化学类似物开展吸附、扩散和迁移研究。这样做可以避免操作超铀元素所需的特殊防护措施。使用 Eu^{3+} 的另一个好处是可以利用其荧光性质，便于推测吸附、扩散和迁移过程中的化学机理。因此，本章也包括了关于 Eu^{3+} 在吸附、扩散和迁移方面的内容。

5.2　固-液界面上的吸附作用

为了描述吸附达平衡时，放射性核素在吸附剂和溶液中浓度的关系，常用的物理量或参数是吸附平衡分配系数 K_d(mL/g)，吸附平衡分配系数被定义为吸附达平衡时固相浓度 C_s 与液相浓度 C_l 之比：

$$K_d = \frac{C_s}{C_l} \tag{5-4}$$

批式法是实验室测定 K_d 最常用的方法。批式吸附实验又称为静态吸附实验。当吸附达到平衡时，分离两相并测定液相浓度(C_l)，根据已知的固液比(m/V)和液相中吸附质初始浓度(C_0)，可以计算得到固相浓度 C_s，然后根据 K_d 的定义进行 K_d 值的计算。

具体而言,将已知质量(m)的吸附剂(例如,黏土矿物、花岗岩粉末)添加到已知浓度和其他物理化学实验条件(体积 V、离子强度、pH、温度等)的吸附质溶液中,当溶液相浓度不再随时间发生变化时,即认为吸附已经达到平衡。采用过滤法(用 $0.22~\mu m$ 的膜)或离心法(一般用高速离心机),分离固、液两相。测定液相中吸附质的浓度,计算吸附平衡分配系数(K_d):

$$K_d = \frac{C_s}{C_l} = \left(\frac{C_0 - C_l}{C_l} \right) \cdot \frac{V}{m} \qquad (5-5)$$

由吸附平衡分配系数的定义可知,K_d 的大小与静态吸附实验中吸附剂的用量有关。

吸附平衡时的 K_d 不仅随着吸附质(放射性核素)浓度的变化而变化,而且随溶液 pH、温度、离子强度等的改变而变化。在 pH、离子强度、温度等其他条件均不变的条件下,把吸附平衡时固相浓度 C_s 随液相浓度 C_l 的变化关系,称为吸附等温线。

由于 K_d 是吸附质浓度、pH、离子强度、温度等的函数,吸附平衡需要用吸附模型进行描述。理想的吸附模型应该兼具全面性、有效性、预测性和真实性[1]。表面配位模型(surface complexation model,SCM)是人们追求理想吸附模型的产物。表面配位模型以放射性核素在固相表面的吸附反应机理为基础,通过表面配位反应及其热力学常数,实现对放射性核素吸附行为的定量描述。表面配位模型通过有限的模型参数,预测变化条件下放射性核素的吸附行为。

构建关键放射性核素可靠的表面配位模型,对于高放废物地质处置库安全评价是至关重要的。显而易见的理由是,我们无法通过实验直接验证当代所建造的处置库,能否在数以十万年或百万年计的时间尺度上,对关键放射性核素的包容程度仍然能够符合审管要求,从而确保未来从处置库释放到生物圈的放射性核素的量,始终处于人们可以接受的水平。这项关键的任务只能依靠模型,对于放射性核素的吸附行为而言,目前可依赖的只有表面配位模型。

构建可以合理描述吸附实验数据,并且有预测能力的表面配位模型,就可以使我们在有限的实验结果的基础上,有能力做到定量预测其他条件下放射性核素的吸附行为。换句话说,在实验数据基础上构建吸附模型,目的就是探究所研究吸附体系的一般规律。包括次锕系关键核素在内的放射性核素在矿物表面主要发生表面配位反应,因此,构建表面配位模型的过程,本质上就是确定描述放射性核素的表面配位反应以及获得反应热力学参数的过程。构建表面配位模型,一般需要满足以下几方面的条件:① 获得吸附剂可靠的电位滴定实验数据,并实现对吸附剂表面酸碱性质的合理描述;② 获得广泛实验条件下可靠的吸附实验数据;③ 获得充分的光谱学研究结果,掌握足够多的表面配合物结构信息。为了限制模型构建的随意性,确保所建模型和所得热力学参数的可靠性,构建可靠的表面配位模型必须以广泛实验条件下大量的吸附实验数据为基础。那些仅通过对一条吸附边界进行拟合就建立起来的包含若干可调参数的模型,是不大可能可靠的。在实践中,构建表面配位模型其实是一个不断探索和优化的过程,不论是确定表面位点容量、表面位点质子化和去质子化常数,还是确定吸附反应类型、选择静电相互作用校正的子模型、确定表面反应平衡常数等步骤,都是在不断试错和迭代中得以优化的。

5.2.1 氧化物上的表面配位模型

氧化物表面遇到水分子就可能会发生表面羟基化反应。一般情况下,氧化物表面的羟基是放射性核素离子发生表面配位作用的主要位点。在给定矿物的不同晶面上,可能同时存在化学环境不同的表面羟基,理想的表面配位模型应该考虑在所有晶面上化学环境不同的表面羟基所发生的表面配位反应,对它们进行区别对待,这也正是多位点表面配位模型(MUSIC)的出发点[2]。然而,以这种方法建立的"理想"模型不得不承受由于数量庞大的可调参数而带来的模型参数的随意性。此外,即使所有表面配位反应及其平衡常数是可靠的,现实中也往往难以确定所研究矿物与溶液相接触的各个晶面的面积之比。在常用的近似处理中,把所研究矿物化学环境略有差异的表面羟基,用一种或两种"平均化的"表面羟基进行近似处理,这就是常说的单个位点或双位点模型。金属氧化物表面往往用单个位点足以描述其吸附性质,但是对于更加复杂的黏土矿物而言,往往需要用双位点构建模型。

表面羟基($\equiv$SOH)具有两性特征。在低 pH 条件下,表面羟基会结合氢离子而发生所谓的质子化反应;在高 pH 条件下,表面羟基则会发生氢离子解离反应,即去质子化反应。研究吸附剂的表面酸碱性质,指的就是确定表面羟基的密度(位点密度),以及确定质子化和去质子化反应的平衡常数。

根据质量作用定律,质子化和去质子化反应可以分别表示为

$$\equiv SOH + H^+ \rightleftharpoons \equiv SOH_2^+ \qquad K_+^{app} = \frac{[\equiv SOH_2^+]}{[\equiv SOH] \cdot \{H^+\}} \qquad (5-6)$$

$$\equiv SOH \rightleftharpoons \equiv SO^- + H^+ \qquad K_-^{app} = \frac{[\equiv SO^-] \cdot \{H^+\}}{[\equiv SOH]} \qquad (5-7)$$

式中，K^{app} 为表观平衡常数；$\equiv SOH_2^+$ 和 $\equiv SO^-$ 分别表示质子化和去质子化后的表面羟基；[ ]和⟨ ⟩分别表示浓度和活度，表面物种的活度系数通常假设为1。

在酸性条件下，表面羟基质子化反应使表面带有正电荷。由于静电作用，不利于质子化反应的继续进行，也不利于带有正电荷的放射性核素离子的吸附，但对于带负电荷的阴离子的吸附作用却是有利的。同理，在碱性条件下，表面羟基的去质子化反应会导致表面带负电荷，不利于去质子化反应的继续进行，也不利于阴离子的吸附，但有利于带正电荷的阳离子的吸附。可见，包括表面质子化和去质子化反应在内的表面配位反应，将会导致矿物表面携带电荷，由此产生的静电场又会影响表面配位反应。表面羟基质子化和去质子化反应与溶液 pH 有关，因此，把这类表面电荷又称为 pH 依赖性电荷。

由于在表面配位反应发生的过程中，静电相互作用的大小依赖于表面电势的大小。已知表面电势就可以对表观平衡常数 K^{app} 进行修正，从而得到所谓的本征平衡常数 K^{int}。本征平衡常数表示的是当所有参与反应的物种都在矿物表面上时，各反应物和产物浓度之间的关系。K^{app} 和 K^{int} 之间的关系如下：

$$K^{int} = K^{app} \cdot \exp\left(\Delta Z \frac{F\Psi}{RT}\right) \tag{5-8}$$

式中，ΔZ 为表面物种改变所引起的表面电荷的变化；Ψ 为表面电势，V；F 为法拉第常数，$F = 96\,485\ \text{C/mol}$；$R$ 为摩尔气体常数，$R = 8.314\ \text{J/(mol·K)}$。

由于目前尚不能从实验上直接测定固、液界面上的表面电势，表面电势的大小只能借助于理论计算。表面电势 Ψ 依赖于表面电荷密度 $\sigma(\text{C/m}^2)$ 的大小，而 σ 可以通过表面反应进行计算。如何通过 σ 得到 Ψ 呢？根据对固、液界面上的双电层的不同的假设，人们已经建立了多种静电模型。通过这些静电模型，便可推导出表面电势 Ψ 随表面电荷密度 σ 变化的数学关系。第1章的图 1-10 给出了常见的不同表面配位模型的双电层结构。

在恒电容模型（CCM）中，双电层被看作具有恒定电容的平行板电容器。因此，在 CCM 中，表面电势 Ψ 与表面电荷密度 σ 成正比关系，即

$$\sigma = C\Psi \tag{5-9}$$

式中，C 为双电层的电容。

恒电容模型是最简化的静电模型。对于离子强度较高的体系，由于双电层被压缩

至较小范围,此时的双电层被近似为平行板电容器是合理的。恒电容模型通常可以描述同一离子强度下吸附剂的电位滴定数据以及吸附质的吸附实验数据。但无法运用同一套模型参数,定量解释不同离子强度下的实验数据。换句话说,恒电容模型无法描述离子强度变化对表面电势的影响。

根据 Gouy-Chapman 理论,在扩散层模型(DLM)中,表面电势 $\Psi(V)$ 与表面电荷密度 $\sigma(C/m^2)$ 之间的关系为

$$\sigma = (8RT\varepsilon\varepsilon_0 c_e \times 10^3)^{1/2} \sinh(Z_e\Psi F/2RT) \tag{5-10}$$

式中,ε 为水的介电常数,25 ℃时,$\varepsilon = 78.5$;ε_0 为真空介电常数,$\varepsilon_0 = 8.854 \times 10^{-12}$ C/(V·m);c_e 为控制离子强度的背景电解质的浓度;Z_e 为对称背景电解质的阴阳离子所携带电荷的绝对值。

扩散双电层模型较恒电容模型更接近实际,可以反映出离子强度对表面配位反应的影响,因此得到了更为广泛的应用。

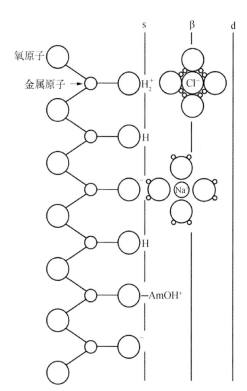

图 5-1　氧化物表面吸附反应的三层模型(TLM)示意图

三层模型(TLM)对表面电势的描述可以看作是采用了两个恒电容加上一个扩散双电层的模型(参见图 5-1)。TLM 假设在固体表面(s 平面)发生质子化、去质子化反应以及其他内层表面配位反应,产生的表面电荷密度为 σ_0;假设所有的外层表面配位反应发生在 β 平面上,产生的表面电荷密度为 σ_β;假设 d 平面之外是扩散层,d 平面上并不发生特定的吸附。根据电荷平衡原理,$\sigma_0 + \sigma_\beta + \sigma_d = 0$。根据 TLM 的假设,三个面上电势 Ψ_0、Ψ_β、Ψ_d 与相应的电荷密度之间的关系分别为

$$\sigma_0 = C_1(\Psi_0 - \Psi_\beta) \tag{5-11}$$

$$\sigma_\beta = C_2(\Psi_d - \Psi_\beta) \tag{5-12}$$

$$\sigma_d = (8RT\varepsilon\varepsilon_0 c_e \times 10^3)^{1/2} \sinh(Z_e\Psi_d F/2RT) \tag{5-13}$$

式中,C_1 为 s 平面与 β 平面之间的电容,C_2 为

β 平面与 d 平面之间的电容。

一般认为,三层模型比单纯的扩散双电层模型更加接近实际情况,因为它不仅考虑了内层表面配位反应,而且考虑了外层表面配位反应。三层模型显然有更多的模型参数。三层模型在考虑更加周全的同时,因拟合参数的增多而在一定程度上增加了模型的不确定性。

如上所述,修正静电相互作用对表面配位反应平衡常数的影响需要表面电势 Ψ,而表面电势 Ψ 是根据表面电荷密度 σ 在静电模型假设的基础上计算得到的。可见,表面电荷密度 σ 是修正静电相互作用的基础。

表面电荷密度可以根据实验结果和表面配位反应计算得到。在矿物(吸附剂)的电位滴定实验中,由于表面带电荷的物种只有 $[\equiv SOH_2^+]$ 和 $[\equiv SO^-]$,因此,ΔQ^{charge} 可以表示为

$$\Delta Q^{charge} = \frac{V}{m}([\equiv SOH_2^+] - [\equiv SO^-]) \tag{5-14}$$

式中,m 和 V 分别为吸附剂的质量和吸附体系的体积。

根据电中性原理,ΔQ^{charge} 与溶液 pH 的关系为

$$C_A - C_B = [H^+] - [OH^-] + \frac{m}{V}\Delta Q^{charge} \tag{5-15}$$

式中,C_A 和 C_B 分别为电位滴定时滴加的酸和碱的浓度。

对于每一个滴定实验点,C_A、C_B 和 pH 是已知的,而 $[H^+]$ 和 $[OH^-]$ 可以根据 pH 与活度系数计算得到。可见,每个实验点的 ΔQ^{charge} 其实是可以计算的。因此,通过电位滴定实验,可以获得 ΔQ^{charge}(mol/g)随 pH 的变化曲线。得到 ΔQ^{charge},就可以计算表面电荷密度 σ:

$$\sigma = \frac{F}{S} \cdot \Delta Q^{charge} \tag{5-16}$$

式中,S 为吸附剂的比表面积,m^2/g。

描述放射性核素吸附的表面配位模型,是以描述吸附剂表面羟基酸、碱性质为基础的。金属离子(M)的表面配位反应可以表示为

$$\equiv SOH + M^Z + yH_2O \Longleftrightarrow \equiv SOM(OH)_y^{Z-(y+1)} + (y+1)H^+ \tag{5-17}$$

式中,M 为氧化数为 Z 的金属离子;y 为整数。该表面配位反应的本征平衡常数 K_M^{int} 可

表示为

$$K_M^{int} = \frac{[\equiv SOM(OH)_y^{Z-(y+1)}]}{[\equiv SOH]} \cdot \frac{\{H\}^{(y+1)}}{\{M^Z\}} \cdot exp\left\{[Z-(y+1)]\frac{F\Psi}{RT}\right\}$$

$$(5-18)$$

由吸附剂的酸碱滴定实验数据可以计算得到表面电荷密度类似，根据吸附反应和吸附实验数据，可以计算出每个实验点所对应的表面电荷密度，进而可以求出表面电势，从而实现对表观表面配位平衡常数的修正。

Am 和 Np 吸附的表面配位模型已经有许多文献报道，在此仅举几个例子。Rabung 等[3]构建了 Eu(Ⅲ)在天然赤铁矿上吸附的恒电容表面配位模型，通过电位滴定数据拟合并结合吸附等温线图形外推的方法，获得了赤铁矿"强""弱"位点的容量；通过 1 个 Eu(Ⅲ)的单齿表面配位反应，定量解释了 Eu(Ⅲ)在赤铁矿上的吸附边界和吸附等温线。采用同样的思路，Rabung 等[4]构建了 Am(Ⅲ)/Eu(Ⅲ)在 γ-氧化铝上吸附的表面配位模型。在考虑双吸附位点和单齿表面配位反应的情况下，两个表面配位模型的参数非常接近，说明 γ-氧化铝和赤铁矿对 Am(Ⅲ)/Eu(Ⅲ)具有类似的吸附性质。吸附 Am(Ⅲ)之后样品的时间分辨荧光光谱(TRLFS)证实，模型所考虑的单齿表面配位反应是合理的。对于表面羟基的酸碱反应平衡常数，Rabung 等[3]采用了 0.1 mol/L 离子强度时的数据。如前所述，采用恒电容模型就意味着对于不同离子强度下的实验数只能设定不同的电容值，如此一来，理论上就不可能用同一套模型参数描述所有的实验结果。

Yang 等[5]构建了 Np(Ⅴ)在 γ-FeOOH 上吸附的扩散双电层表面配位模型。用一种表面位点即可描述电位滴定实验数据；通过比较 Np(Ⅴ)生成 $\equiv SONpO_2$、$\equiv SONpO_2OH^-$、$(\equiv SO)_2NpO_2^-$、$\equiv SONpO_2CO_3^{2-}$ 等多种表面配合物的拟合结果，发现仅考虑生成 $\equiv FeONpO_2$ 的一个单齿表面配位反应，即可解释所得吸附实验数据，单齿表面配位反应的合理性得到了 EXAFS[①] 数据的支持。Virtanen 等[6]的研究结果表明，构建 Np(Ⅴ)在 $\alpha-Al_2O_3$ 上的表面配位模型需要考虑"强"(S)和"弱"(W)两种位点，同时要考虑单齿表面配合物 $\equiv^{(S/W)}SONpO_2(H_2O)_4$ 和双齿表面配合物 $(\equiv^{(S/W)}SO)_2NpO_2(H_2O)_3$。

Naveau 等[7]构建了 Eu(Ⅲ)在针铁矿上的表面配位模型。他们通过电位滴定获得了针铁矿表面位点的酸碱反应平衡常数和位点密度，研究了不同背景电解质(NaCl、NaNO_3、KNO_3)条件下 Eu(Ⅲ)的吸附行为，推测 Eu(Ⅲ)与 Cl⁻ 可能会生成三元表面配

---

① 扩展 X 射线吸收精细结构(extended X-ray absorption fine structure，EXAFS)。

合物$\equiv$SOHEuCl^{2+}，而与 NO$_3^-$ 可能会生成三元表面配合物$\equiv$SOHEu(NO$_3$)$^{2+}$。

Guo 等[8-11]构建了 Eu(Ⅲ)和 U(Ⅵ)在 TiO$_2$(包括锐钛矿和金红石)、SiO$_2$、γ-氧化铝和膨润土上吸附的表面配位模型。采用恒电容模型解释了锐钛矿的电位滴定实验数据以及 Eu(Ⅲ)的吸附实验结果，表明在电容设为 2 F/m^2 的情况下，锐钛矿位点密度和本征水解常数分别为 2.62×10^{-6} mol/m^2，lg $K_1 = 4.18$ 和 lg $K_2 = -7.40$；不存在和存在 CO$_2$ 条件下，Eu(Ⅲ)的吸附均可通过三个内层表面配合物$\equiv$SOEu^{2+}，$\equiv$SOEuOH$^+$ 和 $\equiv$SOEu(OH)$_3^-$ 进行描述。采用扩散双电层表面配位模型定量描述了金红石的电位滴定数据和 Eu(Ⅲ)的吸附数据，结果表明，所研究金红石的位点密度为 1.61×10^{-6} mol/m^2，本征水解常数分别为 lg $K_1 = 4.57$ 和 lg $K_2 = -6.70$，Eu(Ⅲ)的表面配位反应也与锐钛矿模型中的一致。

此外，应该指出，如果建模所依赖的基础实验数据的条件过于单一，或实验数据数量不足，很可能会导致模型构建的条件不充分，增加建模的随意性，使所获得的表面配位模型的可靠性不足。例如，在构建了 U(Ⅵ)在针铁矿上吸附的表面配位模型时[12]，存在三种可能的模式：① 生成一种单齿表面配合物$\equiv$SOUO$_2^+$；② 生成两种单齿表面配合物$\equiv$SOUO$_2^+$ 和$\equiv$SOUO$_2$OH；③ 生成一种双齿表面配合物($\equiv$SO)$_2$UO$_2$。从对不同离子强度下吸附等温线的拟合结果看，模式③的拟合结果显著偏离实验结果，说明该模式不大可能，而模式①和模式②都取得了良好的拟合结果(图 5 - 2)。但是，当把不同固液比下的吸附实验数据也纳入模型验证时，发现模式②才是最优选择(图 5 - 2)。

5.2.2　黏土矿物上吸附的表面配位模型

由于同晶置换作用，黏土矿物具有结构性永久负电荷，因此它是一类天然阳离子交换剂。阳离子交换容量(cation exchange capacity，CEC)的大小因黏土矿物种类而不同。黏土矿物的阳离子交换容量 CEC(mol/kg)指的是每千克矿物所能交换的各种阳离子的总量，可通过实验测得。对于以阳离子形式存在的次锕系元素，离子交换反应是其在黏土矿物上吸附的主要机理之一。人们已经建立了多种定量描述离子交换反应的理论模型。在质量作用定律的基础上建立的用选择性系数描述离子交换反应平衡的模型是目前常用的一种理论模型。氧化价为 Z_A 的金属离子 A 与黏土矿物中可交换的氧化价为 Z_B 的金属离子 B 之间的阳离子交换反应可以表示为

$$Z_B A_{(s)} + Z_A B X_{Z_B} \Longrightarrow Z_A B_{(s)} + Z_B A X_{Z_A} \tag{5-19}$$

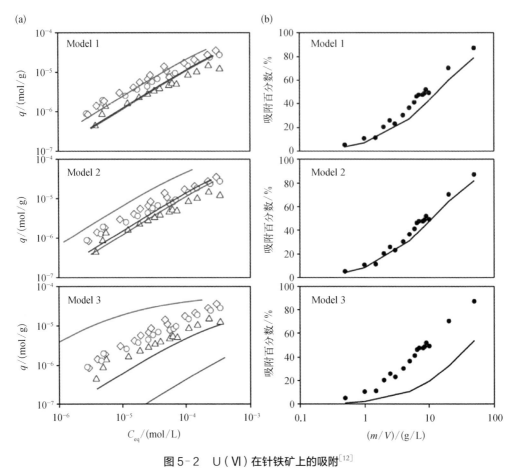

图 5-2   U（Ⅵ）在针铁矿上的吸附[12]

（a）不同离子强度下的吸附等温线；（b）不同固液比下的吸附百分数。图中曲线代表拟合结果，
Model 1～3 对应文中提到的三种模式

式中，Z_A 和 Z_B 为 A 和 B 离子的电荷；X 为固相离子交换剂；(S)表示在溶液相中的离子。

根据 Gaines 和 Thomas[13] 所建立离子交换模型，上述反应的选择性系数可以表示为

$$K^{B \to A} = \frac{(N_A f_A)^{Z_B} [A_{(S)}]^{Z_A}}{(N_B f_B)^{Z_A} [A_{(S)}]^{Z_B}} \qquad (5-20)$$

式中，N_A 和 N_B 分别为固相物种的摩尔分数，定义为每千克离子交换剂吸附的金属离子 A 或 B 的当量浓度与阳离子交换容量 CEC 的比值(equiv/kg)；f_A 和 f_B 分别为 A 和 B 在固相的活度系数；$[A_{(S)}]$ 及 $[B_{(S)}]$ 分别为 $A_{(S)}$ 和 $B_{(S)}$ 在溶液中的浓度。固相物种的活度系数往往难以获得，通常被假设为 1。可见，选择性系数只是条件常数，这也是其被称为选择性系数的原因。

除了离子交换反应,次锕系元素与黏土矿物端面的硅醇基和铝醇基等表面羟基的表面配位反应,也是重要的吸附反应。黏土矿物吸附的表面配位模型较氧化物的要复杂,因此公开发表得也较晚。黏土矿物吸附的表面配位模型必须解决一个问题是如何定量描述结构性负电荷对表面配位反应的影响,为此,人们提出了简化和修正两种思路。前者直接忽略了结构性电荷的影响。而后者则把结构负电荷纳入总的表面电荷与表面电势的关系中进行计算。

忽略静电相互作用和结构性负电荷影响的模型因 Bradbury 和 Baeyens 的系统研究工作而产生了广泛影响[14-17]。他们创建的双位点非静电表面配位和离子交换模型(2SPNE/CE)包含了阳离子交换反应,但对黏土矿物上所有类型的表面电荷对吸附质离子吸附反应的影响未做直接修正处理。由于未考虑静电相互作用的影响,该模型对不同离子强度下电位滴定实验数据的拟合有些勉强。在考虑与金属阳离子的表面配位反应时,该模型假设了两种具有不同酸碱性质的表面位点($\equiv S^{W1}OH$ 和 $\equiv S^{W2}OH$),并假设 $\equiv S^{W2}OH$ 不与金属离子发生表面配位反应;同时把 $\equiv S^{W1}OH$ 被细分为对金属离子具有"强""弱"两种不同亲和力的位点 $\equiv S^{W1}OH$ 和 $\equiv S^{S}OH$,$\equiv S^{S}OH$ 的位点容量可以根据较高 pH 和低吸附质浓度条件下的吸附等温线的拐点估算得到。2SPNE/CE 模型成功地描述了不同价态过渡/内过渡元素离子(Ni^{2+}、Zn^{2+}、Co^{2+}、Eu^{3+}、Am^{3+}、Cm^{3+}、Th^{4+}、UO_2^{2+}、……)在蒙脱石和伊利石上的吸附实验数据,建立了阳离子水解常数与模型拟合所得表面配位常数之间的线性自由能关系。由于上述工作的系统性和影响力,2SPNE/CE 的模型参数成为估算含有蒙脱石和伊利石成分的黏土、沉积物和土壤等对放射性核素吸附行为的主要参考依据。

对结构性负电荷以及 pH 依赖电荷进行修正的表面配位模型,也得到了广泛认可。一般认为,黏土矿物的表面电荷是 pH 依赖性电荷与结构性负电荷的总和[18],同时认为 NaX(以 Na 基黏土为例)离子交换位点上的 Na^+ 与溶液中的 H^+ 之间,会发生离子交换反应。基于这一思路,Tertre 等[19]定量解释了不同温度下蒙脱石在离子强度为 0.025~0.5 mol/L 范围内的电位滴定数据,构建了不同温度下 Eu(Ⅲ)在蒙脱石上的吸附模型。采用类似思路,Guo 等[11]构建了 Eu(Ⅲ)在金川膨润土上的吸附模型。针对 PO_4^{3-} 存在下 Eu(Ⅲ)在金川膨润土上的吸附,Chen 等[20]进一步拓展了该模型,通过考虑 PO_4^{3-} 的二元表面配位反应以及三元表面配位反应,成功解释了 PO_4^{3-} 对 Eu(Ⅲ)吸附的影响。杨子谦[21]等研究了不同温度下 U(Ⅵ)在金川膨润土上的吸附,用 1 个离子交换反应和 3 个表面配位反应[分别生成 $\equiv SOUO_2^+$、

$\equiv SO(UO_2)_3(OH)_5$ 和 $\equiv SO(UO_2)_3(OH)_7^{2-}$ ］描述了室温下 U(Ⅵ)的全部吸附实验数据；基于不同温度下的吸附实验数据和已经建立的表面配位模型，通过 van't Hoff 方程得出了 3 个表面配位反应的焓变，据此实现了对其他温度条件下吸附数据的预测。针对高庙子膨润土，刘福强等[22]对比了双层静电模型与非静电模型对电位滴定数据以及 Eu(Ⅲ)吸附实验数据，比较发现两种模型各有优缺点（图 5-3、图 5-4）。双层静电模型可以描述 Na 基高庙子膨润土的表面酸碱性质，而非静电模型难以合理描述 pH＞8 时 Na 基高庙子膨润土的表面酸碱性质；非静电模型对 Eu(Ⅲ)在 Na 基高庙子膨润土上吸附的描述比静电模型更好。Ma 等[23]构建了 Am(Ⅲ)和 Np(Ⅴ)在茂名高岭石上的吸附模型，通过比较茂名高岭石和文献中其他产地高岭石的滴定曲线，发现不同产地高岭石的滴定曲线（即酸碱性质）差异明显，说明文献中关于高岭石表面性质的模型参数彼此不一定可以通用。Ma 等分别用非静电模型和 DLM 模型对茂名高岭土的滴定曲线以及 Am(Ⅲ)和 Np(Ⅴ)的吸附数据进行了拟合，发现尽管 DLM 模型对滴定曲线有相对较好的拟合结果，但其对低离子强度（0.01 mol/L）下 Np(Ⅴ)的吸附数据明显高估，NEM 模型

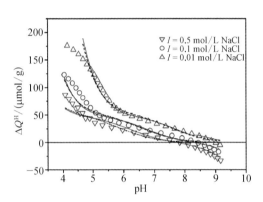

图 5-3　Na 基高庙子膨润土的电位滴定曲线[22]

实线和虚线分别为双层模型和非静电模型计算结果

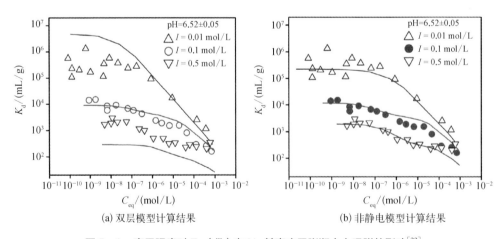

(a) 双层模型计算结果　　　　　　(b) 非静电模型计算结果

图 5-4　离子强度对 Eu(Ⅲ)在 Na 基高庙子膨润土上吸附的影响[22]

对吸附数据的拟合结果更好。马锋等[24]还开展了 Np(Ⅴ)在漳州伊利石上的吸附建模工作。结果表明,文献中的 2SPNE/CE 模型参数并不能拟合所得滴定数据和 Np(Ⅴ)吸附数据,可能的原因除了漳州伊利石的比表面积小于 Puy‑en‑Velay 伊利石的比表面积外,可能还与漳州伊利石的同晶置换程度更小有关。

5.2.3　复杂吸附剂上吸附的表面配位模型

在真实的环境中,很难遇见放射核素在某种金属氧化物或某种黏土矿物等简单介质上吸附的问题。例如,高放废物地质处置库的围岩,无论是花岗岩、黏土岩或是凝灰岩,它们都是由多种矿物相互混合或包裹而成的非常复杂的体系。其他的复杂体系包括核设施周边的环境土壤、水底沉积物等。针对复杂体系的吸附问题进行建模,目前仍然是极具挑战的工作。复杂吸附体系的建模大致有两种思路:组分加和法(component additivity)和广义构成法(generalized composite)。

1. 组分加和法

组分加和法是将复杂矿物的表面看成是由多个表面性质已知的单一矿物的加和,总的吸附结果是每种单一矿物吸附作用的总和。当相应单一矿物的表面性质及吸附数据已知时,通过加和可对复杂体系的吸附进行预测或模拟。组分加和法的优点是模型各参数的物理意义明确,缺点是难以通过实验获得各个组分的有效表面积,模型参数多,而且并非所有组分矿物的模型参数都是已知的。利用组分加和法对复杂吸附体系进行描述已有报道。Nebelung 等[25]基于组分加和的思路构建了 U(Ⅵ)在花岗岩上的吸附模型,该模型考虑了包括石英、钠长石、白云母、羟基磷灰石和赤铁矿共 5 种组分,模型计算涉及共计 11 个表面配位反应。Dong 等[26]研究了 U(Ⅵ)在美国萨凡纳河 F 区水底沉积物上的吸附,发现 pH < 4.0 时高岭石是 U(Ⅵ)吸附的决定性组分,而 pH > 4.0 时针铁矿起主要作用。因此,他们的组分加和模型仅考虑了高岭石和针铁矿两种组分,他们利用文献中 U(Ⅵ)在针铁矿和高岭石上的吸附模型参数,成功地预测了该沉积物对 U(Ⅵ)的吸附行为。Coutelot 等[27]测定了 U(Ⅵ)在针铁矿、高岭石、石英以及美国萨凡纳河水底沉积物上的吸附,并测定了 U(Ⅵ)在针铁矿、高岭石、石英上的模型参数。他们基于组分加和法,预测了 U(Ⅵ)在沉积物上的吸附数据。

在理想情况下,应用组分加和法的前提是事先建立复杂体系中所有矿物的表面配位模型,这往往是很难实现的。另一方面,建立所有矿物的表面配位模型可能也没有必要,因为决定复杂体系对某个放射性核素吸附行为的往往是其中的少数组分矿物。

在确定控制复杂体系吸附行为的关键矿物的基础上,详细研究控制矿物的吸附行为并构建其表面配位模型,就可以实现通过"局部"参数解决"整体"现象的问题,本质上是对组分加和法的简化。复杂体系中的决定性组分可借助高分辨率微探针技术,通过分析吸附后的岩石样品上所关心的元素在不同矿物组分上的分布,确定或验证体系中的关键组分。Bradbury 和 Baeyens[28]假设 Opalinus 黏土的有效组分是伊利石和伊利石/蒙脱石混合黏土,并将 Opalinus 黏土中的伊利石/蒙脱石混合黏土看作伊利石和蒙脱石的简单混合物,通过已经建立的蒙脱石和伊利石的 2SPNE/CE 模型,成功地预测了 Cs(Ⅰ)、Ni(Ⅱ)、Co(Ⅱ)、Eu(Ⅲ)、Th(Ⅳ)和 U(Ⅵ)在 Opalinus 黏土上的吸附等温线。Bruggeman 等[29]也采用 2SPNE/CE 的模型参数,解释了 Eu(Ⅲ)在 Boom 黏土上的吸附,并结合针对腐殖质(humic substance,HS)的第 4 类(Model Ⅵ)模型解释了天然腐殖质对吸附的影响。Ding 等[30]在构建 Am(Ⅲ)在尤卡山凝灰岩上的吸附模型时也采用了类似思路,用石英吸附 Am(Ⅲ)的模型拟合了尤卡山地下水中 Am(Ⅲ)在凝灰岩上的吸附实验数据。

2. 广义构成法

针对复杂体系中吸附模型参数多且往往难以确定的难题,Davis 等[31]提出了"广义构成"的建模策略。广义构成法的基本思路是将复杂吸附体系看成一个特定的整体,将化学环境不同的表面羟基看成一类表面羟基≡SOH,并忽略了≡SOH 的表面酸碱反应以及静电作用等对表面配位反应的影响。这种简化使得采用广义构成法所建立的模型只需要少量的拟合参数,由此所构建的模型成为最简化的化学模型。虽然广义构成的建模方法尽可能地简化了复杂吸附体系,但又保留了化学模型的内核,即模型建立在表面配位反应的基础上。现有的研究结果表明,这不失为一种行之有效的方法。

Davis 等[32]发现 Zn^{2+} 在复杂沉积物上的吸附可以用只包含 3 个可调参数的广义构成模型模拟。同时,他们还发现对 U(Ⅵ)在沉积物上的吸附,广义构成模型比组分加和模型取得更好的拟合效果[33]。Tertre 等[34]使用广义构成模型拟合了 14 种稀土元素在玄武岩上的吸附数据,该模型只包含两类表面反应,分别是阳离子交换位点(≡XNa)的离子交换反应和表面羟基位点(≡SOH)的表面配位反应。通过假设稀土元素表面反应的吸附常数保持不变,只根据比表面积的大小,调节不同矿物的表面位点容量即可实现模拟。该模型还成功地模拟了 Eu(Ⅲ)在高岭土和蒙脱石上的吸附作用。

由于我国高放废物处置库的预选围岩为甘肃北山地区的花岗岩,花岗岩体系成为国内研究最多的复杂体系之一。兰州大学、北京大学等单位也开展了次锕系离子在花岗岩上吸附建模工作。郭治军等[35]构建了广义构成模型,定量描述了 NaCl 体系中 Eu(Ⅲ)在花岗岩上的吸附实验数据。通过 Langmuir 等温式拟合吸附等温线的方法,估算了表面配位点的容量,同时以实测的 CEC 值作为阳离子交换位点的容量,通过 2 个表面配位反应和 1 个阳离子交换反应,实现了对吸附实验数据的拟合。基于同样的位点容量,靳强等[36]通过增加 2 个 Am(Ⅲ)的表面配位反应和一个 Ca^{2+} 与 Na^+ 的阳离子交换反应,实现了对 $CaCl_2$ 体系中 Eu(Ⅲ)/Am(Ⅲ)在花岗岩上吸附的定量描述。

同样采用广义构成法,Jin 等[37]结合 XPS 谱学分析,构建了可解释温度效应的 U(Ⅵ)在北山花岗岩上的吸附模型。该模型仅考虑了生成表面物种 $\equiv SOUO_2^+$、$\equiv SO(UO_2)_2(OH)_2^+$ 和 $\equiv SO(UO_2)_3(OH)_5$ 的 3 个表面配位反应。基于不同温度下表面配位反应的平衡常数,利用 van't Hoff 方程计算得到了表面配位反应的 ΔH。将该模型应用于文献报道的吸附体系,发现能够较好拟合文献中比表面积与北山花岗岩相近样品上 U(Ⅵ)的吸附实验数据,但是对于比表面积较小的样品,模型计算结果出现了明显的低估现象。

5.2.4　Am(Ⅲ)/Cm(Ⅲ)的吸附行为

与其化学类似物 Eu(Ⅲ)的吸附研究相比,关于 Am(Ⅲ)的宏观吸附研究报道较少。尽管 Cm(Ⅲ)的荧光特性为 +3 价镧/锕系表面配合物结构研究提供了便利,但对 Cm(Ⅲ)的宏观吸附实验数据的报道更是难得一见。应该指出的是,由于轻锕系 5f 轨道参与成键的一般规律,可以预测 Am(Ⅲ)和 Cm(Ⅲ)的表面配位平衡常数会略大于 Eu(Ⅲ)的。

在环境条件下,+3 价是 Am 唯一可稳定存在的氧化态。在没有其他配体的理想条件下,pH 是影响 Am(Ⅲ)在溶液中种态分布的唯一因素(图 5-5)。当溶液中存在无机或有机配体时,情况将变得复杂。

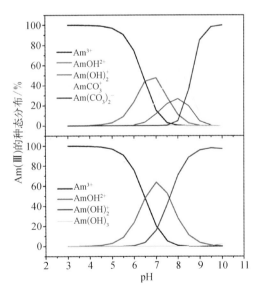

图 5-5　Am(Ⅲ)在水溶液中的种态分布

上:CO_2 存在条件下;下:无 CO_2 存在条件下

碳酸根是重要的无机配体,因此在高 pH 条件的吸附实验必须考虑 CO_2 对吸附的影响。为了简化研究体系,高 pH 下的吸附实验往往需要在惰性气体保护的手套箱中进行,以避免 CO_2 的影响。然而,作为环境中最重要的无机配体,研究碳酸根对吸附的影响往往是必要的,为此有必要在不同的二氧化碳分压条件下开展研究工作。

大多数天然水体的 pH 在 5~9 的近中性范围,而高放废物地质处置库近场地下水的 pH 由于处置库工程屏障中水泥的存在可能会更高。如果只考虑膨润土的缓冲作用,处置库近场的 pH 也应该在 8.5 左右。在较高 pH 范围,Am^{3+} 在水溶液中主要发生水解作用以及与碳酸根的配位作用。图 5-5 给出了存在 CO_2(3.8×10^{-4} atm)和不存在 CO_2 条件下的种态分布图。

与碳酸根相比,天然水体中常见的其他无机配体如 Cl^-、SO_4^{2-}、NO_3^- 等对 Am(Ⅲ)种态分布的影响往往可以忽略。此外,天然水体中的腐殖质(胡敏酸、富里酸和胡敏素)等对次锕系元素有强配位作用的天然有机配体也会显著影响次锕系元素的环境行为。

有关 Am(Ⅲ)在金属氧化物上吸附的研究起步较早。一般而言,离子强度对 Am(Ⅲ)在金属氧化物上吸附的影响甚微,这是 Am(Ⅲ)内层表面配位方式的宏观表现。与其他多价金属离子的吸附随 pH 的变化而变化(pH 吸附边界,pH adsorption edge)的规律一致,在隔绝 CO_2 以及没有腐殖质等配体存在的简单体系中,Am(Ⅲ)在金属氧化物上的吸附随 pH 的增大而逐渐增加,吸附量达到最大之后不再随 pH 发生变化。例如,Moulin 等[38]研究了 Am(Ⅲ)(10^{-8} mol/L)在氧化铝和无定形二氧化硅上的吸附,发现 Am(Ⅲ)的吸附随 pH 的增加(pH 4~9)而增大,而离子强度对吸附几乎没有影响。Rabung 等[3,4]先后研究了 Am(Ⅲ)/Eu(Ⅲ)在天然赤铁矿和 γ-氧化铝上的吸附,发现 Am(Ⅲ)/Eu(Ⅲ)在赤铁矿和 γ-氧化铝上的吸附行为相似,吸附模型均考虑了两种表面配位位点;原位时间分辨激光荧光光谱(TRLFS)研究证实,Eu(Ⅲ)的表面配合物为内层表面配合物。

高岭石、蒙脱石和伊利石是环境中最常见的黏土矿物,它们的结构比金属氧化物的结构复杂。高岭石是 1∶1 型黏土矿物,Am(Ⅲ)在高岭石上的吸附研究已经有许多报道。Buda 等[39]研究了 pH 和 CO_2 对 Am(Ⅲ)(8×10^{-9} mol/L)在高岭石(KGa-1b, Georgia,USA)(4 g/L)上吸附的影响,发现 Am(Ⅲ)的吸附随着 pH 的增加而增大,当 pH≥9 时吸附量达到最大,CO_2 的存在对该条件下 Am(Ⅲ)的吸附没有明显影响。Křepelová 等[40]也研究了 Am(Ⅲ)在 KGa-1b 高岭石上的吸附,与 Buda 等[39]的研究相比,Křepelová 选择了更高的初始 Am(Ⅲ)浓度(10^{-6} mol/L),并测定了固液比和胡敏酸(0 和 10 mg/L)对吸附的影响。当吸附剂浓度为 4 g/L 时,pH、CO_2 和腐殖酸(humic acid，HA)对 Am(Ⅲ)的吸附没有明显的影响。但当吸附剂浓度为 1 g/L 时，CO_2 会导致 Am(Ⅲ)吸附百分比在 pH＞9 时出现显著的降低，表明 Am(Ⅲ)在水溶液中可能形成了碳酸根配合物。在 pH＜4.5 时，添加 10 mg/L 的 HA 导致吸附增加 10%～15%，而在 pH≥4.5 时，HA 使 Am(Ⅲ)的吸附量明显降低，并在 pH＝6～6.5 时观察到最小吸附量（40%）。当 pH≥9.5 时，碳酸根对 Am(Ⅲ)的吸附影响显著，但 HA 对 Am(Ⅲ)的吸附影响甚微。Lee 等[41]在上述工作的基础上，在更高的 Am(Ⅲ)浓度(浓度为 10^{-5} mol/L 和 10^{-4} mol/L)下再次研究了 CO_2 和 HA 对 Am(Ⅲ)在 KGa‑1b 高岭石上吸附的影响，却发现 CO_2 对 Am(Ⅲ)在 1.3 g/L 的 KGa‑1b 高岭石上的吸附没有明显的效应。这可能是由于 1 天的预平衡时间并不能使大气中的 CO_2 在溶液中达到平衡，从而低估了碳酸根的影响。有意思的是，Lee 将 HA 按分子量大小分成了 10～30 kDa、30～100 kDa 和 100～300 kDa 3 个部分，发现在低 pH 下，分子量大的 HA(100～300 kDa)对 Am(Ⅲ)吸附的增强最为显著，而分子量小的 HA(10～30 kDa)会导致 Am(Ⅲ)在近中性条件下的吸附量下降更多，说明较小分子量的 HA 的配位能力更强，但当大分子量的 HA 与高岭石结合时，则增加了更多的吸附位点。Samadfam 等[42]研究了其他高岭石(Iwamoto Mineral Company，Japan)对 Am(Ⅲ)的吸附。他们采用的实验条件与上述工作类似〔Am(Ⅲ) 10^{-7} mol/L，高岭土 1 g/L〕，所得吸附数据的总体趋势也与上述研究工作类似。此外，Takahashi 等[43]也研究了其他商用高岭石(Wako Pure Chemical Ind. Ltd)在 0.02 mol/L $NaClO_4$ 溶液中对 Am(Ⅲ)的吸附，由于他们没有标明 Am(Ⅲ)的浓度，难以将其结果与其他研究的结果进行比较。

蒙脱石属于 2∶1 型黏土矿物，是膨润土的关键组分。目前公认膨润土最适合作为高放废物地质处置库的缓冲/回填材料，因此 Am(Ⅲ)在蒙脱石上的吸附得到了较为充分的研究。Ticknor 等[44]研究了富里酸(fulvic acid，FA，0.5～5.0 mg/L)对 Am(Ⅲ)在蒙脱石(SWy‑1，Wyoming，USA)上吸附的影响，发现在 pH＝7.6 时 Am(Ⅲ)的吸附量随 FA 浓度的增大而减小。Bradbury 和 Baeyens[45]比较了在惰性气氛下背景电解质分别为 0.1 mol/L 的 $NaClO_4$ 和 0.066 mol/L 的 $CaCl_2$ 时，示踪量的 Am(Ⅲ)在 SWy‑1 蒙脱石上的吸附行为。虽然两种情况下 Am(Ⅲ)的吸附量均在 pH＞8 时达到最大，但在酸性 pH 范围内 $CaCl_2$ 溶液中 Am(Ⅲ)的 lg K_d 比在 $NaClO_4$ 溶液中下降了一个数量级，说明阳离子交换反应可能是控制 Am(Ⅲ)在低 pH 条件下吸附的主要因素。Nagasaki 等[46]研究了 0.04～0.64 mol/L 的 NaCl 溶液中，1×10^{-5} mol/L 的 Am(Ⅲ)和 Ln(Ⅲ)(Nd、Eu、Gd)在蒙脱石(Tsuukinuno、Japan)颗粒上的吸附，发现在 pH＝4 的有氧条件

下,随着 lg[NaCl]的增大,Am(Ⅲ)和 Ln(Ⅲ)的 lg K_d 先呈线性下降,当 lg[NaCl]>
-0.5后,Am(Ⅲ)和Ln(Ⅲ)的吸附保持恒定。此外,发现吸附呈 Gd(Ⅲ)<Eu(Ⅲ)<
Am(Ⅲ)<Nd(Ⅲ)的顺序,这与它们水合自由能大小的顺序相反。

除了 Am(Ⅲ)在经过纯化的蒙脱石上的吸附研究外,Am(Ⅲ)在膨润土上的吸附研
究也有大量报道。Kumar 等[47]研究了 pH、离子强度、不同阳离子(Ca^{2+}、Na^+)、不同阴
离子(Cl^-、NO_3^-、SO_4^{2-})对 Am(Ⅲ)在富蒙脱石天然黏土上吸附的影响。在 N_2 气氛下,
6×10^{-9} mol/L 的 Am(Ⅲ)的吸附随着 pH(2.5~8)的增加而增大。当离子强度从
0.01 mol/L 增加到 0.1 mol/L 时,相应的 lg K_d(L/kg)在 pH = 2.5~6 的范围内降低了
1.5 个数量级。当 pH = 7.1 时,发现 Ca^{2+} 浓度的增大对 Am(Ⅲ)的吸附没有影响。通过
比较背景电解质分别为 NaCl、$NaNO_3$ 和 Na_2SO_4 时 Am(Ⅲ)的吸附曲线,发现 Am(Ⅲ)的
吸附量在 SO_4^{2-} 的存在下有微弱下降。Nagasaki[48, 49] 等研究了 Am(Ⅲ)在膨润土
(Kinigel VI, Kunimine Industries Co. Ltd., Japan)上的吸附,发现在 pH = 8.2 时
Am(Ⅲ)在碳酸盐溶液中可能形成了胶体;在 pH = 9 的 0.1 mol/L $NaClO_4$ 溶液中,
Am(Ⅲ)的吸附对氧化还原电位(从-100 到 200 mV)不敏感。Kozai 等[50]采用同样
的膨润土,研究了隔绝 CO_2 条件下 Am(Ⅲ)的吸附,发现在 pH = 2~8 时,Am 主要
吸附在蒙脱石上,只有在 pH = 6.5~8 时,其他矿物组分(可能是黄铁矿)对 Am(Ⅲ)
的吸附有贡献。Iijima 等[51]研究了 pH、初始 Am(Ⅲ)浓度和固液比等因素对
Am(Ⅲ)在膨润土(Kunipia F,Kunimine Industry Co. Ltd.,日本)上吸附的影响。
Murali 和 Mathur[52]以花岗岩深部的钻井水为液相,研究了 Am(Ⅲ)在天然膨润土
(Kutch,印度)上的吸附。由于上述研究中 CO_2 的含量以及膨润土样品组分的不同,
所得的 K_d 存在显著的差异。

伊利石也是 2∶1 型黏土矿物。痕量 Am(Ⅲ)(4×10^{-11} mol/L)在 0.58 g/L Na 基伊
利石(du Puy)上的吸附研究发现[53],Am(Ⅲ)的吸附量随着 pH 的增加而增大,并在
pH = 6 时达到最大值。在 pH<6 时,离子强度的增加导致 K_d 显著减小,阳离子交换反
应是 Am(Ⅲ)在低 pH 条件下在伊利石上的吸附的主要因素;在 pH>6 时,离子强度几
乎无影响,说明在高 pH 条件下吸附由表面配位作用主导。Maes 等[54]在环境空气条件
下研究了 pH 对 1.5×10^{-8} mol/L Am(Ⅲ)在伊利石(Silver Hill,蒙大拿州,美国,
0.5 g/L)上吸附的影响,获得了趋势类似的结果。Degueldre 等[55]研究了 CO_2 对 $8.5\times$
10^{-10} mol/L 的 Am(Ⅲ)在伊利石(<1 μm)上吸附的影响,发现由于形成 Am(Ⅲ)-碳酸
盐配合物,K_d 倾向于随着碳酸盐浓度的增加而降低。文献中 Am(Ⅲ)在伊利石上的分

配系数lg K_d(L/kg)的最大值均在5.5～6.0。

目前对Am(Ⅲ)在花岗岩或其他火成岩上的吸附研究报道相对少见。Kitamura等[56]研究了Am(Ⅲ)在花岗岩上的吸附行为,并用双电层模型拟合了吸附实验数据,发现长石和云母是起主要吸附作用的组成矿物。Ticknor等[44]研究了FA对锕系元素和裂变产物在花岗岩上吸附的影响,发现Am(Ⅲ)在花岗岩上的吸附随着FA浓度的增加而减小。Lee等[57]对比研究了^{152}Eu(Ⅲ)和^{241}Am(Ⅲ)在4种不同类型花岗岩岩芯上的吸附,发现两种核素具有相同的吸附性质。Baik等[58]研究了碳酸根对Eu(Ⅲ)在花岗岩上吸附的影响,发现在pH>8.5时,Eu(Ⅲ)同碳酸根形成的碳酸羟基水合物明显地抑制了Eu(Ⅲ)的吸附。

5.2.5 Np(Ⅴ)的吸附行为

镎的价态丰富,Np(Ⅴ)是环境中常见的价态,Np的物种分布也受CO_2分压的影响。图5-6给出了无CO_2和环境大气CO_2(3.2×10^{-4} atm)平衡条件下1.24×10^{-6} mol/L的Np(Ⅴ)在0.1 mol/L NaCl溶液中的化学种态分布。从图中可以看出,无CO_2存在时,当pH<9.5时,溶液中的Np(Ⅴ)主要以水合NpO_2^+离子形式存在;当pH>9.5时,Np(Ⅴ)开始发生水解,形成镎酰的氢氧化物[$NpO_2OH_{(aq)}$],在pH>11.4时主要以NpO_2OH和$NpO_2(OH)_2^-$等水解产物形式存在。在大气CO_2条件下,当pH<8.3时,以NpO_2^+为主;

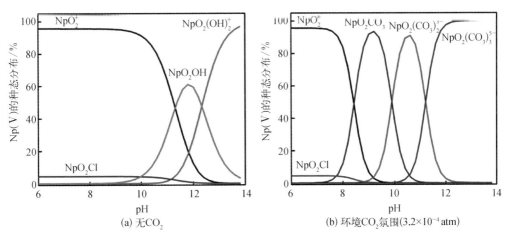

图5-6　Np(Ⅴ)在水溶液中的种态分布（[Np(Ⅴ)]$_{tot}$ = 1.24×10^{-6} mol/L, [NaCl] = 0.1 mol/L）

当 pH > 8.3 时,溶液中的 Np(V) 逐渐以 $NpO_2CO_3^-$、$NpO_2(CO_3)_2^{3-}$ 和 $NpO_2(CO_3)_3^{5-}$ 等碳酸根配合物的形式存在。在 CO_2 存在条件下,溶液中 Np(V) 的总浓度 $[Np(V)]_{total} = [NpO_2^+] + \sum [NpO_2(CO_3)_n^{(2n-1)}]$,其中 $n = 1 \sim 3$。

有关 Np 吸附的研究已有不少报道。涉及的吸附剂包括金属(水合)氧化物、黏土矿物以及高放废物处置库围岩等。Snow 等[59] 研究了 Np($10^{-18} \sim 10^{-5}$ mol/L)在 α-FeOOH 上的吸附,发现当浓度 < 10^{-11} mol/L 时,Np 的吸附量随浓度的变化是线性的;当浓度 > 10^{-11} mol/L 时,Np 的吸附呈非线性;吸附等温线符合双位点和三位点的 Langmuir 吸附等温式。Baumer 和 Hixon[60] 研究了 pH = 5.5~10.5 条件下 Np($10^{-9} \sim 10^{-7}$ mol/L)在 α-Al(OH)$_3$、γ-Al(OH)$_3$、α-Al$_2$O$_3$ 以及 γ-Al$_2$O$_3$ 上的吸附,发现 Np 的吸附均是可逆的,吸附在 1 h 内达到平衡,解吸却需要几个月的时间;吸附符合准二级动力学方程,但解吸过程既不符合准一级动力学方程,也不符合准二级动力学方程,这表明可能存在多步解吸过程。

Amayri 等[61] 研究了 pH、CO_2、离子强度、Np(V)浓度、固液比和接触时间等对 NpO_2^+ 在高岭石上吸附的影响,在 CO_2 存在(大气浓度)条件下,随着 pH 的增大,Np(V)的吸附量呈先增大后减小的趋势,在 pH ≈ 9 时吸附达到最大值,然后急剧下降,并在 pH = 10 时降低至接近于 0;吸附下降的主要原因是在高 pH 条件下生成了带负电荷的 NpO_2^+-碳酸根配合物 $[NpO_2(CO_3)_n^{2n-1}]$;离子强度对吸附没有明显的影响。Schmeide 和 Bernhard[62] 研究了 pH、离子强度、CO_2 和胡敏酸对 Np(V)和 Np(IV)在高岭石上吸附的影响,发现不存在 CO_2 时 Np(V)在高岭石上的吸附随着 pH 的增大而增大,pH = 11 时吸附百分数达到最大值的 96%,离子强度对 Np(V)的吸附没有影响;CO_2 存在时,与 Amayri 等[61] 的结果类似,Np(V)的吸附量先增大后减小,在 pH = 8.5~9 时达到最大值 54%,然后逐渐下降;HA 促进了 Np 在 pH = 6~9 时的吸附,但是抑制了 Np 在 pH = 9~11 时的吸附;在近中性至碱性的 pH 条件下形成的可溶性镎酰与胡敏酸的配合物导致了 Np(V)吸附量的减小;初始 Np(V)的浓度从 1.0×10^{-5} mol/L 降低到 1.0×10^{-6} mol/L 时,Np(V)的吸附向低 pH 的方向移动。Np(IV)的吸附实验结果还表明,所使用的 HA 具有显著的还原性能,可以有效地将 Np(V)还原为 Np(IV),并且在较宽的 pH 范围内使 Np 保持在四价;HA 对 Np(IV)在高岭石上的吸附影响显著,在近中性条件下 HA 的存在明显抑制了 Np(IV)在高岭石上的吸附,可能与 Np(IV)的胡敏酸配合物有关。Niitsu 等[63] 也在无氧条件下研究了 HA 对 Np(V)在高岭石上吸附边界的影响,研究结果与上述文献类似:HA 不存在时,Np(V)的吸附量随着 pH 的增大而增加;随着 HA 浓度的增加,Np(Ⅴ)在 pH＜8 时吸附量增加,而在 pH＞8 时吸附量下降;形成水溶性 NpO_2^+-胡敏酸配合物是高 pH 时吸附量下降的原因。Mironenko 等[64]分别使用 $CaCl_2$ 和 $MgCl_2$ 作为背景电解质,研究了 pH = 6.5 时 NpO_2^+ 在高岭石上的吸附,发现吸附随着离子强度的增大和初始浓度增加而下降,离子强度对吸附的影响可以理解为二价碱土金属离子与 NpO_2^+ 发生了竞争吸附位点。

Bradbury 和 Baeyens[45]、Zavarin 等[65],分别研究了 Np(Ⅴ)在 SWy-1 蒙脱石上的吸附。Bradbury 和 Baeyens 的实验结果表明,CO_2 不存在条件下,约 $1×10^{-13}$ mol/L 的 NpO_2^+ 的吸附量随着 pH 的增大而增加,在 0.01 mol/L、0.1 mol/L 的 $NaClO_4$ 背景电解质中达到了相同的最大值($lg K_d$ = 4.5, L/kg);在 pH = 2～7 条件下,当离子强度从 0.01 mol/L 增大到 0.1 mol/L 时,K_d 降低了一个数量级。Zavarin 等在比较 NpO_2^+ 在 0.01 mol/L 和 0.1 mol/L NaCl 溶液中的吸附(pH = 3～5)时也观察到了同样的趋势,0.1 mol/L NaCl 溶液中的 $lg K_d$ 比 0.01 mol/L NaCl 溶液中的约低 0.5 单位。Benedicto 等[66]研究了不同阳离子(Na^+、K^+、Ca^{2+}、Mg^{2+})对 NpO_2^+ 在 SWy-2 蒙脱石上吸附的影响。在 pH = 4.5 时,随着离子强度的增大(0.001、0.01 和 0.1 mol/L),NpO_2^+ 的吸附量在 NaCl 和 KCl 背景电解质中均呈下降趋势;在含有二价阳离子的背景电解质中,NpO_2^+ 的吸附量明显降低,在 NaCl 和 KCl 溶液中获取的 K_d 约是 $CaCl_2$ 和 $MgCl_2$ 溶液中的三分之一;二价阳离子 Ca^{2+}/Mg^{2+} 存在时 NpO_2^+ 的 K_d 较低可能是由于 NpO_2^+ 的选择性系数更低所示。Turner 等[67]和 Runde 等[68]分别研究了 NpO_2^+ 在 SAz-1 蒙脱石上的吸附。Turner 等的结果表明,不存在 CO_2 时,$9×10^{-7}$ mol/L 的 NpO_2^+ 在 0.1 mol/L $NaNO_3$ 中的吸附量随着 pH 的增大不断增加($lg K_{d(max)}$≈3, pH = 10.5);CO_2(大气浓度)存在时,随着 pH 的增大 NpO_2^+ 的吸附量先增加后减小(在高 pH 时形成了 NpO_2^+-碳酸盐配合物),在 pH≈8 时达到了最大($K_{d(max)}$≈100 L/kg),此 K_d 与 Runde 等[68]测定的 J-13 尤卡山地下水条件下 $2×10^{-7}$ mol/L 的 NpO_2^+ 的吸附 K_d 很接近($lg K_d$ = 2.18,J-13 尤卡山地下水 pH 为 8.2)。Mironenko 等[69]以 $CaCl_2$ 和 $MgCl_2$ 为背景电解质,研究了 pH = 6.5、CO_2 不存在时不同浓度 NpO_2^+([NpO_2^+] = $2×10^{-7}$～$3×10^{-5}$ mol/L)在 Askanite 蒙脱石上的吸附,发现 NpO_2^+ 的吸附并不强($K_{d(max)}$＜23 L/kg),并且随着离子强度的增大而减少。

Kasar 等[70]在环境空气条件下,研究了离子强度([NaCl] = 0.01～1 mol/L)和 pH(2～10)对 $8×10^{-14}$ mol/L 的 NpO_2^+ 在印度西部某黏土(蒙脱石含量约为 90%)上吸附的影响,发现离子强度对 NpO_2^+ 的吸附没有明显影响,随着 pH 的增大,NpO_2^+ 在 3 g/L

黏土上的吸附百分数从 0 增到 80%（$I = 0.1$ mol/L）。Aksoyoglu 等[71]研究了 NpO_2^+ 在磨拉石黏土（含 65%～70% 蒙脱石和 5%～10% 伊利石）上的吸附，发现 NpO_2^+ 的 K_d 随着 pH 的增大仅有微弱的增大。Kozai 等[72]研究了少量方解石（1%～5%）和磷灰石（2%～4%）掺入蒙脱石中对吸附的影响。方解石的掺入降低了蒙脱石对 NpO_2^+ 的吸附；在磷灰石仅有少量溶解的温和 pH 条件下，磷灰石的掺入也降低了蒙脱石对 NpO_2^+ 的吸附；而在酸性环境时（磷灰石全部溶解），磷灰石的掺入对 NpO_2^+ 的吸附完全没有影响。Nagasaki 等[73, 74]研究了 Np(V) 和 Np(IV) 在 Kunigel-V1 膨润土上的吸附。当有 1×10^{-3} mol/L 碳酸盐存在时，随着 pH 的增大，Np(IV)（1×10^{-7} mol/L）的吸附先增加后减小，在 pH = 7.5～9 时达到最大值（$K_d = 2.7 \times 10^4$ L/kg）；pH = 9 时，氧化还原电位对 1×10^{-8} mol/L 的 Np 吸附的影响明显，在 Eh = $-1\,000$ mV 时 K_d 为 6×10^4 L/kg，而在 $100～200$ mV 时，K_d 为 $30～100$ L/kg。Eh = $0～100$ mV 时，K_d 的变化较大，这是由于在 Eh 增大时，Np 的氧化态由 +4 转变为 +5。Pratopo 等[75]分别在还原和氧化条件下研究了 1×10^{-6} mol/L 的 Np(IV) 在 Kunibond 膨润土上的吸附。结果表明 pH = 4.6～12.8 时，$\lg K_d$ = 0.5～5.0（L/kg）；在还原条件下，明显有大于 3 nm 的胶体生成。Sabodina 等[76]研究了 NpO_2^+ 在俄罗斯 Khakassiya 膨润土上的吸附，发现在惰性气体氛围中 3×10^{-8} mol/L 的 NpO_2^+ 在膨润土上的吸附随着 pH（1.5～10）的增大而增加，最终吸附百分数达到了最大值的 90%；低 pH 时，离子强度（0.1 mol/L、0.01 mol/L 和 0.001 mol/L $NaClO_4$）的变化对吸附的影响很小；NpO_2^+ 的吸附量较大，可能是由于还原成了 Np^{4+}（平衡状态下悬浮物的 Eh 为 -150 mV）。

相比于蒙脱石和膨润土，研究 Np 在伊利石上吸附的文献较少。Marsac 等[77]在隔绝 CO_2 的条件下研究了 pH（2～10）、氧化还原电位、初始 NpO_2^+ 浓度（$3 \times 10^{-8}～3 \times 10^{-4}$ mol/L）和接触时间（7～63 d）对 NpO_2^+ 在 2 g/L 纯化伊利石（du Puy）上吸附的影响。发现 7 天后 NpO_2^+ 的吸附量随接触时间的变化无明显变化；吸附随 pH 的增大而增加；pH < 6 时，NpO_2^+ 初始浓度对吸附没有影响，pH > 6 时，吸附随着浓度的降低而增加；由于 NpO_2^+ 被还原为 Np(IV)，Np 的 K_d 随着氧化还原电位的降低增加了约 4 个数量级；用 XANES 对 pH 为 7.4 和 9.6、初始 NpO_2^+ 浓度为 3×10^{-4} mol/L、固液比为 20 g/L 的两个吸附样品进行了表征，发现部分 NpO_2^+ 被还原成为 Np(IV)，且还原量随着 pH 的增大而逐渐减少。Banik 等[78]在氩气保护条件下研究了 Np 在 Na 型伊利石上的吸附。在高离子强度条件下，Np 的吸附随氧化还原电位的降低而增大；结合光谱分析和建模研究，发现 Np 与伊利石之间强的相互作用是由于 Np(V) 在伊利石的表面部分还原成

Np(Ⅳ),而 Np(Ⅳ)表面配合物比 Np(Ⅴ)的更加稳定。

Boom 黏土岩是比利时重点考察的处置库围岩,该黏土岩由约 60% 的黏土矿物 (10%～45% 伊利石、10%～30% 蒙脱石-伊利石混合物、5%～20% 高岭石、0～5% 绿泥石、0～5% 绿泥石-蒙脱石混合物)、约 20% 的石英、10% 的长石和少量其他矿物组成。Hart 等[79] 在无氧条件下研究了 Np 初始浓度(3×10^{-4} mol/L 和 8×10^{-7} mol/L)、接触时间和 Eh(50～200 mV 和 -150～-50 mV)对 NpO_2^+ 在 Boom 黏土岩上吸附的影响。发现 Np 的最大 K_d 为 7×10^5 L/kg;低 Eh 实验条件下,过滤孔径的大小对 Np 的 K_d 有显著影响,表明 NpO_2^+ 有可能被还原为 Np(Ⅳ),过滤孔径对 K_d 的影响可能是由于形成了 Np(Ⅳ)胶体。

瑞士 Mont Terri 的高放废物处置研究地下实验室的 Opalinus 黏土岩含有大于 65% 的黏土矿物(高岭石、伊利石、混合层伊利石蒙脱石、绿泥石),大于 10% 的石英和方解石、约 4% 的含铁矿物和少量的钠长石、长石和有机碳。Fröhlich 等[80-82] 研究了 pH、NpO_2^+ 的初始浓度、CO_2 分压、有氧/无氧条件、背景电解质、温度和腐植酸等对 NpO_2^+ 在 Opalinus 黏土岩上吸附的影响。在有氧气和 CO_2 存在条件(大气条件)下,NpO_2^+ 在 Opalinus 黏土上的吸附行为与其在纯化黏土矿物上的类似,随着 pH 的增大 NpO_2^+ 吸附量先增加后减小,在 pH = 8～9 时达到最大;NpO_2^+ 的吸附随着初始 NpO_2^+ 浓度的下降而增加;增大 CO_2 的分压,吸附边界向低 pH 方向移动,原因是溶液中生成的 NpO_2^+-碳酸根配合物的量有所增大;无氧条件下测得的 8×10^{-6} mol/L 的 NpO_2^+ 的 K_d 是有氧条件下的 2 倍,这可能是由于在无氧条件下,部分 NpO_2^+ 被还原为 Np(Ⅳ)[80]。在大气条件下 pH = 6～10 范围内,胡敏酸对 8×10^{-6} 和 7×10^{-12} mol/L 的 NpO_2^+ 在 Opalinus 黏土上的吸附影响显著[81],高 pH 时吸附下降,可能是由于在水溶液中形成了 NpO_2^+-胡敏酸配合物或 NpO_2^+-胡敏酸-碳酸根配合物。以合成的 Opalinus 黏土孔隙水作为背景电解质(pH = 7.6,$I = 0.4$ mol/L),研究了温度($T = 40$～80 ℃)对 NpO_2^+ 在 Opalinus 黏土上吸附的影响[82],发现随着温度的升高,NpO_2^+ 的 K_d 不断增大。在相同 pH(7.2～7.8)范围对比不同背景电解质($NaClO_4$、$NaCl$、$CaCl_2$ 和 $MgCl_2$)条件下得到的 K_d 值,发现含有二价阳离子的电解质溶液与孔隙水条件下得到的 K_d 接近,而在 $NaClO_4$ 或 $NaCl$ 溶液中,K_d 是孔隙水条件下的 10 倍,说明二价阳离子(Mg^{2+}、Ca^{2+})对 NpO_2^+ 在孔隙水中的吸附起决定性影响,这可能是由于 Opalinus 黏土的吸附位点对二价阳离子和 NpO_2^+ 的吸附亲和力相近,而对钠离子的吸附亲和力较弱。

国内许多单位也开展了次锕系元素的吸附研究。吸附剂涉及金属氧化物、黏土矿物以及北山花岗岩等。曾继述和夏德迎[83]研究了 Am(Ⅲ)和 Np(Ⅴ)在不同地区(湖北、山西、河北、河南、甘肃)膨润土原土和加工土上的吸附,同时还考察了硫锑铅矿、锑赭石、辉锑矿和灰硒汞矿的吸附性能,以探索它们作为缓冲材料掺杂物的可能性。安永锋等[84]测定了 Am(Ⅲ)在黄土、去除 $CaCO_3$ 之后的黄土、去除有机质之后的黄土,以及同时去除 $CaCO_3$ 和有机质之后的黄土的吸附等温线,通过对比发现 $CaCO_3$ 和有机质对 Am(Ⅲ)在黄土上的吸附贡献显著。刘期凤等[85]研究了 Am(Ⅲ)/Eu(Ⅲ)在包气带土壤上的吸附,发现腐殖酸使 Eu(Ⅲ)的吸附率增加,$C_2O_4^{2-}$ 和柠檬酸根则使 Eu(Ⅲ)的吸附率显著降低,PO_4^{3-} 和 SO_4^{2-} 对 Eu(Ⅲ)的吸附影响不显著。章英杰等[86-88]先后研究了 Am(Ⅲ)在铁氧化物、氧化铝、石英、高庙子膨润土和北山花岗岩上的吸附,测定了 pH、CO_3^{2-}、SO_4^{2-}、腐殖酸和 Am(Ⅲ)初始浓度等因素对 Am(Ⅲ)吸附的影响,发现增大腐殖酸浓度不利于 Am(Ⅲ)的吸附,Am(Ⅲ)在上述固相上的吸附均符合 Freundlich 吸附等温式。周舵等[89]研究了低氧条件下温度对 Am(Ⅲ)在北山花岗岩上吸附的影响,发现 Am(Ⅲ)的吸附是吸热反应。Tan 等[90]和 Chen 等[91]先后研究了胡敏酸对 Eu(Ⅲ)在氧化钛(锐钛矿和金红石)和累托石上吸附的影响,发现 HA 在低 pH 下增强了 Eu(Ⅲ)的吸附,在高 pH 下则降低了 Eu(Ⅲ)的吸附;利用红外光谱、X 射线光电子能谱(XPS)和 EXAFS 等手段推测 Eu(Ⅲ)形成了≡SOHAEu 表面配合物。

兰州大学较为系统地开展了 Eu(Ⅲ)/Am(Ⅲ)的吸附研究。Tao 等[92]研究了腐殖质、pH 和离子强度对 Am(Ⅲ)在氧化铁、氧化铝和氧化硅上吸附的影响,发现上述氧化物对 Am(Ⅲ)吸附能力的顺序为:氧化铁＞氧化铝＞氧化硅。丁国清[93]研究了 Am(Ⅲ)/Eu(Ⅲ)在氧化铝和氧化钛上的吸附,测定了水杨酸、邻苯二甲酸、邻苯二酚和富里酸对吸附的影响。张茂林[94]比较了 Am(Ⅲ)和 Eu(Ⅲ)在凹凸棒石上吸附的差异,发现两种离子的吸附行为类似。Niu 等[95]采用批式法结合 XPS、TRLFS 和 EXAFS 等表征手段,比较研究了"溶解态"和"固定化"的胡敏酸对 Eu(Ⅲ)/Yb(Ⅲ)在水合氧化铝上吸附的影响,发现 Eu(Ⅲ)/Yb(Ⅲ)在两种状态 HA 存在下生成了相同种类的配合物,但"固定化"HA 对 Eu(Ⅲ)/Yb(Ⅲ)吸附的影响远比溶解态 HA 的弱。Guo 等[11]和于涛[96]分别研究 Am(Ⅲ)/Eu(Ⅲ)在金川膨润土和高庙子膨润土上的吸附,构建了可描述吸附实验数据的表面配位模型。Chen 等[20]研究了 PO_4^{3-} 对 Eu(Ⅲ)在膨润土上吸附的影响,发现 PO_4^{3-} 和 Eu(Ⅲ)两者会产生协同吸附,并基于 XPS 分析补充了原有模型,使之可以描述存在 PO_4^{3-} 条件下 Eu(Ⅲ)的吸附。马锋[24]测定了 Am(Ⅲ)在天然高岭石上的吸附数据并建立了吸附模型,通过与文献数据比较发现,由于样品中含有杂质,因此不同产地高岭石对 Am(Ⅲ)的吸附性能存在差异。郭治军等[35]还研究了 Eu(Ⅲ)在北山花岗岩上的吸附,发现除了表面配位反应外,阳离子交换吸附也可能是主要吸附机理之一,此外,发现 pH>4.5 时 Eu(Ⅲ)和 Am(Ⅲ)的吸附数据有良好的一致性。在此研究的基础上,Jin 等[97]研究了温度、FA 和花岗岩表面老化对 Am(Ⅲ)/Eu(Ⅲ)在北山花岗岩上吸附的影响,并用 EPMA 表征了吸附后的样品,发现 pH>4 时温度和表面老化对 Eu(Ⅲ)和 Am(Ⅲ)在花岗岩上的吸附没有明显影响,FA 则明显抑制吸附,EPMA 结果表明黑云母对 Eu(Ⅲ)吸附的亲和力明显高于其他的花岗岩的矿物组分。李平[98]在无氧环境下研究了 pH、离子强度、接触时间、温度、腐殖酸等因素对 Np(Ⅴ)在高庙子膨润土上吸附的影响。结果表明当 pH 从 6 增大到 11 时,Np(Ⅴ)的吸附百分比从 0 增大到了约 100%;在 pH 为 6.5 和 8.5 时,离子强度(0.01~0.3 mol/L)对 Np(Ⅴ)的吸附没有影响;加入腐殖酸后增加了 Np(Ⅴ)在低 pH 时的吸附,却降低了 Np(Ⅴ)在高 pH 时的吸附。Ma 等[23]在隔绝 CO_2 条件下研究了接触时间、固液比、pH、离子强度等因素对 Np(Ⅴ)在茂名高岭石上吸附的影响。1×10^{-6} mol/L Np(Ⅴ)的吸附受 pH 的影响显著,而离子强度对吸附影响不明显。马锋等[99]在漳州伊利石上也发现了类似的 Np(Ⅴ)的吸附行为,0.01 mol/L 和 0.1 mol/L NaCl 背景电解质中 Np(Ⅴ)的吸附边界几近重合。

此外,矿物表面吸附物种的光谱学研究也非常重要。通过光谱学研究可以获得放射性核素在矿物表面的结构信息,以这些结构信息为条件,可以保证所构建的化学模型具有更加明确的物理意义。通过 XANES 可以确定吸附质的氧化态,而 EXAFS 研究数据可以提供表面配合物的原子间距、配位数等结构信息。时间分辨激光荧光光谱(TRLFS)通过测量物质受激后的荧光发射得到待测物质的荧光光谱[100],通过光谱的弛豫时间和光谱变化可以推测表面物种的数量以及表面物种的结构信息。U(Ⅵ)、Eu(Ⅲ)、Am(Ⅲ)和 Cm(Ⅲ)等非常适合采用 TRLFS 进行研究。ATR-FTIR 非常适合表征吸附在表面的含氧阴离子如 CO_3^{2-}、SO_4^{2-} 和 PO_4^{3-} 等[101, 102]。ATR-FTIR 也适用于研究含氧锕系阳离子 AnO_2^{m+}(如 NpO_2^+ 或 UO_2^{2+})的表面配合物。此外,XPS 也常被用于研究吸附在矿物表面的物种结构,缺点是 XPS 研究只能进行非原位样品的测试。

5.3 Np 和 Am 的扩散

扩散通常指溶质由高浓度区域向低浓度区域运移的过程。要预测和描述次锕系元素在环境中的迁移,除了要采集吸附实验数据、构建吸附模型外,还必须通过扩散实验研究,获得次锕系元素的扩散实验数据,拟合得到扩散模型参数。扩散研究的实验方法有:通透扩散法(through-diffusion)[103, 104]、内扩散法(in-diffusion)、外扩散法(out-diffusion),等等。通透扩散法适用于弱吸附性的放射性核素,对于强吸附性放射性核素而言内扩散法更加方便。在高放废物地质处置背景下,放射性核素在缓冲材料(压实膨润土)中的扩散行为得到了普遍关注,Shackelford 和 Moore[105]对此进行了较全面的综述。此外,针对具体的处置库,人们开展了关键放射性核素在不同类型围岩中的扩散研究。目前人们对放射性核素在黏土岩中的扩散行为进行了较深入的研究,但对结晶岩中的扩散研究开展得较少。结晶岩组成矿物之间的孔隙以及孔隙分布往往十分复杂,给开展相关扩散研究带来了不确定性和困难[106]。

关于 Np、Am、Cm 的扩散研究较少。Albinsson 等[107, 108]采用实验室和现场技术相结合的方法,研究了 Np、Am 等在不同介质中的扩散行为,获得了 D_a 等参数。Ahn 等[109]对[241]Am 和[237]Np 在高放废物库人工屏障中的扩散行为进行了数学分析,得到了相关的参数。Sawaguchi 等[110]研究了 Np、Am 等在压实砂-膨润土混合物中的扩散行为,并获得了相关扩散系数。Pope 和 Powell[111]研究了在处置库条件下 Np(Ⅴ)的扩散行为。Wang 等[112, 113]采用毛细管内扩散法研究了 Eu(Ⅲ)在压实 MX-80 膨润土中的扩散行为,探讨了浓度、pH、膨润土的干压实密度、胡敏酸(HA)、富里酸(FA)等对扩散行为的影响,获得了表观扩散系数 D_a 和有效扩散系数 D_e。

5.4　Np 和 Am 与腐殖质的相互作用

腐殖质(HS)是自然界中的动、植物残体经微生物或化学作用形成的一类天然高分子有机化合物。腐殖质在自然环境中几乎无处不在,即使在地下深处也存在腐殖质。腐殖质占环境天然有机质(natural oganic matter,NOM)的 50%以上,广泛存在于土壤、湖泊、河流、海洋以及泥炭、褐煤、风化煤中。腐殖质对环境中的碳循环、土壤肥力以及生态平衡等有着重要影响。

腐殖质携带有丰富的活性官能团,对重金属离子具有强的配位能力,对重金属离子的环境行为有不可忽视的重要影响,显著影响着放射性核素在环境中的种态分布、吸附、扩散和迁移行为。

由于腐殖质对放射性核素在环境中的吸附和迁移行为有显著的影响，许多学者对其与放射性核素的相互作用进行了研究和评述[114-117]。例如，陶祖贻和陆长青[115]从腐殖质的分子量、电位滴定行为、与金属离子相互作用方式、配合物的稳定常数以及还原作用等方面，讨论了腐殖质对地质介质中放射性核素迁移的影响机制。Bryan 等[116]综述和总结了欧盟 FUNMIG(Fundamental Processes of Radionuclide Migration)项目组关于放射性核素、腐殖质、矿物表面所构成的三元体系的研究成果。王会等[117]从腐殖质的结构、存在形态、与锕系离子的相互作用等方面总结了相关实验和理论研究方面的进展。

5.4.1　腐殖质的基本性质

腐殖质并非结构明确、组成单一的有机化合物，而是一类在组成、结构及性质上既有共性，又存在差别的天然有机高分子混合物。根据其在酸性和碱性溶液中的溶解度，腐殖质可分为 3 部分：富里酸、胡敏酸和胡敏素。腐殖质中既能溶于酸溶液，也能溶于碱溶液的部分，称为富里酸(fulvic acid，FA)；FA 的平均分子量较小，从几百到几千不等。腐殖质中不溶于酸但可溶于碱的部分，称为胡敏酸(humic acid，HA)；HA 的平均分子量可达几百万以上。腐殖质中既不溶于酸也不溶于碱的部分，称为胡敏素(Humin)；胡敏素的平均分子量是 3 个部分中最大的。由于人们更加关注溶解态的腐殖质对放射性核素、重金属离子等污染物的环境行为的影响，目前关于腐殖质的研究主要集中于 HA 和 FA 两个部分。

除了分子量的不同，富里酸、胡敏酸和胡敏素的官能团含量、元素组成也存在差异。大量研究结果表明，组成腐殖质的元素除了 C、H、O、N、S、P 等之外，还含有少量的 Ca、Mg、Fe、Si 等元素。就整体而言，腐殖质主要组成元素及其所占百分数范围分别为：C，$52\% \sim 62\%$；H，$3.0\% \sim 5.5\%$；O，$30\% \sim 33\%$；N，$3.5\% \sim 5.0\%$；腐殖质的 C/N 比值一般在 $10:1 \sim 12:1$ 的范围。

腐殖质含有多种含氧官能团，最主要的是羧基和酚羟基，此外，还存在醇羟基、羰基、醌基、甲氧基等官能团。从所含官能团的角度，FA 和 HA 存在以下两个方面的差别：① FA 比 HA 含有更多的酸性官能团，因此，FA 的氧含量较高，碳含量较低；② 在 FA 中，大部分的氧元素存在于羧基和羟基等酸性含氧官能团中，而 HA 中的多数氧原子则以醚氧、酯基等形式存在于骨架结构中。

腐殖质是一类天然高分子聚合物，没有确切的化学结构。根据大量的研究结果，人们认识到富里酸、胡敏酸和胡敏素的化学结构有相似性，并提出了腐殖质的参考结构[118]。腐殖质结构上的脂肪链和芳环构成了其疏水的部分，而羧基和酚羟基是其亲水部分。氢键和疏水作用（例如范德瓦耳斯力、π-π相互作用）对腐殖质的结构及其与其他物质的结合都具有重要作用。

腐殖质对放射性核素环境行为的影响与以下几点密切相关。

（1）腐殖质有丰富的配位官能团。腐殖质的羧基和酚羟基提供了配位氧原子，在合适的 pH 条件下，腐殖质可与各种金属放射性核素发生配位作用，从而改变放射性核素在水溶液中的种态分布（speciation），影响放射性核素在环境中的吸附、扩散和迁移行为，同时也影响放射性核素的生物可摄入性质。

（2）腐殖质具有非均一性（heterogeneity）。腐殖质是复杂的天然高分子聚电解质，非均一性是腐殖质最显著的特征之一。即使根据溶解度腐殖质被分为了 3 部分，每部分腐殖质在分子结构上依然是非均一性的。作为天然有机物，每个分子上的化学官能团也具有非均一性的特点。从本质上讲，非均一性使腐殖质的化学性质和环境行为具有复杂性的根源。

（3）腐殖质具有胶体属性。腐殖质的胶体属性是由其复杂的天然高分子有机物的性质决定的。在水溶液中，羧基和酚羟基的质子解离使腐殖质带有负电荷，而腐殖质的各官能团又通过氢键相互联结。腐殖质结构的舒展程度与所处溶液的 pH、离子强度以及腐殖质的浓度有关。较高 pH 和较低的离子强度有利于腐殖质分散在溶液中而不聚沉。

5.4.2　腐殖质与 Np、Am 的相互作用

"溶解态"的腐殖质与次锕系离子可以形成可溶性配合物。腐殖质与次锕系离子的配位作用受溶液 pH、离子强度以及次锕系离子浓度等因素的影响。配合物稳定"常数"随着各种条件的变化而发生变化。例如，章英杰等[119]根据实验结果，给出了 pH 的变化与 Am(Ⅲ)-腐殖质配合物稳定常数之间的关系。Müller 和 Sasaki[120]发现，Ca^{2+} 会阻碍 Np(Ⅳ)与 FA 的配位作用；他们还对文献中[121-129]报道的关于 Np(Ⅴ)、Am(Ⅲ)、Cm(Ⅲ)等次锕系离子与 FA 及 HA 的配合物稳定常数进行了总结。Nagao 等[130]研究了 Am(Ⅲ)在不同大小 HA 上的配位作用，发现 Am(Ⅲ)与 HA 配位能力与 HA 分子的大小呈正相关，配位作用受 HA 分子尺寸分布和官能团类型的影响。Wall 等[131]的研究表明，Am(Ⅲ)-HA 及 Am(Ⅲ)-FA 的表观配合物稳定常数均随离子强度的升高而降

低。Seibert 等[124]发现,在一定 pH 和 HA 浓度下,低浓度的 Np($<10^{-11}$ mol/L)与 HA 形成的配合物比高浓度 Np($>10^{-7}$ mol/L)形成的配合物具有更大的稳定常数。此外,EXAFS 和 TRLFS 是深入理解次锕系核素同腐殖质相互作用的有效手段[132-133]。

腐殖质通过与次锕系核素的配位作用,可形成放射性胶体,从而影响次锕系核素的种态分布和环境行为。例如,史英霞等[134]提取、纯化了大亚湾地区 3 m 以下土壤中的 HA,发现 90%的 HA 分子在胶体尺寸范围内,可与^{237}Np、^{238}Pu 和^{241}Am 形成放射性假胶体,这种假胶体的比例随 HA 浓度的增大而增加。

基于化学平衡软件 Visual Minteq[135, 136]中的关于描述腐殖质与金属离子配位作用的 NICA - Donann 模型,图 5-7 给出了 HA 胶体对 Am(Ⅲ)物种分布的影响。可以看出,当体系中没有 HA 胶体存在时[图 5-7(a)],低 pH 下 Am(Ⅲ)主要以 Am^{3+} 形式存在,随着 pH 的升高,水解产物 $AmOH^+$、$Am(OH)_3(aq)$ 依次成为 Am(Ⅲ)的主要种态。在存在 HA 的体系中($C_{Am(Ⅲ)} = 1.0 \times 10^{-6}$ mol/L,$C_{HA} = 5$ mg/L)[图 5-7(b)],HA - Am 配合物在 pH = 3~10 内占有较大比例,是 Am(Ⅲ)的主要种态。

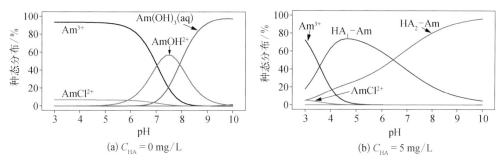

图 5-7　HA 胶体对 Am(Ⅲ)在溶液中种态分布的影响

$C_{Am(Ⅲ)} = 1.0 \times 10^{-6}$ mol/L,$I = 0.1$ mol/L NaCl

此外,腐殖质有可能还原具有氧化性的次锕系离子。腐殖质分子结构中的酚羟基、半醌基等基团具有一定的还原能力。但是,因腐殖质结构的复杂性,其还原电势难以准确测量。在实验室条件下,腐殖质的还原电势为 0.5~0.7 V[115]。Aeschbacher 等[137]测得在 pH = 7 时 HA 的表观标准还原电势为 0.15~0.3 V。腐殖质对次锕系离子的还原作用,受自身有机骨架排列方式的影响,不同来源的腐殖质对于同种元素的敏感性存在一定差异。腐殖质对次锕系离子的还原作用也受 pH、氧气含量等外在因素的影响。实验室研究和现场试验均证实[138-140],腐殖质可将 Pu(Ⅵ)还原为 Pu(Ⅴ)和 Pu(Ⅳ),可将 Np(Ⅵ)还原为 Np(Ⅴ)。Shcherbina 等[141]的研究表明,腐殖质对 Pu(Ⅴ)和 Np(Ⅴ)的还原能力,与其化学结构中所含醌式结构单元数目成正比。此外,电位滴定法曾经被广泛用于 HA 和 FA 与各种金属离子配位稳定常数的测定[142-145]。

5.4.3 腐殖质的配位模型

通过考虑腐殖质的非均质性,以及高分子聚合电解质在解离和配位过程中的静电作用,人们已经建立了可描述不同化学条件下金属离子与腐殖质配位实验结果的模型。

1. NICA‑Donnan 模型

在对腐殖质与重金属的配位研究中,Koopal 等[146-147]提出了 NICA‑Donnan 模型。该模型假设腐殖质主要的配位基团为羧基和酚羟基,采用连续亲和分布以便解释每一类官能团的化学非均一性,引入 Donnan 模型来解释非特异吸附和静电吸附。NICA‑Donnan 模型具有很好的灵活性和适应性,得到了广泛应用。关于 NICA‑Donnan 模型的详细描述,可参见文献[148]。

在 NICA‑Donnan 模型中,金属阳离子的特异性结合用 NICA 方程进行描述:

$$\theta_i = \frac{n_{i1}}{n_{H1}} \cdot Q_{max1, H} \cdot \frac{(\bar{K}_{i1c_i})^{n_{i1}}}{\sum_i (\bar{K}_{i1c_i})^{n_{i1}}} \cdot \frac{\left[\sum_i (\bar{K}_{i1c_i})^{n_{i1}}\right]^{p_1}}{1 + \left[\sum_i (\bar{K}_{i1c_i})^{n_{i1}}\right]^{p_1}} +$$

$$\frac{n_{i2}}{n_{H_2}} \cdot Q_{max2, H} \cdot \frac{(\bar{K}_{i2c_i})^{n_{i2}}}{\sum_i (\bar{K}_{i2c_i})^{n_{i2}}} \cdot \frac{\left[\sum_i (\bar{K}_{i2c_i})^{n_{i2}}\right]^{p_2}}{1 + \left[\sum_i (\bar{K}_{i2c_i})^{n_{i2}}\right]^{p_2}} \quad (5-21)$$

式中,$Q_{max1, H}$ 和 $Q_{max2, H}$ 分别为腐殖质的两类主要的功能基团(位点)—"羧基"和"酚羟基"的质子结合的最大位点密度,mol/kg;p_1 和 p_2 分别为两类位点与金属离子亲和性分布的宽度,$0 < p \leqslant 1$,这两个参数反映了每类官能团的化学非均一性;$\bar{K}_{i1}$ 和 $\bar{K}_{i2}$ 分别为金属离子与两类位点的配位常数(亲和性)的平均值;n_i 和 n_H 分别为金属离子和质子的结合数量,n_i / n_H 的比值表示金属离子结合到单个质子位点的数量;c_i 为金属离子在溶液中的浓度。

当溶液中不存在金属阳离子时,$n_i = n_H$,$n_i / n_H = 1$。此时,NICA 模型可简化为双位点的 Langmuir‑Freundlich 吸附等温式:

$$Q_H = Q_{max1, H} = \frac{(\bar{K}_{H1}[H])^{m_1}}{1 + (\bar{K}_{H1}[H])^{m_1}} + Q_{max2, H} \frac{(\bar{K}_{H2}[H])^{m_2}}{1 + (\bar{K}_{H2}[H])^{m_2}} \quad (5-22)$$

此时，$\bar{K}_{Hi}(i = 1, 2)$ 为质子亲和常数的平均值；$m_{Hi}(0 < m_{Hi} \leqslant 1)$ 为表观异相常数，反映了腐殖质的非均一性；[H] 为 H^+ 的浓度；Q_H 为被腐殖质结合的 H^+ 的浓度。

NICA 子模型较好地解释了腐殖质与金属离子的特异性配位作用，而由离子强度变化所引起的非特异性结合则通过 Donnan 子模型来解释。在 Donnan 模型中，腐殖质被认为是具有一定体积、对水溶液和金属离子具有渗透性的溶胶。Donnan 模型最重要的参数是 Donnan 体积 V_D(L/kg)。在溶液中，腐殖质所吸引的反离子会中和其电荷 q，反离子形成 Donnan 电势 ψ_D(V)。根据电荷平衡，在 Donnan 相中存在如下的关系：

$$\frac{q}{V_D} + \sum Z_i (C_{D, i} - C_{bulk, i}) = 0 \qquad (5-23)$$

式中，$C_{D, i}$ 和 $C_{bulk, i}$ 分别为组分 i 在 Donnan 体积中与体积外的浓度；Z_i 为组分 i 在 Donnan 体积中的电荷数。$C_{D, i}$ 与 $C_{bulk, i}$ 之间的关系表示如下：

$$C_{D, i} = C_{bulk, i} \exp\left(-\frac{Z_i F \psi_D}{RT}\right) \qquad (5-24)$$

式中，R 为摩尔气体常数，$R = 8.314 \, J/(mol \cdot K)$；$F$ 为法拉第常数，$F = 96\,485 \, C/mol$，T 为绝对温度，K。

Donnan 体积 V_D 与离子强度之间的关系可通过经验关系式计算：

$$\lg V_D = b(1 - \lg I) - 1 \qquad (5-25)$$

式中，I 为离子强度；b 为描述离子强度与 Donnan 体积关系的经验参数。一般来说，b 为正值，表明 Donnan 体积 V_D 与 I 呈负相关。

利用 NICA - Donnan 模型描述金属离子与腐殖质的配位实验数据，通常要经历以下步骤：

（1）采用电位滴定法获得不同离子强度条件下腐殖质的氢离子解离曲线，用 ECOSAT[149] 或 FIT[150] 软件，拟合 Donnan 体积参数 b，质子结合的最大位点容量 $Q_{max1, H}$ 和 $Q_{max2, H}$，相关的平均质子亲和常数 $\bar{K}_{H1}$、$\bar{K}_{H2}$ 以及表观异相常数 m_1 和 m_2。Milne 等[151] 在拟合 49 种不同来源的腐殖质时发现，NICA - Donnan 模型参数很大程度上与腐殖质的来源有关。他们总结出了 NICA - Donnan 模型参数的一般化数值，这些数值代表了腐殖质质子结合的平均属性。

（2）固定 pH，测定不同浓度的金属离子与腐殖质的配位曲线，结合已经获得的腐殖质的质子解离的 NICA - Donnan 模型参数，使用限制条件 $m = n_H \times p$，利用软件拟合

计算出参数 $\bar{K}_{i1}$，$\bar{K}_{i2}$，n_{i1}，n_{i2}，p_1 和 p_2 的数值。其中 p_1 和 p_2 反映了腐殖质的内在异质性，不随金属离子的种类而变化，可通过拟合不同金属离子的配位曲线得出 p_1 和 p_2 的平均值，以提高模型参数的自洽性[152]。Minle 等通过拟合腐殖质同 Ca^{2+}、Cd^{2+}、Cu^{2+} 和 Pb^{2+} 的吸附数据，给出了 p_1 和 p_2 的推荐数值。

NICA‐Donnan 模型的参数，具有较为明确的物理意义，包括了配位数、位点异质性、亲和常数等信息，这些模型参数独立于 pH、金属离子浓度、离子强度等因素，因此，该模型具有较好的预测能力。Minle 等通过拟合腐殖质与 Am(Ⅲ)、Eu(Ⅲ)、Th(Ⅳ)、U(Ⅵ) 等的配位实验数据，给出了上述元素一般化的 NICA‐Donnan 模型参数，这些一般化的参数对于预测腐殖质存在时上述元素的迁移行为具有指导意义。

2. 模型Ⅵ

模型Ⅵ(Model Ⅵ)假设 FA 和 HA 分子是尺寸均一的硬质球，配位基团随机分布在球型分子的表面；用 8 种不同解离强度的酸性官能团来描述腐殖质的解离及其与金属离子的配位作用。其中，反映羧基类(A 类)的是 4 种低 pK_a 的官能团，反映酚羟基类(B 类)的是 4 种高 pKa 的官能团，同时考虑了腐殖质的静电特性所引起的非特异性吸附。该模型仍在发展中[153]。

在 Model Ⅵ 中，腐殖质的质子解离表示如下：

$$R^Z H \Longrightarrow R^{Z-1} + H^+ \tag{5-26}$$

式中，R 为腐殖质分子，Z 为净电荷。在不考虑静电效应的情况下，腐殖质 8 组官能团质子解离的本征平衡常数，可通过 4 个参数(pK_A、pK_B、ΔpK_A、ΔpK_B)表达。

对于 A 类官能团，$i = 1 \sim 4$，则有

$$pK_i = pK_A + \frac{(2i-5)}{6} \Delta pK_A \tag{5-27}$$

对于 B 类官能团，$i = 5 \sim 8$，则有

$$pK_i = pK_B + \frac{(2i-13)}{6} \Delta pK_B \tag{5-28}$$

Model Ⅵ 通过羧基类官能团的位点容量 $n_A(mol/g)$ 来描述整个腐殖质官能团的位点容量特征，它同时定义 B 类官能团的位点容量值为 A 类官能团的一半，即每个 A 类官能团的位点容量为 $1/4\ n_A$，每个 B 类官能团的位点容量为 $1/8\ n_A$，n_A 值可通过拟合腐殖质酸碱滴定曲线得出。

金属离子与腐殖质的单齿配位反应可表达为

$$R^Z + M^z \Longrightarrow RM^{Z+z} \tag{5-29}$$

由此可得金属离子在两类官能团上配位的本征平衡常数为

$$K(i) = \lg K_{MA} + \frac{(2i-5)}{6}\Delta LK_1 \qquad (i = 1 \sim 4) \tag{5-30}$$

$$K(i) = \lg K_{MB} + \frac{(2i-13)}{6}\Delta LK_1 \qquad (i = 5 \sim 8) \tag{5-31}$$

式中，参数 $\lg K_{MA}$、$\lg K_{MB}$ 和 ΔLK_1 均可通过拟合配位曲线得出。

Model Ⅵ同时考虑了金属离子与腐殖质的双齿配位和三齿配位反应，双齿位点 (i, j) 和三齿位点 (i, j, k) 的本征平衡常数分别为

$$\lg K(i, j) = \lg K(i) + \lg K(j) + x\Delta LK_2 \tag{5-32}$$

$$\lg K(i, j, k) = \lg K(i) + \lg K(j) + \lg K(k) + y\Delta LK_2 \tag{5-33}$$

式中，x 和 y 分别是描述金属离子同腐殖质双齿或三齿配位强度的物理量，对于双齿位点，99.1%位点的 x 为 1，剩余 0.9%位点的 x 为 1。而对于三齿配位，y 设定为 0、1.5 和 3，分别对应着比例为 90.1%、9%和 0.9%的三齿位点。

由于 Model Ⅵ假设官能团随机分布在球形分子的表面，一种位点参与双齿配位或三齿配位的比例可以由统计确定，用 f_{prB} 和 f_{prT} 分别表示位点形成双齿和三齿的比例。对于 FA，$f_{prB} = 0.42$，$f_{prT} = 0.03$；而对于 HA，二者分别为 0.50 和 0.065。为避免重复计算，Model Ⅵ模型中除了 8 个单齿配位位点，还规定了 24 个双齿配位位点，以及 48 个三齿配位位点。

考虑到可变电荷和离子强度对腐殖质解离及配位的影响，Model Ⅵ首先修正了静电效应对特异性结合位点的影响。对于质子解离 $RH^Z \Longrightarrow R^{Z-1} + H^+$，修正后的平衡常数可表示为

$$K_H(Z) = \frac{\left[R^{Z-1}\right] \cdot \alpha_{H^+}}{\left[RH^z\right]} = K_H \exp(2\omega Z) \tag{5-34}$$

对于金属离子结合到单齿位点 $R^Z + M^z \Longrightarrow RM^{Z+z}$，修正后的平衡常数可表示为

$$K_M(Z) = \frac{\left[RM^{Z+z}\right]}{\left[RH^z\right] \cdot \alpha_M} = K_M \exp(-2\omega zZ) \tag{5-35}$$

式中，Z 为腐殖质的净电荷；K_H 和 K_M 分别为腐殖质解离及与金属离子配位的本征平衡常数；$[X]$ 表示 X 的浓度；α 为活度；ω 是与离子强度相关的静电作用因子，由以下经验表达式给出：

$$\omega = P \cdot \lg I \tag{5-36}$$

式中，P 为常数；I 表示离子强度。ω 在 $I = 1\,\mathrm{mol/L}$ 处为零，说明上式不适用于离子强度高于 $1\,\mathrm{mol/L}$ 的情况。

此外，Model Ⅵ还修正了非特异性吸附所引起的腐殖质分子表面的反离子积累，这一效应与 Donnan 体积 V_D 相关，Model Ⅵ中 V_D 通过下式计算：

$$V_D = \frac{10^3 N_A}{M} \frac{4\pi}{3} \left[\left(r + \frac{1}{\kappa} \right)^3 - r^3 \right] \tag{5-37}$$

式中，N_A 为阿伏加德罗常数；M 表示腐殖质的平均分子量（FA 为 1 500，HA 为 15 000）；r 为腐殖质球体半径（FA 为 0.8 nm，HA 为 1.72 nm）。根据电荷平衡，在 Donnan 体积 V_D 中必然存在等量的反离子来平衡其表面电荷，离子在 Donnan 体积中的浓度（C_D）和体积外的浓度（C_S）存在如下的关系：

$$\frac{C_D}{C_S} = K_{sel} \cdot R^{Z_{mod}} \tag{5-38}$$

式中，Z_{mod} 为组分 i 的摩尔电荷量；R 为平衡腐殖质电荷 Z 所需的反离子电荷之和；K_{sel} 为反离子积累的选择性系数，可设定为定值 1，这表明反离子积累只取决于电荷的大小，反离子积累在低离子强度溶液中较为显著。

Model Ⅵ拟合腐殖质的滴定及配位数据时的可调参数列于表 5-1 中。通过拟合腐殖质的酸碱滴定曲线，获得描述腐殖质质子解离的参数 n_A、pK_A、pK_B、ΔpK_A、ΔpK_B 和 P 的数值。结合描述腐殖质解离的 Model Ⅵ模型参数，通过拟合腐殖质与金属离子的配位曲线，可获得参数 $\lg K_{MA}$、$\lg K_{MB}$、ΔLK_1 和 ΔLK_2 的数值。

表 5-1　Model Ⅵ模型参数总结

参数	描　　述	数　　值
n_A	A 类位点的容量（mol/g）	通过拟合滴定数据得出
n_B	B 类位点的容量（mol/g）	$= 0.5 \times n_A$
pK_A	A 类位点质子解离的本征平衡常数［式（5-27）］	通过拟合滴定数据得出
pK_B	B 类位点质子解离的本征平衡常数［式（5-28）］	通过拟合滴定数据得出

参数	描　述	数　值
ΔpK_A	修正 pK_A 的分布项[式(5-27)]	通过拟合滴定数据得出
ΔpK_B	修正 pK_B 的分布项[式(5-28)]	通过拟合滴定数据得出
$\lg K_{MA}$	金属离子与 A 类位点结合的本征平衡常数[式(5-30)]	通过拟合配位曲线得出
$\lg K_{MB}$	金属离子与 B 类位点结合的本征平衡常数[式(5-31)]	$\lg K_{MB} = 3.39 \cdot \lg K_{MA} - 1.15$
ΔLK_1	修正 $\lg K_{MA}$ 的分布项[式(5-30)]和式(5-31)]	2.8
ΔLK_2	修正双齿及三齿位点的强度的分布项[式(5-32)和式(5-33)]	$\Delta LK_2 = 0.55 \cdot \lg K_{NH_3}$
P	静电参数[式(5-36)]	-330
K_{sel}	反离子积累的选择性系数[式(5-38)]	1
f_{prB}	可以形成双齿位点的质子位点的比例	0.42(FA)或 0.50(HA)
f_{prT}	可以形成三齿位点的质子位点的比例	0.03(FA)或 0.065(HA)
M	腐殖质分子量,FA 为 1 500,HA 为 15 000	见参考文献[154-155]
r	腐殖质分子半径,FA 为 0.8 nm,HA 为 1.72 nm	见参考文献[154-155]

与 NICA-Donnan 模型相似,由于参数较多,Model Ⅵ模型也可能存在多组参数均能够较好地拟合滴定和配位数据的情况。Tipping 等[156]采用一些方法限定了部分参数。例如,他们发现 $\lg K_{MB}$ 和 $\lg K_{MA}$ 存在 $\lg K_{MB} = 3.39\lg K_{MA} - 1.15$ 的线性关系,ΔLK_2 与金属离子-NH₃配合物的配位常数存在 $\Delta LK_2 = 0.55\lg K_{NH_3}$ 的线性关系。通过拟合大量实验数据,他们还求得 ΔLK_1 和 P 的平均值分别为 2.8 和 -330。这些经验性的关系及数值,减少了拟合实验数据时可调参数的个数。

采用 Model Ⅵ模型直接模拟腐殖质与次锕系核素配位的研究尚不多见。Peters 等[157]运用 Model Ⅵ模型成功解释了 Fe^{3+} 存在时 Am(Ⅲ)与 HA 的配位数据。Tipping 等[156]应用 Model Ⅵ,研究了天然水体中 Al(Ⅲ)和 Fe(Ⅲ)与腐殖质的配位作用,量化解释了微量的 Cu 和 Zn 存在下的竞争反应。通过对大量不同来源腐殖质的滴定曲线以及腐殖质与 Am(Ⅲ)、Cm(Ⅲ)、U(Ⅵ)的配位实验数据的拟合,Model Ⅵ给出了描述上述元素与腐殖质配位时的一般化参数[158]。

5.4.4　腐殖质对 Np 和 Am 吸附和运移/迁移的影响

腐殖质的存在,可以显著影响次锕系元素的吸附、扩散和迁移行为。在环境条件下,腐殖质对 Np 和 Am 的吸附与迁移可能有以下几个方面的影响:(1)腐殖质与 Np 和 Am 发生配位反应,改变其在液相中的种态分布;(2)腐殖质还原高氧化态的 Np;(3)腐殖质通过与矿物表面发生表面配位反应,或腐殖质因疏水作用包覆在矿物表面,从而改变矿物表面对 Np 和 Am 的吸附作用;(4)腐殖质与 Np 和 Am 在矿物表面生成三元表面配合物。

腐殖质被矿物表面吸附,会形成对放射性核素吸附能力更强的矿物-腐殖质复合体[159]。腐殖质与矿物表面的相互作用,存在配体交换、阴离子交换、疏水作用、熵效应、氢键作用、阳离子桥联等多种可能的机理。例如,叶远虑等[160]的研究认为,FA 主要通过配体交换反应被吸附在二氧化硅表面上。Wang 等[161]的研究认为,沉淀、配体交换和静电作用同时主导 HA 在北山花岗岩上的吸附。一般而言,腐殖质在矿物表面的吸附受溶液 pH 和离子强度的影响显著。pH 升高不利于腐殖质的吸附,吸附量随离子强度的增大而增强。此外,分子量大的疏水型 HA 比分子量小的亲水型 FA 更容易吸附在矿物表面上,吸附量随芳香碳含量的增加而增大,随 O/C 比值的减小而增大[162]。铝、铁氧化物对腐殖质的吸附能力最强,其次是黏土矿物,石英、长石等矿物对腐殖质的吸附能力最弱[163]。

腐殖质如何影响次锕系元素在矿物表面的吸附作用,pH 值是关键因素之一。一般而言,在低 pH 范围,腐殖质促进次锕系元素的吸附,但在高 pH 条件下对吸附有抑制作用。腐殖质对次锕系元素吸附的促进作用与生成表面三元配合物有关;腐殖质对吸附的抑制作用通常认为是由于在高 pH 条件下溶液相的腐殖质与次锕系元素的配位作用对吸附作用产生了强烈的竞争所致。例如,Kar 和 Tomar[164]研究了 HA 对 ^{244}Cm 在二氧化硅胶体上吸附的影响,发现 HA 在低 pH(pH < 5)条件下促进了 ^{244}Cm 的吸附,在高 pH(6.5~8.0)条件下则抑制 ^{244}Cm 的吸附。Jin 等[36]的研究结果表明,在 pH > 4 时,FA 抑制了 Am(Ⅲ)及其化学类似物 Eu(Ⅲ)在北山花岗岩上的吸附;2~20 mg/L 的 FA 的存在使 Am(Ⅲ)和 Eu(Ⅲ)在 pH~8.0 时的分配系数减小了约 2 个数量级。

腐殖质与次锕系元素在矿物表面形成的表面配合物的结构主要是通过 XPS、TRLFS、EXAFS 等手段得到的。Takahashi 等[159]通过 TRLFS 研究发现,在 pH = 7.3 时 Cm(Ⅲ)-FA 配合物是 Cm(Ⅲ)吸附在蒙脱石表面的主要物种。Janot 等[165]使用 TRLFS 研究了 HA 对 Am(Ⅲ)、Cm(Ⅲ)的化学类似物 Eu(Ⅲ)在氧化铝胶体上吸附的影响,结果发现 Eu(Ⅲ)、HA 与氧化铝胶体可形成三元表面配合物,当 HA 存在时 Eu(Ⅲ)总处在 HA 附近的环境中,证实了 HA 对氧化铝胶体吸附 Eu(Ⅲ)存在竞争作用。Niu 等[95]在宏观实验结果的基础上,采用 XPS、EXAFS 和 TRLFS 分别研究了固定化 HA 与溶解态 HA 影响 Eu(Ⅲ)吸附作用的机理,发现尽管 Al(OH)$_3$ 固定化 HA 和溶解态 HA 对 Eu(Ⅲ)吸附的宏观效应存在显著差异,但 Eu(Ⅲ)在两种吸附剂表面物种的种类是相同的。

腐殖质存在下次锕系元素的运移(transport)行为主要是通过柱实验法进行的。腐殖质存在下,次锕系元素的迁移/运移行为主要受腐殖质的含量、种类和分子量、次锕系元素的种类与浓度,以及固相介质的性质等因素的影响。Sakamoto 等[166]通过柱实验发现,不同分子量的腐殖质对 Np(Ⅴ)在花岗岩柱中的迁移具有不同的影响,分子量低于5 000 Da 的 FA 加快了 Np(Ⅴ)的迁移速率,而分子量为 30 000~100 000 Da 的 HA 则在一定程度上阻滞了 Np(Ⅴ)的迁移。De Regge 等[167]则发现,Np、Pu、Am 在黏土孔隙水中的迁移主要依赖于黏土的压实程度,与腐殖质的结合严重影响这些放射性元素的迁移速率。国内许多单位也开展了相关研究。例如,Liu 等[168]研究了腐殖质对 ^{237}Np、^{238}Pu和 ^{241}Am 在黄土中迁移的影响,发现腐殖质加快了 ^{237}Np 和 ^{238}Pu 的迁移,但腐殖质对^{241}Am 的迁移没有明显影响。王旭东等[169]的研究表明,浓度为 10 mg/L 的 HA 明显加快了 ^{237}Np 在石英砂柱中的迁移速率;没有 HA 存在时 ^{237}Np 在石英砂柱中的滞留分数明显高于 HA 存在时的滞留分数,且滞留分数随着 HA 浓度的升高而降低。Yang等[170, 171]研究了 HA 共存时,水合氧化铝胶体对 U(Ⅵ)在饱和石英砂柱以及北山花岗岩颗粒柱中的运移,结果显示,HA 浓度是影响水合氧化铝胶体及 U(Ⅵ)运移的关键因素,低浓度 HA 并不改变水合氧化铝胶体对 U(Ⅵ)的滞留作用,而高浓度 HA 会则显著促进水合氧化铝及 U(Ⅵ)的运移。

5.5　在地下实验室条件下 Np 和 Am 的迁移行为

在开展与高放废物地质处置库有关的研究和开发过程中,通常需要建造地下实验室(underground research laboratory,URL)并开展 URL 条件下的实验。建造和运行地下实验室的目的包括:进一步研究预选场址的可行性,开展场址特性研究,对普通实验室研究结果进行“现场”验证,通过现场试验完善处置技术等[172]。地下实验室分为普通地下实验室和特定场址地下实验室两类。前者是为了现场研究而建设的纯粹的实验室,后者则被考虑将会扩大并改建为真正用于处置高放废物的处置库。

开展处置化学研究是建造高放废物地下实验室的中心目的之一。URL 条件下的处置化学研究主要包括:① 地下围岩、地下水和裂隙填充物的特性研究;② 废物固化体在处置条件下的稳定性研究,固化体中放射性核素的浸出研究,废物容器的腐蚀研究,废物容器-回填材料-地下水耦合反应性研究;③ 现场条件下关键放射性核素在缓冲/回填材料、围岩上的吸附、解吸和扩散行为研究;④ 现场条件下胶体对放射性核素迁移的影响研究,现场条件下的示踪实验研究等。

西方国家已经利用建成的用于高放废物地质处置研究的地下实验室,开展了包括次锕系元素在内的代表性放射性核素的处置化学研究。这里仅简要介绍 3 个欧洲的地下实验室(瑞典 ÄsPö、瑞士 Grimsel、比利时 Mol)开展的次锕系元素处置化学方面的研究概况。

5.5.1 瑞典阿斯坡(ÄsPö)地下实验室

阿斯坡地下实验室位于瑞典东海岸 Oskarshamn 核电站附近的 ÄsPö 小岛上,其地下部分建在离地表约 500 m 深处;基岩为花岗岩,主要组成矿物是石英、微斜长石和钠长石;其地下水温度为 12.8 ℃,氧浓度为 0.1 mg/L,氧化还原电势为 112 mV,pH 为 7.5,电导率为 4.0 mS/cm。在 ÄsPö 地下实验室,Vejmelka 等[173]系统地研究了 Np、Pu、Am 在裂隙填充物上的吸附以及在花岗岩裂隙中的迁移行为。

(1)开展了批式实验。研究了无氧条件下、液固比为 4 mL/g 时,Pu、Am 和 Np 在裂隙填充物上的吸附。地下水与固相接触 3 周后,用 450 nm 的滤膜将上清液与固相分离。将上清液与放射性核素储备液 I 混合,得到放射性核素储备液 II。储备液 II 中 3 种放射性核素及其浓度分别为 ^{238}Pu(5×10^{-9} mol/L)、^{241}Am(1×10^{-9} mol/L)、^{237}Np(1×10^{-5} mol/L)。将放射性核素储备液 II 与预处理得到的固相混合,监测上清液中放射性核素的浓度随时间的变化,直到最终基本不变为止。研究发现,放射性储备液 II 中 3 种放射性核素的浓度基本不随时间发生变化,而与裂隙填充物接触的上清液中,3 种放射性核素的浓度随时间逐渐下降,直到最终达到平衡。

(2)开展了柱实验研究。研究了 Np(Ⅴ)和惰性示踪剂氚的迁移行为。用颗粒尺寸小于 1 mm 的裂隙填充物装柱,柱长为 10 cm,内径为 1 cm,孔隙率为 22.7%;先用地下水预平衡两周。柱实验在 Ar + 1%CO₂ 的气氛中进行,pH 为 7.0,氧化还原电位为 200~300 mV。结果表明,Np 的迁移速率比氚的略小,滞留因子约为氚的 2 倍;与水相比,Np 的流出仅推迟了约一个孔隙体积,Np 的回收率高达 95%。

(3)开展了裂隙迁移实验研究。将连续的断裂岩芯封装在不锈钢套管中,外围填充环氧树脂,上下底用丙烯酸玻璃封闭,玻璃上留有小孔以使液体可以顺利流过,裂隙的孔隙体积约为 0.7 mL。用该装置研究了 ^{244}Pu、^{237}Np 和 ^{243}Am 的迁移行为；流速设为 0.05 mL/min，流出液中放射性核素的浓度由 α 能谱仪和 ICP‐MS 测量。研究结果表明，Np 的迁移比氚的慢，流出液体积为 3~4 mL 时，Np 的穿透曲线达到了峰值，而氚只需要 0.7 mL；^{237}Np 的回收率约为 10%，^{243}Am 和 ^{244}Pu 的回收率均不足 1%；尽管保留时间较短，3 种放射性核素特别是 ^{243}Am 和 ^{244}Pu 仅有少部分穿透裂隙。当流速降低至 3~5 mL/d 时，流出液体积为 11 mL 时 ^{237}Np 的穿透曲线仍没有达到峰值，说明低流速显著减缓了 ^{237}Np 在裂隙中的迁移。

（4）开展了 Am、Np 和 Pu 的溶解性研究。使用 EQ3/6 计算了不同 pH 时 Am、Np 和 Pu 的溶解度。Am(Ⅲ)在 ÄsPö 地下水中的溶解度在 10^{-10} mol/L 量级。pH<7 时，Am(Ⅲ)的溶解度主要由 $NaAm(CO_3)_2$ 的溶解度控制。在 pH = 7~9 时，溶解度由固体 $NaAm(CO_3)_2$ 控制[Am(Ⅲ)与 OH^- 和 CO_3^{2-} 的配位被考虑在内]。pH>9 时，溶解度控制相为 $Am(OH)_3$。

Np 的溶解度与其氧化态密切相关，因此需要考虑 Np(Ⅴ)和 Np(Ⅳ)两种氧化态。Np(Ⅴ)在 ÄsPö 地下水中的溶解度较高，并且与 pH 紧密相关。Np(Ⅴ)的溶解度为 10^{-6}~10^{-2} mol/L，在计算中忽略了 Np(Ⅴ)与 OH^- 和 CO_3^{2-} 的配位。Np(Ⅳ)的溶解度在 10^{-8} mol/L(pH 6~12)的量级。

Pu(Ⅳ)在 ÄsPö 地下水中被认为是稳定的。Pu 溶解度的计算只考虑了 Pu(Ⅳ)一种氧化态，在 ÄsPö 地下水中，Pu(Ⅳ)的溶解度为 10^{-10}~10^{-8} mol/L。pH<9 时，Pu(Ⅳ)的溶解度由 Pu(Ⅳ)的羟基-碳酸盐物种控制。pH>9 时，Pu(Ⅳ)的水解逐渐起主导作用。

Widestrand 等[174]在 ÄsPö 地下实验室的单个裂隙中进行了 5 m 尺度的示踪运移实验，获得了荧光素钠、HTO、$^{22}Na^+$、$^{42}K^+$、$^{47}Ca^{2+}$、$^{58}Co^{2+}$、$^{82}Br^-$、$^{85}Sr^{2+}$、$^{86}Rb^+$、^{99m}Tc(没有穿透)、$^{131}I^-$、$^{131,133}Ba^{2+}$ 和 $^{134,137}Cs^+$ 的迁移曲线。现场实验持续了 1.5 年，单次实验时间达 10 000 h。在不受干扰的化学条件下，示踪剂的浓度从注入取样跨越了 7 个数量级。原位实验得到的相对滞留顺序为 Na<Ca≈Sr<K<Ba≈Rb<Co≈Cs，这与在实验室用碎石材料得到的吸附系数的顺序相同。

5.5.2　瑞士格里姆瑟尔（Grimsel）地下实验室

瑞士 Grimsel 地下实验室位于瑞士北部，地下基岩由 Grimsel 花岗闪长岩和中央阿勒河(Aare)花岗岩组成。在近闪长岩一侧,花岗岩富含黑云母[175]。Degueldre 等[176]采集了 Grimsel 地下水,用超滤膜提取了其中的胶体,并进行了表征,发现 Grimsel 地下水中的胶体是由硅酸盐和有机颗粒组成的复合胶体。胶体中无机部分含有 Si、Ca、Mg、Sr、Ba、Fe 和 S 元素。1983 年春季在建造 Grimsel 试验点(GTS)时,花岗岩裂隙水流向试验场迁移区,到了 1986 年 8 月研究活动开始,体系达到稳定状态,胶体浓度为每升 10^{10} 个颗粒。无机胶体可能主要来自脆性材料的机械粉碎过程,水的移动和小的地壳运动导致的侵蚀作用也可产生胶体。岩石表面的微生物活动产生了少量的可迁移的有机物胶体(细菌、腐殖质等)。Möri 等[177]在 GTS 进行了胶体和放射性核素的阻滞实验,旨在研究膨润土胶体对锕系元素和裂变产物迁移的影响。结果表明,膨润土胶体显著促进了 Am(Ⅲ)和 Pu(Ⅳ)的迁移。不存在膨润土胶体时,Am 和 Pu 的回收率为 20%~30%;而存在膨润土胶体时,Am 和 Pu 的回收率高达 60%~80%。

Gillow 等[178]表征了 Culebra 和 GTS 地下水中的微生物种群,并研究了 U 和 Pu 在两种地下水中所提取的微生物上的吸附。Culebra 地下水(离子强度 2.8 mol/L,pH = 7.0)每毫升含有 $(1.51 \pm 1.08) \times 10^5$ 个微生物,微生物的平均长度为 (0.75 ± 0.04) μm、宽度为 (0.58 ± 0.02) μm。GTS 地下水(离子强度 0.001 mol/L,pH = 10)每毫升含有 $(3.97 \pm 0.37) \times 10^3$ 个微生物,其平均长度为 (1.50 ± 0.14) μm,宽度为 (0.37 ± 0.01) μm。在地下水中添加合适的电子给体和受体,可以促进好氧、反硝化、发酵和醋酸微生物的生长。他们研究了 U 在经过琥珀酸盐和硝酸盐处理的 Culebra 地下水中分离出来的纯培养物(CDn)、GTS 地下水中分离出来的醋酸杆菌属以及各种嗜盐菌和非嗜盐菌上的吸附,发现 pH = 5.0 时,CDn[$(0.90 \pm 0.02) \times 10^8$ 细胞/mL]可以吸附 32% 的 U[干燥细胞:(180 ± 10) mg U/g],醋酸杆菌属[$(3.55 \pm 0.11) \times 10^8$ 细胞/mL]可以吸附 21% 的 U[干燥细胞:(70 ± 2) mg U/g]。其他的培养物可以吸附更多的 U,特别是盐生盐杆菌可以吸附 90% 的 U。pH = 5.0 时,仅仅有一小部分 Pu 吸附在了醋酸杆菌上,这与 pH 为 6.0 和 8.0 时 Pu 在嗜盐菌上的吸附类似,吸附百分数为 2.5%~9%,最大吸附量为 145 pg Pu/mg 干燥细胞。Culebra 和 GTS 地下水中微生物菌体的尺寸都属于胶体的范围。此外,他们还研究了细胞的形状和尺寸对其在石英砂柱中迁移的影响,发现流出液中细胞的平均长度变短(流入液为 1 μm,流出液为 0.5~0.7 μm),流出液中球形的细胞比流入液中多,说明细胞形状是控制迁移的重要因素。Culebra 地下水中提取的细胞是球形的,而 Grimsel 地下水中提取的细胞是细长的,因此更容易黏附在岩石的表面。

Quinto 等[179]应用加速器质谱研究了胶体的存在对 GTS 放射性核素示踪实验的影响。注入锕系元素和膨润土胶体之后,监测流出液中 Np(Ⅴ)、Pu(Ⅳ)、Am(Ⅲ)和U(Ⅵ)

的浓度随时间的变化(穿透曲线)。发现^{237}Np、^{242}Pu、^{243}Am 穿透曲线峰后面的部分明显小于峰前面的部分,^{233}U 与其他 3 种放射性核素的峰形相反,峰后面的部分比峰前面的部分大。曲线形状的不同说明,Pu(Ⅳ)和 Am(Ⅲ)优先与膨润土胶体结合,从裂隙解吸下来,而 Np(Ⅴ)和 U(Ⅵ)则倾向于以非胶体的形式存在。Np 穿透曲线的形状可以理解为 Np(Ⅴ)部分还原为 Np(Ⅳ)而被吸附或沉淀,也可解释为结合在膨润土胶体上的 Np(Ⅴ)发生了部分解吸。Hu 和 Möri[180]利用激光烧蚀-电感耦合等离子体质谱联用技术,获得了^{237}Np 在 Grimsel 现场花岗岩裂隙中的扩散分布图,发现^{237}Np 在流通道和围岩内都有分布。放射性核素的阻滞发生在裂隙填充物和围岩的糜棱岩上。在 60 天的现场扩散试验中,^{237}Np 在花岗岩基质中的最大渗透达到 10 mm,说明基质扩散在阻滞放射性核素迁移方面有重要作用。此外,由于糜棱岩较强的吸附性能,锕系元素在糜棱岩中的扩散小于在花岗岩基质中的。

5.5.3 比利时摩尔（Mol）地下实验室

摩尔地下实验室位于比利时东北部核能研究中心,距离布鲁塞尔仅 80 km;Mol 也是比利时放射性废物处置库的预选场地,计划用来处置中放和高放废物。Valcke 等[181]研究了 Np、Pu 和 Am 从 SON68 玻璃试样中的浸出,以及在 3 种压实黏土中的迁移。放射性玻璃试样包含质量分数为 0.85% 的^{237}NpO$_2$（0.22 MBq/g ^{237}Np）,$^{238\sim242}$PuO$_2$（27 MBq/g $^{239/240}$Pu）或^{241}Am$_2$O$_3$（1 GBq/g ^{241}Am）。3 种回填材料分别是干燥的 Boom 黏土,混合了石英砂和石墨的钙基膨润土,以及掺杂了 SON68 玻璃粉末的钙基膨润土。添加玻璃粉末的目的是提高回填材料中玻璃主要成分(Si、Al、B、Na、Ca、Zr、Li 和 Zn)的浓度,降低这些元素在玻璃与回填材料之间的化学势差异,从而降低玻璃的溶解速率。在钙基膨润土中掺入玻璃粉末后,玻璃的蚀变率降低了 2 个数量级;与在干燥 Boom 黏土中的浸出量相比,放射性核素的浸出也显著减少。因此,掺杂了玻璃粉末的钙基膨润土可能是更好的回填材料。Np、Pu、Am 选择性地滞留在蚀变层中,但 Np 的滞留程度低于 Pu 和 Am 的。实验选择的 3 种回填材料都能有效抑制放射性核素的迁移。Maes 等[182]研究了天然有机物对^{241}Am 在 Boom 黏土中迁移行为的影响,发现溶解的有机物促进了^{241}Am 的迁移,部分 Am 能够与有机物形成稳定的配合物,并与有机物一起迁移超过 1 年时间。Van Laer 等在"Sorption studies on Boom Clay and clay minerals — status 2016"的报告中,总结了放射性核素在 Boom 黏土及其构成矿物伊利石和蒙脱石上的吸附。在 pH = 4～8 时，Am 在伊利石上的吸附能力很强（lg K_d≈6）。固液比的增大降低了 Am(Ⅲ)的分配系数，因为 Boom 黏土中可以分离出浓度很高的溶解态有机物，这些有机物可与 Am(Ⅲ)发生配位作用。此外，发现超滤可以增加 lg K_d，原因在于超滤除去了结合有 Am 的有机胶体。他们还使用真实 Boom 黏土环境中的水（RBCW）及合成的模拟水溶液（SBCW），测定了 Am 在 Boom 黏土上的吸附等温线，探讨了溶解有机物对 Am 吸附的影响[55,183]。此外，发现 Eu 在伊利石上的吸附 K_d 与 Am 相近（pH＞6 时，lg K_d≈5.5），无机碳的存在降低了 Eu 在伊利石上的吸附（lg K_d≈4），有机碳的作用更为明显（lg K_d = 2.5～3.5）。Eu 在 Boom 黏土上的吸附较少（lg K_d = 1～3）[184-185]。Henrion 等[185]研究了 Np(Ⅳ)在 Boom 黏土上的吸附。吸附达到平衡后，分别用超滤和高速离心分离固液两相，发现超滤分离比高速离心分离得到的分配系数（K_d）更大。这是因为超滤可以从溶液中滤掉胡敏酸（HA），结合在 HA 上的 Np(Ⅳ)也被一同除去了。通过研究氧气对吸附的影响，发现 Boom 黏土的部分氧化，促进了 Np(Ⅳ)的吸附（在无氧环境下为 209 L/kg，在空气中为 763 L/kg）。空气条件下 K_d 的增加是由于絮凝导致了悬浮液中 HA 浓度的减少。他们还研究了 Np 与其他放射性核素的竞争吸附，发现 Eu（10^{-5} mol/L）或 U（10^{-6} mol/L）的存在对 Np 的吸附没有影响。

Dierckx 等[186]研究了 U(Ⅵ)在 Boom 黏土上的吸附，发现随着接触时间和固液比（20～200 g/L）的增加，U(Ⅵ)在 Boom 黏土上的吸附逐渐增加。固液比为 200 g/L、接触时间为 20 天时得到的最大分配系数为 170 L/kg。

根据计算，Pu(Ⅲ)/Pu(Ⅳ)是 Boom 黏土条件下的主要氧化态，单核的 Pu(Ⅲ)-碳酸盐配合物 Pu$(CO_3)_3^{2-}$ 和 Pu$(CO_3)_2^{-}$ 是 Pu 在 Boom 黏土条件下的主要物种。Henrion 等[185]研究了 Pu 在 Boom 黏土上的吸附，发现相分离程度对 K_d 有很大影响。K_d 随着相分离程度的增加而增加，说明了 Pu 胶体的存在。使用高速离心分离时，悬浮在上清液中的胶体，使离心分离得到的 K_d 比超滤分离的小。

5.6 本章小结与展望

作为环境放射化学最关注的放射性元素，Np 和 Am 在环境中常见矿物上的吸附，在环境介质中的扩散行为，与环境有机质特别是腐殖质的相互作用，以及在地下实验室条件下的吸附、扩散和迁移行为,均已被广泛关注并得到了一定程度的研究。人们已经建立了一些可以定量描述溶解态 Np 和 Am 在部分矿物上吸附性的表面配位模型,建立了 Np 和 Am 与腐殖质配位性的"高级"模型。

由于环境样品的多样性和复杂性,很难说人们已经完全理解了 Np 和 Am 的环境行为。就目前存在的问题和面临的挑战而言,尚存在一些明显研究不足的方面。这些方面至少包括:① 尚未完全解决腐殖质存在下,Np、Am 等放射性核素吸附行为的定量描述问题;② Np 和 Am 的扩散行为研究不充分;③ 胶体态 Np、Am 等的环境行为研究依然很少见;④ 与我国高放废物地质处置库建设和安全评价直接关联的 Np、Am 吸附、扩散和迁移研究亟待加强。

参考文献

［1］ Goldberg S. Use of surface complexation models in soil chemical systems［J］. Advances in Agronomy，1992，47：233－329.

［2］ van Riemsdijk W H，Hiemstra T. Chapter 8. The CD‐MUSIC model as a framework for interpreting ion adsorption on metal（hydr）oxide surfaces［M］// Lützenkirchen J. Interface Science and Technology. Amsterdam：Elsevier，2006：251－268.

［3］ Rabung T，Geckeis H，Kim J I，et al. Sorption of Eu（Ⅲ）on a natural hematite：Application of a surface complexation model［J］. Journal of Colloid and Interface Science，1998，208（1）：153－161.

［4］ Rabung T，Stumpf T，Geckeis H，et al. Sorption of Am（Ⅲ）and Eu（Ⅲ）onto γ‐alumina：Experiment and modelling［J］. Radiochimica Acta，2000，88（9/10/11）：711－716.

［5］ Yang C L，Powell B A，Zhang S D，et al. Surface complexation modeling of neptunium（Ⅴ）sorption to lepidocrocite（γ‐FeOOH）［J］. Radiochimica Acta，2015，103（10）：707－717.

［6］ Virtanen S，Bok F，Ikeda-Ohno A，et al. The specific sorption of Np（Ⅴ）on the corundum（α‐Al$_2$O$_3$）surface in the presence of trivalent lanthanides Eu（Ⅲ）and Gd（Ⅲ）：A batch sorption and XAS study［J］. Journal of Colloid and Interface Science，2016，483：334－342.

［7］ Naveau A，Monteil-Rivera F，Dumonceau J，et al. Sorption of europium on a goethite surface：Influence of background electrolyte［J］. Journal of Contaminant Hydrology，2005，77（1/2）：1－16.

［8］ Guo Z，Su H Y，Wu W S. Sorption and desorption of uranium（Ⅵ）on silica：Experimental and modeling studies［J］. Radiochimica Acta，2009，97（3）：133－140.

［9］ Guo Z，Wang S R，Shi K L，et al. Experimental and modeling studies of Eu（Ⅲ）sorption on TiO$_2$［J］. Radiochimica Acta，2009，97（6）：283－289.

［10］ Guo Z J，Yan C，Xu J，et al. Sorption of U（Ⅵ）and phosphate on γ‐alumina：Binary and ternary sorption systems［J］. Colloids and Surfaces A：Physicochemical and Engineering Aspects，2009，336（1/2/3）：123－129.

［11］ Guo Z，Xu J，Shi K，Tang Y，Wu W，Tao Z. Eu（Ⅲ）adsorption/desorption on Na-bentonite：

Experimental and modeling studies[J]. Colloids and Surfaces A: Physicochemical and Engineering Aspects, 2009, 339(1 - 3): 126 - 133.

[12] Guo Z J, Li Y, Wu W S. Sorption of U(Ⅵ) on goethite: Effects of pH, ionic strength, phosphate, carbonate and fulvic acid[J]. Applied Radiation and Isotopes, 2009, 67(6): 996 - 1000.

[13] Gaines G L, Thomas H C. Adsorption studies on clay minerals. II. A formulation of the thermodynamics of exchange adsorption[J]. The Journal of Chemical Physics, 1953, 21(4): 714 - 718.

[14] Bradbury M H, Baeyens B. A mechanistic description of Ni and Zn sorption on Na-montmorillonite Part II: Modelling[J]. Journal of Contaminant Hydrology, 1997, 27(3/4): 223 - 248.

[15] Bradbury M H, Baeyens B. Sorption modelling on illite Part I: Titration measurements and the sorption of Ni, Co, Eu and Sn[J]. Geochimica et Cosmochimica Acta, 2009, 73(4): 990 - 1003.

[16] Bradbury M H, Baeyens B. Experimental and modelling studies on the pH buffering of MX - 80 bentonite porewater[J]. Applied Geochemistry, 2009, 24(3): 419 - 425.

[17] Bradbury M H, Baeyens B. Experimental measurements and modeling of sorption competition on montmorillonite[J]. Geochimica et Cosmochimica Acta, 2005, 69(17): 4187 - 4197.

[18] Kraepiel A M L, Keller K, Morel F M M. On the acid-base chemistry of permanently charged minerals[J]. Environmental Science & Technology, 1998, 32(19): 2829 - 2838.

[19] Tertre E, Castet S, Berger G, et al. Surface chemistry of kaolinite and Na-montmorillonite in aqueous electrolyte solutions at 25 and 60 ℃: Experimental and modeling study[J]. Geochimica et Cosmochimica Acta, 2006, 70(18): 4579 - 4599.

[20] Chen Z Y, Jin Q, Guo Z J, et al. Surface complexation modeling of Eu(Ⅲ) and phosphate on Na-bentonite: Binary and ternary adsorption systems[J]. Chemical Engineering Journal, 2014, 256: 61 - 68.

[21] 杨子谦.U(Ⅵ)和 Th(Ⅳ)在金川膨润土上的吸附[D].兰州：兰州大学,2010.

[22] 刘福强,叶远虑,郭宁,等.Eu(Ⅲ)在 Na 基高庙子膨润土上的吸附作用：实验和构模研究[J].中国科学：化学,2013,43(2)：242 - 252.

[23] Ma F, Jin Q, Li P, et al. Experimental and modelling approaches to Am(Ⅲ) and Np(Ⅴ) adsorption on the Maoming kaolinite[J]. Applied Geochemistry, 2017, 84: 325 - 336.

[24] 马锋.Np(Ⅴ)、Am(Ⅲ)、Cs(Ⅰ)在钠基高岭土和钠基伊利石上的吸附行为研究[D].兰州：兰州大学,2017.

[25] Nebelung C, Brendler V. U(Ⅵ) sorption on granite: Prediction and experiments[J]. Radiochimica Acta, 2010, 98(9/10/11): 621 - 625.

[26] Dong W M, Tokunaga T K, Davis J A, et al. Uranium(Ⅵ) adsorption and surface complexation modeling onto background sediments from the F - area savannah river site[J]. Environmental Science & Technology, 2012, 46(3): 1565 - 1571.

[27] Coutelot F M, Seaman J C, Baker M. Uranium(Ⅵ) adsorption and surface complexation modeling onto vadose sediments from the Savannah River Site[J]. Environmental Earth Sciences, 2018, 77(4): 148.

[28] Bradbury M H, Baeyens B. Predictive sorption modelling of Ni(Ⅱ), Co(Ⅱ), Eu(Ⅱ), Th(Ⅳ) and U(Ⅵ) on MX - 80 bentonite and Opalinus Clay: A "bottom-up" approach[J]. Applied Clay Science, 2011, 52(1/2): 27 - 33.

[29] Bruggeman C, Liu D J, Maes N. Influence of Boom Clay organic matter on the adsorption of Eu^{3+} by illite-geochemical modelling using the component additivity approach[J]. Radiochimica

Acta，2010，98(9/10/11)：597－605.

[30] Ding M，Kelkar S，Meijer A. Surface complexation modeling of americium sorption onto volcanic tuff[J]. Journal of Environmental Radioactivity，2014，136：181－187.

[31] Davis J A，Coston J A，Kent D B，et al. Application of the surface complexation concept to complex mineral assemblages[J]. Environmental Science & Technology，1998，32(19)：2820－2828.

[32] Davis J A，Kent D B. Chapter 5. surface complexation modeling in aqueous geochemistry[M]// Michael F，Art F. Mineral-Water Interface Geochemistry. Boston：De Gruyter，1990：177－260.

[33] Davis J A，Meece D E，Kohler M，et al. Approaches to surface complexation modeling of Uranium(Ⅵ) adsorption on aquifer sediments[J]. Geochimica et Cosmochimica Acta，2004，68(18)：3621－3641.

[34] Tertre E，Hofmann A，Berger G. Rare earth element sorption by basaltic rock：Experimental data and modeling results using the "Generalised Composite approach"[J]. Geochimica et Cosmochimica Acta，2008，72(4)：1043－1056.

[35] 郭治军，陈宗元，吴王锁，等.Eu(Ⅲ)在北山花岗岩上的吸附作用[J].中国科学：化学，2011，41(5)：907－913.

[36] Jin Q，Wang G，Ge M T，et al. The adsorption of Eu(Ⅲ) and Am(Ⅲ) on Beishan granite：XPS，EPMA，batch and modeling study[J]. Applied Geochemistry，2014，47：17－24.

[37] Jin Q，Su L，Montavon G，et al. Surface complexation modeling of U(Ⅵ) adsorption on granite at ambient/elevated temperature：Experimental and XPS study[J]. Chemical Geology，2016，433：81－91.

[38] Moulin V，Stammose D，Ouzounian G. Actinide sorption at oxide-water interfaces：Application to α alumina and amorphous silica[J]. Applied Geochemistry，1992，7：163－166.

[39] Buda R，Banik N L，Kratz J V，et al. Studies of the ternary systems humic substances — kaolinite — Pu(Ⅲ) and Pu(Ⅳ)[J]. Radiochimica Acta，2008，96(9/10/11)：657－665.

[40] Křepelová A，Sachs S，Bernhard G. Influence of humic acid on the Am(Ⅲ) sorption onto kaolinite[J]. Radiochimica Acta，2011，99(5)：253－260.

[41] Lee M H，Jung E C，Song K，et al. The influence of humic acid on the pH-dependent sorption of americium(Ⅲ) onto kaolinite[J]. Journal of Radioanalytical and Nuclear Chemistry，2011，287(2)：639－645.

[42] Samadfam M，Jintoku T，Sato S，et al. Effects of humic acid on the sorption of Am(Ⅲ) and Cm(Ⅲ) on kaolinite[J]. Radiochimica Acta，2000，88(9/10/11)：717－723.

[43] Takahashi Y，Minai Y，Kimura T，et al. Adsorption of europium(Ⅲ) and americium(Ⅲ) on kaolinite and montmorillonite in the presence of humic acid[J]. Journal of Radioanalytical and Nuclear Chemistry，1998，234(1/2)：277－282.

[44] Ticknor K V，Vilks P，Vandergraaf T T. The effect of fulvic acid on the sorption of actinides and fission products on granite and selected minerals[J]. Applied Geochemistry，1996，11(4)：555－565.

[45] Bradbury M H，Baeyens B. Modelling sorption data for the actinides Am(Ⅲ)，Np(Ⅴ) and Pa(Ⅴ) on montmorillonite[J]. Radiochimica Acta，2006，94(9/10/11)：619－625.

[46] Nagasaki S，Tanaka S，Suzuki A. Affinity of finely dispersed montmorillonite colloidal particles for americium and lanthanides[J]. Journal of Nuclear Materials，1997，244(1)：29－35.

[47] Kumar S，Pente A S，Bajpai R K，et al. Americium sorption on smectite-rich natural clay from granitic ground water[J]. Applied Geochemistry，2013，35：28－34.

[48] Nagasaki S，Tanaka S，Suzuki A. Colloid formation and sorption of americium in the water/

bentonite system[J]. Radiochimica Acta, 1994, 66/67(s1): 207－212.

[49] Nagasaki S, Ahn J, Tanaka S, et al. Sorption behavior of Np（Ⅳ）, Np（Ⅴ）and Am（Ⅲ）in the disturbed zone between engineered and natural barriers[J]. Journal of Radioanalytical and Nuclear Chemistry, 1996, 214(5): 381－389.

[50] Kozai N, Yamasaki S, Ohnuki T. Application of simplified desorption method to study on sorption of americium（Ⅲ）on bentonite[J]. Journal of Radioanalytical and Nuclear Chemistry, 2014, 299(3): 1571－1579.

[51] Iijima K, Shoji Y, Tomura T. Sorption behavior of americium onto bentonite colloid[J]. Radiochimica Acta, 2008, 96(9/10/11): 721－730.

[52] Murali M, Mathur J. Sorption characteristics of Am（Ⅲ）, Sr（Ⅱ）and Cs（Ⅰ）on bentonite and granite[J]. Journal of Radioanalytical and Nuclear Chemistry, 2002, 254(1): 129－136.

[53] Bradbury M H, Baeyens B. Sorption modelling on illite. Part Ⅱ: Actinide sorption and linear free energy relationships[J]. Geochimica et Cosmochimica Acta, 2009, 73(4): 1004－1013.

[54] Maes N, Aertsens M, Salah S, et al. Cs, Sr and Am retention on argillaceous host rocks: Comparison of data from batch sorption tests and diffusion experiments[M]. Belgian: Belgian Nuclear Research Centre, 2009.

[55] Degueldre C, Ulrich H J, Silby H. Sorption of ^{241}Am onto montmorillonite, illite and hematite colloids[J]. Radiochimica Acta, 1994, 65(3): 173－180.

[56] Kitamura A, Yamamoto T, Nishikawa S, et al. Sorption behavior of Am（Ⅲ）onto granite[J]. Journal of Radioanalytical and Nuclear Chemistry, 1999, 239(3): 449－453.

[57] Lee S G, Lee K Y, Cho S Y, et al. Sorption properties of ^{152}Eu and ^{241}Am in geological materials: Eu as an analogue for monitoring the Am behavior in heterogeneous geological environments[J]. Geosciences Journal, 2006, 10(2): 103－114.

[58] Baik M H, Cho W J, Hahn P S. Research papers: Effects of speciation and carbonate on the sorption of Eu（Ⅲ）onto granite[J]. Environmental Engineering Research, 2004, 9(4): 160－167.

[59] Snow M S, Zhao P H, Dai Z R, et al. Neptunium（Ⅴ）sorption to goethite at attomolar to micromolar concentrations[J]. Journal of Colloid and Interface Science, 2013, 390(1): 176－182.

[60] Baumer T, Hixon A E. Kinetics of neptunium sorption and desorption in the presence of aluminum (hydr)oxide minerals: Evidence for multi-step desorption at low pH[J]. Journal of Environmental Radioactivity, 2019, 205/206: 72－78.

[61] Amayri S, Jermolajev A, Reich T. Neptunium（Ⅴ）sorption on kaolinite[J]. Radiochimica Acta, 2011, 99(6): 349－357.

[62] Schmeide K, Bernhard, G. Sorption of Np（Ⅴ）and Np（Ⅳ）onto kaolinite: effects of pH, ionic strength, carbonate and humic acid. Applied Geochemistry, 2010, 25: 1238－1247.

[63] Niitsu Y, Sato S, Ohashi H, et al. Effects of humic acid on the sorption of neptunium（Ⅴ）on kaolinite[J]. Journal of Nuclear Materials, 1997, 248: 328－332.

[64] Mironenko M V, Malikov D A, Kulyako Y M, et al. Sorption of Np（Ⅴ）on kaolinite from solutions of MgCl$_2$ and CaCl$_2$[J]. Radiochemistry, 2006, 48(1): 62－68.

[65] Zavarin M, Powell B A, Bourbin M, et al. Np（Ⅴ）and Pu（Ⅴ）ion exchange and surface-mediated reduction mechanisms on montmorillonite[J]. Environmental Science & Technology, 2012, 46(5): 2692－2698.

[66] Benedicto A, Begg J D, Zhao P, et al. Effect of major cation water composition on the ion exchange of Np（Ⅴ）on montmorillonite: NpO$_2^+$－Na$^+$－K$^+$－Ca^{2+}－Mg^{2+} selectivity coefficients[J]. Applied Geochemistry, 2014, 47: 177－185.

[67] Turner D R, Pabalan R T. Neptunium（Ⅴ）sorption on montmorillonite: An experimental and

surface complexation modeling study[J]. Clays and Clay Minerals, 1998, 46(3): 256 - 269.

[68] Runde W, Conradson S D, Wes Efurd D, et al. Solubility and sorption of redox-sensitive radionuclides (Np, Pu) in J - 13 water from the *Yucca* Mountain site: Comparison between experiment and theory[J]. Applied Geochemistry, 2002, 17(6): 837 - 853.

[69] Mironenko M V, Malikov D A, Kulyako Y M, et al. Sorption of Np(Ⅴ) on montmorillonite from solutions of MgCl₂ and CaCl₂[J]. Radiochemistry, 2006, 48(1): 69 - 74.

[70] Kasar U M, Joshi A R, Patil S K. Controlled-potential coulometric studies on fluoride and sulphate complexes of neptunium(Ⅵ)[J]. Journal of Radioanalytical and Nuclear Chemistry, 1984, 81(1): 109 - 115.

[71] Aksoyoglu S, Burkart W, Goerlich W. Sorption of neptunium on clays [J]. Journal of Radioanalytical and Nuclear Chemistry, 1991, 149(1): 119 - 122.

[72] Kozai N, Ohnuki T, Muraoka S. Sorption characteristics of neptunium by sodium-smectite[J]. Journal of Nuclear Science and Technology, 1993, 30(11): 1153 - 1159.

[73] Nagasaki S, Tanaka S, Suzuki A. Geochemical behavior of actinides in high-level radioactive waste disposal[J]. Progress in Nuclear Energy, 1998, 32(1/2): 141 - 161.

[74] Nagasaki S, Tanaka S, Suzuki A. Sorption of neptunium on bentonite and its migration in geosphere[J]. Colloids and Surfaces A: Physicochemical and Engineering Aspects, 1999, 155(2/3): 137 - 143.

[75] Pratopo M I, Yamaguchi T, Moriyama H, et al. Sorption and colloidal behavior of Np(Ⅳ) in a bentonite-carbonate solution system[J]. Journal of Nuclear Science and Technology, 1993, 30(6): 560 - 566.

[76] Sabodina M N, Kalmykov S N, Sapozhnikov Y A, et al. Neptunium, plutonium and ¹³⁷Cs sorption by bentonite clays and their speciation in pore waters[J]. Journal of Radioanalytical and Nuclear Chemistry, 2006, 270(2): 349 - 355.

[77] Marsac R, lal Banik N, Lützenkirchen J, et al. Neptunium redox speciation at the illite surface [J]. Geochimica et Cosmochimica Acta, 2015, 152: 39 - 51.

[78] Banik N L, Marsac R, Lützenkirchen J, et al. Neptunium sorption and redox speciation at the illite surface under highly saline conditions[J]. Geochimica et Cosmochimica Acta, 2017, 215: 421 - 431.

[79] Hart K P, Payne T E, Robinson B J, et al. Neptunium uptake on boom clay-time dependence and association of Np with fine particles[J]. Radiochimica Acta, 1994, 66/67(s1): 19 - 22.

[80] Fröhlich D R, Amayri S, Drebert J, et al. Speciation of Np(Ⅴ) uptake by Opalinus Clay using synchrotron microbeam techniques[J]. Analytical and Bioanalytical Chemistry, 2012, 404(8): 2151 - 2162.

[81] Fröhlich D R, Amayri S, Drebert J, et al. Sorption of neptunium(Ⅴ) on Opalinus Clay under aerobic/anaerobic conditions[J]. Radiochimica Acta, 2011, 99(2): 71 - 77.

[82] Fröhlich D R, Amayri S, Drebert J, et al. Influence of temperature and background electrolyte on the sorption of neptunium(Ⅴ) on Opalinus Clay[J]. Applied Clay Science, 2012, 69: 43 - 49.

[83] 曾继述, 夏德迎. ²³⁷Np, ²³⁹Pu, ²⁴¹Am 在膨润土和矿物上的吸附[J]. 核化学与放射化学, 1992, 14(1): 49 - 52.

[84] 安永锋, 李书绅, 李伟娟, 等. 中国黄土对²⁴¹Am 吸附特性的实验研究[J]. 辐射防护, 2003, 23(6): 372 - 377.

[85] 刘期凤, 廖家莉, 张东, 等. 包气带土壤对 Eu(Ⅲ)的吸附[J]. 核化学与放射化学, 2005, 27(4): 210 - 215.

[86] 章英杰, 冯孝贵, 梁俊福, 等. Am(Ⅲ)在 Al₂O₃和石英上的吸附行为[J]. 核化学与放射化学, 2009, 31

(2)：72 - 78.

[87] 章英杰,冯孝贵,梁俊福,等.Am(Ⅲ)在花岗岩上的吸附行为[J].原子能科学技术,2009,43(3)：215 - 220.

[88] 章英杰,冯孝贵,梁俊福,等.Am(Ⅲ)在铁氧化物上的吸附行为[J].核化学与放射化学,2009,31(1)：10 - 15.

[89] 周舵,龙浩骑,贯鸿志.2009.Am 在花岗岩上的吸附.核科学技术,391 - 392.

[90] Tan X L，Fan Q H，Wang X K，et al. Eu(Ⅲ) sorption to TiO₂(anatase and rutile)：Batch，XPS，and EXAFS studies[J]. Environmental Science & Technology，2009，43(9)：3115 - 3121.

[91] Chen C L，Yang X，Wei J，et al. Eu(Ⅲ) uptake on rectorite in the presence of humic acid：A macroscopic and spectroscopic study[J]. Journal of Colloid and Interface Science，2013，393：249 - 256.

[92] Tao Z Y，Li W J，Zhang F M，et al. Adsorption of Am(Ⅲ) on red earth and natural hematite[J]. Journal of Radioanalytical and Nuclear Chemistry，2006，268(3)：563 - 568.

[93] 丁国清,张茂林,吴王锁.几种有机物对 Al₂O₃ 吸附 Eu(Ⅲ)和 Am(Ⅲ)的影响[J].核化学与放射化学,2006,28(4)：240 - 243.

[94] 张茂林.Am(Ⅲ)和 Eu(Ⅲ)在凹凸棒石及氧化铝上的吸附行为研究[D].兰州：兰州大学,2008.

[95] Niu Z L，Ohnuki T，Simoni E，et al. Effects of dissolved and fixed humic acid on Eu(Ⅲ)/Yb(Ⅲ) adsorption on aluminum hydroxide：A batch and spectroscopic study[J]. Chemical Engineering Journal，2018，351：203 - 209.

[96] 于涛.Eu(Ⅲ)和 Am(Ⅲ)在红壤及膨润土上的吸附行为研究[D].兰州：兰州大学,2012.

[97] Jin Q，Wang G，Ge M T，et al. The adsorption of Eu(Ⅲ) and Am(Ⅲ) on Beishan granite：XPS，EPMA，batch and modeling study[J]. Applied Geochemistry，2014，47：17 - 24.

[98] 李平.Eu(Ⅲ)、Th(Ⅳ)、U(Ⅵ)在铁氧化物及 Np(Ⅴ)在钠基膨润土上的吸附行为研究[D].兰州：兰州大学,2015.

[99] 马锋,靳强,高鹏元,等.Np(Ⅴ)在漳州伊利石上吸附作用的实验及建模研究[J].原子能科学技术,2017,51(5)：790 - 797.

[100] 王波,刘德军,姚军,等.激光光谱法研究水溶液中超铀核素化学形态现状[J].辐射防护,2007,27(4)：241 - 250.

[101] Ha J，Trainor T P，Farges F，et al. Interaction of Zn(Ⅱ) with hematite nanoparticles and microparticles：Part 2. ATR - FTIR and EXAFS study of the aqueous Zn(Ⅱ)/oxalate/hematite ternary system[J]. Langmuir：the ACS Journal of Surfaces and Colloids，2009，25(10)：5586 - 5593.

[102] Lefèvre G. In situ Fourier-transform infrared spectroscopy studies of inorganic ions adsorption on metal oxides and hydroxides[J]. Advances in Colloid and Interface Science，2004，107(2/3)：109 - 123.

[103] Van Loon L R，Soler J M，Bradbury M H. Diffusion of HTO，³⁶Cl⁻ and ¹²⁵I⁻ in Opalinus Clay samples from Mont Terri. Effect of confining pressure[J]. Journal of Contaminant Hydrology，2003，61(1/2/3/4)：73 - 83.

[104] Grambow B，Landesman C，Ribet S. Nuclear waste disposal：I. Laboratory simulation of repository properties[J]. Applied Geochemistry，2014，49：237 - 246.

[105] Shackelford C D，Moore S M. Fickian diffusion of radionuclides for engineered containment barriers：Diffusion coefficients，porosities，and complicating issues[J]. Engineering Geology，2013，152(1)：133 - 147.

[106] Neretnieks I. Diffusion in the rock matrix：An important factor in radionuclide retardation？[J]. Journal of Geophysical Research：Solid Earth，1980，85(B8)：4379 - 4397.

[107] Albinsson Y，Engkvist I. Diffusion of Am，Pu，U，Np，Cs，I and Tc in compacted sand-bentonite mixture[J]. Radioactive waste management and the nuclear fuel cycle，1991，15(4)：221 - 239.

[108] Albinsson Y，Christiansen-Sätmark B，Engkvist I，et al. Transport of actinides and Tc through a bentonite backfill containing small quantities of iron or copper[J]. Radiochimica Acta，1991，52/53(1)：283 - 286.

[109] Ahn J，Suzuki A. Diffusion of the ^{241}Am → ^{237}Np decay chain limited by their elemental solubilities in the artificial barriers of high-level radioactive waste repositories[J]. Nuclear Technology，1993，101(1)：79 - 91.

[110] Sawaguchi T，Yamaguchi T，Iida Y，et al. Diffusion of Cs，Np，Am and Co in compacted sand-bentonite mixtures：Evidence for surface diffusion of Cs cations[J]. Clay Minerals，2013，48(2)：411 - 422.

[111] Pope R，Powell B. Diffusion of Np(V) through a compact engineered clay barrier under repository conditions[C]// Washington：Abstracts of Papers of the American Chemical Society，2016，251.

[112] Wang X K，Montavon G，Grambow B. A new experimental design to investigate the concentration dependent diffusion of Eu(Ⅲ) in compacted bentonite [J]. Journal of Radioanalytical and Nuclear Chemistry，2003，257(2)：293 - 297.

[113] Wang X K，Chen Y X，Wu Y C. Diffusion of Eu(Ⅲ) in compacted bentonite — Effect of pH，solution concentration and humic acid[J]. Applied Radiation and Isotopes，2004，60(6)：963 - 969.

[114] 李兵,朱海军,廖家莉,等.腐殖质与铀和超铀元素相互作用的研究进展[J].化学研究与应用,2007,19(12):1289 - 1295.

[115] 陶祖贻,陆长青.核素迁移和腐殖酸[J].核化学与放射化学,1992,14(2):120 - 125.

[116] Bryan N D，Abrahamsen L，Evans N，et al. The effects of humic substances on the transport of radionuclides：Recent improvements in the prediction of behaviour and the understanding of mechanisms[J]. Applied Geochemistry，2012，27(2)：378 - 389.

[117] 王会,柴之芳,王东琪.腐殖酸与锕系金属离子相互作用的研究进展[J].无机化学学报,2014,30(1):37 - 52.

[118] Tiwari J，Ramanathan A，Bauddh K，Korstad J. Humic substances：Structure，function and benefits for agroecosystems — a review[J]. Pedosphere，2023，33(2)：237 - 249.

[119] 章英杰,赵欣,魏连生,等.Am(Ⅲ)与腐殖酸配位行为的研究[J].核化学与放射化学,1998,20(3):152 - 157.

[120] Müller K，Sasaki T. Complex formation of Np(V) with fulvic acid at tracer metal concentration [J]. Radiochimica Acta，2013，101：1 - 6.

[121] Kim J I，Sekine T. Complexation of neptunium(V) with humic acid[J]. Radiochimica Acta，1991，55(4)：187 - 192.

[122] Marquardt C，Kim J I. Complexation of Np(V) with fulvic acid[J]. Radiochimica Acta，1998，81(3)：143 - 148.

[123] Rao L F，Choppin，G R. Thermodynamic study of the complexation of neptunium(V) with humic acids[J]. Radiochimica Acta，1995，69(2)：87 - 96.

[124] Seibert A，Mansel A，Marquardt C M，et al. Complexation behaviour of neptunium with humic acid[J]. Radiochimica Acta，2001，89(8)：505 - 510.

[125] Marquardt C，Herrmann G，Trautmann N. Complexation of neptunium(V) with humic acids at very low metal concentrations[J]. Radiochimica Acta，1996，73(3)：119 - 126.

[126] Tochiyama O，Yoshino H，Kubota T，et al. Complex formation of Np(Ⅴ) with humic acid and polyacrylic acid[J]. Radiochimica Acta，2000，88(9/10/11)：547‑552.

[127] Buckau G，Kim J I，Klenze R，et al. A comparative spectroscopic study of the fulvate complexation of trivalent transuranium ions[J]. Radiochimica Acta，1992，57(2/3)：105‑112.

[128] Bidoglio G. et al. Complexation of Eu and Tb with fulvic acids as studied by time-resolved laser-induced fluorescence[J]. Talanta，1991，38(9)：999‑1008.

[129] Czerwinski K R，Buckau G，Scherbaum F，et al. Complexation of the uranyl ion with aquatic humic acid[J]. Radiochimica Acta，1994，65(2)：111‑120.

[130] Nagao S，Aoyama M，Watanabe A，et al. Complexation of Am with size-fractionated soil humic acids[J]. Colloids and Surfaces A：Physicochemical and Engineering Aspects，2009，347(1/2/3)：239‑244.

[131] Wall N A，Borkowski M，Chen J，et al. Complexation of americium with humic，fulvic and citric acids at high ionic strength[J]. Radiochimica Acta，2002，90(9/10/11)：563‑568.

[132] Schmeide K，Reich T，Sachs S，et al. Neptunium(Ⅳ) complexation by humic substances studied by X-ray absorption fine structure spectroscopy[J]. Radiochimica Acta，2005，93(4)：187‑196.

[133] Fröhlich D R，Skerencak-Frech A，Gast M，et al. Fulvic acid complexation of Eu(Ⅲ) and Cm(Ⅲ) at elevated temperatures studied by time-resolved laser fluorescence spectroscopy[J]. Dalton Transactions，2014，43(41)：15593‑15601.

[134] 史英霞，郭亮天.腐殖酸胶体对超铀核素存在形态的影响研究[J].核化学与放射化学,2003,25(1)：22‑25.

[135] Gustafsson，J. P. 2013. Visual MINTEQ version 3.1. http://vminteq.lwr.kth.se/ visual-minteq-ver-3-1/，KTH，Sweden.

[136] Gustafsson，J. P. Modeling the acid-base properties and metal complexation of humic substances with the Stockholm humic model[J]. Journal of Colloid and Interface Science，2001，244(1)：102‑112.

[137] Aeschbacher M，Vergari D，Schwarzenbach R P，et al. Electrochemical analysis of proton and electron transfer equilibria of the reducible moieties in humic acids[J]. Environmental Science & Technology，2011，45(19)：8385‑8394.

[138] 魏连生，赵燕菊，孔令琴，等.在模拟地下水中腐殖酸还原钚的行为研究[J].核化学与放射化学，1993,15(4)：234‑239.

[139] André C，Choppin G R. Reduction of Pu(Ⅴ) by humic acid[J]. Radiochimica Acta，2000，88(9/10/11)：613‑618.

[140] Schmeide K，Sachs S，Bernhard G. Np(Ⅴ) reduction by humic acid：Contribution of reduced sulfur functionalities to the redox behavior of humic acid[J]. The Science of the Total Environment，2012，419：116‑123.

[141] Shcherbina N S，Kalmykov St N，Perminova I V，et al. Reduction of actinides in higher oxidation states by hydroquinone-enriched humic derivatives[J]. Journal of Alloys and Compounds，2007，444/445：518‑521.

[142] Stevenson F J，Krastanov S A，Ardakani M S. Formation constants of Cu^{2+} complexes with humic and fulvic acids[J]. Geoderma，1973，9：129‑141.

[143] 杜金洲,高焕新,栾新福,等.电位滴定法研究巩县风化煤黄腐酸的解离与配位作用[J].核化学与放射化学,1994,16(3)：135‑141.

[144] 杜金洲,井琦,褚泰伟,等.大亚湾腐殖酸与铀酰的络合形成常数测定[J].辐射防护通讯,1994,14(4)：90‑93.

[145] 杨春文.腐殖质与Ca^{2+}、Mg^{2+}、Co^{2+}、Ni^{2+}的络合作用及其在农业中的应用[J].西北民族大学学

报(自然科学版),2003,24(3):67-73.

[146] Koopal L K, Saito T, Pinheiro J P, et al. Ion binding to natural organic matter: General considerations and the *NICA*-Donnan model[J]. Colloids and Surfaces A: Physicochemical and Engineering Aspects, 2005, 265(1/2/3): 40-54.

[147] Koopal L K, van Riemsdijk W H, de Wit J C M, et al. Analytical isotherm equations for multicomponent adsorption to heterogeneous surfaces[J]. Journal of Colloid and Interface Science, 1994, 166(1): 51-60.

[148] Kinniburgh D G, van Riemsdijk W H, Koopal L K, et al. Ion binding to natural organic matter: Competition, heterogeneity, stoichiometry and thermodynamic consistency[J]. Colloids and Surfaces A: Physicochemical and Engineering Aspects, 1999, 151(1/2): 147-166.

[149] Keizer M, Van Riemsdijk W. A computer program for the equilibrium calculation of speciation and transport in soil-water systems (Version 4.6)[R]. Department of soil quality, Wageningen University, 1999.

[150] Kinniburgh D G. Fit User Guide Technical Report WD/93/23[R]. British Geological Survey, Keyworth, Nottinghamshire, 1993.

[151] Milne C J, Kinniburgh D G, Tipping E. Generic *NICA*-Donnan model parameters for proton binding by humic substances[J]. Environmental Science & Technology, 2001, 35(10): 2049-2059.

[152] Kinniburgh D G, Milne C J, Benedetti M F, et al. Metal ion binding by humic acid: Application of the *NICA*-donnan model[J]. Environmental Science & Technology, 1996, 30(5): 1687-1698.

[153] Tipping E, Lofts S, Sonke J E. Humic Ion-Binding Model VII: A revised parameterisation of cation-binding by humic substances[J]. Environmental Chemistry, 2011, 8(3): 225.

[154] Tipping E. Modelling ion binding by humic acids[J]. Colloids and Surfaces A: Physicochemical and Engineering Aspects, 1993, 73: 117-131.

[155] Tipping E, Hurley M A. A unifying model of cation binding by humic substances[J]. Geochimica et Cosmochimica Acta, 1992, 56(10): 3627-3641.

[156] Tipping E, Rey-Castro C, Bryan S E, et al. Al(Ⅲ) and Fe(Ⅲ) binding by humic substances in freshwaters, and implications for trace metal speciation[J]. Geochimica et Cosmochimica Acta, 2002, 66(18): 3211-3224.

[157] Peters A J, Hamilton-Taylor J, Tipping E. Americium binding to humic acid[J]. Environmental Science & Technology, 2001, 35(17): 3495-3500.

[158] Tipping E. Humic ion-binding model VI: An improved description of the interactions of protons and metal ions with humic substances[J]. Aquatic Geochemistry, 1998, 4(1): 3-47.

[159] Takahashi Y, Kimura T, Minai Y. Direct observation of Cm(Ⅲ)-fulvate species on fulvic acid-montmorillonite hybrid by laser-induced fluorescence spectroscopy[J]. Geochimica et Cosmochimica Acta, 2002, 66(1): 1-12.

[160] 叶远虑.富里酸存在下 U(Ⅵ)、Th(Ⅳ)和 Eu(Ⅲ)在 SiO$_2$、TiO$_2$ 及钠基膨润土上的吸附作用[D].兰州:兰州大学,2014.

[161] Wang C L, Yang X Y, Li C, et al. The sorption interactions of humic acid onto Beishan granite[J]. Colloids and Surfaces A: Physicochemical and Engineering Aspects, 2015, 484: 37-46.

[162] 魏世勇,谭文峰,刘凡.土壤腐殖质—矿物质交互作用的机制及研究进展[J].中国土壤与肥料,2009(1):1-6.

[163] 吴宏海,张秋云,方建章,等.高岭石和硅/铝-氧化物对腐殖酸的吸附实验研究[J].岩石矿物学杂志,2003,22(2):173-176.

[164] Kar A, Tomar B. Cm(Ⅲ) sorption by silica: Effect of alpha hydroxy isobutyric acid[J]. Radiochimica Acta, 2014, 102(9): 763 - 773.

[165] Janot N, Benedetti M F, Reiller P E. Colloidal α - Al$_2$O$_3$, europium(Ⅲ) and humic substances interactions: A macroscopic and spectroscopic study[J]. Environmental Science & Technology, 2011, 45(8): 3224 - 3230.

[166] Sakamoto Y, Nagao S, Ogawa H, et al. The migration behavior of Np(Ⅴ) in sandy soil and granite media in the presence of humic substances[J]. Radiochimica Acta, 2000, 88(9/10/11): 651 - 657.

[167] De Regge P, Henrion P, Monsecour M, et al. Facts and features of radionuclide migration in Boom Clay[J]. Radioactive Waste Management Nuclear Fuel Cycle, 1988, 10(1 - 3): 1 - 20.

[168] Chunli L, Zhiming W, Li S S, et al. The migration of radionuclides ^{237}Np, ^{238}Pu and ^{241}Am in a weak loess aquifer: A field column experiment.[J]. Radiochimica Acta, 2001, 89(8): 519 - 522.

[169] 王旭东,刘志辉,游志均,等.腐殖酸对^{237}Np在石英砂柱中迁移的影响研究[J].辐射防护,2004,24(6): 383 - 387.

[170] Yang J W, Ge M T, Jin Q, et al. Co-transport of U(Ⅵ), humic acid and colloidal gibbsite in water-saturated porous media[J]. Chemosphere, 2019, 231: 405 - 414.

[171] Yang J W, Zhang Z, Chen Z Y, et al. Co-transport of U(Ⅵ) and gibbsite colloid in saturated granite particle column: Role of pH, U(Ⅵ) concentration and humic acid[J]. Science of the Total Environment, 2019, 688: 450 - 461.

[172] 徐国庆.高放废物地质处置地下实验室研究进展[C]//高放废物地质处置学术研讨会,2004.

[173] Vejmelka P, Fanghänel T, Kienzler B, et al. Sorption and migration of radionuclides in granite (HRL Äspö, Sweden)[C]// Forschungszentrum Karlsruhe, FZKA, 2000, 6488.

[174] Widestrand H, Andersson P, Byegård J, et al. In situ migration experiments at Äspö Hard Rock Laboratory, Sweden: Results of radioactive tracer migration studies in a single fracture[J]. Journal of radioanalytical and nuclear chemistry, 2001, 250(3): 501 - 517.

[175] 徐国庆.核废物的模拟处置库—地下实验室[J].国外铀金地质,1992,9(S1): 57 - 69.

[176] Degueldre C, Baeyens B, Goerlich W, et al. Colloids in water from a subsurface fracture in granitic rock, Grimsel Test Site, Switzerland[J]. Geochimica et Cosmochimica Acta, 1989, 53(3): 603 - 610.

[177] Möri A, Alexander W R, Geckeis H, et al. The colloid and radionuclide retardation experiment at the Grimsel Test Site: Influence of bentonite colloids on radionuclide migration in a fractured rock[J]. Colloids and Surfaces A: Physicochemical and Engineering Aspects, 2003, 217(1/2/3): 33 - 47.

[178] Gillow J B, Dunn M, Francis A J, et al. The potential of subterranean microbes in facilitating actinide migration at the Grimsel Test Site and Waste Isolation Pilot Plant[J]. Radiochimica Acta, 2000, 88(9/10/11): 769 - 775.

[179] Quinto F, Blechschmidt I, Garcia Perez C, et al. Multiactinide analysis with accelerator mass spectrometry for ultratrace determination in small samples: Application to an in situ radionuclide tracer test within the colloid formation and migration experiment at the grimsel test site (Switzerland)[J]. Analytical Chemistry, 2017, 89(13): 7182 - 7189.

[180] Hu Q H, Möri A. Radionuclide transport in fractured granite interface zones[J]. Physics and Chemistry Earth, Parts A/B/C, 2008, 33(14/15/16): 1042 - 1049.

[181] Valcke E, Gysemans M, Moors H, et al. Leaching and migration of Np, Pu, and Am from a-doped SON68 HLW glass in contact with dense clay[J]. MRS Online Proceedings Library, 2006, 932(1): 91.

[182] Maes N, Wang L, Hicks T, et al. The role of natural organic matter in the migration behaviour of americium in the Boom Clay — Part I: Migration experiments[J]. Physics and Chemistry Earth, Parts A/B/C, 2006, 31(10/11/12/13/14): 541 - 547.

[183] Bruggeman C, Salah S, Maes N. Americium retention and migration behaviour in Boom Clay [C]// External Report of the Belgian Nuclear Research Centre, SCK · CENER - 201, Mol, Belgium, 2012.

[184] Bruneel Y, Van Laer L, Brassinnes S, et al. Radiocaesium sorption on natural glauconite sands is unexpectedly as strong as on Boom Clay[J]. The Science of the Total Environment, 2020, 720: 137392.

[185] Henrion P N, Monsecour M, Put M. Migration studies of radionuclides in boom clay[J]. Engineering Geology, 1985, 21(3/4): 311 - 319.

[186] Dierckx A, Put M, De Cannière P, et al. TRANCOM - CLAY - Transport of radionuclides due to complexation with organic matter in clay formations[C]// CEC Nuclear Science & Technology Series, Luxembourg, EUR 19135EN, 2000.

MOLECULAR SCIENCES

Chapter 6

环境介质中钚、铀的吸附与迁移行为研究

6.1　引言

钚在环境中的吸附与迁移,是环境放射化学的重要研究内容。本章首先评述了钚环境化学行为的国内外研究进展,然后重点介绍了有关钚的一些主要研究结果[1-12],同时介绍了近期开展的铀在环境微生物上的吸附与还原研究进展[13-15]。

6.1.1　钚

钚(plutonium,Pu)的原子序数为 94,有近 20 种放射性同位素。钚是 α 放射性元素,具有强的生物毒性,世界卫生组织 2017 年将其归为一类致癌物。^{238}Pu 和 ^{239}Pu 是最重要的钚同位素,前者可作为裂变材料制造核武器,后者可作为热源驱动太空航行器。

地圈内钚的污染主要源于核武器试验、放射性废物排放、人为核事故等,如美国地下核试验产生了约 2 775 kg(8.3×10^5 Ci)的钚,主要沉积在内华达核试验场地下环境中[16]。我国核试验场的地下核试验也释放了数量可观的放射性污染物。^{239}Pu 是主要的长寿命、强生物毒性核素,它在地下含水层中的迁移风险和污染场址的修复一直备受关注。1996 年禁止大气核武器试验后,我国政府启动了核试验场的放射性污染物调查和修复工作,其他有核国家也开展了大量的此类研究工作。

钚在水溶液中主要表现为 4 种价态:Pu(Ⅲ)、Pu(Ⅳ)、Pu(Ⅴ)、Pu(Ⅵ)。地表水中一般为水溶性的 Pu(Ⅴ)$_{aq}$ 和吸附态的 Pu(Ⅳ),无氧或低氧状态的地下水中一般会有 Pu(Ⅳ)。Pu(Ⅳ)$_{aq}$ 具有与矿物表面强烈吸附的性能。此外 Pu(Ⅳ)$_{aq}$ 容易水解聚合,形成聚合态的钚 Pu(Ⅳ)[钚真胶体,图 6-1(a)]。

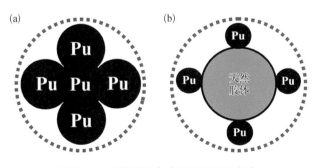

图 6-1　钚真胶体（a）和钚假胶体（b）

在自然环境中,钚一般以吸附到天然胶体上的假胶体形式存在[图6-1(b)],因此研究钚等低溶解度锕系元素的迁移过程实际上就是研究钚假胶体的迁移过程。天然胶体主要有两种类型,即有机胶体(腐殖质胶体)和无机胶体(矿物质胶体)。有机胶体是由动植物或微生物的遗体腐化物所行成的,主要成分是腐殖质、木质素、蛋白质、纤维素、树脂和其他复杂化合物。本章研究涉及的无机胶体包括土壤胶体(母质矿物的残屑和风化产物,主要由硅酸盐和氧化物组成)和花岗岩胶态颗粒。天然胶体(粒度为1 nm～1 μm),大部分具有负电荷表面和大比表面积,可通过静电效应或配位交换作用吸附污染物。

依据吸附钚的介质的运动状态不同,钚有"可移动"(mobile)和"难移动"(immobile)之分。吸附在可移动胶体表面的钚,在流动水中具有迁移能力,具备大尺度迁移的风险,直接构成了环境污染风险,可称其为"可移动"钚。吸附在不动介质(如地下水中的花岗岩)表面的钚,具有相对稳定性,不易发生移动,除非发生水环境的物理化学扰动或规模较大的地质构造变化,才具有移动能力,这部分钚可称为"难移动"钚。

1. 钚假胶体

早期开展放射性核素迁移研究时,低溶解度锕系元素的移动现象与其胶体种态之间的关系没有引起人们的注意。由于实验设计上没有考虑两者内在的关联,致使难以分析观察到的部分实验现象,也无法确定影响核素移动能力的根本原因。这里给出几个以核素的水溶态或聚合态为示踪液的典型实验结果。

Kienzle 和 Vandergraaf 在单裂隙花岗岩的流出液中未发现钚[17, 18],而 Fjeld、Thompson、Conca 分别在粒状岩石样品和土壤孔隙介质的流出液中检测到了钚,并发现了钚的快速穿透现象[19-21],指出钚在柱体介质内的快速穿透时间与由静态实验测量的 K_d 计算的穿透时间差异很大。Vine 系统比较了核素在粒状花岗岩介质中的动态运移实验结果和核素的静态吸附实验结果,发现两种实验方法得到的 ^{137}Cs、^{85}Sr、^{133}Ba 等核素的 K_d 基本相同,但 ^{239}Pu、^{241}Am 核素的 K_d 差异很大[22]。

Kaplan 和 Perrier 分别研究了钚和镅在孔隙介质中的运移过程,结果发现只有少部分钚和镅迁移了一定深度,大部分仍滞留在示踪源的初始位置[23, 24]。Vandergraaf 研究了凝灰岩中 ^{60}Co^{2+}、$^{95 m+99}$TcO$_4^-$、^{137}Cs$^+$、^{237}NpO$_2^+$ 的迁移过程,发现部分 Tc 和 Np 与氚水几乎同时穿透,甚至比氚水还快[25]。

归纳以上研究,可得到下述类似实验现象:钚、镅在粒状岩石介质中迁移较快,而在单裂隙花岗岩中迁移较慢;动、静两种方法测量的 Cs$^+$、Sr^{2+} 的 K_d 基本相同,而钚、镅的差异很大;钚、镅等核素中有部分比氚水的迁移速度更快。

实际上,经水冲刷的花岗岩裂隙的壁面去除了壁面上附着的细小胶体颗粒,由于裂隙内没有可移动胶体,注入的钚、镅则强烈吸附在不动介质的壁面成为不动相。但在粒状岩石和孔隙介质中,钚、镅将吸附在孔隙水中可移动胶体颗粒的表面上,形成的假胶体增强了钚、镅的迁移能力。钚、镅的强吸附性也使传统静态实验得到的 K_d 一般为 $10^3 \sim 10^5$ mL/g。但如果用部分快速穿透的胶体态钚、镅的数据计算 K_d 的话,那么 $K_d < 0$,因此两种方法得到的 K_d 往往差异很大。Cs^+ 和 Sr^{2+} 的主要存在形式是水溶态(离子),其弱吸附性往往使两种方法得到的 K_d 具有一致性。至于钚、镅相对于氚水的快速穿透则是源于带负电荷的钚、镅假胶体与同电性介质表面的静电排斥作用。若认为低溶解度核素在移动过程中的存在形式仍是水溶态或水解聚合态,而不考虑天然胶体作用的话,是难以合理解释以上实验现象的。

从逐渐认识到接受天然胶体在放射性核素迁移中的作用,经历了几十年的时间,转折点出现在 20 世纪 90 年代美国科学家 Annie B. Kersting 报道的内华达试验场地下水的监测结果:钚的迁移速度 >1.3 km/30 a,并发现钚以吸附到天然胶体上的假胶体形式存在[26]。虽然此前已经开展过一些类似的工作,但由于没有同时具备现场大尺度数据监测和种态分析结果,最终没有引起人们对胶体的足够重视。严格而言,最早认识到自然环境中低溶解度核素以假胶体形式存在的学者并不是 Annie B. Kersting。在非核环境领域,早在 20 世纪 40 年代,人们就发现黏土颗粒能通过离子交换或化学配位的方式吸附低溶解性污染物[27],污染物由此具有明显增强的移动能力。可贵的是 Annie B. Kersting 监测到了钚胶体的大尺度迁移事实,并指出了胶体在放射性核素迁移行为研究中的重要性。

由于认识到放射性胶体可造成污染源远区水域的极大污染风险,很多国家都将放射性胶体列为核环境研究的重要课题,如欧洲地质技术试验实验室(Geolechnical Testing Services,GTS)的 Phase Ⅳ 和 Phase Ⅴ 课题均强调这方面的研究内容。结合其他学科的发展和分析技术的不断提高,放射性胶体的运移行为相关的研究报告逐渐增多,下面从实验室模拟和现场监测两个方面予以介绍。

(1) 模拟研究

Bates 等缓慢地将水滴在高放废物玻璃体上,并收集其淋洗液,发现淋洗液中的钚、镅几乎全部是以假胶体形式存在的,并指出如果不考虑钚、镅的胶体形态,势必会低估它们迁移到生物圈的风险[28]。有关 Sr、Cs 等裂片核素的研究较多,但由于其弱吸附性,天然胶体对它们的移动能力没有明显的影响,甚至有部分抑制作用[29, 30],这里只给出有关锕系元素的代表性研究结果。

在动态模拟实验中,已观察到胶态钚、镅比氚水迁移速度快的现象。如 Vilks 发现,胶态镅几乎与氚水同时或略快于氚水穿透裂隙介质,回收率为 1.2%～8.2%[30]。美国能源部的地下研究区域(underground test area, UGTA)技术报告给出,天然胶体可以增强钚的移动能力,其移动速度比氚水快[31]。Tanaka 也指出镅胶体的移动速度近似或略高于氚水[32]。Delos 也发现,钚、镅胶体的穿透时间基本相同,且早于氚水[33]。而孔隙水流速和离子强度等环境相关因素与核素移动性的定性关系鲜有报道。在设定的实验条件内,谢金川的工作观察到了钚、镅胶体的移动能力分别与孔隙水流速和离子强度呈正、负相关。

谢金川等在钚假胶体的稳定性[1]、移动性[4, 5, 9]、地下水三相体系中钚(Ⅳ)的吸附分配[6, 7]等方面也开展了研究工作,将在 6.3 节中重点介绍。

(2)现场监测研究

现场监测的研究结果体现在以下 3 个方面:一是结合超滤和微观分析技术研究低溶解度核素的胶体种态;二是根据试验场核爆零时和附近场址的初始污染时间,分析核素的迁移速度;三是获得的 K_d 与传统静态吸附实验的测量结果不一致。

通过连续监测内华达的几个爆心近区的地下水,Cambric、Cheshire、Benham 等发现,锕系或部分裂变产物与胶体具有很强的亲和性,迁移距离大大超出实验室分析的预期值。如 Kersting 监测到,钚在 30 年内迁移了 1 300 m[26];Coles 监测到,10 年内 106Ru 迁移了 91 m,远远大于由实验室 K_d 计算的 3 cm。分析被污染的其他核试验场地下水的研究工作也得到了相似的结论。如在 LANL,钚的迁移速度>3.4 km/20 a,比由实验室 K_d 计算的 4.2 cm/a 高 4 000 倍左右[35]。Mayak 地下水中钚的迁移速度>4 km/55 a,其中 70%～90%的钚是以亚微米的假胶体形式存在的[36]。在高放废物处置预先研究方面,GTS 地下实验室的示踪试验结果指出,钚、镅与膨润土胶体有强烈的亲合性,且钚、镅胶体比水迁移速度快[37]。

这些源于现场的分析结果表明,天然胶体增强了钚等放射性核素(元素)的迁移能力,导致用实验室 K_d 预测的污染物的迁移能力与现场的监测结果明显不一致。考虑到监测井中取样的时间晚于试验场核爆零时或附近场址的起始污染时间,核素的实际迁移速度可能远远大于以上报告给出的结果。

上述研究基本是在饱和水条件下完成的,目前在非饱和水环境中的研究较少。在非饱和水环境中,Cs^+、Sr^{2+} 的实验室研究结果远不能反映低溶解度核素的迁移过程,也难以解释现场的监测结果。如 Flury 指出,除非存在优先流,否则仅凭大气降水,放射性核素不可能迁移到 Hanford 场址地下 40～100 m 深的含水层中[38]。然而,在 Hanford

包气带土层 38 m 深的位置,的确监测到了[137]Cs,浓度峰值深度为 25～26 m[39];在受到放射性废液污染的 INEL 包气带土层中,铈的迁移速度为 34 m/17 a,并可能已进入含水层中[40]。由于缺乏足够的数据支撑,目前对放射性核素在包气带介质中的迁移能力的认识尚未统一。包气带是气-液-固三相共存体系,含水量在空间和时间上不固定,固相介质在大尺度空间上也存在不均匀性,因此相对于含水层,包气带的研究更复杂。

2. 铈真胶体

花岗岩型地下含水层是由气体、水、胶态颗粒、花岗岩构成的三相体系,其中花岗岩为不动相。含水层中有无机和有机胶体(几至几十毫克/升)[41],核试验爆炸空腔附近的胶态花岗岩颗粒可达几十毫克/升[42]。铈是低溶解度、强吸附性元素,它可能以天然胶体为载体、以流动的地下水为驱动力在含水层中迁移。结合 Nevada[26]、Mayak[36] 现场的监测数据和谢金川等的研究[4],可以证实天然胶体增强了铈的迁移能力。然而,铈的真胶体[即铈的多核水解聚合物,图 6-1(a)]是否也对铈的迁移起了一定的作用? 是否也有移动能力还有待更深入的研究。有人认为其在地下环境中有移动能力[43, 44],他们甚至将 Nevada 和 Mayak 地下水中铈的迁移归于铈真胶体的移动[45],也有人认为其不能稳定存在[46, 47],没有移动能力[48, 49]。但是,无论哪种观点,均缺乏有效实验数据的支撑,从而限制了对核试验场远区水域污染风险的准确预报和修复方法的制定。

多价态的铈在自然环境中常以 4 价或 5 价氧化态存在,这取决于水体系的 pH、Eh 和矿物质表面的氧化-还原性质等。Pu(Ⅳ)是铈的溶解度最低和水解能力最强的价态,浓度越高、酸度越低水解速度越快。水解过程为:$Pu^{4+} \longrightarrow Pu(Ⅳ)(OH)_n^{4-n}$(单核)$\longrightarrow$ $Pu(Ⅳ)_x(OH)_n^{4x-n}$(多核)[50]。生成的水解产物为溶解度极低的羟基氧化物[溶度积 $\lg K^o_{Ⅳ(am)/Ⅳ} = -(58.5 \pm 0.7)$][51],也称为无定形氢氧化铈[$Pu(OH)_{4(am)}$]、水合氧化铈[$PuO_{2(am)} \cdot yH_2O$,$PuO_{2(am, hy)}$]等。该水解产物含有多种 Pu—O 结构,有类似于 PuO_2 晶体的 $Fm\bar{3}m$ 空间群,通常为 2～5 nm[16],不易被 TTA 和 DBM 等萃取剂萃取,特征吸收波长为 620 nm(Pu^{4+} 为 470 nm)。标准 $PuO_2(cr)$ 晶体为萤石型面心立方结构,空间群为 $Fm\bar{3}m$,Pu⋯Pu 和 Pu—O 键长分别为 3.817 Å 和 2.337 Å。纳米尺度的 Pu(Ⅳ)聚合物与水的密度相当[52],能在自然水环境中长期处于悬浮状态,有可移动性。

Pu(Ⅳ)聚合物的稳定性是其是否能在含水层中移动的第二个条件,涉及尺寸变化、氧化-还原、溶解-沉淀等过程。该聚合物有模糊的类似于 $PuO_2(cr)$ 晶体衍射峰,其晶体特征因老化而变得显著,同时 Pu⋯Pu 和 Pu—O 键长缓慢减小。然而聚合物的尺寸变化尚无统一认识,有人给出因老化而尺度增大的实验结果[53],也有人观察到相反的现象[54]。一般而言,大于 1 μm 的胶体会很快发生沉降,是极不稳定的胶体。胶体的尺寸除与介质间的孔隙对其机械过滤效应有关外[55],还影响到花岗岩表面通过远程范德瓦尔斯力对其的吸引作用[56]。因此,老化过程中 Pu(Ⅳ)聚合物的尺寸变化问题应予澄清,这关系到含水层中聚合物的滞留过程和机制。

Pu(Ⅳ)聚合物的氧化-还原包含两个过程:一是 PuO₂(hy, am)本身的价态变化。X 射线吸收精细光谱(XAFS)和 X 射线光电子能谱(XPS)观察到低氧环境中生成的 PuO₂(hy, am)中,有少量 Pu(Ⅴ/Ⅵ),可归结为微量 O_2(<10 ppm)氧化 Pu(Ⅳ)所致[57, 58];但 Powell 用 TEM 观察到大气环境中生成的是少量的 Pu(Ⅲ)而不是 Pu(Ⅴ)(Pu₄O₇),仍难以理解[16]。α 辐射也能使 PuO₂(hy, am)的价态发生变化,但在低浓度情况下影响较弱[59]。现今,一般用非化学计量的 $PuO_{2\pm x}$($x<0.25$)表达 PuO₂(hy, am)的可能存在形式。由于 PuO₂(hy, am)溶度积常数(lg K = −58.5 ± 0.7)远低于 lg $K^{\circ}_{V(am)/V}$ = −(8.9 ± 0.3)[$PuO_2(OH)_{(am)}$]和 lg $K^{\circ}_{Ⅲ(am)/Ⅲ}$ = −(26.2 ± 0.8)[$Pu(OH)_{3(am)}$][60],因此可以确定的是无论 PuO₂(hy, am)中有少量的 PuO_{2-x} 还是较大量的 PuO_{2+x},钚的溶解度均可增大几个数量级。Pu(Ⅳ)聚合物的氧化-还原的第二个过程是 PuO₂(hy, am)的还原性溶解。地下水中的 Fe^{2+} 和荷电微生物[61]等对 PuO₂(hy, am)有一定的还原性,当出现电子游离基团(如腐殖酸的醌基)时可能有助于催化还原 PuO₂(hy, am)。此外,地下水中的 F^-、CO_3^{2-}、SO_4^{2-} 和羧基、酚基等配体可与 Pu(Ⅳ)形成稳定的配合物,这使 PuO₂(hy, am)的溶解平衡进一步向溶解方向进行,增大了钚的溶解度。这是有关 PuO₂(hy, am)稳定性的基本问题。目前零星的报道还不能回答聚合物在含水层中是否可以稳定存在。

Pu(Ⅳ)聚合物与矿物质表面的亲和作用,是其是否能在含水层中移动的第三个条件,包括可能的静电作用和化学配位。如果聚合物与矿物质表面没有亲和能力,则惰性质点可在含水层中自由运动(孔隙的机械过滤除外);反之,其移动能力则受控于天然胶体和花岗岩表面对它的竞争吸附能力。近期研究发现花岗岩胶态颗粒的等电点 pH_{IEP} = 2.7[7],在弱碱性地下水中,花岗岩表面也相应带负电荷。迄今报道的 Pu(Ⅳ)聚合物的等电点非常分散,pH_{IEP} 为 3~9(Pu>10^{-6} mol/L)[62],这可能与钚的浓度有关。Pu(Ⅳ)聚合物与花岗岩表面间是静电吸引还是排斥需要准确的 pH_{IEP},这关系到聚合物与花岗岩表面的作用机制并直接影响到其在环境中的滞留-传输过程。近来,通过 TEM 技术观察到,在 Pu(Ⅳ)的饱和溶液中,胶态氧化铁和 SiO₂ 表面有生成纳米 PuO_{2+x} 的现象[63],其生成机制是 PuO_{2+x} 在矿物质表面上的简单机械堆砌、静电吸引,或 Pu^{4+} 与矿物质表面上的≡X—OH(X = Fe、Al、Si)点位生成羟基配合物,但相关内容尚需进一步的研究。此外,当地下水出现物理化学性质的变化,包括高离子强度、水流速度、pH/Eh 的变化,配体和天然胶体的变化等,PuO_2(hy,am)是否在天然胶体表面发生脱附,从而在水、天然胶体、花岗岩三相间进行重新分配的过程尚不清楚。

Pu(Ⅳ)聚合物的纳米尺度特性使其有与水溶性污染物不同的移动行为。由于 Pu(Ⅳ)聚合物比水分子的尺寸大得多,使其优先分布在孔隙水通道的中间部位(图6-2)。Pu(Ⅳ)聚合物不能在亚纳米水分子可以流动的通道中运动,即胶体粒子的弥散系数小[64]、移动路径短。Pu(Ⅳ)聚合物的尺度效应使其比平均水流运动得更快,现场含水层实验已观察到了细菌等模拟胶体比地下水流速快 1~2.5 倍的现象[65, 66],不过,Pu(Ⅳ)聚合物的移动速度也与其表面带电性质有关。如图6-2(a)所示,若 Pu(Ⅳ)聚合物带正电荷,静电吸引将使其主要聚集在花岗岩表面,由于此处的水流速最慢,聚合物的运动速度则比平均孔隙水流慢;反之,其被排斥到孔隙通道的中间部位,表现出相对快的移动速度[图6-2(b)]。

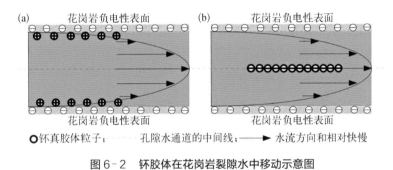

图6-2　钚胶体在花岗岩裂隙水中移动示意图

谢金川等在 Pu(Ⅳ)聚合物的稳定性、移动能力等方面开展了一些研究工作[8, 10],将在6.3节中重点介绍。

3. 环境微生物还原

异化金属还原菌(disimilatory metal-reducing bacteria,DMRB),如地杆菌和希瓦氏菌等,厌氧氧化有机碳时产生电子,而电子必须传输到胞外环境中,细胞才能存活和发育。如果难溶高价金属氧化物作为细胞的呼吸基质,接受电子后就会发生还原性溶解反应[67]。微生物在能量代谢过程中,环境系统内的电子流动方向由产电微生物分泌的电子游离基团(黄素,flavin)和呼吸基质间的氧化还原电位差决定。只有电位值相对高的金属氧化物才能作为呼吸基质(即电子汇),在厌氧环境中被还原。铁、锰和锕系等金属氧化物的生物还原影响着它们在地圈内的循环过程、环境寿命和传输能力。

钚(Ⅲ)的氢氧化物有相对较大的溶解度[lg $K^o_{Ⅲ(am)/Ⅲ}$ = − (26.2 ± 0.8)][68]，钚(Ⅳ)聚合物的还原性溶解能够增强钚在地下环境中的迁移能力。研究表明，纳米尺度的钚(Ⅳ)聚合物在花岗岩介质中传输时，表现出几乎无滞留的移动特性[8]，这种较强的移动能力类似于吸附在土壤胶体表面的钚(Ⅳ)假胶体的行为[4]。含水层中钚(Ⅳ)聚合物是否能被微生物还原到钚(Ⅲ)仍是尚未解决的问题。

腐殖质广泛分布于水、土壤、沉积物中，含有氧化还原活性的醌基官能团。研究表明，尽管腐殖酸(HA)有还原特性，但在非生物环境中，不能还原聚合态 Pu(Ⅳ)[10]。当醌基接受 C 型细胞色素上的电子后就转化为具有较强还原能力的氢醌基。有研究表明，含醌基的有机物经微生物还原后，能快速还原矿物质 Fe(Ⅲ) 为 Fe(Ⅱ)$_{aq}$。这种还原机制难以理解，如为什么有些矿物质 Fe(Ⅲ)不能被内生电子游离基团还原，反而被具有外生电子游离基团的腐殖酸还原。另外，是否腐殖酸能易化聚合态 Pu(Ⅳ)的微生物还原尚不清晰。

腐殖酸与金属氧化物和矿物质表面有亲和性，易形成表面吸附层，这限制了高价金属氧化物的溶解。研究表明，即使出现浓度非常低的腐殖酸(0.57 mg/L)也能明显降低 Pu(Ⅳ)聚合物的溶解度，且 lg[Pu(Ⅳ)$_{aq}$]$_{exp}$ 随腐殖酸浓度的增大而持续降低[10]。因此，生物系统中腐殖酸的作用变得更为复杂。

6.1.2　铀

铀(uranium, U)的原子序数为 92，主要有 12 种同位素。自然界中存在三种铀同位素(^{234}U、^{235}U 和 ^{238}U)，其半衰期长，有弱放射性。^{238}U 是制造核燃料钚的原料；^{235}U 主要用作核燃料，也是制造核武器的主要材料之一。铀相对稳定的价态是 U(Ⅳ) 和 U(Ⅵ)，广泛分布于土壤、矿物和水体中。

在水环境中，溶解度大的 U(Ⅵ)$_{aq}$ 有强的迁移能力。目前，纳米材料和生物技术吸附固化 U(Ⅵ)的研究很多。U(Ⅳ) 的溶解度小 [lg K^o_{sp}(UO$_2$(cr)) ⩽ (− 60.2 ± 0.24)][74]，易形成沉淀，沉积在含水层。显然，U(Ⅵ)$_{aq}$还原为 U(Ⅳ)可降低铀的迁移能力，减小污染风险。地杆菌和希瓦氏菌等微生物还原 U(Ⅵ)$_{aq}$ 是可用手段之一。

地下水中含有大量的无机离子，如 CO$_3^{2-}$、HCO$_3^-$、Ca^{2+}、Mg^{2+}、Na$^+$ 等，影响 U(Ⅵ)$_{aq}$ 的生物还原过程。我国西北核试验场地下水中，[CO$_3^{2-}$]$_T$ ≈ 2 mmol/L。有研究指出，U(Ⅵ)$_{aq}$ 的生物还原速率随碳酸盐浓度增大而降低，[CO$_3^{2-}$]$_T$ 浓度高至几十 mmol/L，其

至可完全抑制 U(Ⅵ)$_{aq}$ 的还原[75, 76]。其原因可能是，UO_2^{2+} 与 CO_3^{2-} 的配位作用降低了 U(Ⅵ) 的氧化还原电位值，如 $E_h^o[(UO_2)_4(OH)_7^+ / UO_2(am, hyd)] = 0.386\,2\,mV \gg E_h^o[UO_2(CO_3)_3^{4-} / UO_2(am, hyd)] = -0.422\,1\,mV$。

然而，由于 U(Ⅵ)$_{aq}$ 的种态分布及种态的活度和电位值高度依赖溶液的 pH，特定 pH 时 U(Ⅵ)$_{aq}$ 还原的热力学受限条件有可能被打破。即，特定 pH 时 U(Ⅵ)$_{aq}$ 的生物还原反应仍可能快速发生，即使出现浓度较高的 $[CO_3^{2-}]_T$。U(Ⅵ)$_{aq}$ 在细胞和矿物质表面的最大吸附百分数一般发生在 pH = 5~7[77, 78]。我国西北核试验场的地下水中 $[Ca^{2+}] \approx 6\,mmol/L$。研究结果表明，钙的存在限制甚至阻止了 U(Ⅵ)$_{aq}$ 的生物还原[79, 80]，这对铀污染地下水的修复很不利。

6.2 实验研究

6.2.1 环境介质

实验涉及两种环境介质：土壤孔隙介质和花岗岩裂隙介质。这两种介质均取自西北某地。根据实验要求将其粉碎到一定粒度后使用。实验中使用的土壤胶体和花岗岩胶态颗粒均从这两种介质中提取。

6.2.2 土壤胶体提取

土壤胶体提取的基本原理是斯托克斯(Stokes)定律。粒度为 r(半径)的胶体粒子沉降一定距离 s 需要的时间 t 为

$$t = \frac{s}{\frac{2}{9}gr^2\frac{\rho_s - \rho_w}{\eta}} \tag{6-1}$$

式中，g 为重力加速度，$g = 9.81\,m/s^2$；ρ_s 为土粒密度，$\rho_s = 2.65\,g/cm^3$；ρ_w 为水的密度，25 ℃时 $\rho_w = 0.997\,g/cm^3$；η 为水的黏滞系数，25 ℃时 $\eta = 8.9 \times 10^{-4}\,Pa \cdot s$。由式(6-1)可以计算得到直径为 1 000 nm 的土壤胶体在 25 ℃水中沉降 10 cm 需要 27.4 h。

1. 土壤悬浊液的分散[81]

称取过 0.3 mm 孔筛的风干土样 150 g 于 2 L 烧杯中,缓慢滴加 0.5 mol/L 的 HCl,用玻璃棒搅拌,直到土壤不剧烈冒泡为止,放置过夜;倾去上清液,滴加 0.2 mol/L 的 HCl,用玻璃棒搅拌,直到土样中游离 CaO 全部分解(无明显气泡产生);滴加 0.02 mol/L 的 HCl,调节土壤悬浊液 pH 至 6.0~6.5,并保持一昼夜不变,否则再用 0.02 mol/L HCl 调节;倾去上清液,加 300 mL 超纯水搅匀,澄清一段时间后,倾斜洗涤土壤,如此洗涤 2~4 次(除 Ca 盐),直到滤液中无氯离子为止(1 mol/L AgNO₃ 检验)。将上述处理过的样品配成土水比为 1∶5 左右的悬浊液,超声分散 30 min;分散后的悬浊液全部移入 5 L 烧杯中,配成 3% 的悬浊液用于提取胶体。

2. 胶体悬浊液虹吸转移

在 5 L 烧杯的外壁距杯底 5 cm 处(虹吸管的吸嘴高度)和 15 cm 处(虹吸管吸嘴高度 + 颗粒沉降高度)各画一条线,加入上述悬浊液正好达到 15 cm 刻度处,如图 6-3 所示。

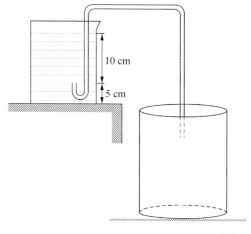

先用铜片制作的带孔圆形搅拌棒将杯底的土壤搅起,然后上下搅动 10 次(防止产生涡旋)。搅动结束,立即记录开始沉降的起始时间,并测量悬浊液温度(控制室温 25 ℃);在设定吸液前的半分钟,将虹吸管轻轻插入烧杯底部,将胶体悬浊液

图 6-3　土壤胶体悬浊液虹吸转移示意图[81]

虹吸到另一容器中;提取的土壤悬浊液用塑料容器密封后于冰箱中保存备用(4 ℃)。

3. 胶体浓度测量

将 5 个压制成凹形的聚四氟乙烯薄膜分别称重(m_0),置于玻璃表面皿上,调整红外灯与膜片的距离为 16 cm,并确保膜片受热均匀(60 ℃)。将已提取的土壤胶体悬浊液超声 5 min,用移液管分别准确移取 25 mL 于 5 个聚四氟乙烯薄膜上,开启红外灯,于 60 ℃缓慢烘干。

悬浊液烘干结束后冷却,称重(计为 m),将干胶体收集,存放于 5 mL 聚丙烯离心管中。悬浊液质量浓度 $c_0 = 1\,000 \times (m - m_0)/25$ (mg/L),取 5 个样品的平均值。将钚

（Ⅳ）溶液逐滴加入已知浓度的天然胶体悬浊液中,连续搅拌,即制备钚(Ⅳ)假胶体,根据研究需要可用酸、碱或强电解质调节 pH 和离子强度。

6.2.3　钚（Ⅳ）聚合物制备

（1）取 0.5 g 浓度约为 0.2 mg/g 的 ^{239}Pu 母液(^{239}Pu 约 0.1 mg)于 15 mL 离心管中,添加 5 mL 8 mol/L 的硝酸,加入 0.077 g 的 NaNO$_2$ 固体(约 0.2 mol/L),氧化还原 40 min,将 Pu 调整为 Pu(Ⅳ)。

（2）填加 1.2 mL 经预处理的 DOWEX 树脂于 Bio-Rad 色谱柱中,使用 3×8 mol/L 硝酸预平衡树脂,将 5.5 mL 的 Pu 溶液转移至色谱柱中,用 3×3 mL(约 7 个柱体积) 8 mol/L 硝酸淋洗色谱柱,以去除非四价的 Pu 及 Am、U、Fe 等元素。最后用 2×3.5 mL 1 mol/L 的 HCl 解析树脂中的 Pu(Ⅳ)$_{aq}$,收集备用。

（3）Pu(Ⅳ)解析液中缓慢加入约 1.35 mL 25% 的氨水,直到 pH 基本稳定在 8.0(pH 试纸鉴定)。调节 pH 过程中可清晰观察到溶液由无色变为浅绿色,并有絮状物生成,即为 Pu(Ⅳ)聚合物。

6.2.4　钚迁移实验平台

1. 柱体装填参数

将过筛干燥后的土壤样品(如 0.3～0.7 mm)装入 Φ2 cm×12 cm 有机玻璃柱中,每装入 2 cm 用自制捣实器轻轻挤压介质,以控制装填密度与土壤容重基本一致,装填高度约为 10 cm。土壤样品的 BET 比表面积和孔内体积(单位质量)分别为 15.71 cm^2/g 和 0.022 5 cm^3/g。准确称量装入的样品质量 m_s,计算或测量柱体装填密度 ρ_b、孔隙率 ε、体积含水率 θ(淋洗稳定后)和平均孔隙流速 v。

$$\theta = \frac{V_w}{V_t} \qquad (6-2)$$

式中,V_w 为柱体内水的体积(含水率稳定后,天平称量),cm^3;V_t 为装入柱中的土壤样品总体积,cm^3。

$$v = \frac{Q/S}{\theta} \qquad (6-3)$$

式中，Q 为柱水流量，cm^3/min；S 为柱体的横截面积。饱和水环境的孔隙流速计算，可用孔隙率 ε 替换含水率 $\theta(cm^3/cm^3)$。

$$\rho_b = \frac{M_s}{V_t} = \frac{M_s}{V_s + V_w + V_a} \tag{6-4}$$

式中，M_s 为土壤样品的质量，g；V_t 为装入柱中的土壤样品总体积，cm^3。V_t 是土粒体积 V_s、水体积 V_w、空气体积 V_a 之和。

$$\varepsilon = \frac{V_w + V_a}{V_t} = \frac{V_t - V_s}{V_t} = 1 - \frac{V_s}{V_t} = 1 - \frac{\rho_b}{\rho_s} \tag{6-5}$$

式中，ε 为土壤孔隙度，即单位体积土壤中孔隙体积占整个土体体积的百分数，表示土壤中各种大小孔隙的总和；ρ_s 为土粒密度，绝大多数矿物质土壤的 ρ_s 为 2.6～2.7 g/cm^3，常规工作中多取其平均数 2.65 g/cm^3。

2. 示踪剂的注入和收集

研究非饱和介质中污染物的移动过程时，污染物从柱子顶部注入，释出液从柱子底部收集，介质含水率通过柱子底部的多孔铝板和尼龙网对渗透水的吮吸及蠕动泵的供水速率控制，如图 6-4 所示。研究饱和介质中污染物的移动时，介质饱和后，污染物一般从柱子底部注入，释出液从柱体顶部收集。下面以研究非饱和介质中污染物的移动为例，简要介绍实验过程。

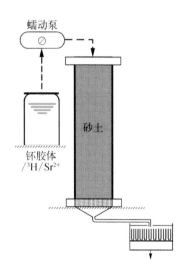

在柱子的含水率稳定后（天平称量），同样流量下用蠕动泵从柱体顶端注入一个孔体积（V_p，$V_t - V_s$）的钚悬浊液，自动收集器定时收集柱子底部的流出液。注入完毕后，迅速切换为不含钚的天然胶体悬浊液（4 个孔体积，同样的天然胶体浓度、Na^+ 强度和 pH）。柱子流出液的孔体积数 $V_N = V/V_p$，其中 $V(cm^3)$ 为流出液的累积体积。

图 6-4　污染物迁移实验研究平台
使用 ICP-MS、LSC、ICP-AES 分别测量^{239}Pu、^{3}H、Sr^{2+} 的流出浓度；结合超滤—溶解萃取—ICP-MS，分析^{239}Pu 的种态

收集液中钚的种态和浓度分析见后续分析方法；氚的流出浓度用液体闪烁谱仪（WALLAC 1414）测量；Sr^{2+} 浓度用 ICP-AES（VISTA-MPX）于 430.544 nm 的特征波长下测量。

6.2.5 希瓦氏菌培养

1. 冷冻菌株复活及平板制作

在三角烧瓶中配制 25 mL 液体培养基(纯水∶胰蛋白胨∶大豆胨∶NaCl = 100∶1.5∶0.5∶0.5,下同),用约 2 mol/L 的 NaOH 溶液调整 pH 到 7.2(0.025 mol/L MOPS 为 pH 缓冲剂,下同),转移 5 mL 于玻璃试管中。用棉花塞密封三角烧瓶和玻璃试管,121 ℃环境下灭菌 20 min,冷却。

将冻干管打碎,用无菌移液管从三角烧瓶中吸取 1 mL 液体培养基于冻干管中,菌粉溶解后,将菌液转入盛有 5 mL 灭菌液体培养基的玻璃试管中,塞入棉花塞,30 ℃恒温静止培养 24 h。

配制 200 mL 液体培养基于三角烧瓶中,加入 2.6 g 琼脂,用约 2 mol/L NaOH 溶液调整 pH 到 7.2,棉花塞密封,121 ℃环境下灭菌 20 min,将培养基转入 10 个灭菌培养皿中,冷却后制成平板。将平板倒置于恒温干燥箱中,30 ℃恒温,去除平板内的水分。

配制 1 000 mL 液体培养基于三角烧瓶中,用约 2 mol/L NaOH 溶液调整 pH 到 7.2,棉花塞密封,121 ℃环境下灭菌 20 min,冷却。

2. 菌株的培养及生长期测量

将一次培养后的细菌转入盛有 1 000 mL 无菌液体培养基的三角烧瓶中,混均(转移 250 mL 于无菌三角烧瓶中),塞入棉花塞,置于恒温振荡器中于 30 ℃静止培养。

使用无菌移液器从 250 mL 三角瓶中分别转移 10 mL 菌液于 20 支玻璃试管中,棉花塞密封,每隔 1 h 左右取 3 mL 于 1 cm 测量池中,UV‐vis 600 nm 波长下测量吸光度,确定对数生长期。

3. 稀释平板计数

从玻璃试管中移取对数生长期(15 h)的菌液 5 mL 于盛有 45 mL 无菌水的三角瓶中,摇匀(稀释 10 倍),再用无菌移液管移取 1 mL 该稀释菌液于盛有 9 mL 无菌水的玻璃试管中,摇匀(稀释 100 倍),如此将菌液再稀释至一千到一百万倍。

用无菌移液管移取上述菌液 0.1 mL 于平板培养基中央(设 3 个平行样),用玻璃棒沿同心圆方向轻轻向外扩展,使菌液均匀分布在整个平面。室温静止 5～10 min,使菌液渗入培养基,将平板倒置于恒温干燥箱中,30 ℃静止培养 48 h。

从上述平板样品中,选择一个合适的稀释度,求出被测样品中的含菌数/mL(菌落数以 30～300 个/板为佳）。

4. 细胞悬浊液洗涤

将对数生长期的细菌停止生长，确定剩余菌液的质量。将菌液于 10 500 g 条件下离心 5 min，去除上清液，用 pH 7.2 的 MOPS 溶液洗脱，如此反复 2 次，得到菌饼。将细菌转入相同体积的 pH 7.2 的 MOPS 缓冲溶液中，得到相同细菌密度的菌液，备用。

6.2.6 钚分析方法

1. 形态（价态）分析

痕量钚的胶态和水溶态份额及其价态分析由图 6-5 所示的溶剂萃取流程完成（一般低于 10^{-9} mol/L 的^{239}Pu），基本操作方法为：pH = 0.5 和 pH = 4.5 时采用 HDEHP 和 TTA 萃取剂分别萃取不同价态的钚，从而实现 Pu(Ⅲ)、Pu(Ⅳ)、Pu(Ⅴ) 和 Pu(Ⅵ) 的分离。图 6-5 中③以下的虚线部分是天然胶体表面钚的价态分析过程，对于钚真胶体颗粒不需此过程。部分钚浓度高于 10^{-5} mol/L 的样品，如制备钚真胶体时，价态分析可由

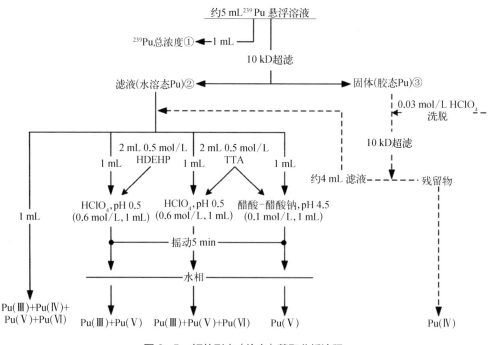

图 6-5　钚的形态（价态）萃取分析流程

UV – Vis 吸收光谱法完成,各价态的特征吸收波长 λ 分别为:$\lambda_{Pu(III)} = 600$ nm、$\lambda_{Pu(IV)} =$ 470 nm、$\lambda_{Pu(V)} = 568$ nm、$\lambda_{Pu(VI)} = 830$ nm。该流程耗时长且工作量大,当 Pu(IV)发生还原时,可简化该流程[10]。

2. 浓度测量

^{239}Pu 样品的浓度由 ICP – MS 同位素稀释法测量(^{242}Pu 为稀释剂),部分 fg/g 量级的 ^{239}Pu 样品由多接收电感耦合等离子体质谱(MC – ICP – MS)测量。样品的基本纯化流程为,在 ^{239}Pu 溶液中加入定量的 ^{242}Pu,使用 $NaNO_2$ 调整钚至 4 价,溶液转移到装有 Dowex 强碱性阴离子树脂的色谱柱中,用酸淋洗去除 ^{238}U 和基体元素,最后用稀 HF 溶液解析 Pu(IV)$_{aq}$。

6.2.7 铀分析方法

1. 价态及化学结构分析

使用 XPS(Kratos Axis Ultra Dld,单色 Al Kα X-ray, 300 W)分析 U(VI)$_{aq}$ [$U^{VI}O_2(NO_3)_2 \cdot 6H_2O$]及其还原终端产物的表面化学性质。根据 U(VI)和 U(IV)的 U4f$_{5/2}$ 或 U4f$_{7/2}$ 电子峰的化学位移可判断 U(VI)$_{aq}$ 是否发生还原反应,产物中 U(IV)的面浓度由拟合的 U4f 峰的相对面积获得。XPS 电子结合能由 C1s 284.6 eV 校正。使用 HRTEM(JEOL JEM – 2100F – 100 kV,Schottky FEG Zr/W 发射枪,最大加速电压为 200 kV,分辨率为 1.5 nm)分析还原终端产物的晶体结构,明确 U(VI)$_{aq}$ 的还原方向。晶格条纹由 FFT 和 IFFT(Gatan Digital Micrographe software)处理并分析。

2. 浓度测量

10 kD 滤液中 U(VI)$_{aq}$ 的浓度由 UV – vis(HP 845X)显色法测量。样品中的干扰离子用 10^{-5} mol/L EDTA 掩蔽,样品调整到 0.5 mol/L HCl,偶氮氯膦 III(Chlorophosphonazo III)为显色剂。U(VI) – Chlorophosphonazo III 配位化合物的特征峰位于 668 nm。偶氮氯膦 III 加入量以偶氮氯膦 III/U(VI)$_{aq}$ ≈ 4 为原则,该加入量可消除因其微小差异对 OD668 带来的影响。该方法能准确测量低至 1×10^{-6} mol/L 的 U(VI)$_{aq}$[13]。

6.3 结果及结论

6.3.1 钚(Ⅳ)在土壤介质表面的吸附

钚在土壤介质表面的吸附达到平衡状态时,在液固两相中分配的相对量一般用 K_d 表达。K_d 反映了介质对钚的吸附特性,是模拟钚大尺度迁移行为不可或缺的参量。不同场址的介质,甚至同一场址的介质,由于物相组成的差异,其 K_d 一般也不同。K_d 不具有普适性,且易受固液比(L/S)、介质粒度、溶液化学性质等影响,必须通过实验得到特定场址中选定介质的 K_d。结合离心或超滤分离的静态吸附实验是最常使用的实验方法,K_d 的计算方法为

$$K_d = \frac{\Gamma_s}{C_d} = \frac{C_s}{C_d} \frac{V}{m} \tag{6-6}$$

式中,C_d 为水溶态钚浓度,mol/L,指离心后上清液中的钚或超滤后离心管底部的钚浓度;C_s 为被介质吸附的钚浓度,mol/L,指离心管底部的钚或被滤膜超滤截留的钚浓度;Γ_s 为吸附在介质表面的钚量,mol/g;V 为离心管中溶液的体积;m 为离心管中介质的质量。

该实验过程存在的机械振动,对固相介质表面产生一定的机械摩擦,使体系内的"静态水"不能保持完全的静止状态。此外,该传统两相 K_d 未考虑胶态钚(Ⅳ)的影响,即忽略了胶态钚(Ⅳ)的运动。虽然两相 K_d 有其明显的局限性,但仍可用来分析和比较污染物被介质吸附的性能,有助于了解污染物在环境体系中的行为。吸附实验使用的介质为西北某地的沉积土壤,液固两相分离由 10 kD 超滤实现。

1. 吸附动力学

钚的吸附动力学结果如图 6-6(a)所示,实验条件为 pH = 8.5、L/S = 20 mL/g、钚浓度 $c_0 = 2.0 \times 10^{-9}$ mol/L、土壤介质粒度为 0.7~0.3 mm。钚的吸附过程包含两个阶段,前期 15 天为表面扩散反应控制的快吸附过程,而后是微孔扩散等主导的慢吸附过程。钚在土壤介质上的吸附达到绝对平衡的状态非常缓慢,为保守起见,设定 60 天为钚的"吸附平衡"时间,来完成 K_d 的测量。

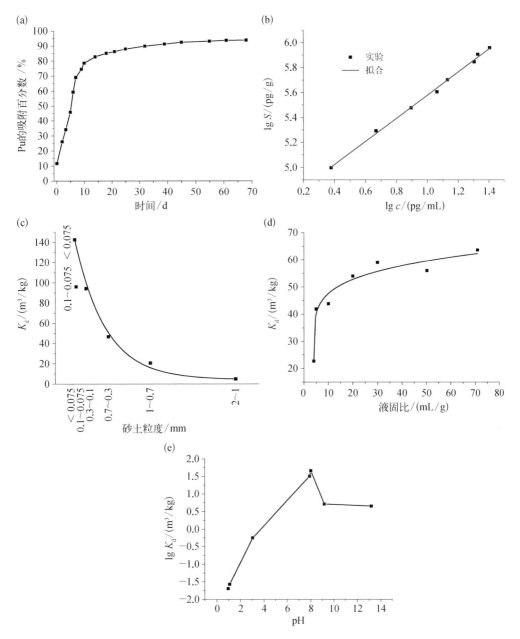

图6-6 钚（Ⅳ）在土壤介质上吸附的动力学过程（a），钚浓度与 K_d 的关系（b），土壤介质粒度与 K_d 的关系（c），液固比与 K_d 的关系（d），pH 与 K_d 的关系（e）[3]。图（b）中 S（pg/g）和 c（pg/mL）分别为 Freundlich 等温吸附方程中固相和液相钚的浓度

2. 钚浓度与 K_d 的关系

图6-6(b)为 c_0 与 K_d 的关系,实验条件为 pH = 8.5、L/S = 20 mL/g、c_0 = $1.0 \times 10^{-9} \sim 1.25 \times 10^{-8}$ mol/L、土壤介质粒度为 0.7～0.3 mm。钚在土壤介质上的吸附符合 Freundlich 吸附等温线,线性相关度 R^2 = 0.99,直线截距为 4.66,则 K_d = $10^{4.66} \approx$ 45.71 m^3/kg。该实验结果的意义在于,K_d 在一定钚浓度的范围内($1.0 \times 10^{-9} \sim 1.25 \times 10^{-8}$ mol/L)基本保持不变。

3. 土壤粒度与 K_d 的关系

图6-6(c)是土壤粒度为 2～1 mm、1～0.7 mm、0.7～0.3 mm、0.3～0.1 mm、0.1～0.075 mm 和＜0.075 mm 时钚的 K_d,其他实验条件为 pH = 8.5、L/S = 20 mL/g、c_0 = 2.0×10^{-9} mol/L。结果表明,土壤粒度对 K_d 的影响显著,土壤粒度越小,K_d 越大。当粒度从 2～1 mm 减小到＜0.075 mm 时,K_d 相应地从 4.91 m^3/kg 增大到 143 m^3/kg。小粒度介质有相对大的电荷密度和比表面积[82],吸附钚的能力强,因此相应的 K_d 大。

4. 液固比与 K_d 的关系

图6-6(d)是 L/S 对 K_d 的影响。实验条件为 pH = 8.5、c_0 = 2.0×10^{-9} mol/L、L/S = 4～75 mL/g、土壤介质粒度为 0.7～0.3 mm。液固比通过固定 20 mL 溶液体积,调整介质质量实现。同样体积的溶液中移入相对少量的介质时(L/S 大),固相介质吸附钚的量小,K_d 应该较小。然而,K_d 与 L/S 的变化趋势相反,低 L/S(＜10 mL/g)时 K_d 快速增大,高 L/S 时 K_d 缓慢增大。L/S 与 K_d 的这种关系同样也存在于 Cs[83]、Eu[84] 等元素的吸附过程,一般用固体效应(solid effect)[85]解释此现象,即介质表面的部分吸附位点被悬浮的颗粒掩蔽。

5. pH 与 K_d 的关系

图6-5(e)给出了 pH 与 K_d 关系的实验结果,实验条件为 pH = 0.5～13、L/S = 20 mL/g、c_0 = 2.0×10^{-9} mol/L、土壤介质粒度为 0.7～0.3 mm。低 pH 时,介质表面产生质子化官能团(如羟基),带净正电荷。环境 pH 时(8.5),由于层状硅酸盐和/或氧化物的同晶置换、晶体边缘和羟基的断键使介质表面带净负电荷[86]。高 pH 时,去质子化的介质表面的负电荷量进一步增大。概括地讲,体系 pH 从低到高变化时,介质表面的正电荷量逐渐减小,负电荷量逐渐增大。钚(Ⅳ)与介质表面的静电作用和化学配位将

受介质表面电荷变化的影响。pH = 8.48 时 K_d 达到最大值(45.30 m³/kg),而高酸性体系中介质几乎不吸附钚,K_d 只有 0.020 3 m³/kg。

总之,西北某地的孔隙介质为碱性土壤,有很强的吸附钚的能力。土壤粒度越小、液固比越大,钚的吸附平衡分配系数 K_d 越大,在 pH = 8.48 时 K_d 达到最大值(45.30 m³/kg)。

6.3.2 三元体系中钚的分配

地下水是由水、天然胶体、固体(如花岗岩)组成的三元体系。水和天然胶体有移动能力,花岗岩没有移动能力。地下水中的无机和有机胶体浓度一般小于 5 mg/L[41],部分地区地下可高达几十 mg/L(如地下核试验爆炸空腔附近的水域)[42]。天然胶体能促进钚大尺度迁移的基本条件是地下水中有天然胶体存在,此外钚假胶体必须稳定且可以长时间保持悬浮状态。天然胶体作为低溶解度钚的移动载体,在部分核热点区域地下水中的大尺度迁移现象已被证实[26, 35, 36]。

地下水中的天然胶体和花岗岩可竞争性地吸附 Pu(IV)$_{aq}$,故自由状态的 Pu(IV)$_{aq}$ 可转变为吸附在天然胶体表面的可移动性钚和吸附在花岗岩表面的非移动性钚。钚在水-天然胶体-花岗岩三元体系的分配关系决定了钚的存在状态和移动能力,是高放废物处置库环境安全评价及核污染场址修复中高度关注的问题。

传统的静态吸附实验,将钚胶体等金属胶态污染物处理为不动形态[84, 87]。实验测定的分配系数(K_d)实际上反映的是(花岗岩 + 天然胶体)与水竞争钚的关系,而不是花岗岩与水竞争钚的关系。由于钚胶体的移动能力被完全忽略,钚对环境的污染风险则被严重低估。

即使实验中没有引入天然胶体,土壤、花岗岩等胶态颗粒也常常大量存在于离心管中。Honeyman 曾指出,传统吸附实验中,第三相的天然胶体往往被忽略掉,没有引起人们的足够重视[88]。我们首先分析传统两相分配系数的表达式[同式(6-7)]。

传统两相固液分配比(花岗岩/水)$K_{s/d}$ 为

$$K_{s/d} = \frac{\Gamma_s}{C_d} = \frac{C_s}{C_d} \frac{V}{m} \qquad (6-7)$$

上式分配比表达的实际物理意义是(花岗岩 + 天然胶体)/水的分配比 $K_{s+c/d}$,即

$$K_{s+c/d} = \frac{\Gamma_{s+c}}{C_d} = \frac{C_s + C_c}{C_d} \frac{V}{m} \tag{6-8}$$

式中，C_c 为胶体态钚浓度（胶态钚），mol/L；其他参数同式（6-6）。通过离心分离或超滤实验得到的 $K_{s/d}$ 反映的实际结果是（花岗岩 + 胶体）/水的分配比 $K_{s+c/d}$，即有移动能力的钚胶体被人为处理成没有移动能力的钚胶体。地下水中钚的三元体系分配情景和模拟实验如图 6-7 所示，由此我们需要定义一个新的分配系数 $K_{s/d+c}$。

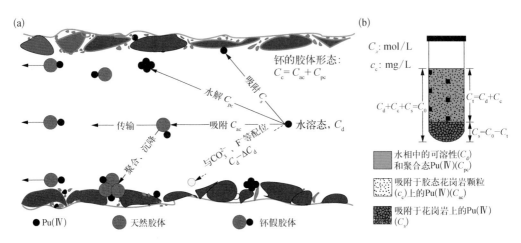

图 6-7　钚（Ⅳ）在地下含水层的水-天然胶体-花岗岩三元体系中的水解、配位、表面吸附和传输（a），实验室模拟钚在三相系统中的吸附分配实验（b）[7]

三元体系中悬浮状态钚的总浓度 $C_t(\text{mol/L}) = C_d + C_c$，$C_d$ 和 C_c 分别是水溶态和胶态钚浓度，是有移动能力的。胶态钚 C_c 沉降在离心管底部或滞留在滤膜上，包括聚合态钚（C_{pc}）和吸附在天然胶体表面的钚（C_{ac}），即 $C_c = C_{ac} + C_{pc}$。吸附在花岗岩表面上的不动钚 $C_s(\text{mol/L}) = C_0 - C_t$，$C_0$ 是钚的起始浓度。假定钚在三元体系中的分配是可逆、线性的竞争关系，则 $K_{s/d+c}$ 的表达为式（6-9）。

花岗岩/（水 + 天然胶体）分配比为

$$K_{s/d+c} = \frac{\Gamma_s}{C_d + C_c} = \frac{\Gamma_s}{C_d + C_{ac} + C_{pc}} = \frac{C_s}{C_d + C_{ac} + C_{pc}} \frac{V}{m} \tag{6-9}$$

该表达式将吸附在花岗岩表面的没有移动能力的钚（Γ_s）与有移动能力的钚（$C_d + C_c$）区分开来，能反映自然环境中钚的存在状态和运动属性。进一步推理，谢金川等发现 $K_{s/d+c}$ 与 $K_{s/d}$ 之间存在明显差异，见式（6-10）。

$$\frac{1}{K_{s/d+c}} = \frac{1}{K_{s/d}} + \frac{C_{ac}}{\Gamma_s} + \frac{C_{pc}}{\Gamma_s} \qquad (6-10)$$

1.钚的吸附动力学

水溶态钚(Ⅳ)逐渐消失,转化为胶态钚和不动态钚(图6-8)。胶态钚(Ⅳ)分布百分数(f_c)从起始的78.3%快速降低到约45%,并保持基本稳定。花岗岩胶态颗粒与花岗岩表面的吸附亲和是f_c降低的主因[7]。钚(Ⅳ)的三元分配系数$K_{s/d+c}$比传统两相$K_{s+c/d}$低2~3个数量级,反映了钚胶体的运动特性。

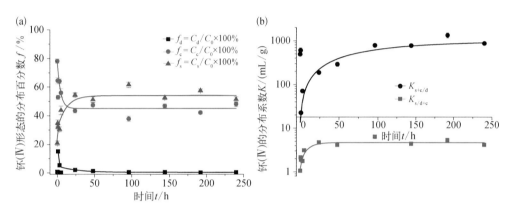

图6-8   水-花岗岩胶态颗粒-花岗岩三元体系中钚的动力学分布(a),
传统两相 $K_{s+c/d}$ 与三相 $K_{s/d+c}$ 的差异(b)[7]

主要实验条件:pH = 8.5,花岗岩胶态颗粒(1 nm~1 μm),c_c = 168 mg/L,花岗岩不动介质为1~2 mm,液固比 L/S = 4∶1 (mL/g)

2. 胶体浓度的影响

胶态钚(Ⅳ)的分布百分数f_c与花岗岩胶态颗粒的浓度c_c正相关(图6-9),例如c_c从5 mg/L增大到774 mg/L时,f_c从33.4%增大到87.5%。当c_c>80 mg/L时,水溶态钚(Ⅳ)的量非常少(f_d<0.5%),表明在高浓度时,胶体竞争吸附钚的能力明显强于花岗岩。花岗岩表面的 Fe、Mn 氧化物产生正电荷位点[89],而 pH = 8.5 时花岗岩胶态颗粒带净的负电荷[7],两者之间发生静电吸引。在花岗岩胶态颗粒占满正电荷位点后,两者间出现静电排斥(表面排斥的 blocking 效应[90]),因此观察到钚胶体 f_c 呈现逐渐增大的现象。

不同胶体浓度的体系中,$K_{s+c/d}$和 $K_{s/d+c}$同样存在很大差异。当c_c>80 mg/L 时$K_{s+c/d}$变化较小,但 $K_{s/d+c}$持续降低,最终 $K_{s/d+c}$仍比 $K_{s+c/d}$低2~3个数量级。

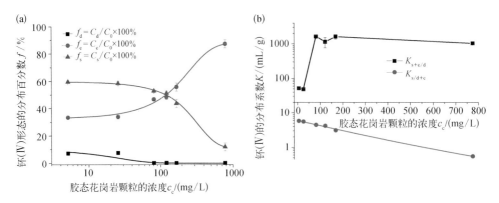

图6-9　水-花岗岩胶态颗粒-花岗岩三元体系中不同形态钚的分布百分数与花岗岩胶态颗粒浓度 c_c 的关系（a），传统两相 $K_{s+c/d}$ 与三相 $K_{s/d+c}$ 的差异（b）[7]

主要实验条件：pH = 8.5、花岗岩岩粉颗粒为 1～2 mm、液固比 L/S = 4∶1（mL/g）

3. pH 的影响

在 pH < pH_{IEP} = 2.75 的酸性体系中，花岗岩胶态颗粒和花岗岩表面均带正电荷，钚（Ⅳ）主要以水溶态形式存在，其分布百分数 f_d 高达 80% 左右（图 6-10）。pH > pH_{IEP} 时，两者表面均带负电荷，水溶态钚（Ⅳ）转化为胶态钚和不动态钚，f_d 低至 0.45% 左右。随着 pH 的增大，胶态颗粒的 Zeta 电位更负[7]，双电层厚度变大，相应地胶态颗粒间的静电斥力增大，有效碰撞降低，钚胶体变得更为稳定。虽然 pH < pH_{IEP} 时 $K_{s+c/d}$ 和 $K_{s/d+c}$ 差异不大，但总体而言，pH 是比胶体浓度更显著地影响 $K_{s+c/d}$ 和 $K_{s/d+c}$ 的因素。

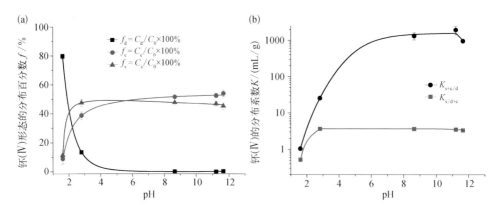

图6-10　水-花岗岩胶态颗粒-花岗岩三元体系中不同形态钚的分布百分数与 pH 的关系（a），传统两相 $K_{s+c/d}$ 与三相 $K_{s/d+c}$ 的差异（b）[7]

主要实验条件：花岗岩胶态颗粒尺寸为 1 nm～1 μm、c_c = 168 mg/L、花岗岩岩粉颗粒为 1～2 mm、液固比 L/S = 4∶1（mL/g）

4. 胶体类型的影响

在不同类型的天然胶体体系中，钚(Ⅳ)的形态分布存在差异(图 6 - 11)[6]。例如胶态钚的分布百分数(f_c)，腐殖酸 97.2%＞89.6%(高岭土胶体)＞87.4%(土壤胶体)＞55.9%(花岗岩胶态颗粒)，即不同类型的胶体与花岗岩表面竞争钚的能力存在差异。吸附在花岗岩表面的不动态钚份额(f_s)与胶体类型的关系是，腐殖酸体系 0%＜高岭土胶体 10.1%＜土壤胶体 12.3%＜花岗岩胶态颗粒 43.8%。四种胶体与花岗岩表面吸附亲和能力的顺序应为：胶态花岗岩颗粒＞土壤胶体≈高岭土胶体＞腐殖酸≈0。花岗岩胶态颗粒、土壤胶体、高岭土胶体体系的 $K_{s+c/d}$ 比 $K_{s/d+c}$ 高约 1 000 mL/g，而腐殖酸系统中 $K_{s+c/d}$ 低至 140 mL/g，$K_{s/d}≈0$。

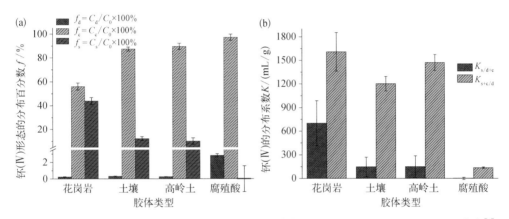

图 6 - 11　三元体系中钚的形态份额与胶体类型的关系 (a)，$K_{s+c/d}$ 和 $K_{s/d+c}$ 与胶体类型的关系 (b)[6]

主要实验条件：pH = 8.5、实验时间为 5 h、胶体或腐殖酸浓度为 168 mg/L、花岗岩岩粉颗粒为 1～2 mm、液固比 L/S = 4 : 1 (mL/g)

总之，三元体系的分配系数 $K_{s/d+c}$ 与水溶液条件密切相关。低 pH 时，水溶态钚(Ⅳ)的分布百分数 f_d 约为 80%，环境 pH 条件下，花岗岩胶态颗粒和花岗岩介质对水溶态钚(Ⅳ)的吸附导致 f_d＜1%。同时，由于胶态颗粒与花岗岩竞争吸附水溶态钚(Ⅳ)，胶态钚(Ⅳ)与水溶态钚(Ⅳ)的比 $K_{c/d}\{K_{c/d} = [(K_{s/d+c}/K_{s+c/d}) - 1]/c_c\}$ 高达 10^6 mL/g，传统两相分配系数 $K_{s+c/d}$ 比三相分配系数 $K_{s/d+c}$ 高 2～3 个数量级。

6.3.3　钚假胶体稳定性

当水环境的 pH 和离子强度等发生变化时，天然胶体的双电层厚度和胶体尺度也会发生相应变化,产生不利于胶体稳定的聚集和沉降行为,吸附在胶体表面的钚可能发生脱附。因此,天然胶体的稳定性直接关系到吸附在胶体表面的钚的稳定性,即关系到钚假胶体的稳定性。

1. 离子浓度对聚沉动力学的影响

图 6-12(a)和(c)分别是 Na^+ 和 Ca^{2+} 的离子浓度不同时,钚假胶体悬浮体系中土壤胶体的聚沉曲线。随 Na^+ 和 Ca^{2+} 的离子浓度的增大,土壤胶体可表现出几个阶段的动

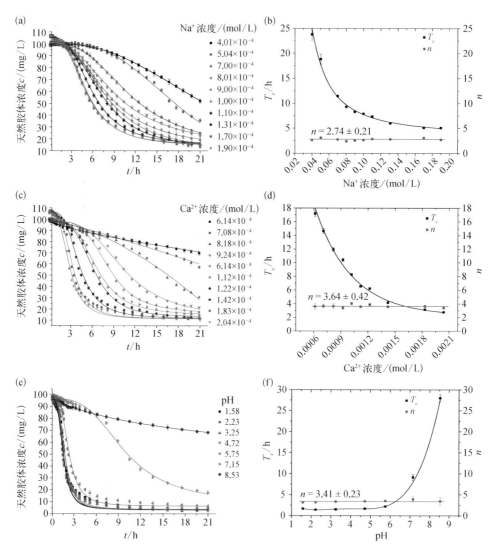

图 6-12　钚假胶体悬浮体系中悬浮状态的土壤胶体浓度 c 与 Na^+ 浓度(a)、Ca^{2+} 浓度(c)、pH(e)的关系,图(b)、(d)、(f)是式(6-11)的拟合结果[1]

力学聚沉特征。① 当 Ca^{2+} 的离子浓度为 6.14×10^{-4} mol/L 时，为一段聚沉过程，聚沉过程呈直线，21 h 后土壤胶体质量浓度降低了 29%。② 当 Ca^{2+} 的离子浓度为 7.08×10^{-4} mol/L 和 8.18×10^{-4} mol/L，Na^+ 的离子浓度为 5.04×10^{-2} mol/L 和 7.00×10^{-2} mol/L 时，为两段聚沉过程：早期阶段 c-t 呈直线关系，土壤胶体浓度 c 降低约 10%；随后发生快速沉降，胶体浓度急剧降低。③ 当 Na^+ 和 Ca^{2+} 的离子浓度继续增大时，则为三段聚沉过程：在第三段的沉降后期，土壤胶体浓度降低超过 70%，但变化平缓，这表明土壤胶体的碰撞-聚沉过程基本结束。当存在两段或三段聚沉时，体系内的土壤胶体不稳定。

土壤胶体中层状硅酸盐及氧化物的同晶置换、晶体边缘的断键、表面羟基的离解，使土壤胶体表面带负电荷[86]，图 6-13 为测量的胶体表面的 Zeta 电位。胶体悬浊液中加入微量的钚（10^{-9} mol/L）不会改变胶体表面的带电性质。但一定量强电解质 Ca^{2+} 和 Na^+ 的引入则会使土壤胶体的 Debye 参数 κ 增大，双电层厚度 $1/\kappa$ 减少。由于双电层被压缩，斥力随之减少，胶体间一经碰撞即可发生凝聚。随

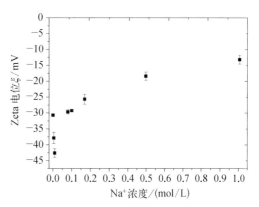

图 6-13　土壤胶体（< 1 μm）的 Zeta 电位[4]

着胶团（凝聚体）体积的增大，沉降速度也比初始阶段明显加快。电解质的价态越高和浓度越大，碰撞产生凝聚的效率就越高，体系碰撞-凝聚需要的时间越短。Logistic 函数可用于描述悬浊体系中土壤胶体从凝聚到沉降的过程，见式（6-11）。

$$c = (100 - c_f)/\left[1 + (t/T_c)^n\right] + c_f \qquad (6-11)$$

式中，特征时间 T_c（h）和聚沉指数 n 用于定量描述胶体的动力学聚沉行为，两参数的拟合采用最小二乘法。T_c 反映胶体双电层受破坏的程度，与离子强度相关。T_c 大，表明双电层受破坏的程度小，发生凝聚的胶体则需要较长时间才开始沉降。参数 n 与电解质类型相关。c 是 t 时刻呈悬浮状态的土壤胶体的质量浓度，mg/L；c_f 为 t 无穷大时胶体的浓度，mg/L，且 $\lim\limits_{t \to \infty}(c_f) = 0$。

图 6-12(b) 和 (d) 指出，电解质的价态和浓度越小，T_c 越大，胶体间碰撞-凝聚需要的时间越长，体系相对稳定。式（6-11）能较好地反映较高浓度 Na^+ 和 Ca^{2+} 对胶体聚沉的影响，聚沉指数 n 分别为 2.74 ± 0.21 和 3.64 ± 0.41，拟合优度大于 0.99。Ca^{2+} 浓度为

6.14×10^{-4} mol/L 时,由于双电层的破坏程度很小,胶体浓度的降低基本由胶体单体重力沉降引起,沉降过程为直线。

谢金川等将土壤胶体浓度降低 80% 时对应的离子强度定义为胶体的临界聚沉值(critical coagulation concentration,CCC),用内插法取得 CCC(Na^+) = 0.081 mol/L,CCC(Ca^{2+}) = 9.8×10^{-4} mol/L,CCC(Na^+)/CCC(Ca^{2+}) = 82.6,大于 DLVO 理论值 $(2/1)^6 = 64$。

2. pH 对聚沉动力学影响

图 6 - 12(e)和(f)分别是 pH 对土壤胶体稳定性的影响和 T_c/n 拟合参数的结果。不同 pH 对胶体的稳定性的影响有很大差异。pH = 8.53 时,胶体基本稳定,聚沉过程呈直线;当 pH < 5 时,很短的时间内碰撞-凝聚即可完成(T_c 小),可直接观察到试管中大尺度胶团的快速沉降。结合高离子浓度时胶体稳定性的情况,可推测出低 pH 时胶体稳定性被破坏的本质也是胶体间斥力能垒消失,出现第一引力势能最小值[91]所致。式(6 - 11)也能较好地反映胶体在低 pH 时的聚沉过程,拟合优度大于 99%,聚沉指数 n 为 3.41 ± 0.23,与 $n(Na^+)$ 和 $n(Ca^{2+})$ 相当,表明在低 pH 和高浓度的电解质溶液中,土壤胶体遵循大致可分为三阶段的聚沉过程。总之,在低离子浓度[< CCC(Na^+),< CCC(Ca^{2+})]和高 pH(> 7)时,土壤胶体动力学聚沉速度慢,钚假胶体相对稳定;反之,则快速聚沉,钚假胶体不稳定。

6.3.4 钚假胶体的移动能力

人们研究农药和除草剂等有机污染物的迁移规律时发现,吸附在腐殖酸有机胶体上的污染物的迁移能力变大了[92],Zn、Cu 和 Ag 等元素也有相似的现象[93]。在环境放射化学领域,现场监测到了长距离迁移的钚胶体[26, 36],实验室内也开展了放射性胶体迁移行为的相关研究[28, 33, 37]。目前,天然胶体增强低溶解度放射性核素的迁移能力已基本上达成共识。但是,当钚等核素吸附到天然胶体上时,其移动行为会发生哪些方面的变化,多大程度的变化,以及与环境相关因素的关系尚不清楚。

首先,迄今的文献资料仅对实验现象进行了直观的解释或说明。如 McCarthy 认为,天然胶体增强污染物迁移的过程就是低溶解度核素吸附到天然胶体上,增大了表观溶解度,从而迁移得更远、更快[94]。Pascal 总结了地下水中钚大尺度迁移的结果,也只给出迁移现象的发生缘于钚吸附到天然胶体上的简单说明[95]。关于增强迁移的机制，仍没有深入研究的报道。Minhan 强调，虽然已监测到钚胶体在现场迁移的事实，但影响机制还需要在实验室开展系统的研究[96]。

其次，判断天然胶体增强污染物迁移的提法经不起仔细推敲。"增强迁移"这一概念可能源于根据传统两相 K_d 预测的钚等核素的迁移能力与现场监测结果的不一致性：低溶解度强吸附性的钚本应吸附到花岗岩介质上成为不动相（K_d 计算结果），但在污染源的远区水域中却发现了钚，因此归因于钚胶体的"增强迁移"。如前所述，K_d 忽略了钚胶体的运动特性，其应用是有局限性的。

由于对迁移机制认识的不足，现今建立的物理模型不能全面反映污染物的运动特性，不利于核环境的安全评估。因此，探索胶体的增强迁移机制是环境放射化学领域重要的研究课题。钚胶体是否表现出迁移增强的过程，必须建立相应的衡量标准。既然研究对象是钚(Ⅳ)假胶体，它的比较对象应是未吸附到胶体表面的钚(Ⅳ)。迁移增强体现在哪些方面，也必须建立衡量指标，而可迁移份额［the fraction of mobile Pu(Ⅳ)］和迁移速度（transport velocity）是最能反映污染物运动过程的两个指标参量。

谢金川等从可迁移份额和迁移速度两个方面探索了钚胶体的运动特性，回答了钚胶体在孔隙介质中"跑多少"和"跑多快"的问题。

土壤胶体浓度与钚迁移量的关系如下。

图 6 - 14 是土壤胶体浓度（c）为 0～2 017.80 mg/L 的钚(Ⅳ)假胶体悬浊液（钚浓度约为 10^{-9} mol/L），含约 800 Bq/g 的氚水，用于研究水力学过程。$c = 0$ 的悬浊液与

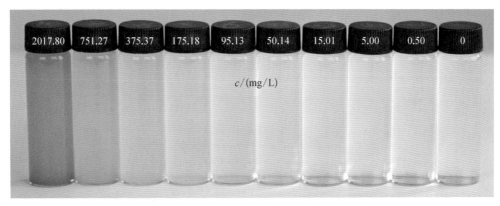

图 6 - 14　钚(Ⅳ)假胶体悬浊液[4]

钚浓度约为 10^{-9} mol/L，pH 8.5，c 为土壤胶体浓度

$c = 0.50$ mg/L 和 5.00 mg/L 的悬浊液没有明显差异,但 UV - vis 测量的浊度明显增大。将 10 组悬浊液注入装有 $0.7 \sim 0.3$ mm 土壤介质的土柱中(介质经 18.2 MΩ 的纯水反复清洗,确保去除表面附着的胶体颗粒,烘干备用),分析释出液中钚的形态。图 6 - 14 和表 6 - 1 分别是钚和氚水的穿透曲线及根据穿透曲线得到的钚的迁移量等数据。

表 6 - 1　土壤胶体浓度 c、释出液中胶态钚的份额 $C_c\%$、钚的迁移量 R_{Pu}(即钚在土柱中传输时的回收率)、土壤胶体与花岗岩表面间的相对斥力 F[图 6 - 15(a)Ⅱ曲线部分的斜率]数据[4]

c/(mg/L)	$C_c\%$	$R_{Pu}/\%$	F/min^{-1}
0	54.4 ± 0.3	1.31	6.39×10^{-3}
0.50	67.8 ± 0.6	8.62	3.38×10^{-3}
5.00	73.4 ± 0.05	19.13	7.79×10^{-3}
15.01	78.9 ± 0.06	24.72	1.10×10^{-2}
50.14	79.9 ± 0.2	36.14	1.15×10^{-2}
95.13	86.1 ± 0.07	41.80	1.53×10^{-2}
175.18	93.4 ± 0.8	49.17	2.03×10^{-2}
375.37	97.2 ± 0.3	52.48	2.17×10^{-2}
751.27	99.5 ± 0.4	51.06	2.13×10^{-2}
2 017.80	99.3 ± 0.1	12.70	6.4×10^{-3}

图 6 - 15 为钚假胶体(a)和氚水(b)的穿透曲线(规一化释出液浓度 C/C_0[4])。结果表明,当 $c = 0$ 时,释出液中水溶态(C_d)和聚合态(C_c)钚(Ⅳ)的份额分别为 45.6% 和 54.4%,未释出的钚(Ⅳ)与介质表面发生配位吸附,滞留在介质中成为不动态钚。微量

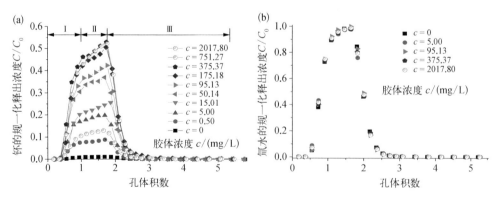

图 6 - 15　钚假胶体(a)和氚水(b)的穿透曲线(规一化释出液浓度 C/C_0)[4]

土壤胶体存在时($c = 0.5\ \text{mg/L}$)，钚的移动能力明显增强，迁移量 R_{Pu}（即钚的回收率）为 8.62%，是 $c = 0$ 时迁移量的 6.5 倍，证实天然胶体增强了钚的移动能力。钚的移动能力随土壤胶体浓度持续增大，且与释出液中胶态钚的份额相关，当 $c = 375\ \text{mg/L}$ 时，钚的移动能力最强，R_{Pu} 高达 52.48%，是 $c = 0$ 时的 40 倍，进一步证实土壤胶体的确增强了钚的迁移能力。氚水作为惰性示踪剂，土壤胶体对其传输过程没有影响，迁移量 R_{tritium} 均接近 100%。

假设天然胶体的浓度不断增大，直到 $c \to \infty$，即悬浊液为无水的固态，最终钚应全部被滞留在介质中（即 $\lim\limits_{c \to \infty} R_{\text{Pu}} = 0$），因为系统内缺少流动孔隙水的载运。也就是说，在天然胶体浓度达到一定值后，介质-介质间的孔隙通道被土壤胶体堵塞，限制了钚的运动。再结合观察到的实验现象，土壤胶体浓度应该存在一个临界值，小于此值时钚的移动能力与 c 正相关，反之可能负相关。

实验结果证实了上述假设，当 $c > 375.37\ \text{mg/L}$ 时，钚的移动能力开始下降，如 $R_{\text{Pu}} = 12.70\%$（$c = 2.0 \times 10^{-3}\ \text{mg/L}$）$\ll R_{\text{Pu}} - 52.48\%$（$c = 375.37\ \text{mg/L}$）。钚的移动能力不会随土壤胶体浓度的增大而无限增大，临界土壤胶体浓度为 $375.37\ \text{mg/L}$。R_{Pu} 与 c 的非单调依赖关系如图 6-16 所示。

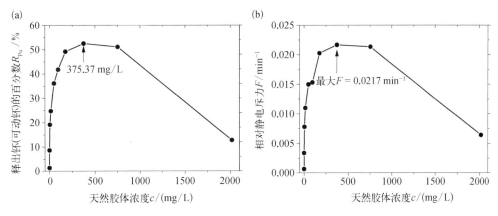

图 6-16　钚假胶体的移动能力 R_{Pu}（a）和土壤胶体与介质表面间的相对斥力 F 与土壤胶体浓度 c 的依赖关系（b）[4]

目前的传输模型考虑了污染物的表面配位吸附（即滞留）、溶解、衰变、扩散等重要过程，但没有涉及天然胶体与低溶解度污染物的移动能力的关系，不利于正确评估污染物对生态环境的影响，完善现有传输模型是研究的方向之一。

孔隙介质中钚胶体传输机制如下。

胶体在孔隙介质中的滞留机制主要有两方面：一是介质-介质间孔隙的机械截留，二是胶体与介质间的静电吸引。胶体与不动介质间的静电作用方式依赖于两者表面的净电属性及电荷均匀度，溶液性质如 pH 等也对此作用方式有影响。

我们注意到，图 6-15(a)中Ⅱ部分的穿透曲线斜率与土壤胶体浓度相关。Liu 指出，该部分曲线的斜率，反映了胶体沉积在介质表面后，对后续胶体沉积产生的相对排阻面积的大小[90]。斜率越大，已沉积胶体产生的相对排阻面积越大，后续胶体越不利于继续沉积滞留，钚胶体的移动能力则越强。这里，我们将此斜率定义为胶体与介质间的相对斥力 $F(\text{min}^{-1})$，结果见表 6-1。F 先随土壤胶体浓度的增大而增大，然后下降。图 6-16 表明，土壤胶体浓度 c 与钚的移动能力 R_{Pu} 和 F 的关系具有一致性，如临界浓度（375.37 mg/L）时，R_{Pu} 和 F 均出现最大值。R_{Pu} 与 F 符合线性关系，如图 6-17 所示。

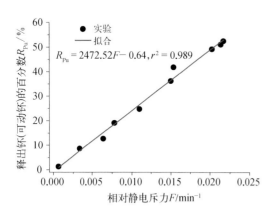

图 6-17　钚假胶体的移动能力 R_{Pu} 与土壤胶体-花岗岩表面间的相对斥力 F 的线性关系[4]

为进一步解释 R_{Pu} 与 c 的非单调依赖性，我们计算了胶体-介质表面间的作用势 Φ_T，$\Phi_T = \Phi_B + \Phi_{vdW} + \Phi_{edl}$（$\Phi_B$、$\Phi_{vdW}$、$\Phi_{edl}$分别是玻恩斥力、范德瓦尔斯力、双电层作用势）[4]。土壤胶体平均尺度由动态光散射技术测量（Marlven NanoZS）。悬浊液中土壤胶体浓度较大时，布朗运动导致的胶体-胶体间的有效碰撞概率增大，胶体的平均胶体尺度较大，如 $d_c = 486.8$ nm（$c = 375.37$ mg/L），$d_c = 578.4$ nm（$c = 2.0 \times 10^{-3}$ mg/L）。$c > 375.37$ mg/L 时，R_{Pu}的降低与此因素有关。

胶体-介质表面间的短程排斥能垒（Φ_{max}）达到几百 $k_B T$（k_B 和 T 分别为玻耳兹曼常数和绝对温度），钚假胶体不可能突破该能垒的限制到达第一能量最小值（the primary energy minima，Φ_{min1}）的空间位置，因此不能在介质表面发生沉积[图 6-18(a)]。然而胶体-介质的长程作用范围的 Φ_T 有第二能量最小值（the second energy minima，Φ_{min2}），其深度随土壤胶体浓度的增大而增大[即更负，图 6-18(b)]，有利于钚胶体的沉积滞留。固此 $c > 375.37$ mg/L 时，Φ_{min2} 对 R_{Pu} 的降低有一定的贡献。

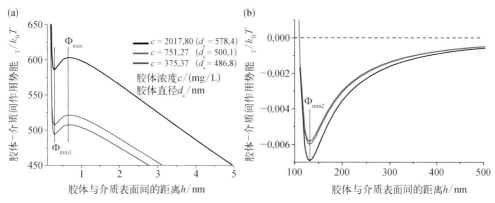

图 6-18　（a）土壤胶体-介质的短程作用空间内第一能量最小值（Φ_{min1}）和斥力能垒（Φ_{max}）；（b）长程作用空间内第二能量最小值（Φ_{min2}）[4]

实验结果提供了天然胶体增强钚移动能力的直接证据，分析了钚胶体在介质运动时"跑多少"的问题，下面回答钚胶体在介质中"跑多快"的问题。

6.3.5　钚假胶体的移动速度

20 世纪 60—80 年代，人们曾发现 Cl^-、Br^-、NO_3^- 等阴离子的运动速度比氚水略快，并用阴离子排斥（anion exclusion）效应解释了实验现象。氚水作为电中性示踪剂，其运动行为相当于平均地下水流。现场和实验室研究指出细菌、病毒、纳米颗粒比 Cl^- 和 Br^- 一类的阴离子或地下水的运动速度快。例如，细菌与 Br^- 的运动速度之比为 1.25[97]，细菌与地下水的运动速度之比为 1~2[65]，细菌与 Br^- 的运动速度之比为 1.5~2.5[98]。这些"速度加快"的现象一般用尺度排阻（size exclusion）或基质扩散（matrix diffusion）效应进行解释。简单讲，尺度排阻（即尺度色谱效应，size chromatography effect）是指细菌等有尺度效应，在孔隙通道中表现出相对低的扩散速率，不能扩散到靠近介质的低流速区，因此运动速度更快。孔隙通道包括介质-介质间的孔空间和介质内大于胶体尺度的孔。

在环境放射化学领域，钚、镅、镎胶体在孔隙介质中传输的速度比氚水略快 1%~5%。一般也用尺度排阻效应分析理想系统中模型胶体的移动行为，并试图用于描述假胶体的相对运动现象。但难以给出天然系统中实验现象的定量结果，因为假胶体和不动介质具有尺度的多分散和表面化学性质的不均一性。其次是用阴离子排斥效应分析假胶体的微观运动行为。从目前已公开的报道来看，这方面的研究还处于定性分析阶段，并无定量研究的报道。

尽管"速度加快"现象已被广泛报道,但存在的问题依然很多。典型问题之一是,如何准确取得钚假胶体等污染物与氚水的相对运动速度(U_{Pu}/U_T)。而以前给出的速度比只是一种粗略的估计值,使用的方法为,将穿透曲线上胶态污染物和氚水等水溶性示踪剂的最大释出浓度对应的时间比或释出液的体积比作为两者的速度比[33]。该方法取得的速度比实际上仅通过最大释出浓度的两个样品而定,存在很大的不确定性,因为很多情况下穿透曲线上最大释出浓度峰的位置难以判定。例如,污染物与示踪剂的速度相差得不明显时,两者的最大释出浓度峰往往相互重叠或出现在紧邻的两个收集释出液的样品中;示踪源长脉冲方式注入时,两者的穿透曲线表现为"Ⅱ"形状,没有最大释出浓度峰[55]。如此,穿透曲线上哪两个数据点能反映出污染物和示踪剂的速度比无法判断,有随意性。因此,谢金川等建立了一个耦合静电作用和抛物线状水流速分布的概念模型,使用穿透曲线上所有数据而不是单点数据,准确取得污染物的相对运动速度[5]。

1. 建立相对运动模型

根据污染物的带电属性及抛物状孔隙水流速线分布的特征,谢金川等给出了负电性钚假胶体、正电性 Sr^{2+} 离子、电中性氚水分子在孔隙介质通道内的分布示意图(图 6 - 19),依此取得它们之间相对运动速度的表达式[5]。

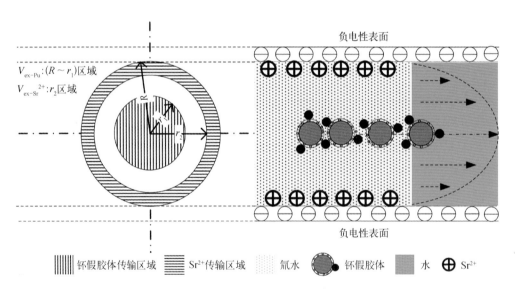

图 6 - 19　负电性花岗岩孔隙通道内负电性钚假胶体、正电性 Sr^{2+}、电中性氚水分子的运动区域分布示意图。 不同于钚假胶体和 Sr^{2+},电中性的氚水分子受分子扩散机制影响在孔隙通道内分布均匀。 左图为孔隙通道的截面图[5]

（1）U_{Pu}/U_T

当水以平均流速 v_0 流经半径为 R 的毛细管孔道时,孔道内溶质的流速(v)分布常表现为抛物线形状的层流,即

$$v = 2v_0\left(1 - \frac{r^2}{R^2}\right) \tag{6-12}$$

式中,v 为以孔道中心轴为圆心,半径为 r 处的水流速;$2v_0$ 为中心轴处的水流速(孔道内最高流速),孔道壁面($r = R$)处的水流速为零。

假设体系内的孔隙通道由 n 条半径为 R,长度为 L 的均匀通道组成,所有通道内可充满水。

孔隙介质体系内水的总体积表达为

$$n\pi R^2 L = \theta V_T \tag{6-13}$$

式中,θ 是测量的土柱内介质的含水率,cm^3/cm^3;V_T 是半径为 a、高度为 H 的土柱内介质的体积,$V_T = \pi a^2 H$。

胶体传输区域(半径 $r = 0$ 至 $r = r_1$ 的孔空间)的孔隙水体积为

$$n\pi r_1^2 L = \theta V_T - \theta_{ex-Pu} V_T \tag{6-14}$$

式中,θ_{ex-Pu} 是 $R \sim r_1$ 区域胶体的排阻含水率(exclusion water content),cm^3/cm^3。在该区域内,由于存在同为负电性的土壤胶体与介质的孔道壁面间的静电排斥作用,钚假胶体被排阻到 $R \sim r_1$ 区域。

由式(6-13)和式(6-14)得,

$$\frac{r_1^2}{R^2} = \frac{\theta - \theta_{ex-Pu}}{\theta} \tag{6-15}$$

将式(6-12)带入式(6-15),可得到 r_1 处钚假胶体的运动速度,即

$$U_{Pu}' = v = 2v_0\frac{\theta_{ex-Pu}}{\theta} \tag{6-16}$$

胶体传输区域内钚假胶体的平均运动速度表达式为

$$U_{Pu} = \frac{2v_0 + U_{Pu}'}{2} = v_0\left(1 + \frac{\theta_{ex-Pu}}{\theta}\right) \tag{6-17}$$

钚假胶体与氚水的相对移动速度为(氚水平均流速 U_T 即平均孔隙水流速 v_0),

$$U_{Pu}/U_T = 1 + \frac{\theta_{ex-Pu}}{\theta} \tag{6-18}$$

胶体的排阻含水量由下式确定，

$$\theta_{\text{ex-Pu}} = \frac{V_S}{\pi a^2 H} \tag{6-19}$$

式中，a 和 H 分别为土柱半径和土柱内介质的装填高度；V_S 为穿透曲线上钚假胶体和氚水的分离体积（separation volume），见下式，

$$V_S = V_{T(C_p = 50\%)} - V_{\text{Pu}(C_p = 50\%)} \tag{6-20}$$

污染物的移动速度存在差异，速度快的污染物先从介质内释出，速度慢的污染物则后释出。分离体积 V_S 就是衡量污染物移运速度差异的关键量，其物理意义是钚假胶体因静电排斥不能进入的孔隙通道的局部空间。

确定 V_S 前，先定义一个"释出液的收集百分数"（C_p，collection percentage）的概念，即

$$C_p = \frac{\text{某一释出体积时污染物的累计释出质量}}{\text{污染物的释出总质量}} \times 100\% \tag{6-21}$$

式（6-21）中的污染物指钚或氚水，需要注意的是 C_p 不同于污染物的回收百分数 R_p。由于惰性氚水和 Cl^- 的回收百分数 R_p 接近 100%，两者回收率均为 50% 时对应的释出液体积差即可作为它们之间的分离体积 V_S。然而，钚有非常低的回收率（如孔隙水流量 $Q = 4.56 \text{ mL/min}$ 时 $R_p = 0.324\%$），用回收率无法取得钚和氚水之间的分离体积。因此用钚和氚水的收集百分数均为 50% 时对应的释出液体积差 $[V_{T(C_p = 50\%)} - V_{\text{Pu}(C_p = 50\%)}]$ 得到 V_S，即式（6-20）。对惰性氚水和 Cl^- 示踪剂而言，它们的收集百分数和回收百分数实际上是一致的，即 $C_p = R_p$。

尺度排阻效应也可用来解释胶体运动速度加快的现象。胶体的尺度效应使其运动轨迹不会出现在窄小而弯曲的孔隙通道内，相对于水溶性污染物运动路径的高分散性而言，胶体的运动路径更单一（低分散度），因此运动速度更快。尺度排阻效应能解释电中性粒子的部分运动行为，但不适合于带电的胶体粒子，因为孔隙通道内胶体的运动区域受静电作用影响。此外，由于自然环境中胶体和介质的尺度不均一性，很难用尺度排阻效应建立定量的速度关系，谢金川等建立的方法可巧妙地避开这一问题。

（2）$U_{Sr^{2+}}/U_T$

由于 Sr^{2+} 与负电性介质的孔道壁面的静电吸引，Sr^{2+} 被限制在通道内 $R \sim r_2$ 区域。Sr^{2+} 的排阻区域（从半径 $r = 0$ 至 $r = r_2$ 的孔空间）的孔隙水体积为

$$n \pi r_2^2 L = \theta_{\text{ex-Sr}^{2+}} V_T \tag{6-22}$$

结合式(6-9)得：

$$\frac{r_2^2}{R^2} = \frac{\theta_{\text{ex-Sr}^{2+}}}{\theta} \tag{6-23}$$

将式(6-23)带入式(6-12)，可得半径 r_2 处 Sr^{2+} 的运动速度为

$$U'_{\text{Sr}^{2+}} = v = 2v_0 \left(1 - \frac{\theta_{\text{ex-Sr}^{2+}}}{\theta} \right) \tag{6-24}$$

Sr^{2+} 传输区域内(半径 $r = r_2$ 至 $r = R$ 的孔空间)，Sr^{2+} 的平均运动速度表达式为

$$U_{\text{Sr}^{2+}} = \frac{U'_{\text{Sr}^{2+}} + 0}{2} = v_0 \left(1 - \frac{\theta_{\text{ex-Sr}^{2+}}}{\theta} \right) \tag{6-25}$$

Sr^{2+} 与氚水的相对运动速度为

$$U_{\text{Sr}^{2+}} / U_T = 1 - \frac{\theta_{\text{ex-Sr}^{2+}}}{\theta} \tag{6-26}$$

同理，谢金川等得到了 Sr^{2+} 与氚水的分离体积为

$$V_S = V_{\text{Sr}^{2+}(C_p = 50\%)} - V_{T(C_p = 50\%)} \tag{6-27}$$

Sr^{2+} 排斥体积的微观物理意义则是 Sr^{2+} 因静电吸引不能进入的孔隙通道的局部空间。Sr^{2+} 的排斥含水量为

$$\theta_{\text{ex-Sr}^{2+}} = \frac{V_S}{\pi a^2 H} \tag{6-28}$$

以上方法可以使用穿透曲线上的所有数据，克服了单点法带来的人为不确定性，能更准确地分析污染物的相对运动速度。

2. $U_{\text{Pu}}/U_T > 1$ 实例分析

图 6-20 是不同孔隙水流速下钚假胶体和氚水的穿透曲线，利用上述方法谢金川等对钚和氚水的相对运动速度进行了分析。

钚的穿透曲线偏左，表明钚假胶体的运移速度更快，比氚水更早地从土壤介质中释出。通过式(6-17)和式(6-18)并使用穿透曲线上所有数据计算得到 U_{Pu}/U_T，结果见图 6-20。如当水流量为 $0.472 \text{ cm}^3/\text{min}$ 时，U_{Pu}/U_T 高达 1.52。随着孔隙水流量 Q 的增大，钚假胶体的排阻含水率 $\theta_{\text{ex-Pu}}$ 减小，其离孔隙通道中心轴越远，移动速度则越小。U_{Pu}/U_T 与孔隙水流量近似呈线性关系，如图 6-21(a)所示。

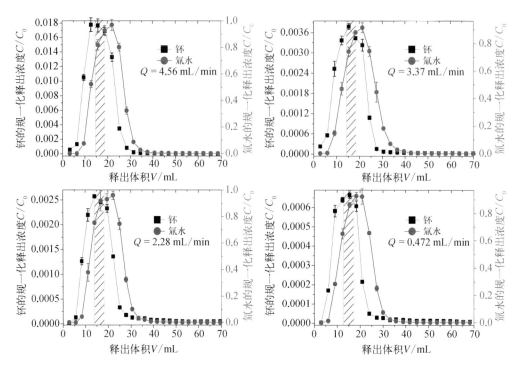

图 6-20　不同孔隙水流量 Q 下钚假胶体和氚水的穿透曲线（0.002 mol/L Na$^+$）[5]

虚线为氚水和钚的收集百分数均为 50% 时对应的释出液体积 $V_{T(C_p=50\%)}$ 和 $V_{Pu(C_p=50\%)}$，分离体积 $V_S = V_{T(C_p=50\%)} - V_{Pu(C_p=50\%)}$。注入土柱的钚悬浊液组成为：土壤胶体浓度为 100 mg/L、[^{239}Pu] $\approx$ 10^{-9} mol/L、pH = 8.5、土壤介质粒度为 0.3～0.7 mm

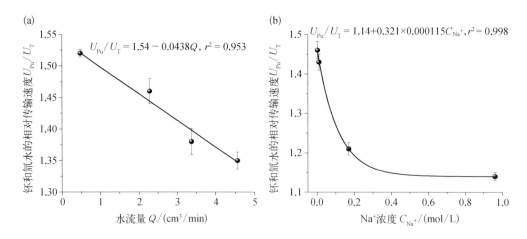

图 6-21　钚假胶体与氚水的相对运动速度与孔隙水流量（a）和孔隙水离子强度的关系（b）[5]

图 6 - 22 是不同孔隙水离子强度时,钚假胶体和氚水的穿透曲线,同样存在 $U_{Pu}/U_T > 1$ 现象,计算结果见图 6 - 21(b)。离子强度越大,钚假胶体的移动速度越慢,两者呈指数关系。如果用尺度排阻效应解释此现象,则会得出错误的结论:离子强度越大,土壤胶体间的有效碰撞概率增大,胶体尺度越大,钚假胶体的运移路径越单一,移动速度越快。

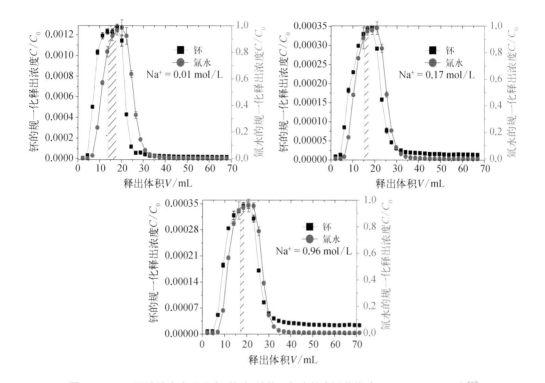

图 6 - 22　不同孔隙水离子强度时钚假胶体和氚水的穿透曲线（$Q = 2.28\,\mathrm{mL/min}$）[5]

虚线为氚水和钚的收集百分数均为 50% 时对应的释出液体积 $V_{T(C_p = 50\%)}$ 和 $V_{Pu(C_p = 50\%)}$,分离体积 $V_S = V_{T(C_p = 50\%)} - V_{Pu(C_p = 50\%)}$。注入土柱的钚悬浊液组成为:土壤胶体浓度为 100 mg/L、$[^{239}Pu] \approx 10^{-9}$ mol/L、pH = 8.5、土壤介质粒度为 0.3~0.7 mm

谢金川等计算了同为负电性的土壤胶体和土壤介质间的静电作用[5],包括范德瓦尔斯力 Φ_{vdW} 和双电层斥力 Φ_{edl}(不考虑影响较小的 Born 斥力),用于解释离子强度与钚假胶体运动速度的关系。胶体-介质间的作用势能近似处理为胶体-胶体间势能的一半[99]。将土壤介质粉碎,去除大于 10 μm 的颗粒,测量其 Zeta 电位[5]。图 6 - 23 指出,Φ_{vdW} 引力与离子强度无关,但 Φ_{edl} 斥力随离子强度增大明显降低。高离子强度时,钚假胶体与介质间相对低的斥力使钚假胶体更靠近孔隙通道的壁面(此处孔隙水流速最小),钚假胶体运动速度变慢,U_{Pu}/U_T 值相应小,计算结果与实验现象一致。

总的来看,天然胶体增强钚迁移的机制体现在两个方面,一是钚具有了相对较大的移动能力(用迁移量 R_{Pu} 衡量),二是钚表现出快于平均孔隙水流的移动速度($U_{Pu}/U_T>1$)。

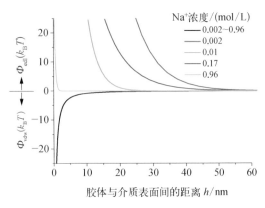

图 6-23　土壤胶体与土壤介质表面间的范德瓦尔斯力 Φ_{vdW} 和双电层斥力 Φ_{edl}[5]

3. $U_{Sr^{2+}}/U_T<1$ 实例分析($U_{Sr^{2+}}<U_T<U_{Pu}$)

既然介质的静电排斥使钚假胶体具有比平均孔隙水流(氚水)快的移动速度,同样有意思的是,正离子的运动速度受介质表面静电吸引的影响吗? 通过分析钚-氚-Sr^{2+} 悬浊液中的 Sr^{2+},发现 10 kD 滤液中 98.2% 的 Sr 是水溶态,即 Sr 主要以 Sr^{2+} 离子的形式存在。图 6-24 是钚假胶体、氚水和 Sr^{2+} 的穿透曲线。可以看出,Sr^{2+} 的穿透曲线明显偏右,最大释出浓度峰落后于氚水,证实 Sr^{2+} 的运动速度比氚水慢($U_{Sr^{2+}}/U_T<1$),比钚假胶体更慢,其运动过程受静电吸引的影响。

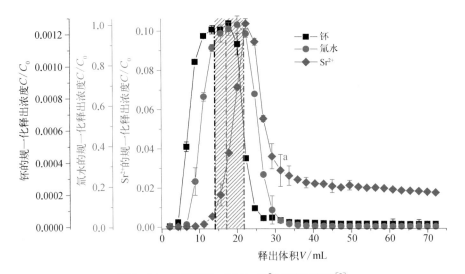

图 6-24　钚假胶体、氚水、Sr^{2+} 的穿透曲线[5]

注入的悬浊液组成为:100 mg/L 土壤胶体浓度、约 10^{-9} mol/L ^{239}Pu、pH = 8.5、0.006 5 mol/L Sr^{2+}、0.01 mol/L Na^+、300~700 μm 土壤介质。虚线分别为钚(黑)、氚水(红)、Sr^{2+}(蓝)的收集百分数均为 $C_p=50\%$ 时的释出液体积,虚线间的距离则为钚、氚水、Sr^{2+} 间的分离体积 V_S

与图 6-20 和图 6-22 的钚假胶体和氚水的穿透曲线不同的是 Sr^{2+} 有明显的拖尾现象,进一步证实 Sr^{2+} 的移动过程受静电吸引的影响:Sr^{2+} 分布在孔隙通道壁面区域,此区域水流速小,Sr^{2+} 从介质内缓慢释出。Cl^-、I^-、Cs^+、氚水等水溶性物质的扩散现象被大量研究,与氚水相比,阴离子扩散速度快,而阳离子扩散速度慢[100]。基质扩散现象的解释也引入了静电作用原理,如正电荷的 Cs^+ 与负电性介质间的静电吸引使其具有慢的扩散速率,宏观上的表现则是慢的运动速度(分配至孔隙通道壁面的低流速区)。使用穿透曲线数据由式(6-26)计算得到 Sr^{2+} 与氚水的相对运动速度为 $U_{Sr^{2+}}/U_T = 0.579$。

再由式(6-18)进一步计算得到钚假胶体、氚水、Sr^{2+} 三者的相对运动速度,U_{Pu}:$U_T : U_{Sr^{2+}} = 1.41 : 1 : 0.579$。

与 Sr^{2+} 类似,如果孔隙通道内出现的是带正电荷的水溶性 $Pu(V)O_2^+$ 离子而不是钚(IV)假胶体,由于受静电吸引的影响,$Pu(V)O_2^+$ 的移动速度则比氚水慢,即 $U_{Pu}/U_T < 1$,这一现象已被证实[9]。

6.3.6　非饱和介质中钚假胶体的运移行为

非饱和环境中放射性污染物运移行为的研究报道得较少,尚没有超铀元素的相关研究。胶体在孔隙介质中传输时,局部静电引力、重力沉降、气-水界面捕获、孔隙截留等可使胶体沉积、滞留,而沉积滞留程度决定了其湿循环周期内的传输寿命。有报告指出,低溶解度放射性核素和重金属的滞留能力随离子强度增大而提高[101, 102]。然而,也有报告指出,离子强度足够高的孔隙水中胶体在介质表面上可发生快速沉积(k^{fast})[103, 104],但离子强度进一步增大时模型胶体(聚苯乙烯微球)的滞留量不再变化[105]。显然,模型胶体与低溶解度元素的实验现象不一致。关于钚假胶体在非饱和孔隙介质中传输时是否能发生快速沉积,或滞留能力是否随离子强度持续提高等问题,下文将给出实验结果,并进行分析。

如果因沉积而滞留于非饱和系统内的钚,在随后发生的化学/物理扰动作用下出现再移动过程,仍可构成潜在的污染风险,因为包气带经常发生渗透事件。因此有必要研究滞留钚假胶体的再次释放现象。目前,有关天然胶体粒子的释放量与渗透强度的关系研究较多,但认识不统一,其他一些学者观察到两者为正相关性[106, 107],部分学者还观察到两者不相关,有时甚至为负相关[108, 109]。至于滞留的钚假胶体在孔隙水的扰动时期以何种方式释放尚不清楚,这里将给出实验分析结果。

实验平台如图6-25所示，详细的实验过程见较早的报道[2]。柱体内土壤介质的不饱和含水率 θ、孔隙水渗透强度 u、孔隙流速 $v(v = u/\theta)$、孔体积 V_p、装填密度 ρ_b、孔隙率、可动迁移量 R_{Pu}（即钚的回收率）等见表6-2。孔隙水的运移时间近似处理为钚假胶体在介质内的平均运移时间 t_{Pu}（travel time），$t_{Pu} = L/v$，L 为介质装填高度。

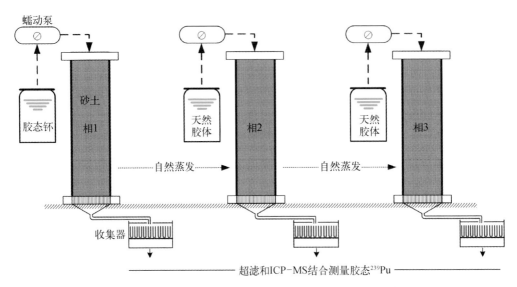

图6-25　非饱和土壤介质中钚假胶体的传输实验平台[2]

表6-2　钚胶体在非饱和土壤介质中的传输参数、孔隙水化学性质等[2]

柱编号	含水率 θ/ (cm^3/cm^3)	孔隙水流速 v/ (cm/min)	渗透强度 u/ (cm/min)	$I(Na^+)$/ (mol/L)	孔体积 V_p/ (cm^3)	装填密度 ρ_b/ (g/cm^3)	孔隙率 ε	土壤粒度 /μm	传输时间 t_{Pu}/min	R_{Pu}/%
1#	0.406	3.60	1.46	2×10^{-3}	13.60	1.42	0.460	300~700	2.92	3.24×10^{-1}
2#	0.382	3.09	1.18	2×10^{-3}	13.60	1.42	0.460	300~700	3.40	3.19×10^{-1}
3#	0.359	2.30	0.826	2×10^{-3}	13.60	1.42	0.460	300~700	4.57	2.66×10^{-1}
4#	0.312	1.44	0.449	2×10^{-3}	13.60	1.42	0.460	300~700	7.29	9.62×10^{-2}
5#	0.271	0.615	0.167	2×10^{-3}	13.60	1.42	0.460	300~700	17.07	6.51×10^{-2}
6#	0.242	0.083 0	0.020 1	2×10^{-3}	13.60	1.42	0.460	300~700	126.51	4.64×10^{-3}
4-2#	0.428	1.03	0.441	2×10^{-3}	14.37	1.36	0.488	75~300	10.19	1.76×10^{-2}
5-2#	0.416	0.398	0.166	2×10^{-3}	14.37	1.36	0.488	75~300	26.38	9.70×10^{-3}
6-2#	0.406	0.049 7	0.020 2	2×10^{-3}	14.37	1.36	0.488	75~300	211.27	9.12×10^{-4}
7#	0.359	2.31	0.829	6.83×10^{-3}	13.60	1.42	0.460	300~700	4.55	2.48×10^{-1}
8#	0.359	2.31	0.829	9.84×10^{-3}	13.60	1.42	0.460	300~700	4.55	1.31×10^{-1}

柱编号	含水率 θ/ (cm³/cm³)	孔隙水流速 v/ (cm/min)	渗透强度 u/ (cm/min)	$I(\text{Na}^+)$/ (mol/L)	孔体积 V_p/ (cm³)	装填密度 ρ_b/ (g/cm³)	孔隙率 ε	土壤粒度 /μm	传输时间 t_{Pu}/min	R_{Pu}/%
9#	0.359	2.31	0.829	0.022 0	13.60	1.42	0.460	300~700	4.55	1.01×10^{-1}
10#	0.359	2.31	0.829	0.080 3	13.60	1.42	0.460	300~700	4.55	3.92×10^{-2}
11#	0.359	2.31	0.829	0.169	13.60	1.42	0.460	300~700	4.55	3.91×10^{-2}
12#	0.359	2.31	0.829	0.960	13.60	1.42	0.460	300~700	4.55	3.92×10^{-2}

1. 渗透强度与钚假胶体运动行为的关系

图 6 - 26(a)中,区域 1 是非饱和稳定流条件下钚假胶体的运移阶段,区域 2 和区域 3 是区域 1 阶段滞留的钚假胶体在两次干-湿循环条件下的再移动(释放)过程,图 6 - 26 (b)是钚的累积释放量。

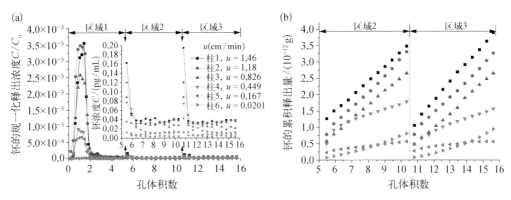

图 6 - 26　不同渗透强度 u 时钚假胶体在非饱和土壤介质(300~700 μm) 中的传输(区域 1)和再移动过程(区域 2 和区域 3)[2]

(a)钚的释出浓度;(b)钚的累积释放量。区域 2 和区域 3 阶段释放的钚来源于区域 1 阶段滞留的钚胶体

钚的规一化释出浓度 C/C_0 和 R_{Pu} 与渗透强度 u 正相关,表明渗透强度越大钚假胶体的移动能力越强。如 u 从 0.020 1 cm/min 增大到 1.46 cm/min 时,R_{Pu} 从 4.64×10^{-3}% 增大到 3.24×10^{-1}%。R_{Pu} 与介质含水率 θ 的关系为 $R_{Pu} = 0.021\ 3\theta - 0.005\ 2$ (300~700 μm,$r^2 = 0.95$)。孔隙介质内流动水产生的剪力是孔隙水流速、黏度和介质粒度的函数,以上实验结果表明水流剪力是影响钚假胶体移动的重要因素。

非饱和体系内区域 1 阶段滞留的钚相当于钚污染源。由于 R_{Pu} 值均很小,1#~6# 柱内有相近的源项污染物(钚)量。两次干-湿循环时期,起始钚假胶体的释放量大,而后下降,直到相对稳定,这一过程与体系内的气-液界面相关。

　　湿循环的初始阶段孔隙水的非饱和度较高,介质中存在大量的可捕获胶体的气-液界面。由于气-液界面的毛细管力强于固-液界面的净引力(DLVO force)[105],气-液界面则可使从固-液面上捕获的钚假胶体在体系内移动,从而产生了初始释出浓度大的钚假胶体的再移动现象。另外,随着孔隙水湿前沿(wetting front)的通过,介质含水率逐渐增大并导致水膜膨胀,这也是初始阶段钚假胶体有较大释放量的一个因素。

　　饱和环境中放射性物质胶体的迁移研究有一些典型报道。Artinger用含水层中的细砂完成了[241]Am胶体的柱实验(DOC含量为49.1 mg/L),观察到当孔隙流速从0.06 m/d增大到6.81 m/d时,[241]Am的迁移量从6%增大到34%[101]。Artinger研究与腐殖质结合的Th、Am、Tc、Np胶体时,也发现了同样的现象[110]。Fjeld用玄武岩样品研究了[241]Am等核素的移动行为,指出[241]Am的迁移量和释出浓度与孔隙水流速正相关[19]。比较发现,孔隙水流速对饱和/非饱和环境中放射性胶体的移动能力的影响相似。模型胶体的运动行为同样存在若干相似性。如Bradford和Zhang研究细菌移动过程时指出,饱和/非饱和孔隙水中细菌释出浓度均为前期滞留量的相关函数[111, 112]。

　　谢金川等用有关的实验结果解释人们对污染物移动现象的一种习惯性认识,即实验室预测的污染物的迁移能力与现场的监测结果不一致,前者迁移速度比后者低几个数量级,甚至前者几乎不迁移[89]。这种认识的产生过程源自用滞留系数 R 表达介质滞留污染物的能力,即

$$R = 1 + \frac{\rho_b K_d}{\theta} \tag{6-29}$$

　　该式是量纲为1的对流-弥散方程归一化后的结果。取 $K_d = 22.7$ m^3/kg, $\theta = 0.271$ cm^3/cm^3, $\rho_b = 1.42$ g/cm^3(表6-2),由式(6-29)计算得到5♯柱的 $R = 1.2 \times 10^5$。输入这些参数到CXTFIT程序,模拟计算钚的迁移速度,结果显示在 $t = 100$ 年时钚仍停留在10 cm厚的孔隙介质内。这就是用静态吸附实验取得的 K_d 预测钚等污染物迁移的大致过程。然而,本节实验结果指出,5♯柱的 $t_{Pu} = 17.07$ min,即17 min左右部分钚假胶体快速穿透了10 cm厚的介质层,其他柱实验的结果与此类似。由此可见,柱动态实验结果与由传统 K_d 预测的结果差异非常大,但与现场监测到的钚迁移现象不矛盾,因此应用传统 K_d 模拟污染物大尺度迁移时须特别注意这一问题。

2. 介质尺度与钚假胶体运动行为的关系

　　土壤粒度变化是其构造特性之一,不同粒度土壤的物化性质差异较大。一般来说,

粒度越小比表面积越大,离子交换能力越强,但通气性和透水性会减弱。钚假胶体在 $75\sim300\ \mu m$ 介质中的移动结果如图 6-27 所示,与在 $300\sim700\ \mu m$ 介质中的现象一致:渗透强度越大,钚假胶体的释出浓度和迁移量越大。钚迁移量与实验含水率 θ 的关系为: $R_{Pu} = 0.007\,55\theta - 0.003\,1\ (75\sim300\ \mu m,\ r^2 = 0.99)$。但在后来的两次干-湿循环期,钚假胶体的释出表现为多峰分布的特征[图 6-28(a),区域 2 和区域 3]。图 6-28 是两组介质比较的结果。渗透强度相当时,在 $75\sim300\ \mu m$ 介质中钚假胶体的释出浓度小于在 $300\sim700\ \mu m$ 介质的释出浓度, R_{Pu} 分别为 $9.12\times10^{-4}\%$ (6-2#) 和 $4.64\times10^{-3}\%$ (6#)。一方面,介质间相对距离的减小使孔隙截留效应增强,更多的钚假胶体被压缩的孔道空间截留。另一方面,增长的移动时间 t_{Pu} 使钚假胶体在气-液界面和液-固界面上

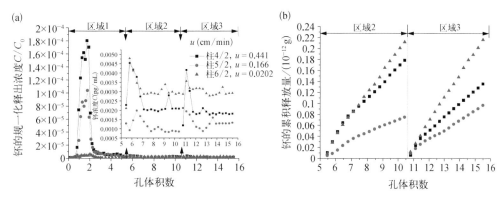

图 6-27　不同渗透强度 u 时钚假胶体在非饱和土壤介质 $(75\sim300\ \mu m)$ 中的
传输 (区域 1) 和再动过程 (区域 2 和区域 3)[2]

(a) 钚的释出浓度;(b) 钚的累积释放量。区域 2 和区域 3 阶段释放的钚来源于区域 1 阶段滞留的钚假胶体

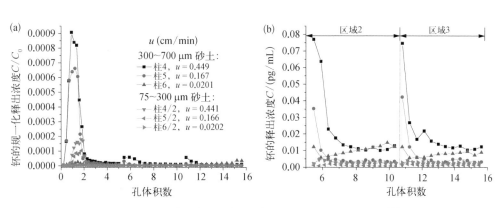

图 6-28　两种尺度的土壤介质中钚假胶体运动行为的差异[2]

(a) 钚的释出浓度;(b) 钚的累积释放量

有更多的碰撞-沉积机会,如 $t_{Pu}(6-2\#,75\sim300\ \mu m\ 介质) = 211.27\ min > t_{Pu}(6\#,$ $300\sim700\ \mu m\ 介质) = 126.51\ min$。钚静态吸附实验(第6.3.1节)指出小粒度介质吸附钚的性能高,与 $75\sim300\ \mu m$ 介质更易于滞留钚的实验结论是一致的。概括来讲,小粒度 $75\sim300\ \mu m$ 介质对钚假胶体的移动过程有两方面的影响,即降低移动能力(R_{Pu})和减小移动速度(t_{Pu})。

有关原位胶体的释放过程有较多的报道,但释放量与孔隙水渗透强度的关系没有形成统一共识。Kapla 观察到两者呈正相关性,并认为水流剪力是释放过程的控制因素[113];Ryan 认为两者没有相关性,甚至与 Kaplan 的结论完全相反[108]。目前,有关钚假胶体在干-湿循环周期的释放(再动)过程没有相关的报道,因此有必要分析钚假胶体的释放量之于渗透强度的依赖性。

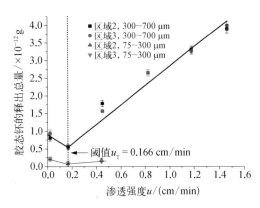

图6-29　钚假胶体的累积释放量与渗透强度的非单调关系[2]

图6-28(区域2、区域3)表明,随着渗透强度 u 的减小,钚的释出浓度和累积释放量逐渐降低,释放量与渗透强度似乎正相关。然而,当 u 从 0.167 cm/min 降低到 0.020 1 cm/min 时,后者的释放量反而比前者大。u 与释放量的这种关系在 $75\sim300\ \mu m$ 介质中表现得尤为明显[图6-28(b)]。图6-29 显示出了两者的非单调关系,渗透强度的阈值 u_T 为 0.166 cm/min。

干-湿循环后期阶段,钚假胶体缓慢持续的释放归因于扩散/水流剪力大于固-液界面与钚假胶体间的静电引力,但两者控制释放过程的相对重要性不固定。在中高渗透强度范围,水流剪力是控制钚假胶体释放的主要因素,因而出现释放量与渗透强度正相关的现象。低渗透强度时,钚假胶体从不动介质表面的滞留位点到可移动水区域的扩散是控制释放的主要因素。虽然低渗透强度时孔隙水产生相对厚的不动水区域层,并由此使钚假胶体扩散到可动水区域的路径增长,但钚假胶体在体系内相对长的驻留时间可抵消慢扩散对累积释放量的影响。如在 $75\sim300\ \mu m$ 介质中,$t_{Pu}(6-2\#) = 211.27\ min \gg$ $t_{Pu}(5-2\#) = 26.38\ min$,在 $300\sim700\ \mu m$ 介质中,$t_{Pu}(6\#) = 126.51\ min \gg$ $t_{Pu}(5\#) = 17.07\ min$。因此,渗透强度小于阈值 0.166 cm/min 时钚假胶体的累积释放量反而增大。

若因实验设定条件所限,没有观察到甚至忽略了 u_T 值,因此可能认为释放量与渗透强度呈正相关性,也可能认为负相关,这很可能就是 Kaplan 和 Ryan 等实验结果不一致的根本原因。

3. 孔隙水离子强度与钚胶体移动行为的关系

图 6 - 30(a)表明,高离子强度时钚假胶体的释出浓度和可移动迁移量比低离子强度时小得多(表 6 - 2)。如当 $I(Na^+)$ 等于 0.960 mol/L 和 0.009 84 mol/L 时,R_{Pu} 分别为 3.92×10^{-2}% 和 1.31×10^{-1}%。高离子强度 $I(Na^+)$ 使钚假胶体在很短的时间内发生快速凝聚,同时也使不动介质与钚假胶体之间的斥力能全降低数个量级。低离子强度 $I(Na^+)$ 时钚假胶体相对稳定,R_{Pu} 值相应较大。这里低离子强度是指 $CCC(Na^+)$ 小于 0.081 mol/L,高离子强度是指 $CCC(Na^+)$ 大于 0.081 mol/L。与物理扰动作用相似,干-湿循环时期的化学扰动也不能使滞留的钚假胶体发生大规模再移动现象,但仍维持缓慢持续的释放过程。

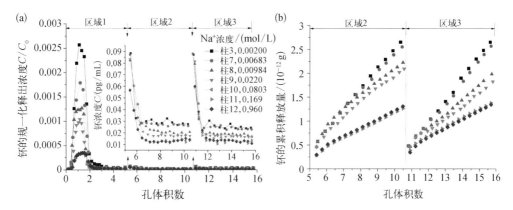

图 6-30　不同孔隙水离子强度时,钚假胶体在非饱和土壤介质(300~700 μm)中的传输(区域 1)和再动过程(区域 2 和区域 3)[2]

(a) 钚的释出浓度;(b) 钚的累积释放量。区域 2 和区域 3 阶段释放的钚来源于区域 1 阶段滞留的钚假胶体

谢金川等观察到图 6 - 30(a)区域 1 时段存在一个非常特别的现象,10♯、11♯、12♯ 柱的峰值浓度 C/C_0 基本一致,R_{Pu} 值相近(表 6 - 2)。这表明影响钚假胶体移动能力的孔隙水离子强度存在临界效应,即当离子强度达到一定值时钚假胶体的移动能力不再随离子强度的增大而降低,而是基本不变。然而目前文献资料均指出,Am、Pb 等的移动能力随离子强度的增大持续减小[101, 102],原理分析如下。

4. 气-液和液-固界面上钚假胶体碰撞-沉积过程分析

孔隙介质中胶体的传输过程可用对流-弥散-沉积方程描述,即

$$\frac{\partial C}{\partial t} = D \frac{\partial^2 C}{\partial x^2} - v_{Pu} \frac{\partial C}{\partial x} - kC \tag{6-30}$$

式中,C 为胶体在水相中的浓度,mol/L;D 为弥散系数,cm^2/min;v_{Pu} 为胶体的平均孔隙传输速度,cm/min;t 为传输时间变量,min;x 为空间坐标(纵向深度),cm;k 为一阶沉积速率系数,min^{-1},其计算公式为[114]

$$k = \frac{3(1-\theta)}{2d_c} \eta_0 \alpha v_{Pu} \tag{6-31}$$

式中,θ 为介质的体积含水率,cm^3/cm^3;d_c 为介质的直径,μm;η_0 为胶体单板捕获效率,一般由 T-E 方程理论计算获得[103];α 为胶体碰撞效率,计算公式为[103]

$$\alpha = -\frac{2}{3} \frac{d_c}{(1-\theta)L\eta_0} \ln(C/C_0) \tag{6-32}$$

式中,L 为介质在柱体内的装填高度;C_0 为胶体起始浓度,mol/L;C 为胶体释出浓度达到稳定状态时即释出曲线出现平台时胶体的浓度,mol/L。

饱和条件下,式(6-31)和式(6-32)已用于分析胶体的沉积速率系数 k 和碰撞效率 α[103]。对于非饱和系统,谢金川等假设钚假胶体的沉积既包括液-固界面的 DLVO 静电吸附,又包括气-液界面上毛细管力的捕获。式(6-31)和式(6-32)仍有限制性条件,即适用于单分散胶体和尺度均一的不移动介质(分别由 η_0 和 d_c 限制),对于尺度不均一的土壤介质内多分散的钚假胶体的 k 和 α,仍无法由上述两式获得。谢金川等将孔隙水的对流运移时间近似处理为钚假胶体在介质内的平均移动时间 t_{Pu},联合两式可得 k 值,即

$$k = -\frac{1}{t_{Pu}} \ln\left(\frac{C}{C_0}\right) \tag{6-33}$$

式(6-33)的适用条件是污染物以分步方式(step-input)注入,对于上文的短脉冲注入方式,可用钚的回收率替换式(6-33)中的 C/C_0,即:

$$k = -\frac{1}{t_{Pu}} \ln\left[\frac{\int_0^{t_E} Q_E(t)C(t)dt}{\int_0^{t_I} Q_I(t)C_0(t)dt}\right] \tag{6-34}$$

式中,Q_E 和 Q_I 分别为钚假胶体悬浊液的注入和释出体积,mL。就本文的实验过程而言,t_I 为一个孔体积 V_p 的脉冲注入时间,min;t_E 为 5 个孔体积的收集时间,min。式中

右侧中括号内的部分为钚的回收率。至此,土壤介质非饱和系统内,钚假胶体的沉积速率系数 k 能够由式(6-33)并结合钚假胶体的传输参数(表6-2)得到。

式(6-35)能得到理想体系中单分散胶体的 α 值,但土壤介质系统中多分散钚假胶体的 α 值,必须先由实验观察到快速沉积速率系数 k^{fast},再结合式(6-35)得到。

$$\alpha = \frac{k}{k^{\text{fast}}} \qquad\qquad (6-35)$$

在化学沉积不利条件下 α 值小于 1,钚假胶体以相对稳定的状态传输。相反,在有利于沉积条件时钚假胶体在液-固和气-液界面上的碰撞效率高,每次碰撞可构成沉积贡献,α 值接近 1,则 k 值即为快速沉积速率系数 k^{fast},结果如图6-31(a)所示。图中表明,随着 Na^+ 离子浓度的增大,k 和 α 值迅速增大,这是因为钚假胶体与介质表面间斥力能垒的降低使钚假胶体更易于沉积滞留。然而,当离子强度大于临界值 0.0289 mol/L(CDC)时,k 值趋于稳定,$k^{\text{fast}} \approx 1.73~\text{min}^{-1}$,此时 $\alpha \approx 1$。这表明在 $I(Na^+) > 0.0289$ mol/L 的孔隙水中,离子强度的增大不再进一步促进钚假胶体的沉积。

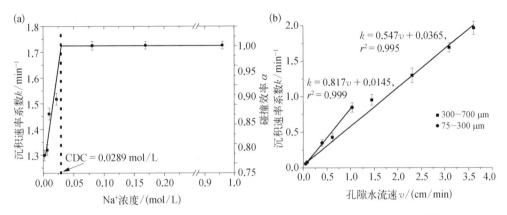

图6-31　由钚假胶体移动存在区域的穿透曲线数据得到的沉积速率系数 k[2]
(a) Na^+ 浓度对 k 的影响;(b) 孔隙水流速 v 和介质尺度对 k 的影响

理想饱和体系中孔隙水离子达到一定强度时,Elimelech 曾理论预测到胶体在不移动介质表面上或孔隙内的沉积速率不再随离子强度的增大而变化,而是保持恒定,即存在一个最大沉积速率系数[103]。这一理论分析结果在后来的聚苯乙烯微球和细菌等模型胶体的传输实验中得到证实[105, 115],非理想不饱和系统中多分散放射性胶体存在 k^{fast} 现象第一次被发现。

图6-31(b)同时指出当只发生物理扰动时,孔隙流速越大钚假胶体的沉积速率系

数越大，关系为 $k \propto v$。Elimelech 和 Song 通过理论计算得到了理想体系中不可渗透和可渗透介质的 $k - v$ 关系，分别为 $k \propto v^{1/3}$[116] 和 $k \propto v$[117]，但并未给出具体的定量关系和实验验证结果。本文的土壤样品为可渗透介质（多孔），$k \propto v$ 得到了证实，其定量关系如图 6-31（b）所示。75～300 μm 样品的斜率（0.817）大于 300～700 μm 样品的斜率（0.547），这表明，小尺度介质体系内钚假胶体从流动水区沉积到气-液和液-固界面上的速度更快，可动迁移量相应减小，这与图 6-30 的结果一致。

6.3.7 钚真胶体稳定性

目前，人们对钚（IV）真胶体［即 Pu（IV）聚合物］在环境中的稳定性尚无统一的认识。Zhao 观察到 Pu（IV）聚合物的溶解现象[46]，Thiyagarajan 也观察到新鲜制备的 Pu（IV）聚合物的解聚过程[118]，但 Kulyako 却指出聚合物能稳定存在[119]。更为矛盾的结果是关于聚合物的尺度，Abdel-Fattah[62] 和 Ekberg[54] 基于 DLS 或 XRD 测试结果指出了聚合尺度的收缩现象，然而 Triay[53]、Delegard[120]、Rothe[121] 等基于以上或超滤结果观察到相反的尺度变化趋势。Pu（IV）聚合物的稳定性是影响其环境稳定性的重要因素。为准确评估钚的环境污染风险，开展 Pu（IV）聚合物在有氧和无氧环境中的稳定性研究（由尺度和价态变化导致的溶解行为）是必要的，详细实验过程可见较早的报道[8]。以下表征结果（花岗岩介质表面的电荷特性、水溶性钚在滤材上的吸附）在第 6.3.7～6.3.9 节钚真胶体有关的研究中介绍。

1. 花岗岩介质表面的电荷特性

当 pH 从 1.8 增大到 11.2 时，花岗岩胶态颗粒的 Zeta 电位由正变为负（Nano ZS，Malvern），等电点 $pH_{IEP} = 2.75$（图 6-32）。因此环境相关 pH 8.0 的溶液中，花岗岩表面带净的负电荷。

2. 水溶性钚在滤材上的吸附

为准确获得钚溶液中 Pu（IV）聚合物的相对含量，需要明确过滤过程中滤材对水溶性钚的吸附量。将 Pu（IV）聚合物溶

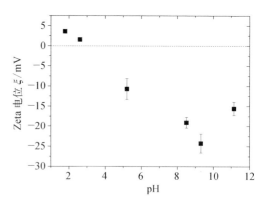

图 6-32　花岗岩胶态颗粒（1 nm～1 μm）的 Zeta 电位[8]

液进行一次和二次过滤,其 10 kD 和 450 nm 滤液中水溶性钚的浓度如表 6-3 所示。前后两次钚浓度的差即为滤材吸附的水溶性钚,含器皿的吸附贡献。表 6-3 指出,10 kD 和 450 nm 滤材吸附水溶性钚的百分数分别为 5.06%±1.64% 和 4.75%±1.50%,实验数据处理时将考虑并扣除这部分的影响。

表 6-3　水溶性钚在 10 kD 和 450 nm 滤材上的吸附百分数[8]

	编号	钚悬浊液过滤, C_{Pu1}/(pg/g)	左侧滤液再次过滤, C_{Pu2}/(pg/g)	平均滞留/%
10 kD	a-1	131.79	127.07	5.06±1.64
	a-2	134.77	124.79	
	a-3	132.23	126.00	
	a-4	132.23	126.21	
450 nm	b-1	168.11	160.62	4.75±1.50
	b-2	173.15	161.34	
	b-3	166.70	159.22	
	b-4	168.38	162.91	

3. 有氧环境中 Pu(Ⅳ) 聚合物的稳定性

痕量 Pu(Ⅳ) 聚合物常温老化 135 天后,聚合态 Pu(Ⅳ) 的百分数由 31.8% 降低到 21.0%,表明聚合物发生了缓慢的溶解(图 6-33),$P_{>1.5\,nm}$ 指溶液中尺度大于 1.5 nm 的聚合态 Pu(Ⅳ) 占总钚的百分数(大于 1.5 nm 的聚合物即全部聚合物,10 kD≈1.5 nm 孔径),

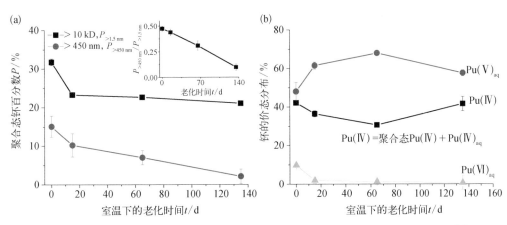

图 6-33　常温自然老化过程中 Pu(Ⅳ) 聚合物部分溶解后聚合态 Pu(Ⅳ) 的百分数[8]

(a) $P_{>450\,nm}/P_{>1.5\,nm}$ 比值反映聚合物的尺度变化;(b) 钚的价态分布动力学过程

$P_{>450\ nm}$ 指尺度大于 450 nm 的聚合态 Pu(Ⅳ)占总钚的百分数。两者比值 $P_{>450\ nm}/P_{>1.5\ nm}$ 与时间的关系可反映聚合物尺度的变化,图 6-33 指出 $P_{>450\ nm}/P_{>1.5\ nm}$ 与老化时间近似为线性负相关,表明聚合物的尺度持续减小。老化后,钚溶液中 Pu(Ⅴ)百分数略微增大,总体而言,Pu(Ⅳ)和 Pu(Ⅴ)的相对含量表现为动态变化的特性,Pu(Ⅵ)降低到约 0.7%。

95 ℃水浴老化时 Pu(Ⅳ)聚合物的变化与常温老化相似,$P_{>450\ nm}/P_{>1.5\ nm}$ 比值减小(聚合物尺度收缩),Pu(Ⅳ)缓慢氧化为 Pu(Ⅴ)(图 6-34)。两种老化条件下,Pu(Ⅳ)聚合物的溶解度[10 kD 滤液中 Pu(Ⅳ)$_{aq}$ 浓度]分别为 $\lg[\mathrm{Pu(Ⅳ)}_{aq}]_{total} = -10.2 \pm 0.3$(常温)和 $\lg[\mathrm{Pu(Ⅳ)}_{aq}]_{total} = -10.4 \pm 0.2$(95 ℃),与溶度积 $\lg K_{sp}^{o} = -10.4 \pm 0.5$ 接近。

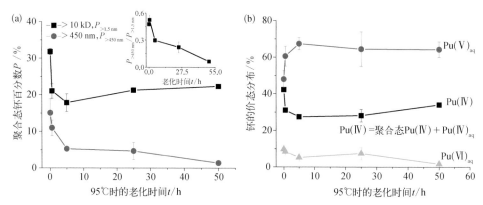

图 6-34　95 ℃水浴老化过程中 Pu(Ⅳ)聚合物部分溶解后聚合态 Pu(Ⅳ)的百分数[8]

(a)$P_{>450\ nm}/P_{>1.5\ nm}$ 比值反映聚合物的尺度变化;(b)钚的价态分布动力学过程

4. 无氧环境中 Pu(Ⅳ)聚合物的稳定性

地下水中腐殖酸浓度大多为 0.2～40 mg/L[41],它的存在可能影响到 Pu(Ⅳ)聚合物的稳定性。一方面,腐殖酸丰富的表面官能团使其具有本征还原特性,如可直接还原 FeCit 和 I_2 等。在没有可产生电子的微生物存在的环境中,腐殖酸是否具备还原性溶解 Pu(Ⅳ)聚合物的能力尚不清楚。另一方面,腐殖酸在金属氧化物和矿物质材料表面有强的吸附能力,从而有可能限制 Pu(Ⅳ)聚合物的溶解,降低其溶解度。鉴于腐殖酸的双重属性,谢金川等开展了无氧环境中腐殖酸对 Pu(Ⅳ)聚合物稳定性的影响研究,详细实验过程可参见有关报道[10]。表 6-4 本实验使用的腐殖酸的基本化学组成。10 kD 滤液中钚为水溶态,水溶态钚的价态分析方法仍采用 TTA 溶剂萃取法[10]。该流程与图 6-5 所示的流程的不同之处在于先使用 2.0 mol/L HNO$_3$ - 0.2 mol/L KBrO$_3$ 将钚(Ⅲ)$_{aq}$ 氧化为钚(Ⅳ)$_{aq}$ 后再萃取。

表 6‑4　Pahokee peat 标准腐殖酸的总 C，芳香族 C，羧基、酚基，本征还原能力（NRC），总 Fe[10]

总 C[a] / (mmol/g)	芳香族 C[a] / %	pH 8.0 羧基[a] / (mmol/g)	pH 8.0 酚基[a] / (mmol/g)	pH 7.0 NRC[b] / (mmol_c/g)	Fe_T[b] / (mmol/g)
46.93	47	9.01	1.91	0.12 ± 0.01	0.052 ± 0.003

[a] IHSS www.ihss.gatech.edu.[b][122] Peretyazhko and Sposito，2006.

图 6‑35 指出，当有 EDTA 出现时钚（Ⅳ）聚合物快速溶解，72 h 时水溶性钚达到 95.6%，而后溶解速率变慢，144 h 时水溶性钚达到 96.4%。如果考虑滤材和器壁的 5.06% ± 1.64% 的吸附，钚（Ⅳ）聚合物几乎全部溶解。当腐殖酸出现时，钚（Ⅵ）聚合物没有溶解，水溶性钚的浓度反而从起始的 2.8×10^{-11} mol/L 减小到 5.4×10^{-12} mol/L，表明腐殖酸增强了聚合物的稳定性。当 EDTA 和腐殖酸同时存在时，钚（Ⅳ）聚合物发生部分溶解，水溶性钚浓度介于 [Pu(Ⅳ)聚合物 + EDTA] 系统和 [Pu(Ⅳ)聚合物 + HA] 系统之间，这表明腐殖酸抑制了 EDTA‑Pu（Ⅳ）的配位溶解过程。腐殖酸容易在矿物质表面形成吸附层，限制了 EDTA 与聚合物的接触，聚合物因此不能最大限度地被 EDTA 溶解。

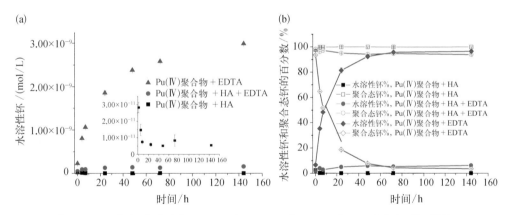

图 6‑35　（a）腐殖酸（25.0 mg/L）和 EDTA（5.0×10^{-4} mol/L）存在时钚（Ⅳ）聚合物的溶解动力学；（b）水溶态和聚合态钚（Ⅳ）的百分数[10]

实验条件为：厌氧溶液，pH 7.2，起始钚浓度为 10^{-9} mol/L 左右（假设聚合物全溶）

为解释钚（Ⅳ）聚合物的溶解现象，谢金川等根据热力学数据构建了聚合物的溶解方程。表 6‑5 是 Pu(Ⅲ) 和 Pu(Ⅳ) 价态的稳定常数及溶度积，依此推导出聚合物溶解度 $[Pu(Ⅳ)_{aq}]_{total}$ 的表达式 [式（6‑36）]。$[Pu(Ⅳ)_{aq}]_{total}$ 为 $[Pu^{4+}]$、$[Pu(OH)_4(aq)]$、

$[\text{Pu(OH)}_3^+]$、$[\text{Pu(OH)}_2^{2+}]$、$[\text{Pu(OH)}^{3+}]$ 的平衡浓度之和。

$$
\begin{aligned}
[\text{Pu}(\text{IV})_{\text{aq}}]_{\text{total}} &= [\text{Pu}^{4+}] + [\text{Pu(OH)}_4(\text{aq})] + [\text{Pu(OH)}_3^+] + \\
&\quad [\text{Pu(OH)}_2^{2+}] + [\text{Pu(OH)}^{3+}] \\
&= K_{\text{sp}}^{\text{o}}(10^{56}[\text{H}^+]^4 + \beta_{14}^{\text{o}} + 10^{14}[\text{H}^+]\beta_{13}^{\text{o}} + \\
&\quad 10^{28}[\text{H}^+]^2\beta_{12}^{\text{o}} + 10^{42}[\text{H}^+]^3\beta_{11}^{\text{o}})
\end{aligned}
\tag{6-36}
$$

表6-5　钚（Ⅲ）和钚（Ⅳ）价态的稳定常数lg β_{1y}^{o} 和溶度积 lg K_{sp}^{o} [10]

	反　　应	lg β_{1y}^{o}	lg K_{sp}^{o}	
Pu(Ⅲ)	$\text{Pu}^{3+} + 3\text{OH}^- \Longrightarrow \text{Pu(OH)}_3(\text{aq})$ 由 $\text{Am(OH)}_3(\text{aq})$ 估算	15.8 ± 0.5		Guillaumont et al., 2003[60]
	$\text{Pu}^{3+} + 2\text{OH}^- \Longrightarrow \text{Pu(OH)}_2^+$ 由 Am(OH)_2^+ 估算	12.9 ± 0.7		Guillaumont et al., 2003[60]
	$\text{Pu}^{3+} + \text{OH}^- \Longrightarrow \text{Pu(OH)}^{2+}$	7.1 ± 0.3		Lemire et al., 2001[68]
	$\text{Pu(OH)}_3(\text{cr}) \Longrightarrow \text{Pu}^{3+} + 3\text{OH}^-$		-26.2 ± 1.5^a	Lemire et al., 2001[68]
Pu(Ⅳ)	$\text{Pu}^{4+} + 4\text{OH}^- \Longrightarrow \text{Pu(OH)}_4(\text{aq})$	48.1 ± 0.9		Neck and Kim, 2001[51]
	$\text{Pu}^{4+} + 3\text{OH}^- \Longrightarrow \text{Pu(OH)}_3^+$	39.7 ± 0.4		Neck and Kim, 2001[51]
	$\text{Pu}^{4+} + 2\text{OH}^- \Longrightarrow \text{Pu(OH)}_2^{2+}$	28.6 ± 0.3		Neck and Kim, 2001[51]
	$\text{Pu}^{4+} + \text{OH}^- \Longrightarrow \text{Pu(OH)}^{3+}$	14.6 ± 0.2		Neck and Kim, 2001[51]
	$\text{Pu(OH)}_4(\text{am}) \Longrightarrow \text{Pu}^{4+} + 4\text{OH}^-$		-58.5 ± 0.7	Neck and Kim, 2001[51]

a 此溶度积基于 $\text{Pu(OH)}_3(\text{cr}) + 3\text{H}^+ \Longrightarrow \text{Pu}^{3+} + 3\text{H}_2\text{O}$ 反应的 lg $K_{\text{sp}}^{\text{o}} = 15.8 \pm 1.5$ 计算得到。

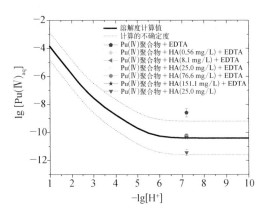

图6-36　25℃时钚（Ⅳ）聚合物的溶解度[10]

实线为离子强度 $I(\text{Na}^+) = 0$ 时，用式（6-36）计算得到的聚合物的溶解度

表6-5中的数据均为离子强度为零时的溶度积和稳定常数值（经 SIT 校正）[51]。本实验主要离子为浓度为 $0.003\ 5$ mol/L 的 Na^+，因离子强度小，使用时各常数未经 SIT 校正，$[\text{Pu}(\text{IV})_{\text{aq}}]_{\text{total}}$ 的计算和实验结果如图6-36所示。

图6-36指出，聚合物的理论溶解度为 lg$[\text{Pu}(\text{IV})_{\text{aq}}]_{\text{total}} = -10.4$，远远小于 EDTA 出现时水溶态钚（Ⅳ）的实验值 lg$[\text{Pu}(\text{IV})_{\text{aq}}]_{\text{exp}} = -8.6$，表明经 Pu^{4+}-EDTA 配位后聚合物几乎全部溶解。当

腐殖酸出现时,溶解度 $\lg[Pu(\text{IV})_{aq}]_{exp} = -11.4$,比 $\lg[Pu(\text{IV})_{aq}]_{total} = -10.4$ 低一个量级,这表明腐殖酸限制了聚合物的溶解,增强了聚合物的稳定性。当 EDTA 和腐殖酸同时出现时,$-11.4 < \lg[Pu(\text{IV})_{aq}]_{exp} = -10.1 < -10.4$,即强配体 EDTA 溶解聚合物的过程受到腐殖酸的抑制。

钚(Ⅲ)$_{aq}$ 在[Pu(Ⅳ)聚合物 + HA]和[Pu(Ⅳ)聚合物 + HA + EDTA]体系中的浓度分别为 1.2 pmol/L 和 43.0 pmol/L(图 6-37)。考虑 ICP-MS 的检测下限为 1~3 pmol/L 及测量不确定度,可以判定腐殖酸没有还原聚合态钚(Ⅳ)的能力,但对水溶态钚(Ⅳ)$_{aq}$ 有微弱的还原能力。结合 25 mg/L 腐殖酸浓度和 0.12 mmol$_c$/g NRC,水溶态钚(Ⅳ)$_{aq}$ 应该全部还原为钚(Ⅲ)$_{aq}$。例如,0.57 mg/L 的腐殖酸能提供 6.8×10^{-8} mol/L 的电子,这些电子足以还原水溶态钚(Ⅳ)$_{aq}$(起始钚浓度约为 10^{-9} mol/L)。然而,[Pu(Ⅳ)聚合物 + HA + EDTA]体系中仍有水溶态钚(Ⅳ)$_{aq}$,甚至存在钚(Ⅴ + Ⅵ)$_{aq}$,这可能是由于腐殖酸中含有的杂质 Fe(Ⅲ)和溶剂萃取价态分析流程(1.0 mol/L 硝酸或盐酸体系)导致水溶性钚发生部分氧化。

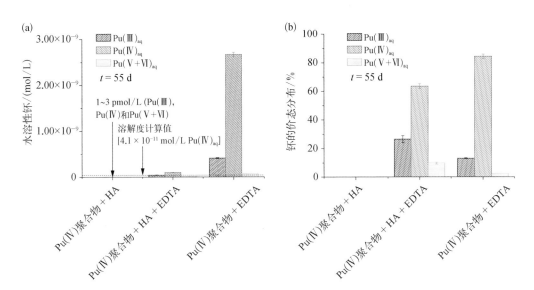

图 6-37　三种体系中,水溶态的 Pu(Ⅲ)$_{aq}$、Pu(Ⅳ)$_{aq}$、Pu(Ⅴ + Ⅵ)$_{aq}$ 的浓度(a)和它们的相对含量(b)。 水溶态钚即为 10 kD 滤液中的钚。 [Pu(Ⅳ)聚合物 + HA]体系中,Pu(Ⅲ)$_{aq}$、Pu(Ⅳ)$_{aq}$、Pu(Ⅴ + Ⅵ)$_{aq}$ 的浓度均低于 ICP-MS 检测限,不确定度较大,图中未提供[10]

腐殖酸增强了钚(Ⅳ)聚合物的稳定性,图 6-38 所示为 EDTA 存在时腐殖酸还原水溶态钚(Ⅳ)$_{aq}$ 的过程。腐殖酸在钚(Ⅳ)聚合物表面的吸附涉及静电作用、配体交换

(即表面配位)两种作用机制。① 静电作用。Abdel‐Fattah 测量了钚(Ⅳ)聚合物的等电点 $pH_{IEP} = 8.6^{[62]}$，因此 pH = 7.2 的溶液中聚合物表面带净的正电荷。腐殖酸通常有很低的 Zeta 电位，Yang 测量的结果为 $\xi < -40$ mV(pH 7.2)$^{[123]}$。由此，腐殖酸与聚合物间的作用方式为静电吸引，有利于腐殖酸吸附层的形成。② 配体交换。式(6‐37)至式(6‐39)给出了钚(Ⅳ)聚合物表面的羟基与腐殖酸表面的羧基($HA-COO^-$)的交换过程$^{[124]}$。当腐殖酸去质子化的羧基$[HA-C(O)O^-]$与聚合物质子化的羟基($\equiv S-OH_2^+$)配位时，钚(Ⅳ)形成外层表面配合物$\equiv S-OH_2^+O^-C(O)-HA$，$COO^-$ 与 OH_2^+ 交换后钚(Ⅳ)形成内层配合物$\equiv S-OC(O)-HA$。配体交换机制能部分解释腐殖酸吸附层的热力学形成过程。因此腐殖酸吸附层的生成抑制了聚合物的溶解、还原，从而增强了聚合物的稳定性。

$$\equiv S-OH + H^+ \rightleftharpoons \equiv S-OH_2^+ \tag{6-37}$$

$$\equiv S-OH_2^+ + HA-C(O)O^- \rightleftharpoons \equiv S-OH_2^+O^-C(O)-HA \tag{6-38}$$

$$\equiv S-OH_2^+O^-C(O)-HA \rightleftharpoons \equiv S-OC(O)-HA + H_2O \tag{6-39}$$

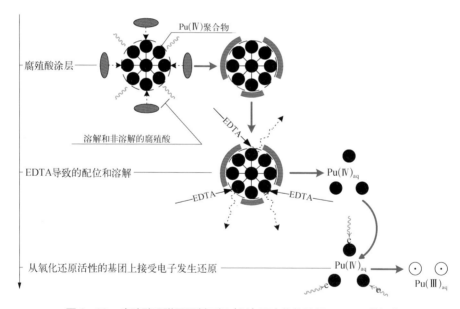

图6‐38　腐殖酸吸附层限制了钚(Ⅳ)聚合物的溶解，EDTA 使部分
聚合物溶解，生成的水溶态钚(Ⅳ)$_{aq}$被腐殖酸还原$^{[10]}$

钚(Ⅳ)聚合物的氧化还原电位 $E_h[PuO_2(am)/Pu^{3+}] = -182.7$ mV(vs. SHE)(10^{-10} mol/L Pu^{3+}, pH 7.2)，而聚合物被 EDTA 溶解后的水溶态钚(Ⅳ)的中点电

位值 $E_h^{\circ'}(PuL_2^{4-}/PuL_2^{5-}) = 154.3 \text{ mV}$，$PuL_2^{4-}$ 是 EDTA‑Pu^{4+} 配位的主要种态，热力学计算方法见第 6.3.9 节的相关介绍。钚（Ⅳ）聚合物配位溶解后电位值显著增大，这解释了聚合态钚（Ⅳ）不能被腐殖酸还原而水溶态钚（Ⅳ）能被还原的原因。

总之，地下水中的腐殖酸使钚（Ⅳ）聚合物变得更为稳定，不能溶解和还原聚合态钚（Ⅳ），除非出现人工强配体 EDTA 等。

6.3.8　钚真胶体的移动能力

由于人们对 Pu（Ⅳ）聚合物研究的不足，近来对其移动能力的评论也提出了不同的观点。一种观点认为聚合物有移动能力[43,44]，甚至将内华达核试验场地下水中钚的大尺度迁移归为该聚合物移动的结果[45]。另一种观点则认为聚合物没有移动能力，因为聚合物可能有吸附到花岗岩表面的特性以及聚合物可能发生还原性溶解[48,49]。不管哪种观点均没有实验数据的支撑，因此开展聚合物的环境稳定性和移动能力的研究是非常必要的。

钚（Ⅳ）聚合物的常温老化时间会影响钚在花岗岩介质孔隙中传输时的穿透曲线形状（图 6‑39）。进一步分析，谢金川等发现钚的迁移量（即钚的回收率，R_{Pu}）随老化时间的增长而降低，R_{Pu} 的降低与注入溶液中的钚（Ⅳ）聚合物的含量 $P_{>1.5 \text{ nm}}$ 有关，且 R_{Pu} 和 $P_{>1.5 \text{ nm}}$ 呈良好的线性关系。因此，聚合态钚（Ⅳ）而不是水溶性钚（Ⅴ）$_{aq}$ 控制着钚在花岗岩介质孔隙中移动时的迁移量，尽管注入柱体前老化溶液中钚（Ⅴ）$_{aq}$ 有相对高的含量［如 135 天时约为 65% Pu（Ⅴ）$_{aq}$，图 6‑39］。流出液中聚合态钚的百分数约为 98.5%，远大于 1.5% 左右的钚（Ⅴ）$_{aq}$，支持聚合态钚（Ⅳ）的移动控制作用。很多研究认为，钚（Ⅳ）$_{aq}$ 在矿物质表面发生强的配位吸附（≡X—OH，X＝Al、Fe、Mn），且伴随缓慢还原反应，而钚（Ⅴ）$_{aq}$ 在矿物质表面仅有弱吸附[125,126]。然而，谢金川等并没有观察到钚（Ⅴ）$_{aq}$ 的弱吸附现象。带正电荷的 Pu（Ⅴ）O_2^+ 与负电性花岗岩壁面间的静电吸引可能对钚（Ⅴ）$_{aq}$ 的滞留起重要作用。

老化过程中钚（Ⅳ）聚合物的尺度发生变化，相对移动速度 U_{Pu}/U_T 也随之改变。并且，静电吸引使钚 Pu（Ⅴ）O_2^+ 分布在孔隙通道的壁面附近，降低了钚的移动速度。考虑这两方面的因素，谢金川等根据钚和氚水的收集百分数的大小计算了 U_{Pu}/U_T 值：当 $V_{T(C_p = 50\%)} > V_{Pu(C_p = 50\%)}$ 时，由式（6‑8）计算 U_{Pu}/U_T；当 $V_{T(C_p = 50\%)} < V_{Pu(C_p = 50\%)}$ 时，由

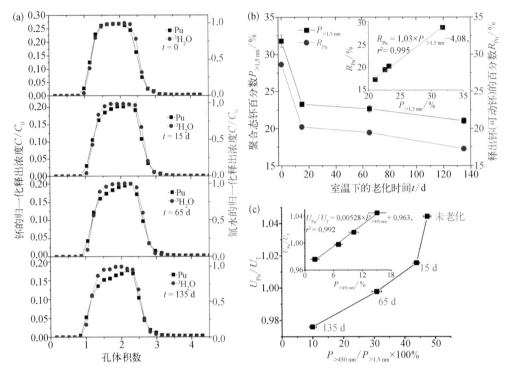

图 6-39 常温老化的钚（Ⅳ）聚合物和氚水在饱和花岗岩介质孔隙中的穿透曲线（a）；聚合态钚（Ⅳ）的含量（$P_{>1.5\,nm}$）和钚的迁移量（R_{Pu}）与老化时间的关系（b）；钚和氚水的相对移动速度 U_{Pu}/U_{T} 与聚合物相对尺度 $P_{>450\,nm}/P_{>1.5\,nm}$ 的关系（c）[8]

实验条件为：钚（Ⅳ）聚合物溶液 pH = 8.0，聚四氟乙烯瓶中老化；柱体中装填的 $0.7\sim1.0\,mm$ 的花岗岩介质经 $18.2\,M\Omega$ 的纯水反复清洗，确保去除表面附着的胶态颗粒，烘干后使用

式（6-9）计算 U_{Pu}/U_{T}。如图 6-40 所示，相对移动速度 U_{Pu}/U_{T} 随老化时间的增长而减小，U_{Pu}/U_{T} 与 $P_{>450\,nm}/P_{>1.5\,nm}$ 呈单调关系。由此，U_{Pu}/U_{T} 的减小与聚合物尺度（$P_{>450\,nm}/P_{>1.5\,nm}$）不断收缩有关，大尺度聚合物（>450 nm）控制着钚的移动速度。小尺度聚合物（<450 nm）的高弥散性质导致其有相对长的传输路径，即表现出相对慢的移动速度。老化时间为 135 天时，钚的移动速度比氚水慢（$U_{Pu}/U_{T}<1$）是钚 Pu（Ⅴ）O_2^+ 与负电性孔隙通道间的静电作用所致。

经 95 ℃ 老化的钚（Ⅳ）聚合物在花岗岩介质孔隙中的移动特性与常温老化的钚（Ⅳ）聚合物的移动特性相似（图 6-40）。随着钚（Ⅳ）聚合物（$P_{>1.5\,nm}$）的减少，钚在花岗岩介质中的迁移量（R_{Pu}）也相应降低。R_{Pu} 和 $P_{>1.5\,nm}$ 呈指数关系，再次证实聚合态钚（Ⅳ）而不是钚（Ⅴ）$_{aq}$ 控制钚在花岗岩介质孔隙中的移动能力。钚（Ⅳ）聚合物的相对移

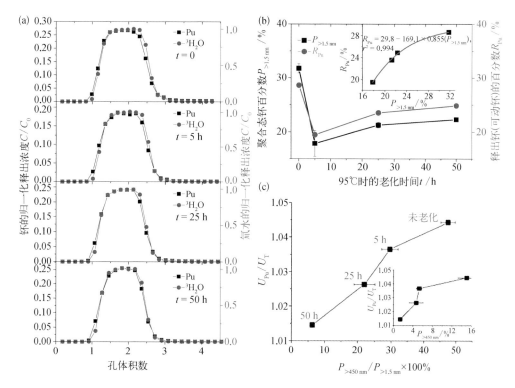

图6-40 95℃水浴老化的钚（Ⅳ）聚合物和氚水在饱和花岗岩介质孔隙中的穿透曲线（a），聚合态钚（Ⅳ）的含量（$P_{>1.5 \text{ nm}}$）和钚的迁移量（R_{Pu}）与老化时间的关系（b），钚和氚水的相对移动速度 U_{Pu}/U_T 与聚合物相对尺度 $P_{>450 \text{ nm}}/P_{>1.5 \text{ nm}}$ 的关系（c）[8]

动速度 U_{Pu}/U_T 也随聚合物尺度（$P_{>450 \text{ nm}}/P_{>1.5 \text{ nm}}$）的减小而降低，两者的依赖关系如图6-40所示。根据以上实验结果，钚（Ⅳ）聚合物有强的移动能力，其移动过程的迁移量由较小尺度的聚合物（< 450 nm）控制，而移动速度由较大尺度的聚合物（>450 nm）控制。

6.3.9 钚（Ⅳ）微生物还原

考虑腐殖酸可能的双重属性，即还原和矿物质表面上的强吸附作用，本节研究可生成电子的微生物存在时腐殖酸是否能够催化还原聚合态钚（Ⅳ）及腐殖酸浓度对还原速率的影响。实验溶液的组分如表6-6所示，10 kD 滤液中的钚为水溶态，水溶态钚的价态分析方法仍采用 TTA 溶剂萃取法，详细的实验过程可见研究报告[10]。

表6-6　厌氧溶液组分［pH 7.2，起始^{239}Pu 浓度约为 10^{-9} mol/L（聚合物全溶）］[12]

溶液组成	Pu(Ⅳ)聚合物/ (mol/L ^{239}Pu)	腐殖酸/ (mg/L)	EDTA/ (mol/L)	细胞/ (N/mL)	乳酸盐/ (mol/L)
Pu(Ⅳ)聚合物 + HA	3.84×10^{-9}	25.0	0	0	0
Pu(Ⅳ)聚合物 + HA + EDTA	2.61×10^{-9}	25.0	5×10^{-4}	0	0
Pu(Ⅳ)聚合物 + cells	3.01×10^{-9}	0	0	1.2×10^{8}	0.02
Pu(Ⅳ)聚合物 + HA + cells	2.46×10^{-9}	25.0	0	1.2×10^{8}	0.02
Pu(Ⅳ)聚合物 + HA + EDTA + cells	3.14×10^{-9}	25.0	5×10^{-4}	1.2×10^{8}	0.02
Pu(Ⅳ)聚合物 + EDTA + cells	2.43×10^{-9}	0	5×10^{-4}	1.2×10^{8}	0.02

　　希瓦氏菌厌氧呼吸过程中，氧化乳酸盐为醋酸盐和二氧化碳[70]，从能量上支持细胞的生长。谢金川等耦合乳酸盐的氧化和钚(Ⅳ)聚合物的还原，分析该化学反应是否具备热力学优势，见式6-40。

$$4PuO_2(am) + CH_3CH(OH)COO^- + 12H^+ \rightleftharpoons 4\,Pu^{3+} + CH_3COO^- + CO_2 + 7H_2O$$

$$(6-40)$$

　　由表6-7所示的标准摩尔吉布斯(Gibbs)自由能，计算式(6-41)的标准摩尔吉布斯自由能变为 $\Delta_r G_m^o = -601.4$ kJ/mol。再用 $\Delta_r G_m^o = -601.4$ kJ/mol 计算摩尔吉布斯自由能为 $\Delta_r G_m$。结合实验条件，典型值为 $\Delta_r G_m = -361.1$ kJ/mol（10^{-9} mol/L Pu^{3+}、pH 7.2、0.02 mol/L 乳酸钠）。因为 $\Delta_r G_m < 0$，所以聚合态钚(Ⅳ)化学还原为钚(Ⅲ)$_{aq}$在热力学上是可行的。

表6-7　标准摩尔 Gibbs 自由生成能[12]

	乳酸根	CH_3COO^-	$CO_2(aq)$	$H_2O(aq)$	H^+	$PuO_2(am)$	Pu^{3+}
$\Delta_f G_m^o/$ (kJ/mol)	-316.94^a	-249.46^a	-547.33^a	-237.18^a	0	-963.65^b	-578.98^b

a ref.[127] Lundblad and Macdonald，2010.

b ref.[68] Lemire et al. 2001.

$$\Delta_r G_m = \Delta_r G_m^o + RT\ln\frac{[Pu^{3+}]^4[CH_3COO^-][CO_2]}{[CH_3CH(OH)COO^-]10^{-12pH}} \qquad (6-41)$$

式中，R 和 T 分别为气体常数和绝对温度。

　　在非生命体系［Pu(Ⅳ)聚合物 + HA］中，$\lg[Pu(Ⅳ)aq]exp = -11.4 < \lg[Pu(Ⅳ)aq]$ total $= -10.4$(pH = 7.2、$I = 0$)，腐殖酸降低了钚(Ⅳ)聚合物的溶解度(图6-41)。当

希瓦氏菌存在时，[Pu(Ⅳ)聚合物 + cells + HA]体系中聚合物明显溶解，溶解百分数是[Pu(Ⅳ)聚合物 + HA]体系(溶解百分数为 0.1%)的 90 倍，表明聚合态钚(Ⅳ)经微生物，还原为水溶态钚(Ⅲ)aq。基于 Pu(OH)$_3$(am)的溶度积 lg K°_{sp} = －26.2±1.5(表 6－5)，钚(Ⅲ)aq 溶解度的热力学计算值为 lg[Pu(Ⅲ)aq]total = －5.3±1.7(pH 7.2、I = 0)[10]，远大于实验观察到的钚(Ⅲ)aq 浓度，因此实验体系中生成的 Pu(Ⅲ)aq 保持水溶态，不能生成固相沉淀。

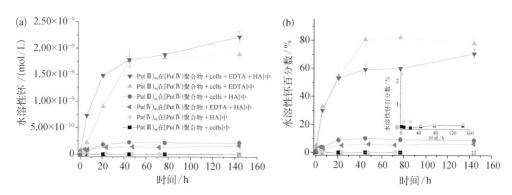

图 6－41 不同厌氧体系中钚（Ⅳ）聚合物的溶解和生物还原性溶解
动力学（a），溶解和生物还原性溶解百分数（b）[12]

主要实验条件：PPHA 腐殖酸为 25.0 mg/L、细胞密度为 1.2×10^8 cells/mL、EDTA 为 5×10^{-4} mol/L、乳酸盐为 0.02 mol/L、pH 7.2

腐殖酸在钚(Ⅳ)聚合物表面形成的吸附层限制了 EDTA 通过配位方式溶解聚合物。当希瓦氏菌存在时，聚合物的溶解百分数高达 71% 左右，[Pu(Ⅳ)聚合物 + cells + EDTA + HA]体系的溶解百分数远高于非生命体系[Pu(Ⅳ)聚合物 + EDTA + HA]的溶解百分数(6.0%)。同聚合态钚(Ⅳ)比较，水溶态 Pu(Ⅳ)-EDTA 表现出了非常明显的被生物还原的特性(图 6－41)。尽管谢金川等观察到了[Pu(Ⅳ)聚合物 + cells + HA]和[Pu(Ⅳ)聚合物 + cells + EDTA + HA]两个体系中钚(Ⅳ)聚合物的生物还原性溶解，但腐殖酸所起的作用仍需进一步分析。

缺少腐殖酸的[Pu(Ⅳ)聚合物 + cells]体系中钚(Ⅳ)聚合物的溶解速率极其缓慢，表明希瓦氏菌分泌的胞外黄素难以将电子传递给聚合态钚(Ⅳ)，希瓦氏菌不能直接还原聚合态钚(Ⅳ)。存在腐殖酸[Pu(Ⅳ)聚合物 + cells + HA]的体系中聚合物的溶解百分数为 9.2%，比[Pu(Ⅳ)聚合物 + cells]体系的 0.12% 约高 77 倍，证实了腐殖酸能够增强聚合物的还原性溶解。腐殖酸介入了希瓦氏菌和钚(Ⅳ)聚合物间的电子传递过程，将难溶聚合态钚（Ⅳ）催化还原为钚（Ⅲ）$_{aq}$。由此看来,腐殖酸扮演了双重角色,非生命环境中抑制钚（Ⅳ）聚合物的溶解,而有生命体的环境中促进聚合物发生还原而溶解。四个体系中聚合态钚（Ⅳ）的还原速率差异如图6-42所示,腐殖酸的催化还原作用显而易见。

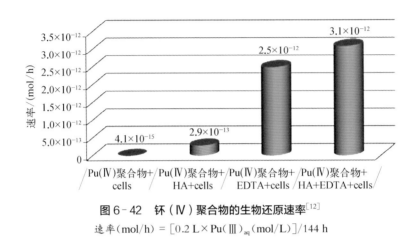

图6-42　钚（Ⅳ）聚合物的生物还原速率[12]

速率(mol/h) = ［0.2 L×Pu（Ⅲ）$_{aq}$(mol/L)］/144 h

尽管式(6-44)指出聚合态钚（Ⅳ）的化学还原热力学可行,谢金川等仍疑惑聚合态钚（Ⅳ）的生物还原路径。如① 为什么胞外黄素作为内生电子共轭体不能显著还原聚合态钚（Ⅳ）,而腐殖酸作为外生电子共轭体却能将其还原? ② 为什么水溶态 Pu（Ⅳ）- EDTA 很容易被希瓦氏菌直接还原,而聚合态钚（Ⅳ）却很难被还原? 两种电子共轭体的醌基接受外膜 c 型细胞色素的电子后成为具备还原能力的氢醌种态,积累的电子是否能进一步传递给钚（Ⅳ）聚合物则受控于它们与聚合物间的氧化还原电位差。仅当电子共轭体的电位值比 E_h[PuO$_2$(am)/Pu^{3+}]低时,共轭体才能传递电子给聚合物,还原聚合态钚（Ⅳ）为钚（Ⅲ）$_{aq}$。为解决以上疑惑,谢金川等通过热力学计算取得主要电对的标准氧化还原电位,再结合实验条件计算特定条件下的氧化还原电位值,如表6-8所示。这里不详细介绍计算和方程推理过程,读者可参见有关报道的附件部分[12]。

表6-8　电极反应的氧化还原电位[12]

氧化还原电对	电 极 反 应	E_h/mV
CO$_2$/lactate	CH$_3$CH(OH)COO$^-$ + H$_2$O $\longrightarrow$ CH$_3$COO$^-$ + CO$_2$ + 4H$^+$ + 4e$^-$	− 1 054.6[a]
PuO$_2$(am)/Pu^{3+}	PuO$_2$(am) + 4H$^+$ + e$^-$ $\longrightarrow$ Pu^{3+} + 2H$_2$O	− 241.9[b]
PuL$_2^{4-}$/PuL$_2^{5-}$	PuL$_2^{4-}$ + e$^-$ $\longrightarrow$ PuL$_2^{5-}$	154.3[c]

氧化还原电对	电　极　反　应	E_h/mV
$FMN/FMNH_2$	$FMN + 2H^+ + 2e^- \longrightarrow FMNH_2$	-225.5^d
$RBF/RBFH_2$	$RBF + 2H^+ + 2e^- \longrightarrow RBFH_2$	-219.8^d
HA_{ox}/HA_{red}	醌基单体 $+ 2H^+ + 2e^- \longrightarrow$ 氢醌基单体	$< -241.9^e$

^{a} pH 7.2 时中点电位 E_h^o (CO$_2$/lactate)；

^{b} 由 10^{-9} mol/L Pu^{3+}、pH 7.2 计算；

^{c} 中性 pH，EDTA 过量；

^{d} pH 7.2 时的 E_h^o (FMN/FMNH$_2$) 和 E_h^o (RBF/RBFH$_2$) 分别基于它们的 pH 7.09 和 7.0 时的 E_h^o 计算而来[127]；

^{e} 乳酸盐氧化数大于 0.05%。

电对 CO$_2$/lactate 的电位值表达式为

$$E_h(CO_2/lactate) = E_h^o(CO_2/lactate) - 0.014\ 79 \lg \frac{[CH_3CH(OH)COO^-]}{[CH_3COO^-][CO_2]10^{-4pH}}$$

$$(6-42)$$

E_h^o (CO$_2$/lactate) $= -628.7$ mV 是 25 ℃ 时电对的标准电极电势。该值先由表 6-7 中物质的 $\Delta_f G_m^o$ 计算得到表 6-8 中氧化还原半反应的 $\Delta_r G_m^o$，再由 $\Delta_r G_m^o$ 计算而来。

电对 PuO$_2$(am)/Pu^{3+} 和 PuL$_2^{4-}$/PuL$_2^{5-}$ 的电势值表达式分别如下：

$$E_h[PuO_2(am)/Pu^{3+}] = E_h^o[PuO_2(am)/Pu^{3+}] - 0.059\ 16 \lg \frac{[Pu^{3+}]}{10^{-4pH}} \quad (6-43)$$

$$E_h(PuL_2^{4-}/PuL_2^{5-}) = E_h^o(PuL_2^{4-}/PuL_2^{5-}) - 0.059\ 16 \lg \frac{[PuL_2^{5-}]}{[PuL_2^{4-}]} \quad (6-44)$$

式 (6-43) 中 $E_h^o[PuO_2(am)/Pu^{3+}] = 929.5$ mV，式 (6-44) 中 $E_h^o(PuL_2^{4-}/PuL_2^{5-}) = 154.3$ mV。同理，基于表 6-7 物质的 $\Delta_f G_m^o$ 逐步计算得到 $E_h^o[PuO_2(am)/Pu^{3+}]$；中性 pH 且 EDTA 相对于 Pu^{4+} 过量时，PuL$_2^{4-}$ 是主要配位种态，谢金川等使用 PuL$_2^{5-}$ 和 PuL$_2^{4-}$ 的生成常数计算 $E_h^o(PuL_2^{4-}/PuL_2^{5-})$[12]。

修正的能斯特 (Nernst) 方程用于计算腐殖酸的电位值 E_h (HA$_{ox}$/HA$_{red}$)[128]，即

$$E_h(HA_{ox}/HA_{red}) = E_h^{o'*}(HA_{ox}/HA_{red}) - \frac{RT}{nF} \frac{1}{\beta} \ln \frac{EAC}{1.64 - EAC} \quad (6-45)$$

式中，F 为法拉第常数；β 为描述电对与理想 Nernst 行为偏差的常数，$0 < \beta < 1$；$E_h^{o'*}$ 为表观标准电位；EAC 为腐殖酸的电子接受能力（与乳酸盐氧化程度有关），mmol e$^-$/(g HA)。

对于本文使用的 PPHA 腐殖酸，Klüpfel 给出了在 pH 7.0 时，$\beta = 0.41 \pm 0.03$、$E_h^{o\,*} = -122 \pm 4$ mV、$EAC_{sterile} = 1.64$ mmol e$^-$/(g HA)[128]。因为 1 mol 醌基接受 2 mol 电子，所以 n 取 2。由于缺少部分活度系数，电位计算时使用离子浓度而不是活度值。图 6-43 为经热力学计算的电位值与乳酸盐氧化程度的关系。

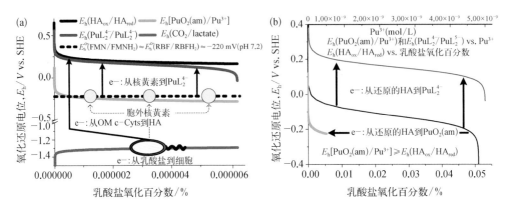

图 6-43　希瓦氏菌氧化乳酸盐的百分数与电对的氧化还原电位的定量关系（a），腐殖酸将从希瓦氏菌接受的电子再传递给钚（Ⅳ）聚合物（b）[12]

下面从热力学角度分析不同体系中钚（Ⅳ）的还原机制，明确体系内胞外电子的流动方向和传递路径。

（1）［Pu（Ⅳ）聚合物 + cells］体系，$E_h[\text{PuO}_2(\text{am})/\text{Pu}^{3+}] < E_h^{o'}(\text{FMN/FMNH}_2) \approx E_h^{o'}(\text{RBF/RBFH}_2)$。钚（Ⅳ）聚合物的氧化还原电位值低于胞外黄素的中点电位值 $[E_h^{o'}(\text{FMN/FMNH}_2) \approx E_h^{o'}(\text{RBF/RBFH}_2) \approx -220$ mV，pH 7.2]，因此聚合态钚（Ⅳ）的还原难以发生。由于 $E_h[\text{PuO}_2(\text{am})/\text{Pu}^{3+}]$ 受控于 Pu^{3+} 活度，聚合态钚（Ⅳ）的还原反应只能在痕量 Pu^{3+} 条件下发生，即 Pu$^{3+} < 5.3 \times 10^{-10}$ mol/L 时才能有 $E_h^{o'}(\text{FMN/FMNH}_2) < E_h[\text{PuO}_2(\text{am})/\text{Pu}^{3+}]$。当系统中 Pu^{3+} 累积达到 5.3×10^{-10} mol/L 时，则 $\Delta_r G_m = -F\{E_h[\text{PuO}_2(\text{am})/\text{Pu}^{3+}] - E_h^{o'}(\text{FMN/FMNH}_2)\} = 0$，聚合态钚（Ⅳ）还原停止。由此可见，希瓦氏菌分泌的胞外黄素并不能提供足够的热力学驱动力将自身携带的电子传递给钚（Ⅳ）聚合物，从而导致［Pu（Ⅳ）聚合物 + cells］体系中有极低的钚（Ⅲ）$_{aq}$（3.4×10^{-12} mol/L）。

（2）［Pu（Ⅳ）聚合物 + cells + EDTA］体系，$E_h^{o'}(\text{FMN/FMNH}_2) \approx E_h^{o'}(\text{RBF/RBFH}_2) < E_h(\text{PuL}_2^{4-}/\text{PuL}_2^{5-})$。Pu（Ⅳ）- EDTA 配位生成水溶态 PuL$_2^{4-}$，致使 $E_h[\text{PuO}_2(\text{am})/\text{Pu}^{3+}] \ll E_h(\text{PuL}_2^{4-}/\text{PuL}_2^{5-})$，从而 $E_h^{o'}(\text{FMN/FMNH}_2) \ll E_h(\text{PuL}_2^{4-}/$

PuL_2^{5-}）。例如，$E_h(PuL_2^{4-}/PuL_2^{5-}) = 122.1 \text{ mV}$（实验总钚浓度 $2.43 \times 10^{-9} \text{ mol/L}$ PuL_2^{4-}，$1.89 \times 10^{-9} \text{ mol/L } PuL_2^{5-}$）。显然，胞外黄素携带的电子很容易传递给 PuL_2^{4-}。热力学驱动力 $\Delta_r G_m = -F[E_h(PuL_2^{4-}/PuL_2^{5-}) - E_h^{o'}(FMN/FMNH_2)] = -33.5 \text{ kJ/mol}$ 印证了[Pu(Ⅳ)聚合物 + cells + EDTA]体系中高产额的钚(Ⅲ)$_{aq}$（$1.9 \times 10^{-9} \text{ mol/L}$）。

（3）[Pu(Ⅳ)聚合物 + cells + HA]体系，$E_h(HA_{ox}/HA_{red}) < E_h[PuO_2(am)/Pu^{3+}]$。如果乳酸盐被希瓦氏菌持续厌氧氧化，且产生的电子被腐殖酸的醌基完全接受，腐殖酸的氧化还原电位则不断降低，直到 $E_h(HA_{ox}/HA_{red}) < E_h[PuO_2(am)/Pu^{3+}]$，如图 6-43 所示。例如，$E_h[PuO_2(am)/Pu^{3+}] = -204.1 \text{ mV}$（实验值 $2.2 \times 10^{-10} \text{ mol/L}$ Pu^{3+}）；$EAC = 1.53 \text{ mmol e}^-/(\text{g HA})$ 仅需氧化 0.047% 的乳酸盐，但可产生 $E_h(HA_{ox}/HA_{red}) = -204.1 \text{ mV}$ 的电位值。乳酸盐持续氧化，$E_h(HA_{ox}/HA_{red})$ 则变得更负，氧化数为 0.05% 时，$E_h(HA_{ox}/HA_{red}) = -241.9 \text{ mV} < E_h[PuO_2(am)/Pu^{3+}]$，聚合态钚(Ⅳ)的还原变得热力学有利。本体系 $2.1 \times 10^{-10} \text{ mol/L}$ 的钚(Ⅲ)$_{aq}$ 比[Pu(Ⅳ)聚合物 + cells]体系的钚(Ⅲ)$_{aq}$ 高 62 倍，证实腐殖酸作为外生电子穿梭体的催化还原作用。

（4）[Pu(Ⅳ)聚合物 + cells + EDTA + HA]体系，$E_h^{o'}(FMN/FMNH_2) \approx E_h^{o'}(RBF/RBFH_2) < E_h(PuL_2^{4-}/PuL_2^{5-})$，$E_h(HA_{ox}/HA_{red}) < E_h(PuL_2^{4-}/PuL_2^{5-})$。水溶态 PuL_2^{4-} 有相对高的氧化还原电位，能从胞外黄素和腐殖酸接受电子，如图 6-43 所示。实验总钚 $3.14 \times 10^{-9} \text{ mol/L}(PuL_2^{4-})$ 和 $2.22 \times 10^{-9} \text{ mol/L } Pu(Ⅲ)_{aq}(PuL_2^{5-})$ 条件下，计算得 $E_h(PuL_2^{4-}/PuL_2^{5-}) = 131.7 \text{ mV}$。很明显 -220 mV 电位值的胞外黄素能将 PuL_2^{4-} 还原为 PuL_2^{5-}。即使希瓦氏菌仅氧化痕量的乳酸盐，如 $1.56 \times 10^{-5}\%$，也可导致 $E_h(HA_{ox}/HA_{red}) < 131.7 \text{ mV}$。由此，这两种电子穿梭体均可对 PuL_2^{4-} 的还原作出贡献，是本体系具有最高的 Pu(Ⅲ)$_{aq}$ 产额（$2.2 \times 10^{-9} \text{ mol/L}$）的原因。

由上，希瓦氏菌厌氧呼吸过程中释放的电子能传递给水溶态 Pu(Ⅳ)-EDTA，使其还原为 Pu(Ⅲ)$_{aq}$，但难以还原聚合态钚(Ⅳ)；腐殖酸作为外生电子穿梭体，从希瓦氏菌接受电子（氧化还原电位降低），再将电子传递给聚合态钚(Ⅳ)，从而将其还原为 Pu(Ⅲ)$_{aq}$，钚的溶解度增大，移动能力增强。图 6-44 直观展示了聚合态钚(Ⅳ)和水溶态 Pu(Ⅳ)-EDTA 的微生物还原驱动力和体系内电子传递的路径。

前期研究结果表明，由于腐殖酸在钚(Ⅳ)聚合物表面形成吸附层，聚合物溶解度随腐殖酸浓度增大而降低[10]。腐殖酸吸附层有可能限制被包裹的钚(Ⅳ)聚合物接受胞外电子的能力。由此等产生新的疑问：腐殖酸的浓度达到一定值时，还有催化还原聚合物

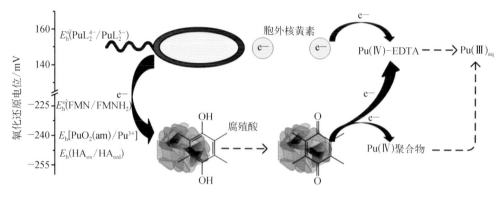

图 6-44 聚合态钚（Ⅳ）和水溶态 Pu（Ⅳ）-EDTA 的热力学还原机制[12]

的能力吗？腐殖酸很可能存在一个临界浓度值，小于此值时其催化还原能力与浓度呈正相关，大于此值时则呈负相关。为此谢金川等开展了钚（Ⅳ）聚合物的还原速率与腐殖酸浓度（0～150.5 mg/L）的关联性研究。

从图 6-45 可以看出，聚合态钚（Ⅳ）的还原速率随腐殖酸浓度的增大而增大，直到腐殖酸达到 15.0 mg/L[4.1×10^{-15} mol Pu（Ⅲ）$_{aq}$/h（HA = 0）到 4.2×10^{-13} mol Pu（Ⅲ）$_{aq}$/h（HA = 15.0 mg/L）]。显然，腐殖酸浓度较低（0～15.0 mg/L）时其浓度增大，醌基含量增高，传递给钚（Ⅳ）聚合物的电子越多，聚合态钚（Ⅳ）的还原速率则越快。钚（Ⅳ）聚合物的溶解百分数从 0.12% 增大到 12.3%（图 6-46）。

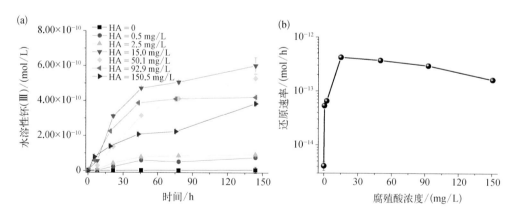

图 6-45 不同浓度的腐殖酸体系内，钚（Ⅳ）聚合物还原性溶解时的钚（Ⅲ）$_{aq}$（a），聚合态钚（Ⅳ）的还原速率与腐殖酸浓度的关系（b）[11]

实验条件：pH 7.2（0.005 mol/L MOPS 为 pH 缓冲剂）、钚（Ⅳ）聚合物的起始浓度为 5.2×10^{-9} mol/L ^{239}Pu、腐败希瓦氏菌密度为 10^8 cells/mL、乳酸盐为 0.02 mol/L

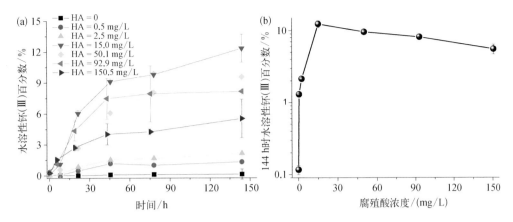

图6‑46　不同浓度的腐殖酸体系内，钚（Ⅳ）聚合物的还原性溶解的百分数[即聚合态钚（Ⅳ）的还原百分数]（a）144 h时还原性溶解百分数与腐殖酸浓度的关系（b）[11]

然而，腐殖酸浓度大于15.0 mg/L时聚合态钚（Ⅳ）的还原速率反而变慢。实验结果证实了谢金川等的猜想，聚合态钚（Ⅳ）的还原速率不随腐殖酸浓度的增大而无限增大，腐殖酸的催化还原作用存在临界浓度值（15.0 mg/L）现象。腐殖酸浓度较高（50.1～150.5 mg/L）时，聚合态钚（Ⅳ）的还原速率仍比无腐殖酸体系的还原速率大。如，1.6×10^{-13} mol Pu(Ⅲ)$_{aq}$/h（HA = 150.5 mg/L）是 4.1×10^{-15} mol Pu(Ⅲ)$_{aq}$/h（HA = 0）的39倍。因此，腐殖酸吸附层并不能完全包裹钚（Ⅳ）聚合物，仍有吸附层缺陷，聚合物可有限地接受胞外电子。

总之，聚合态钚（Ⅳ）的还原速率与腐殖酸浓度呈非单调关系，腐殖酸的催化还原临界浓度约为15 mg/L。高浓度腐殖酸（>15 mg/L）形成的吸附层限制了聚合物与胞外电子的接触，降低了聚合态（Ⅳ）被还原的概率。

6.3.10　铀（Ⅵ）微生物还原

铀（Ⅵ）溶解度大，在自然环境中相对稳定，被微生物还原为固态铀（Ⅳ）后污染风险降低，并可固化、富集、回收。谢金川等从水溶性铀（Ⅵ）$_{aq}$的生物吸附、生物还原和还原产物表征三个角度分析了地下水中的无机碳（碳酸盐，0～50 mmol/L $[CO_3^{2-}]_T$）和钙（0～6 mmol/L CaCl$_2$）对希瓦氏菌还原铀（Ⅵ）$_{aq}$的影响，目的是探索高$[CO_3^{2-}]_T$和高钙体系中 U(Ⅵ)$_{aq}$在特定 pH 条件下是否能发生生物还原，并取得对生物还原 pH 边界值新的认识。表6‑9是碳酸盐体系中厌氧生物还原实验的溶液组成，生物吸附实验的溶液组成与表6-9近似,不同之处在于吸附实验使用了热杀死细胞。没有碳酸盐的系列实验的溶液与表6-9不同之处主要在于未加入碳酸盐,pH有较小差别,实验细节和过程可参见有关报道[13, 14]。钙盐体系中厌氧生物还原实验的溶液组成见有关报道[15]。

表6-9　铀（Ⅵ）$_{aq}$生物还原实验的溶液组成[14]

U(Ⅵ)/(mmol/L)	细胞/(N/mL)	NaHCO$_3$/(mmol/L)	pH				
约0.93	1.2×10^8	0	4.52	5.97	7.14	7.71	8.56
		2	4.18	5.98	6.95	7.98	8.46
		15	4.24	5.85	7.03	7.90	8.69
		30	4.65	6.08	7.07	7.83	8.68
		50	4.72	6.14	7.05	7.88	8.87

1. 铀（Ⅵ）的生物吸附

溶液中没有碳酸盐时,铀（Ⅵ）$_{aq}$在热杀死希瓦氏菌细胞表面的吸附随pH增大,吸附百分数从约30%（pH 4.38）增大到约80%（pH 8.38）,表明碱性条件有利于铀（Ⅵ）$_{aq}$的吸附去除（图6-47）[13]。溶液中存在碳酸盐时,铀（Ⅵ）$_{aq}$在热杀死细胞表面的吸附表现得较为复杂,除受pH影响外,还受碳酸盐浓度的影响。低碳酸盐浓度时（$[CO_3^{2-}]_T \leqslant 2$ mmol/L）铀（Ⅵ）$_{aq}$的吸附百分数与pH仍保持单调关系,pH≈8.7时吸附百分数增大到约80%（图6-48）。有趣的是,当体系的碳酸盐浓度较高时（$[CO_3^{2-}]_T > 2$ mmol/L）,铀（Ⅵ）$_{aq}$的生物吸附pH边界（pH-biosorption edges）出现,吸

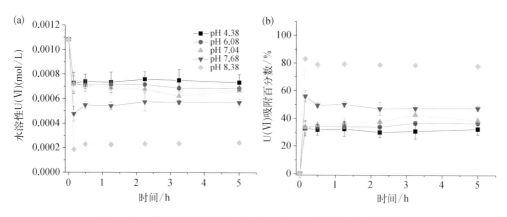

图6-47　溶液中没有碳酸盐时,铀（Ⅵ）$_{aq}$在热杀死希瓦氏菌细胞表面的吸附动力学（a）和吸附百分数（b）[13]

附百分数与 pH 间表现为非单调关系。相应地，铀(Ⅵ)$_{aq}$的最大生物吸附所对应的 pH (pH$_{mbs}$)从约 7.0(15 mmol/L $[CO_3^{2-}]_T$)移动到 pH$\approx$6.0(30～50 mmol/L $[CO_3^{2-}]_T$)。无论有无碳酸盐，酸性体系(pH$\approx$4.5)皆不利于铀(Ⅵ)$_{aq}$的吸附去除，吸附百分数大致保持在 30% 左右。

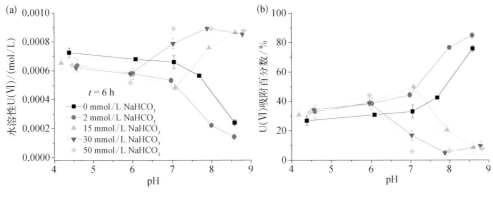

图 6-48　溶液中有碳酸盐时，铀(Ⅵ)$_{aq}$在热杀死希瓦氏菌细胞表面的吸附动力学(a)和吸附百分数(b)[14]

铀(Ⅵ)$_{aq}$在细胞和矿物质表面吸附的 pH$_{mbs}$ 一般为 5～7[77, 78]。根据当前的研究结果，谢金川等进一步指出 pH$_{mbs}$(或生物吸附 pH 边界)还依赖于溶液的碳酸盐浓度。UO_2^{2+} 能与 Lac$^-$、OH$^-$、CO_3^{2-} 配位生成不同种态的铀(Ⅵ)$_{aq}$，且受碳酸盐和 pH 影响。不同种态的铀(Ⅵ)$_{aq}$再与细胞表面的官能团，如膦酸根、羧基、羟基等，通过离子交换方式发生表面配位。Gorman-Lewis 和 Sheng 指出，铀(Ⅵ)$_{aq}$与四种细胞表面位点的吸附配位能力有差异，因而形成依赖于 pH 和碳酸盐的表面种态，如 1$\equiv$HUO$_2^{2+}$、2$\equiv$UO$_2$CO$_3^-$、3$\equiv$(UO$_2$)$_2$CO$_3$(OH)$_3^{2-}$、4$\equiv$(UO$_2$)$_3$(OH)$_7^{2-}$[79, 129]。碳酸盐的出现不利于碱性溶液中铀(Ⅵ)$_{aq}$的生物吸附。体系中铀的种态，包括未被吸附的水溶性铀(Ⅵ)$_{aq}$和吸附在细胞表面的$\equiv$U(Ⅵ)，最终关系到铀的生物还原速率和程度。

2. 铀(Ⅵ)的生物还原

溶液中铀(Ⅵ)$_{aq}$的去除来自一个或两个方面的贡献，一是铀(Ⅵ)$_{aq}$的生物吸附，二是铀(Ⅵ)$_{aq}$生物还原到不溶性的铀(Ⅳ)。图 6-49 指出，溶液中没有碳酸盐时，希瓦氏菌活细胞去除铀(Ⅵ)$_{aq}$的速率从约 20%(pH 4.52)增大到约 100%(pH 8.30)。铀(Ⅵ)$_{aq}$的去除速率随 pH 增大，与图 6-50 中铀(Ⅵ)$_{aq}$的吸附速率的变化趋势一致。当碳酸盐存在时,希瓦氏菌活细胞去除铀(Ⅵ)$_{aq}$的速率不再与 pH 保持单调关系,最大铀(Ⅵ)$_{aq}$去除速率的实验条件为 pH 6.08(30 mmol/L[CO$_3^{2-}$]$_T$),去除百分数约为 100%(图 6 - 50)。图 6 - 51 是铀(Ⅵ)$_{aq}$与希瓦氏菌活细胞接触 6 h 后溶液颜色的直观结果。铀(Ⅵ)$_{aq}$的 438 nm 波长的 UV - vis 特征吸收峰的消失揭示出[14],pH 6.08 时铀(Ⅵ)$_{aq}$的高效去除是因为铀(Ⅵ)$_{aq}$的生物还原而不是生物吸附,仅约 30% 的生物吸附(图 6 - 50 数据)不可能使其特征峰消失。比较而言,图 6 - 50 中 pH = 4.65 时约 30% 的去除百分数则归因于铀(Ⅵ)$_{aq}$的生物吸附,因为铀(Ⅵ)$_{aq}$的特征峰依然存在[14]。pH = 7.07、7.83、8.68 体系中相对小的去除百分数表明铀(Ⅵ)$_{aq}$的碳酸盐配合物不容易被还原。

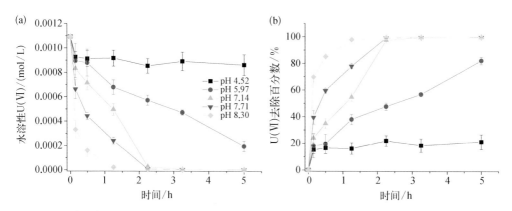

图 6 - 49　溶液中没有碳酸盐时,希瓦氏菌活细胞去除铀(Ⅵ)$_{aq}$的动力学(a)、去除百分数(b)。去除机制包括起始铀(Ⅵ)$_{aq}$在细胞表面的吸附和随后的生物还原[13]

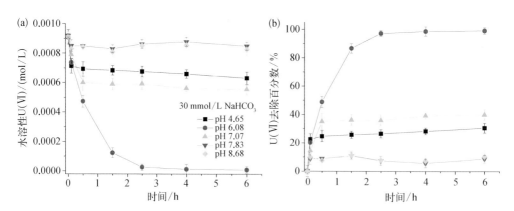

图 6 - 50　溶液中有碳酸盐时,希瓦氏菌活细胞去除铀(Ⅵ)$_{aq}$的动力学(a)、去除百分数(b)。去除机制包括起始铀(Ⅵ)$_{aq}$在细胞表面的吸附和随后的生物还原[14]

图 6-51 不同 pH 和 NaHCO₃ 浓度的厌氧溶液中希瓦氏菌活细胞与铀（Ⅵ）ₐ_q接触 6 h 后，铀（Ⅵ）ₐ_q的吸附、还原结果。 1# ～5# 体系用于研究铀（Ⅵ）ₐ_q的动力学还原（或吸附）过程[14]

碳酸盐浓度范围扩大时，观察到铀（Ⅵ）ₐ_q的生物还原 pH 边界，且依赖于 pH 和碳酸盐浓度，如图 6-52 所示。低碳酸盐浓度（$[CO_3^{2-}]_T$ = 2 mmol/L）时，铀（Ⅵ）ₐ_q的去除百分数从约 21.1%（pH 4.18）增长到约 100%（pH = 6.95～7.98），再降低到 69.8%（pH 8.46）。最大的铀（Ⅵ）ₐ_q生物还原百分数所对应的 pH（pH_{mbr}）发生在 pH = 6.95～7.98（约为 7.5）。当 $[CO_3^{2-}]_T$ 达到 50 mmol/L 时，pH_{mbr} 移动到 pH ≈ 6.0。值得注意的是，铀（Ⅵ）ₐ_q的生物还原 pH 边界与生物吸附 pH 边界基本一致，表明铀（Ⅵ）ₐ_q在细胞表面的吸附有利于其还原。

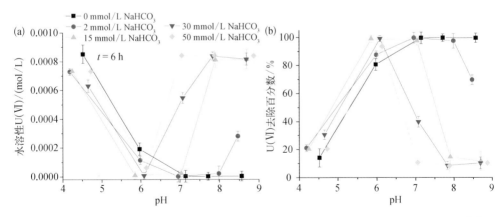

图 6-52 pH 和碳酸盐浓度对希瓦氏菌活细胞去除铀（Ⅵ）ₐ_q的影响（a）、去除百分数（b）[14]

目前的基本共识是,碳酸盐可以降低甚至完全抑制铀(Ⅵ)$_{aq}$的生物还原[75,76]。例如,Hua 指出在 pH 6.89 和 $[CO_3^{2-}]_T \geqslant 15$ mmol/L 的溶液中,铀(Ⅵ)$_{aq}$不能发生还原反应[130]。但如果扩大碳酸盐浓度和 pH 的范围,可以惊讶地发现铀(Ⅵ)$_{aq}$仍可被还原,即使体系出现高浓度的碳酸盐:pH = 6.14、50.0 mmol/L $[CO_3^{2-}]_T$ 体系和 pH = 6.08、30.0 mmol/L $[CO_3^{2-}]_T$ 体系的去除百分数分别高达约 93.7% 和约 100%。基于这些实验结果,可以总结出铀(Ⅵ)$_{aq}$生物还原的最佳条件为:pH = 7~9、0 mmol/L $[CO_3^{2-}]_T$;pH = 7~8、2 mmol/L $[CO_3^{2-}]_T$;pH = 6~7、15 mmol/L $[CO_3^{2-}]_T$;pH ≈ 6.0、30~50 mmol/L $[CO_3^{2-}]_T$。显然,随 $[CO_3^{2-}]_T$ 增大,pH$_{mbr}$从碱性移动到弱酸性。

碳酸盐溶液中有钙时,人们进一步给出了钙能抑制铀(Ⅵ)$_{aq}$生物还原的实验结果[79,80]。如图 6-53 所示,在钙+碳酸盐体系中,铀(Ⅵ)$_{aq}$的生物还原现象更为复杂,铀(Ⅵ)$_{aq}$的浓度变化和去除百分数曲线分别呈现 W 和 M 形状[15]。近中性 pH~6.9 溶液中,铀(Ⅵ)$_{aq}$的去除百分数随 CaCl$_2$ 浓度的增大(0~6.0 mmol/L)而减小(97.0%~24.4%),即中性高浓度钙的溶液中铀(Ⅵ)$_{aq}$难以被微生物还原,这与目前的报道结果一致[79,80]。铀-钙-碳酸盐三配位化合物的标准电位值的明显降低可解释这一现象:$E_h^o[CaUO_2(CO_3)_3^{2-}/UO_2(am,hyd)] = -0.580\ 1$ V,$E_h^o[Ca_2UO_2(CO_3)_3(aq)/UO_2(am,hyd)] = -0.679\ 7$ V。然而,弱酸性(pH ≈ 6.0)和弱碱性(pH ≈ 7.9)溶液中铀(Ⅵ)$_{aq}$的还原去除仍是可能的:pH ≈ 6.0 的溶液中,0~2.5 mmol/L CaCl$_2$ 时去除百分数约为 100%,6.0 mmol/L CaCl$_2$ 时去除百分数约为 82.6%;pH ≈ 7.9 的溶液中,去除百分数反而随着 CaCl$_2$ 浓度的增大(0~6.0 mmol/L)而增大(50.9%~89.7%)。因此,在弱酸性和弱碱性溶液中,即使有较高浓度的碳酸盐,铀(Ⅵ)$_{aq}$也能被希瓦氏菌大量还原。

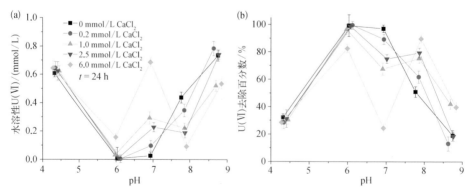

图 6-53　pH 和 CaCl$_2$ 浓度对希瓦氏菌活细胞去除铀(Ⅵ)$_{aq}$的影响(a)、去除百分数(b)[15]

主要实验条件:约 0.90 mmol/L 铀(Ⅵ)$_{aq}$,0~6.0 mmol/L CaCl$_2$,15 mmol/L NaHCO$_3$,pH 为 4~9

3. 铀（Ⅵ）还原产物

铀的 U4f 光电子峰位发生化学位移，则指示铀价态的变化。图 6 - 54 给出 $U^{Ⅵ}O_2$（NO_3）$_2$ 的光电子主峰（U4$f_{5/2}$、U4$f_{7/2}$）与其终端产物的光电子主峰的间距为 1.40 eV，且终端产物的峰位向低电子结合能方向偏移。因此，铀（Ⅵ）$_{aq}$ 接受了希瓦氏菌释放的电子，发生了还原反应。通过拟合 U4f 峰，得到铀（Ⅳ）的表面浓度达到 98% 左右。

图 6 - 55 是终端产物的 HRTEM 图像，用于分析产物的晶体结构。由 FFT

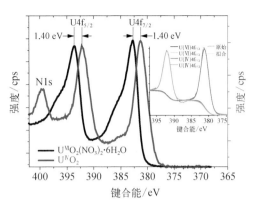

图 6 - 54　铀（Ⅵ）[$U^{Ⅵ}O_2$（NO_3）$_2$ · 6H_2O 固体粉末] 和其还原产物（UO_2 晶体）的 XPS 能谱[13]

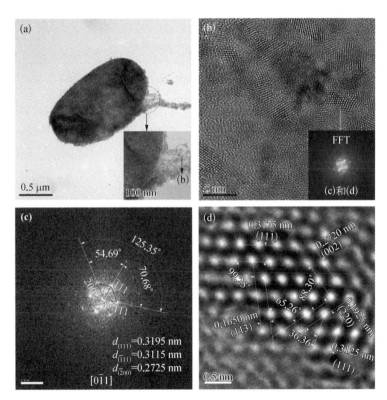

图 6 - 55　U（Ⅵ）$_{aq}$ 还原产物的 HRTEM 图像。希瓦氏菌表面的 UO_2 颗粒（a），UO_2 颗粒局部 HRTEM 图像和指定区域的 FFT 谱（b），由 FFT（c）和 IFFT（d）测量的晶面夹角和间距的结果[13]

谱,谢金川等测量得到产物的晶面夹角(ϕ)和晶面间距(d)数据。例如,(111)和($\bar{1}$11)晶面夹角为 70.68°,($\bar{2}$00)和($\bar{1}$11)晶面夹角为 54.69°;晶面间距 $d_{(111)}$ = 0.319 5 nm, $d_{(\bar{2}00)}$ = 0.272 5 nm。由 FFT 谱和 IFFT(晶格条纹)两种测量手段得到的 ϕ 和 d 的详细结果如表 6-10 和表 6-11 所示,测量结果与 UO$_2$ 晶体(面心立方结构,$Fm\bar{3}m$ 空间群,PDF♯41-1422)的理论计算参数吻合良好,如表 6-10 和表 6-11 所示。

表 6-10　产物 UO$_2$ 的晶面夹角 ϕ[13]

	晶　　面	测量值/(°)	计算值/(°)
晶格条纹	(111)/(220)	36.36	35.26
	(002)/(220)	88.30	90.00
	(113)/(220)	65.26	64.76
	(113)/(11$\bar{1}$)	99.25	100.02
FFT 谱	(111)/($\bar{1}$11)	70.68	70.53
	($\bar{2}$00)/($\bar{1}$11)	54.69	54.74
	($\bar{2}$00)/(111)	125.35	125.26

表 6-11　产物 UO$_2$ 的晶面间距 d[13]

	晶　　面	测量值/nm	计算值/nm	晶面组
晶格条纹	(111)	0.312 5	0.315 3	{111}
	(11$\bar{1}$)	0.317 5	0.315 3	{111}
	(002)	0.272 0	0.273 3	{200}
	(220)	0.192 5	0.193 3	{220}
	(113)	0.165 0	0.164 7	{311}
FFT 谱	(111)	0.319 5	0.315 3	{111}
	($\bar{1}$11)	0.311 5	0.315 3	{111}
	($\bar{2}$00)	0.272 5	0.273 3	{200}

图 6-56 给出终端产物的粒度统计结果约为 2.7 nm。UO$_2$ 晶体结构参数的理论计算方法见有关报道的附件部分[13]。

固相 UO$_2$ 的溶解度很低,lg K_{sp}°[UO$_2$(cr)]≤60.2±0.24[74],因此铀(Ⅵ)$_{aq}$ 的还原可降低铀的环境移动性,降低了健康风险。

4. 热力学还原机制

本节探讨了热力学机制,解释了在可变碳酸盐浓度的溶液中 pH 对铀(Ⅵ)$_{aq}$ 的生物还原过程的影响。表 6-12 为主要的配位反应和生成常数,表 6-13 为部分离子的 $\Delta_f G_m^{\circ}$,详

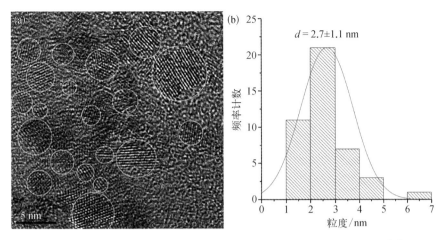

图 6-56　HRTEM 图像上产物 UO$_2$ 的粒度（a），粒度统计分布图（b）[13]

细的计算过程可参考有关报道的附件部分[13, 14]。首先计算 UO_2^{2+} 与 Lac^-、OH^-、CO_3^{2-} 配位后的种态分布，再计算主要种态的氧化还原电位值。氧化还原电位可作为铀（Ⅵ）$_{aq}$ 种态接受胞外电子能力的指示，胞外电子由希瓦氏菌厌氧氧化乳酸盐时产生。

表 6-12　主要的铀（Ⅵ）配位反应及铀（Ⅵ）种态的标准
摩尔吉布斯自由生成能（ $\Delta_f G_m^\circ$ ）[13-15]

种　态	$\Delta_f G_m^\circ$/(kJ/mol)	配 位 反 应	$\lg K^\circ$
$(UO_2)_3(OH)_5^+$	$-3\,954.59 \pm 5.29$	$3UO_2^{2+} + 5H_2O \rightleftharpoons (UO_2)_3(OH)_5^+ + 5H^+$	-15.55 ± 0.12^a
$(UO_2)_3(OH)_7^-$	$-4\,333.84 \pm 6.96$	$3UO_2^{2+} + 7H_2O \rightleftharpoons (UO_2)_3(OH)_7^- + 7H^+$	-32.20 ± 0.80^a
$(UO_2)_4(OH)_7^+$	$-5\,345.18 \pm 9.03$	$4UO_2^{2+} + 7H_2O \rightleftharpoons (UO_2)_4(OH)_7^+ + 7H^+$	-21.90 ± 1.00^a
$UO_2CO_3(aq)$	$-1\,537.19 \pm 1.80$	$UO_2^{2+} + CO_3^{2-} \rightleftharpoons UO_2CO_3(aq)$	9.94 ± 0.03^a
$(UO_2)_2CO_3(OH)_3^-$	$-3\,139.53 \pm 4.52$	$2UO_2^{2+} + CO_2(g) + 4H_2O(l) \rightleftharpoons (UO_2)_2CO_3(OH)_3^- + 5H^+$	-19.01 ± 0.50^a
$(UO_2)_3(CO_3)_6^{6-}$	$-6\,333.29 \pm 8.10$	$3UO_2^{2+} + 6CO_3^{2-} \rightleftharpoons (UO_2)_3(CO_3)_6^{6-}$	54.00 ± 1.00^a
$UO_2(CO_3)_3^{4-}$	$-2\,660.91 \pm 2.12$	$UO_2^{2+} + 3CO_3^{2-} \rightleftharpoons UO_2(CO_3)_3^{4-}$	21.84 ± 0.04^a
$UO_2(CO_3)_2^{2-}$	$-2\,103.16 \pm 1.98$	$UO_2^{2+} + 2CO_3^{2-} \rightleftharpoons UO_2(CO_3)_2^{2-}$	16.61 ± 0.09^a
$Ca_2UO_2(CO_3)_3(aq)$	$-3\,817.70$	$UO_2^{2+} + 2Ca^{2+} + 3CO_3^{2-} \rightleftharpoons Ca_2UO_2(CO_3)_3(aq)$	30.55 ± 0.25^b
$CaUO_2(CO_3)_3^{2-}$	$-3\,244.93$	$UO_2^{2+} + Ca^{2+} + 3CO_3^{2-} \rightleftharpoons CaUO_2(CO_3)_3^{2-}$	27.18 ± 0.06^b
UO_2Lac^+	$-1\,287.53$	$UO_2^{2+} + Lac^- \rightleftharpoons UO_2Lac^+$	3.17 ± 0.03^b
$UO_2Lac_2(aq)$	$-1\,614.11$	$UO_2^{2+} + 2Lac^- \rightleftharpoons UO_2Lac_2(aq)$	4.85 ± 0.06^b
$UO_2Lac_3^-$	$-1\,938.13$	$UO_2^{2+} + 3Lac^- \rightleftharpoons UO_2Lac_3^-$	6.09 ± 0.03^b

注：由配位反应的标准生成常数（$\lg K^\circ$）计算得到的标准摩尔吉布斯自由反应能（$\Delta_r G_m^\circ$），再结合表 6-13 的 $\Delta_f G_m^\circ$ 得到铀（Ⅵ）种态的 $\Delta_f G_m^\circ$

a Guillaumont et al.，2003[60]

b 近期研究[13, 14]，$\Delta_f G_m^\circ$ 未给出不确定度

表 6-13 标准摩尔吉布斯自由生成能[14]

	Lac$^-$	U^{4+}	UO$_2^{2+}$	UO$_2$(am, hyd)	CO$_3^{2-}$	H$_2$O(液)	OH$^-$	H$^+$
$\Delta_f G_m^o$/(kJ/mol)	−316.94	−529.86	−952.55	−995.75	−527.9	−237.18	−157.29	0
Ref.	a	b	b	[13, 14]	b	a	a	

a[127] Lundblad and Macdonald, 2010. b[60] Guillaumont et al., 2003.

（1）UO$_2^{2+}$ 与Lac$^-$、OH$^-$、CO$_3^{2-}$ 配位

参考表 6-9 所示实验条件，谢金川等用 Visual MINTEQ 3.1 程序计算铀（Ⅵ）$_{aq}$的种态，计算结果如图 6-57 所示。没有碳酸盐时，弱酸性条件下（pH = 4～6）UO$_2^{2+}$ 与乳酸根Lac$^-$ 配位，配位种态有 UO$_2$Lac$^+$、UO$_2$Lac$_2$、UO$_2$Lac$_3^-$，中碱性条件下（pH = 6～9）UO$_2^{2+}$ 与OH$^-$ 配位。当有碳酸盐且浓度逐渐增大时（pH = 6～9），铀（Ⅵ）$_{aq}$的主要种态

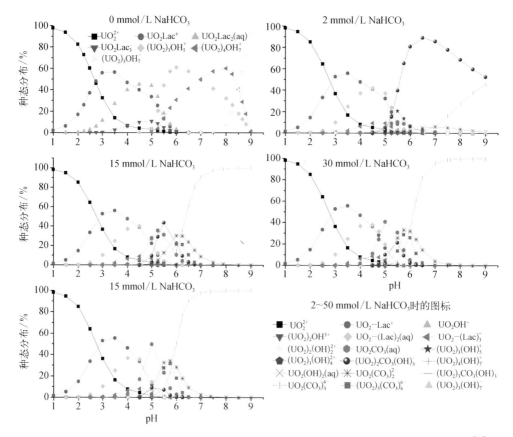

图 6-57 由 Visual MINTEQ 3.1 程序计算的主要的铀（Ⅵ）$_{aq}$种态分布，参考实验条件见表 6-9[14]

则从 $(UO_2)_2CO_3(OH)_3^-$ 和 $UO_2(CO_3)_3^{4-}$（2 mmol/L $[CO_3^{2-}]_T$）转变为 $UO_2(CO_3)_3^{4-}$（15～50 mmol/L $[CO_3^{2-}]_T$）。不同种态的铀(Ⅵ)$_{aq}$ 有不同的氧化还原电位,表现出不同的电子接受能力,最终影响到铀(Ⅵ)$_{aq}$ 的还原速率。

（2）铀种态的氧化还原电位

铀(Ⅵ)$_{aq}$ 的主要种态的标准氧化还原电位由表 6-12 和表 6-13 的标准摩尔吉布斯自由生成自由能计算而来,结果如表 6-14 所示。实验条件下的电位值 E_h 由各种态的活度值计算,典型计算结果如图 6-58 所示。

表 6-14　由 $\Delta_f G_m^o$ 计算得到的铀（Ⅵ）主要种态的标准氧化还原电位[13-15]

氧化还原电对	半　反　应	E_h^o/V
$UO_2^{2+}/UO_2(am, hyd)$	$UO_2^{2+} + 2e^- \longrightarrow UO_2(am, hyd)$	0.223 9
$(UO_2)_3(OH)_5^+/UO_2(am, hyd)$	$(UO_2)_3(OH)_5^+ + 5H^+ + 6e^- \longrightarrow 3UO_2(am, hyd) + 5H_2O$	0.377 5
$(UO_2)_4(OH)_7^+/UO_2(am, hyd)$	$(UO_2)_4(OH)_7^+ + 7H^+ + 8e^- \longrightarrow 4UO_2(am, hyd) + 7H_2O$	0.386 2
$(UO_2)_3(OH)_7^-/UO_2(am, hyd)$	$(UO_2)_3(OH)_7^- + 7H^+ + 6e^- \longrightarrow 3UO_2(am, hyd) + 7H_2O$	0.541 8
$UO_2CO_3(aq)/UO_2(am, hyd)$	$UO_2CO_3(aq) + 2e^- \longrightarrow UO_2(am, hyd) + CO_3^{2-}$	$-0.070\ 16$
$(UO_2)_2CO_3(OH)_3^-/UO_2(am, hyd)$	$(UO_2)_2CO_3(OH)_3^- + 4e^- \longrightarrow 2UO_2(am, hyd) + CO_3^{2-} + 3OH^-$	$-0.384\ 1$
$(UO_2)_3(CO_3)_6^{6-}/UO_2(am, hyd)$	$(UO_2)_3(CO_3)_6^{6-} + 6e^- \longrightarrow 2UO_2(am, hyd) + 6CO_3^{2-}$	$-2.028\ 5$
$UO_2(CO_3)_3^{4-}/UO_2(am, hyd)$	$UO_2(CO_3)_3^{4-} + 2e^- \longrightarrow UO_2(am, hyd) + 3CO_3^{2-}$	$-0.422\ 1$
$UO_2(CO_3)_2^{2-}/UO_2(am, hyd)$	$UO_2(CO_3)_2^{2-} + 2e^- \longrightarrow UO_2(am, hyd) + 2CO_3^{2-}$	$-0.267\ 4$
$CaUO_2(CO_3)_3^{2-}/UO_2(am, hyd)$	$CaUO_2(CO_3)_3^{2-} + 2e^- \longrightarrow UO_2(am, hyd) + Ca^{2+} + 3CO_3^{2-}$	$-0.580\ 1$
$Ca_2UO_2(CO_3)_3(aq)/UO_2(am, hyd)$	$Ca_2UO_2(CO_3)_3(aq) + 2e^- \longrightarrow UO_2(am, hyd) + 2Ca^{2+} + 3CO_3^{2-}$	$-0.679\ 7$
$UO_2Lac^+/UO_2(am, hyd)$	$UO_2Lac^+ + 2e^- \longrightarrow UO_2(am, hyd) + Lac^-$	0.130 4
$UO_2Lac_2(aq)/UO_2(am, hyd)$	$UO_2Lac_2(aq) + 2e^- \longrightarrow UO_2(am, hyd) + 2Lac^-$	0.080 42
$UO_2Lac_3^-/UO_2(am, hyd)$	$UO_2Lac_3^- + 2e^- \longrightarrow UO_2(am, hyd) + 3Lac^-$	0.043 74

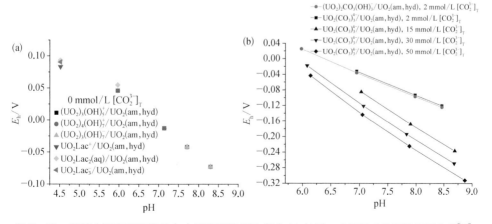

图 6-58　溶液中没有碳酸盐时（a）和有碳酸盐时（b）铀（Ⅵ）$_{aq}$ 主要种态的氧化还原电位[14]

铀酰离子的标准电位值为 $E_h^\circ[UO_2^{2+}/UO_2(am, hyd)] = 0.223\ 9\ V$，与 OH^- 配位后标准电位值增大，被还原趋势增强，但与 Lac^- 配位后，标准电位值明显减小，被还原趋势减弱，甚至不能被还原。没有碳酸盐时实验条件下的电位值 E_h 有随 pH 下降的趋势，不能合理解释图 6-58 中（黑线）铀（Ⅵ）$_{aq}$ 还原速率随 pH 增大而变快的现象。结合该体系中碱性 pH 时铀（Ⅵ）$_{aq}$ 生物吸附率高，谢金川等推断铀（Ⅵ）$_{aq}$ 与细胞表面的官能团配位后才发生还原，而不是以水溶态的碳酸铀酰形式被还原。

铀酰离子与 CO_3^{2-} 配位后的标准电位值 E_h° 比与 OH^- 和 Lac^- 配位后的 E_h° 值低很多，这表明碳酸铀酰的电子接受能力将受到一定程度限制。碳酸铀酰的电位值 E_h 随 pH 的增大降低表明碳酸盐的确对铀（Ⅵ）$_{aq}$ 的生物还原不利。例如，$UO_2(CO_3)_3^{4-}$ 作为主要种态时，其电位值降低到 $E_h[UO_2(CO_3)_3^{4-}/UO_2(am, hyd)] = -0.269\ 1\ V$（30 mmol/L $[CO_3^{2-}]_T$，pH 8.68），$E_h[UO_2(CO_3)_3^{4-}/UO_2(am, hyd)] = -0.312\ 4\ V$（50 mmol/L $[CO_3^{2-}]_T$，pH 8.87）。由于缺乏将胞外电子传递到 $UO_2(CO_3)_3^{4-}$ 种态的热力学驱动力，$UO_2(CO_3)_3^{4-}$ 难以被还原。

碱性 pH 时高浓度碳酸根的配位反应产生了不利于铀（Ⅵ）$_{aq}$ 还原的条件，然而弱酸性 pH 时铀（Ⅵ）$_{aq}$ 仍能被大量还原。例如，铀（Ⅵ）$_{aq}$ 的还原百分数分别达到 100% 左右（pH 6.08，30.0 mmol/L $[CO_3^{2-}]_T$）和 93.7%（pH 6.14，50.0 mmol/L $[CO_3^{2-}]_T$）。可能的还原机制是，这两个体系溶液中铀（Ⅵ）$_{aq}$ 电位值分别为 $E_h[UO_2(CO_3)_3^{4-}/UO_2(am, hyd)] = -0.017\ 86\ V$ 和 $-0.043\ 31\ V$，而胞外黄素有更低的电位值 $-0.22\ V$，因此合理的电位差能够使胞外电子传递到 $UO_2(CO_3)_3^{4-}$ 种态中。图 6-59 示意了高浓度碳酸盐体系中铀（Ⅵ）$_{aq}$ 的生物还原过程。

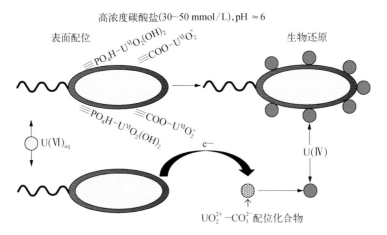

图 6-59　高浓度碳酸盐体系中弱酸性 pH 时铀（Ⅵ）$_{aq}$ 的生物还原过程[14]

总之,在没有碳酸盐的溶液体系中,希瓦氏菌还原铀(Ⅵ)$_{aq}$的速率随 pH 的增大而增大,pH 7.0~8.5 时铀(Ⅵ)$_{aq}$的还原率约为 100%,还原机制可能为UO_2^{2+}与OH^-配位后有更高的氧化还原电位。当有碳酸盐时,特定 pH 体系中即使含高浓度的碳酸盐,铀(Ⅵ)$_{aq}$仍能被快速还原,还原百分数达到或接近 100%:pH = 7~8, 2 mmol/L$[CO_3^{2-}]_T$;pH = 6~7, 15 mmol/L$[CO_3^{2-}]_T$;pH≈6.0,30~50 mmol/L$[CO_3^{2-}]_T$。因此,谢金川等的实验结果与广泛报道的"碳酸盐降低甚至完全抑制 U(Ⅵ)$_{aq}$的微生物还原"现象不完全一致(其一般只在中性溶液中完成实验)[75, 76]。铀(Ⅵ)$_{aq}$还原产物为约 2.7 nm 的UO_2晶体,铀(Ⅵ)$_{aq}$的生物去除机制包含细胞吸附和随后的还原过程,铀(Ⅵ)$_{aq}$与细胞的表面配位有利于铀(Ⅵ)$_{aq}$的还原。

由铀-钙-碳酸盐三元配位化合物$[Ca_2UO_2(CO_3)_3(aq)$,$CaUO_2(CO_3)_3^{2-}]$的氧化还原电位值随 pH 和$CaCl_2$浓度变化的计算结果难以合理解释为什么希瓦氏菌在弱酸性和弱碱性溶液中仍可以还原铀-钙-碳酸盐化合物(用热力学解释此现象是困难的),虽然能解释近中性溶液限制了该化合物的还原。谢金川等推测:铀-钙-碳酸盐化合物可能与细胞表面的基团通过离子交换等方式生成了表面配位种态有关,如 CellSur $Ca_2UO_2(CO_3)_3^-$。铀的表面配位种态接受电子的能力及与水溶液性质的关系是一个尚待研究的方向,也是今后的重要研究内容。

6.4　本章小结与展望

本章介绍了锝胶体(假胶体和真胶体)在环境放射化学领域的研究现状,指出了目前研究结果存在的不足,依此开展了锝胶体有关的前沿性研究,包括锝胶体的稳定性、移动能力、移动速度等。其次,谢金川等进一步开展了环境微生物还原锝和铀的研究,通过热力学计算分析了胞外电子的传递路径,给出了锝和铀的可能还原机制。主要的研究结果包括以下几个方面:

(1) 实验证实了天然胶体能增强锝的移动能力。该结果改变了人们早期持有的"锕系元素容易吸附到环境介质上,在地下水中没有移动能力"的观点;

(2) 建立了准确取得胶态污染物与地下水相对移动速度的方程。该方法克服了单点法不准确,甚至无法使用的缺点,如胶体粒子和氚水的穿透曲线部分重叠、长脉冲实

验中穿透曲线上没有最大释出浓度峰值等情况;

(3) 建立了胶态污染物三相分配系数的新概念。该方法解决了传统两相 K_d 表达式忽略了胶态钚移动能力的问题,适用于大尺度钚的数值模拟;

(4) 发现了痕量钚真胶体粒子的尺度收缩和几乎无滞留移动特性的现象;

(5) 腐殖酸在钚(Ⅳ)聚合物表面的吸附层使聚合物更为稳定,但在腐殖酸接受希瓦氏菌释放的电子后,其醌基氧化还原电位的降低能将聚合态的钚(Ⅳ)还原为钚(Ⅲ);

(6) 碳酸盐不存在时,希瓦氏菌还原铀(Ⅵ)的能力随 pH 增大而增大,中性到碱性溶液中铀(Ⅵ)几乎全部被快速还原为 UO_2,还原机制为铀酰与氢氧根配位后其氧化还原电位的升高;

(7) 当有碳酸盐存在时,弱酸性和弱碱性溶液中铀(Ⅵ)仍能被希瓦氏菌较快速地还原为 UO_2,还原机制可能为铀酰与碳酸根配位后的氧化还原电位仍高于内生电子共轭体的电位(– 220 mV);

(8) 在高钙(2.5~6.0 mmol/L)高碳酸盐(15 mmol/L)浓度的弱酸性和弱碱性溶液中,铀-钙-碳酸盐三元配位化合物仍能被希瓦氏菌较快速地还原为 UO_2,还原机制可能与铀-钙-碳酸盐化合物在细胞表面生成表面配位种态有关。

钚和铀与矿物、土壤、细胞的表面基团的配位过程和机制是本章尚未深入研究的内容,是今后研究的重点和难点,包括发现新的表面配位化合物的生成及环境影响因素,计算表面配位化合物的关键热力学参数和化学反应的驱动力,判断其氧化还原趋势,依此进一步分析地下环境中钚和铀的赋存状态、移动能力、污染风险等。研究结果将有助于西北高钙高碳酸盐环境中钚、铀污染的地下水的生物修复。

参考文献

[1] Xie J C, Lu J C, Zhou X H, et al. The kinetic stability of colloid-associated plutonium: Settling characteristics and species transformation[J]. Chemosphere, 2012, 87(8): 925 – 931.

[2] Xie J C, Wang X, Lu J C, et al. Colloid-associated plutonium transport in the vadose zone sediments at Lop Nor[J]. Journal of Environmental Radioactivity, 2013, 116: 76 – 83.

[3] Xie J C, Lu J C, Zhou X H, et al. *Plutonium* – 239 sorption and transport on/in unsaturated sediments: Comparison of batch and column experiments for determining sorption coefficients[J]. Journal of Radioanalytical and Nuclear Chemistry, 2013, 296(3): 1169 – 1177.

[4] Xie J C, Lu J C, Lin J F, et al. The dynamic role of natural colloids in enhancing plutonium transport through porous media[J]. Chemical Geology, 2013, 360/361: 134 – 141.

［5］ Xie J C, Lu J C, Lin J F, et al. Insights into transport velocity of colloid-associated plutonium relative to tritium in porous media[J]. Scientific Reports, 2014, 4: 5037.

［6］ Xie J C, Lin J F, Zhou X H, et al. *Plutonium* partitioning in three-phase systems with water, granite grains, and different colloids[J]. Environmental Science and Pollution Research, 2014, 21 (11): 7219 - 7226.

［7］ Xie J C, Lin J F, Zhou X H, et al. *Plutonium* partitioning in three-phase systems with water, colloidal particles, and granites: New insights into distribution coefficients[J]. Chemosphere, 2014, 99: 125 - 133.

［8］ Xie J C, Wang Y, Lin J F, et al. Trace-level plutonium(Ⅳ) polymer stability and its transport in coarse-grained granites[J]. Chemical Geology, 2015, 398: 1 - 10.

［9］ Xie J C, Lin J F, Wang Y, et al. Colloid-associated plutonium aged at room temperature: Evaluating its transport velocity in saturated coarse-grained granites[J]. Journal of Contaminant Hydrology, 2015, 172: 24 - 32.

［10］ Xie J C, Lin J F, Liang W, et al. Decreased solubilization of Pu(Ⅳ) polymers by humic acids under anoxic conditions[J]. Geochimica et Cosmochimica Acta, 2016, 192: 122 - 134.

［11］ Xie J C, Han X Y, Wang W X, et al. Effects of humic acid concentration on the microbially-mediated reductive solubilization of Pu(Ⅳ) polymers[J]. Journal of Hazardous Materials, 2017, 339: 347 - 353.

［12］ Xie J C, Liang W, Lin J F, et al. Humic acids facilitated microbial reduction of polymeric Pu(Ⅳ) under anaerobic conditions[J]. The Science of the Total Environment, 2018, 610/611: 1321 - 1328.

［13］ Xie J C, Lin J F, Zhou X H. pH-dependent microbial reduction of uranium(Ⅵ) in carbonate-free solutions: UV - vis, XPS, TEM, and thermodynamic studies[J]. Environmental Science and Pollution Research, 2018, 25(22): 22308 - 22317.

［14］ Xie J C, Wang J L, Lin J F, et al. The dynamic role of pH in microbial reduction of uranium(Ⅵ) in the presence of bicarbonate[J]. Environmental Pollution (Barking, Essex: 1987), 2018, 242 (Pt A): 659 - 666.

［15］ Xie J C, Wang J L, Lin J F. New insights into the role of calcium in the bioreduction of uranium(Ⅵ) under varying pH conditions[J]. Journal of Hazardous Materials, 2021, 411: 125140.

［16］ Powell B A, Dai Z R, Zavarin M, et al. Stabilization of plutonium nano-colloids by epitaxial distortion on mineral surfaces[J]. Environmental Science & Technology, 2011, 45(7): 2698 - 2703.

［17］ Kienzler B, Vejmelka P, Römer J, et al. Actinide migration in fractures of granite host rock: Laboratory and *in situ* investigations[J]. Nuclear Technology, 2009, 165(2): 223 - 240.

［18］ Vandergraaf T T, Drew D J, Archambault D, et al. Transport of radionuclides in natural fractures: Some aspects of laboratory migration experiments [J]. Journal of Contaminant Hydrology, 1997, 26(1/2/3/4): 83 - 95.

［19］ Fjeld R A, DeVol T A, Goff R W, et al. Characterization of the mobilities of selected actinides and fission/activation products in laboratory columns containing subsurface material from the snake river plain[J]. Nuclear Technology, 2001, 135(2): 92 - 108.

［20］ Thompson J L. Actinide behavior on crushed rock columns[J]. Journal of Radioanalytical and Nuclear Chemistry, 1989, 130(2): 353 - 364.

［21］ Conca J. Unsaturated Zone and Saturated Zone Transport Properties (U0100)[R]. Yucca Mountain Project, Las Vegas, NV (United States), 2000.

[22] Treher E N, Raybold N A. Elution of radionuclides through columns of crushed rock from the *Nevada* Test Site[R]. Los Alamos National Lab., 1982.

[23] Kaplan D I, Demirkanli D I, Gumapas L, et al. Eleven-year field study of Pu migration from Pu Ⅲ, Ⅳ, and Ⅵ sources[J]. Environmental Science & Technology, 2006, 40(2): 443 - 448.

[24] Perrier T, Martin-Garin A, Morello M. Am - 241 remobilization in a calcareous soil under simplified rhizospheric conditions studied by column experiments[J]. Journal of Environmental Radioactivity, 2005, 79(2): 205 - 221.

[25] Vandergraaf T T, Drew D J, Ticknor K V, et al. Radionuclide Migration Experiments in Tuff Blocks/Underunsaturated and Saturated Conditions at a Scale of Up to 1 Metre[R]. Whiteshell Laboratories, AECL Pinawa, MB (CA); US Department of Energy, Office of Civilian Radioactive Waste Management; Office of Repository Development, North Las Vegas, NV (US), 2003.

[26] Kersting A B, Efurd D W, Finnegan D L, et al. Migration of plutonium in ground water at the *Nevada* Test Site[J]. Nature, 1999, 397(6714): 56 - 59.

[27] Hauser E A. Colloid chemistry of clays[J]. Chemical Reviews, 1945, 37: 287 - 321.

[28] Bates J K, Bradley J P, Teetsov A, et al. Colloid formation during waste form reaction: Implications for nuclear waste disposal[J]. Science, 1992, 256(5057): 649 - 651.

[29] Bekhit H M, Hassan A E, Harris-Burr R, et al. Experimental and numerical investigations of effects of silica colloids on transport of strontium in saturated sand columns[J]. Environmental Science & Technology, 2006, 40(17): 5402 - 5408.

[30] Vilks P, Baik M H. Laboratory migration experiments with radionuclides and natural colloids in a granite fracture[J]. Journal of Contaminant Hydrology, 2001, 47(2/3/4): 197 - 210.

[31] Kersting A B, Reimus P W, Abdel-Fattah A, et al. Colloid-facilitated transport of low-solubility radionuclides: A field, experimental, and modeling investigation[R]. Lawrence Livermore National Lab.(LLNL), Livermore, CA (United States), 2003.

[32] Tanaka T, Sakamoto Y, Sawada H, et al. Migration models of neptunium and americium in groundwater under the present condition of humic substances[R]. 2003.

[33] Delos A, Walther C, Schäfer T, et al. Size dispersion and colloid mediated radionuclide transport in a synthetic porous media[J]. Journal of Colloid and Interface Science, 2008, 324(1/2): 212 - 215.

[34] Coles D G, Ramspott L D. Migration of ruthenium - 106 in a Nevada test site aquifer: Discrepancy between field and laboratory results[J]. Science, 1982, 215(4537): 1235 - 1237.

[35] Penrose W R, Polzer W L, Essington E H, et al. Mobility of plutonium and americium through a shallow aquifer in a semiarid region[J]. Environmental Science & Technology, 1990, 24(2): 228 - 234.

[36] Novikov A P, Kalmykov S N, Utsunomiya S, et al. Colloid transport of *Plutonium* in the far-field of the mayak production association, *Russia*[J]. Science, 2006, 314(5799): 638 - 641.

[37] Geckeis H, Schäfer T, Hauser W, et al. Results of the colloid and radionuclide retention experiment (CRR) at the Grimsel Test Site (GTS), Switzerland-impact of reaction kinetics and speciation on radionuclide migration[J]. Radiochimica Acta, 2004, 92(9/10/11): 765 - 774.

[38] Flury M. Colloid-Facilitated Transport of Radionuclides Through the Vadose Zone[R]. Department of Crop and Soil Sciences Washington state University (US), 2003.

[39] Serne R J, Last G V, Schaef H T, et al. Characterization of vadose zone sediment: Borehole 41 - 09 - 39 in the S - SX waste management area[R]. Pacific Northwest National Lab.(PNNL), Richland, WA (United States), 2008.

[40] Rawson S A, Walton J C, Baca R G. Migration of actinides from a transuranic waste disposal site in the vadose zone[J]. ract, 1991, 52/53(2): 477 - 486.

[41] Schäfer T, Huber F, Seher H, et al. Nanoparticles and their influence on radionuclide mobility in deep geological formations[J]. Applied Geochemistry, 2012, 27(2): 390 - 403.

[42] Buddemeier R W, Hunt J R. Transport of colloidal contaminants in groundwater: Radionuclide migration at the *Nevada* test site[J]. Applied Geochemistry, 1988, 3(5): 535 - 548.

[43] Maher K, Bargar J R, Brown G E Jr. Environmental speciation of actinides[J]. Inorganic Chemistry, 2013, 52(7): 3510 - 3532.

[44] Altmaier M, Gaona X, Fanghänel T. Recent advances in aqueous actinide chemistry and thermodynamics[J]. Chemical Reviews, 2013, 113(2): 901 - 943.

[45] Walther C, Denecke M A. Actinide colloids and particles of environmental concern[J]. Chemical Reviews, 2013, 113(2): 995 - 1015.

[46] Zhao P, Kersting A B, Dai Z, et al. Pu (Ⅳ) Intrinsic Colloid Stability in the Presence of Montmorillonite at 25 & 80 C[R]. Lawrence Livermore National Lab.(LLNL), Livermore, CA (United States), 2012.

[47] Zavarin M, Zhao P, Dai Z, et al. Sorption Behavior and Morphology of *Plutonium* in the Presence of Goethite at 25 and 80C[R]. Lawrence Livermore National Lab.(LLNL), Livermore, CA (United States), 2012.

[48] Zänker H, Hennig C. Colloid-borne forms of tetravalent actinides: A brief review[J]. Journal of Contaminant Hydrology, 2014, 157: 87 - 105.

[49] Geckeis H, Lützenkirchen J, Polly R, et al. Mineral-water interface reactions of actinides[J]. Chemical Reviews, 2013, 113(2): 1016 - 1062.

[50] Walther C, Cho H R, Marquardt C M, et al. Hydrolysis of plutonium(Ⅳ) in acidic solutions: No effect of hydrolysis on absorption-spectra of mononuclear hydroxide complexes[J]. Radiochimica Acta, 2007, 95(1): 7 - 16.

[51] Neck V, Kim J I. Solubility and hydrolysis of tetravalent actinides[J]. Radiochimica Acta, 2001, 89(1): 1 - 16.

[52] Rundberg R S, Mitchell A J, Triay I R, et al. Size and density of A ^{242}Pu colloid[J]. MRS Online Proceedings Library, 1987, 112(1): 243 - 248.

[53] Triay I R, Hobart D E, Mitchell A J, et al. Size determinations of *Plutonium* colloids using autocorrelation photon spectroscopy[J]. ract, 1991, 52/53(1): 127 - 132.

[54] Ekberg C, Larsson K, Skarnemark G, et al. The structure of plutonium(Ⅳ) oxide as hydrolysed clusters in aqueous suspensions[J]. Dalton Transactions, 2013, 42(6): 2035 - 2040.

[55] Mondal P K, Sleep B E. Colloid transport in dolomite rock fractures: Effects of fracture characteristics, specific discharge, and ionic strength[J]. Environmental Science & Technology, 2012, 46(18): 9987 - 9994.

[56] Landkamer L L, Harvey R W, Scheibe T D, et al. Colloid transport in saturated porous media: Elimination of attachment efficiency in a new colloid transport model[J]. Water Resources Research, 2013, 49(5): 2952 - 2965.

[57] Neck V, Altmaier M, Seibert A, et al. Solubility and redox reactions of Pu(Ⅳ) hydrous oxide: Evidence for the formation of PuO_{2+x}(s, hyd)[J]. Radiochimica Acta, 2007, 95(4): 193 - 207.

[58] Haschke J M, Allen T H, Morales L A. Reaction of plutonium dioxide with water: Formation and properties of PuO_{2+x}[J]. Science, 2000, 287(5451): 285 - 287.

[59] Hixon A E, Arai Y, Powell B A. Examination of the effect of alpha radiolysis on plutonium(Ⅴ) sorption to quartz using multiple plutonium isotopes[J]. Journal of Colloid and Interface Science,

2013, 403: 105 - 112.

[60] Guillaumont R, Mompean F J. Update on the chemical thermodynamics of uranium, neptunium, plutonium, americium and technetium[M]. Amsterdam: Elsevier, 2003.

[61] Rusin P A, Quintana L, Brainard J R, et al. Solubilization of plutonium hydrous oxide by iron-reducing bacteria[J]. Environmental Science & Technology, 1994, 28(9): 1686 - 1690.

[62] Abdel-Fattah A I, Zhou D X, Boukhalfa H, et al. Dispersion stability and electrokinetic properties of intrinsic plutonium colloids: Implications for subsurface transport[J]. Environmental Science & Technology, 2013, 47(11): 5626 - 5634.

[63] Schmidt M, Lee S S, Wilson R E, et al. Surface-mediated formation of Pu(Ⅳ) nanoparticles at the muscovite-electrolyte interface[J]. Environmental Science & Technology, 2013, 47(24): 14178 - 14184.

[64] Zheng Q, Dickson S E, Guo Y. Differential transport and dispersion of colloids relative to solutes in single fractures[J]. Journal of Colloid and Interface Science, 2009, 339(1): 140 - 151.

[65] Sinton L W, Noonan M J, Finlay R K, et al. Transport and attenuation of bacteria and bacteriophages in an alluvial gravel aquifer[J]. New Zealand Journal of Marine and Freshwater Research, 2000, 34(1): 175 - 186.

[66] McKay L D, Gillham R W, Cherry J A. Field experiments in a fractured clay till: 2. Solute and colloid transport[J]. Water Resources Research, 1993, 29(12): 3879 - 3890.

[67] Coursolle D, Gralnick J A. Modularity of the Mtr respiratory pathway of *Shewanella oneidensis* strain MR - 1[J]. Molecular Microbiology, 2010, 77(4): 995 - 1008.

[68] Lemire R J, Fuger H, Nitsche P, et al. Chemical thermodynamics of neptunium and plutonium. Amsterdam: Elsevier, 2001.

[69] Okamoto A, Hashimoto K, Nealson K H. Flavin redox bifurcation as a mechanism for controlling the direction of electron flow during extracellular electron transfer[J]. Angewandte Chemie (International Ed in English), 2014, 53(41): 10988 - 10991.

[70] Marsili E, Baron D B, Shikhare I D, et al. *Shewanella* secretes flavins that mediate extracellular electron transfer[J]. Proceedings of the National Academy of Sciences of the United States of America, 2008, 105(10): 3968 - 3973.

[71] Ross D E, Brantley S L, Ming T E. Kinetic characterization of OmcA and MtrC, terminal reductases involved in respiratory electron transfer for dissimilatory iron reduction in *Shewanella oneidensis* MR - 1[J]. Applied and Environmental Microbiology, 2009, 75(16): 5218 - 5226.

[72] Clarke T A, Edwards M J, Gates A J, et al. Structure of a bacterial cell surface decaheme electron conduit[J]. Proceedings of the National Academy of Sciences, 2011, 108(23): 9384 - 9389.

[73] Boukhalfa H, Icopini G A, Reilly S D, et al. *Plutonium*(Ⅳ) reduction by the metal-reducing bacteria *Geobacter metallireducens* GS15 and *Shewanella oneidensis* MR1[J]. Applied and Environmental Microbiology, 2007, 73(18): 5897 - 5903.

[74] Rai D, Yui M, Moore D A. Solubility and solubility product at 22 ℃ of UO₂(c) precipitated from aqueous U(Ⅳ) solutions[J]. Journal of Solution Chemistry, 2003, 32(1): 1 - 17.

[75] Ulrich K U, Veeramani H, Bernier-Latmani R, et al. Speciation-dependent kinetics of uranium(Ⅵ) bioreduction[J]. Geomicrobiology Journal, 2011, 28(5/6): 396 - 409.

[76] Luo W S, Wu W M, Yan T F, et al. Influence of bicarbonate, sulfate, and electron donors on biological reduction of uranium and microbial community composition[J]. Applied Microbiology and Biotechnology, 2007, 77(3): 713 - 721.

[77] Bağda E, Tuzen M, Sarı A. Equilibrium, thermodynamic and kinetic investigations for biosorption of uranium with green algae (*Cladophora hutchinsiae*)[J]. Journal of Environmental

Radioactivity，2017，175/176：7－14.

[78] Crawford S E，Lofts S，Liber K. The role of sediment properties and solution pH in the adsorption of uranium(Ⅵ) to freshwater sediments[J]. Environmental Pollution (Barking, Essex：1987)，2017，220(Pt B)：873－881.

[79] Sheng L，Szymanowski J，Fein J B. The effects of uranium speciation on the rate of U(Ⅵ) reduction by *Shewanella oneidensis* MR－1[J]. Geochimica et Cosmochimica Acta，2011，75(12)：3558－3567.

[80] Brooks S C，Fredrickson J K，Carroll S L，et al. Inhibition of bacterial U(Ⅵ) reduction by calcium[J]. Environmental Science & Technology，2003，37(9)：1850－1858.

[81] 李学垣.土壤化学及实验指导[M].北京：中国农业出版社，1997.

[82] Zuo R，Teng Y，Wang J，et al. Factors influencing plutonium sorption in shale media[J]. Radiochimica Acta，2010，98(1)：27－34.

[83] Xia X B，Iijima K，Kamei G，et al. Comparative study of cesium sorption on crushed and intact sedimentary rock[J]. Radiochimica Acta，2006，94(9/10/11)：683－687.

[84] Pathak P N，Choppin G R. Sorption studies of europium(Ⅲ) on hydrous silica[J]. Journal of Radioanalytical and Nuclear Chemistry，2006，270(2)：277－283.

[85] Hanna K，Rusch B，Lassabatere L，et al. Reactive transport of gentisic acid in a hematite-coated sand column：Experimental study and modeling[J]. Geochimica et Cosmochimica Acta，2010，74 (12)：3351－3366.

[86] Lee Swartzen-Allen S，Matijevic E. Surface and colloid chemistry of clays[J]. Chemical Reviews，1974，74(3)：385－400.

[87] Dong W M，Tokunaga T K，Davis J A，et al. Uranium(Ⅵ) adsorption and surface complexation modeling onto background sediments from the F－Area Savannah River Site[J]. Environmental Science & Technology，2012，46(3)：1565－1571.

[88] Honeyman B D. Colloidal culprits in contamination[J]. Nature，1999，397(6714)：23－24.

[89] Ryan J N，Elimelech M. Colloid mobilization and transport in groundwater[J]. Colloids and Surfaces A：Physicochemical and Engineering Aspects，1996，107：1－56.

[90] Liu D，Johnson P R，Elimelech M. Colloid deposition dynamics in flow-through porous media：Role of electrolyte concentration[J]. Environmental Science & Technology，1995，29(12)：2963－2973.

[91] Kosmulski M. pH-dependent surface charging and points of zero charge. Ⅳ. Update and new approach[J]. Journal of Colloid and Interface Science，2009，337(2)：439－448.

[92] Ballard T M. Role of humic carrier substances in DDT movement through forest soil[J]. Soil Science Society of America Journal，1971，35(1)：145－147.

[93] Magaritz M，Amiel A J，Ronen D，et al. Distribution of metals in a polluted aquifer：A comparison of aquifer suspended material to fine sediments of the adjacent environment[J]. Journal of Contaminant Hydrology，1990，5(4)：333－347.

[94] McCarthy J F，Zachara J M. Subsurface transport of contaminants[J]. Environmental Science & Technology，1989，23(5)：496－502.

[95] Froidevaux P，Steinmann P，Pourcelot L. Long-term and long-range migration of radioactive fallout in a Karst system[J]. Environmental Science & Technology，2010，44(22)：8479－8484.

[96] Dai M H，Kelley J M，Buesseler K O. Sources and migration of plutonium in groundwater at the Savannah River site[J]. Environmental Science & Technology，2002，36(17)：3690－3699.

[97] Harvey R W，George L H，Smith R L，et al. Transport of microspheres and indigenous bacteria through a sandy aquifer：Results of natural- and forced-gradient tracer experiments [J].

Environmental Science & Technology, 1989, 23(1): 51 - 56.

[98] McKay L D, Cherry J A, Bales R C, et al. A field example of bacteriophage as tracers of fracture flow[J]. Environmental Science & Technology, 1993, 27(6): 1075 - 1079.

[99] Elimelech M, Gregory J, Jia X, et al. Particle deposition and aggregation, measurement, modeling and simulation[J]. Colloids and Surfaces A: Physicochemical and Engineering Aspects, 1997, 125(1): 93 - 94.

[100] Wittebroodt C, Savoye S, Frasca B, et al. Diffusion of HTO, 3 ^{36} Cl$^-$ and ^{125} I$^-$ in Upper Toarcian argillite samples from Tournemire: Effects of initial iodide concentration and ionic strength[J]. Applied Geochemistry, 2012, 27(7): 1432 - 1441.

[101] Artinger R, Kienzler B, Schüßler W, et al. Effects of humic substances on the ^{241} Am migration in a sandy aquifer: Column experiments with Gorleben groundwater/sediment systems[J]. Journal of Contaminant Hydrology, 1998, 35(1/2/3): 261 - 275.

[102] Um W, Papelis C. Geochemical effects on colloid-facilitated metal transport through zeolitized tuffs from the *Nevada* Test Site[J]. Environmental Geology, 2002, 43(1): 209 - 218.

[103] Tufenkji N, Elimelech M. Correlation equation for predicting single-collector efficiency in physicochemical filtration in saturated porous media[J]. Environmental Science & Technology, 2004, 38(2): 529 - 536.

[104] Shen C Y, Huang Y F, Li B G, et al. Predicting attachment efficiency of colloid deposition under unfavorable attachment conditions[J]. Water Resources Research, 2010, 46(11), doi: 10.1029/2010WR009218.

[105] Walker S L, Redman J A, Elimelech M. Role of Cell Surface Lipopolysaccharides in *Escherichia coli* K12 adhesion and transport[J]. Langmuir: the ACS Journal of Surfaces and Colloids, 2004, 20(18): 7736 - 7746.

[106] Lægdsmand M, Villholth K G, Ullum M, et al. Processes of colloid mobilization and transport in macroporous soil monoliths[J]. Geoderma, 1999, 93(1/2): 33 - 59.

[107] Shang J Y, Flury M, Chen G, et al. Impact of flow rate, water content, and capillary forces on *in situ* colloid mobilization during infiltration in unsaturated sediments[J]. Water Resources Research, 2008, 44(6), doi: 10.1029/2007WR006516.

[108] Ryan J N, Illangasekare T H, Litaor M I, et al. Particle and *Plutonium* mobilization in macroporous soils during rainfall simulations[J]. Environmental Science & Technology, 1998, 32 (4): 476 - 482.

[109] Jacobsen O H, Moldrup P, Larsen C, et al. Particle transport in macropores of undisturbed soil columns[J]. Journal of Hydrology, 1997, 196(1/2/3/4): 185 - 203.

[110] Artinger R, Buckau G, Zeh P, et al. Humic colloid mediated transport of tetravalent actinides and technetium[J]. Radiochimica Acta, 2003, 91(12): 743 - 750.

[111] Bradford S A, Kim H N, Haznedaroglu B Z, et al. Coupled factors influencing concentration-dependent colloid transport and retention in saturated porous media[J]. Environmental Science & Technology, 2009, 43(18): 6996 - 7002.

[112] Zhang W, Morales V L, Cakmak M E, et al. Colloid transport and retention in unsaturated porous media: Effect of colloid input concentration[J]. Environmental Science & Technology, 2010, 44(13): 4965 - 4972.

[113] Kaplan D I, Bertsch P M, Adriano D C, et al. Soil-borne mobile colloids as influenced by water flow and organic carbon[J]. Environmental Science & Technology, 1993, 27(6): 1193 - 1200.

[114] Harvey R W, Garabedian S P. Use of colloid filtration theory in modeling movement of bacteria through a contaminated sandy aquifer[J]. Environmental Science & Technology, 1991, 25(1):

178 - 185.

[115] Shen C Y, Li B G, Huang Y F, et al. Kinetics of coupled primary- and secondary-minimum deposition of colloids under unfavorable chemical conditions[J]. Environmental Science & Technology, 2007, 41(20): 6976 - 6982.

[116] Elimelech M, O'Melia C R. Kinetics of deposition of colloidal particles in porous media[J]. Environmental Science & Technology, 1990, 24(10): 1528 - 1536.

[117] Song L F, Elimelech M. Particle deposition onto a permeable surface in laminar flow[J]. Journal of Colloid and Interface Science, 1995, 173(1): 165 - 180.

[118] Thiyagarajan P, Diamond H, Soderholm L, et al. *Plutonium* (IV) polymers in aqueous and organic media[J]. Inorganic Chemistry, 1990, 29(10): 1902 - 1907.

[119] Kulyako Y M, Trofimov T I, Malikov D A, et al. Behavior of plutonium in various oxidation states in aqueous solutions: I. Behavior of polymeric Pu(IV) and of Pu(VI) at $10^{-5} - 10^{-8}$ M concentrations in solutions with pH ~8[J]. Radiochemistry, 2010, 52(4): 366 - 370.

[120] Delegard C H. Effects of aging on $PuO_2 \cdot xH_2O$ particle size in alkaline solution [J]. Radiochimica Acta, 2013, 101(5): 313 - 322.

[121] Rothe J, Walther C, Denecke M A, et al. XAFS and LIBD investigation of the formation and structure of colloidal Pu(IV) hydrolysis products[J]. Inorganic Chemistry, 2004, 43(15): 4708 - 4718.

[122] Peretyazhko T, Sposito G. Reducing capacity of terrestrial humic acids[J]. Geoderma, 2006, 137(1/2): 140 - 146.

[123] Yang K, Lin D H, Xing B S. Interactions of humic acid with nanosized inorganic oxides[J]. Langmuir: the ACS Journal of Surfaces and Colloids, 2009, 25(6): 3571 - 3576.

[124] Murphy E M, Zachara J M, Smith S C. Influence of mineral-bound humic substances on the sorption of hydrophobic organic compounds[J]. Environmental Science & Technology, 1990, 24 (10): 1507 - 1516.

[125] Powell B A, Kaplan D I, Serkiz S M, et al. Pu(V) transport through Savannah River Site soils - an evaluation of a conceptual model of surface-mediated reduction to Pu (IV)[J]. Journal of Environmental Radioactivity, 2014, 131: 47 - 56.

[126] Begg J D, Zavarin M, Zhao P H, et al. Pu(V) and Pu(IV) sorption to montmorillonite[J]. Environmental Science & Technology, 2013, 47(10): 5146 - 5153.

[127] Lundblad R L, MacDonald F. Handbook of biochemistry and molecular biology[M]. 4th ed. Boca Raton: CRC Press, 2010

[128] Klüpfel L, Piepenbrock A, Kappler A, et al. Humic substances as fully regenerable electron acceptors in recurrently anoxic environments[J]. Nature Geoscience, 2014, 7(3): 195 - 200.

[129] Gorman-Lewis D, Elias P E, Fein J B. Adsorption of aqueous uranyl complexes onto *Bacillus subtilis* cells[J]. Environmental Science & Technology, 2005, 39(13): 4906 - 4912.

[130] Hua B, Xu H F, Terry J, et al. Kinetics of uranium(VI) reduction by hydrogen sulfide in anoxic aqueous systems[J]. Environmental Science & Technology, 2006, 40(15): 4666 - 4671.